全国高等院校“十二五”规划教材
农业部兽医局推荐精品教材

新编动物生理学

【动物医学　动物科学专业】

张庆茹　主编

中国农业科学技术出版社

图书在版编目(CIP)数据

新编动物生理学 / 张庆茹主编 . —北京：中国农业科学技术出版社，2012. 7

ISBN 978 - 7 - 5116 - 0962 - 5

Ⅰ. ①新… Ⅱ. ①张… Ⅲ. ①动物学 - 生理学 Ⅳ. ①Q4

中国版本图书馆 CIP 数据核字(2012)第 124797 号

责任编辑 闫庆健 李冠桥
责任校对 贾晓红

出 版 者 中国农业科学技术出版社
北京市中关村南大街 12 号 邮编：100081
电 话 (010)82106632(编辑室)(010)82109704(发行部)
(010)82109709(读者服务部)
传 真 (010) 82106624
网 址 http://www. castp. cn
经 销 者 各地新华书店
印 刷 者 北京科信印刷有限公司
开 本 787 mm × 1 092 mm 1/16
印 张 21. 625
字 数 540 千字
版 次 2012 年 7 月第 1 版 2012 年 7 月第 1 次印刷
定 价 38. 00 元

《新编动物生理学》编委会

主　　编　张庆茹

副主编　张富梅　曹授俊　张其艳

审　　稿　李佩国（河北科技师范学院）

参编者（以姓氏拼音字母为序）

曹授俊（北京农业职业学院）
范春艳（河北工程大学）
郭傲民（晋中职业技术学院）
李树鹏（河北农业大学）
刘小宝（保定职业技术学院）
栾新红（沈阳农业大学）
王春光（河北农业大学）
王　锐（云南农业职业技术学院）
张富梅（河北北方学院）
张立永（河北北方学院）
张其艳（云南农业职业技术学院）
张庆茹（河北农业大学）

序

中国是农业大国，同时又是畜牧业大国。改革开放以来，中国畜牧业取得了举世瞩目的成就，已连续20年以年均9.9%的速度增长，产值增长近5倍。特别是“十五”期间，中国畜牧业取得持续快速增长，畜产品质量逐步提升，畜牧业结构布局逐步优化，规模化水平显著提高。2005年，中国肉、蛋产量分别占世界总量的29.3%和44.5%，居世界第一位，奶产量占世界总量的4.6%，居世界第五位。肉、蛋、奶人均占有量分别达到59.2千克、22千克和21.9千克。畜牧业总产值突破1.3万亿元，占农业总产值的33.7%，其带动的饲料工业、畜产品加工、兽药等相关产业产值超过8 000亿元。畜牧业已成为农牧民增收的重要来源，建设现代农业的重要内容，农村经济发展的重要支柱，成为中国国民经济和社会发展的基础产业。

当前，中国正处于从传统畜牧业向现代畜牧业转变的过程中，面临着政府重视畜牧业发展、畜产品消费需求空间巨大和畜牧行业生产经营积极性不断提高等有利条件，为畜牧业发展提供了良好的内外部环境。但是，中国畜牧业发展也存在诸多不利因素。一是饲料原材料价格上涨和蛋白饲料短缺；二是畜牧业生产方式和生产水平落后；三是畜产品质量安全和卫生隐患严重；四是优良地方畜禽品种资源利用不合理；五是动物疫病防控形势严峻；六是环境与生态恶化对畜牧业发展的压力继续增加。

中国畜牧业发展要想改变以上不利条件，实现高产、优质、高效、生态、安全的可持续发展道路，必须全面落实科学发展观，加快畜牧业增长方式转变，优化结构，改善品质，提高效益，构建现代畜牧业产业体系，提高畜牧业综合生产能力，努力保障畜产品质量安全、公共卫生安全和生态环境安全。这不仅需要全国人民特别是广大畜牧科教工作者长期努力，不断加强科学研究与科技创新，不断提供强大的畜牧兽医理论与科技支撑，而且还需要培养一大批掌握新理论与新技术并不断将其推广应用的专业人才。

培养畜牧兽医专业人才需要一系列高质量的教材。作为高等教育学科建设的一项重要基础工作——教材的编写和出版，一直是教改的重点和热点之一。为了支持创新型国家建设，培养符合畜牧产业发展各个方面、各个层次所需的复合型人才，中国农业科学技术出版社积极组织全国范围内有较高学术水平和多年教学理论与实践经验的教师精心编写出版面向21世纪全国高等农林院校，反映现代畜牧兽医科技成就的畜牧兽医专业精品教材，并进行有益的探索和研究，其教材内容注重与时俱进，注重实际，注重创新，注重拾遗补缺，注重对学生能力、特别是农业职业技能的综合开发和培养，以满足其对知识学习和实践能力的迫切需要，以提高中国畜牧业从业人员的整体素质，切实改变畜牧业新技术难以顺利推广的现状。我衷心祝贺这些教材的出版发行，相信这些教材的出版，一定能够得到有关教育部门、农业院校领导、老师的肯定和学生的喜欢。也必将为提高中国畜牧业的自主创新能力和增强中国畜产品的国际竞争力作出积极有益的贡献。

国家首席兽医官

农业部兽医局局长

二〇〇七年六月八日

前　言

为适应我国畜牧兽医类高职高专教育的需要，根据《教育部关于加强高职高专教育人才培养工作的意见》《教育部关于全面提高高等职业教育教学质量的若干意见》《关于加强高职高专教育教材建设的若干意见》精神，于2012年2月正式开始了《新编动物生理学》教材的编写工作。

《新编动物生理学》编写的指导思想是充分体现畜牧兽医类高职高专教育的特色，突出教材的思想性、科学性、先进性、启发性和适用性，以适应当前培养高素质、高技能畜牧兽医专门人才的需要。

《新编动物生理学》编写的原则是必需、够用、实用，学生易读，教师易用。在编写过程中，注重精选内容，注意内容的深度和广度，既强调打好基础，充分阐述畜牧兽医类高职高专学生所需的动物生理学基本理论、基本知识，同时又注意学科的新知识、新进展，使学生了解学科发展的前沿状况。

为便于学习和掌握动物生理学的理论知识，对部分内容的结构进行了调整，如骨骼肌收缩机理、消化吸收生理、呼吸生理等，使之更符合生理过程的发展规律，也利于学生学习理解。为提高实验动物利用率和压缩实验课时数，将一些相关实验合为一个实验，如将蛙坐骨神经－腓肠肌标本制备、刺激强度对肌肉收缩的影响、刺激频率对肌肉收缩的影响、骨骼肌的单收缩和强直收缩四个实验合并为一个实验等。

本教材由张庆茹教授（河北农业大学）担任主编，并负责第二章、第六章编写；张富梅（河北北方学院）负责第一章、第八章编写；曹授俊（北京农业职业学院）负责第三章编写；张其艳（云南农业职业技术学院）负责第十章编写；王春光（河北农业大学）负责第四章编写；范春艳（河北工程大学）负责第九章编写；栾新红（沈阳农业大学）负责第五章编写；李树鹏（河北农业大学）负责

第十一章编写；王锐（云南农业职业技术学院）负责第七章编写；刘小宝（保定职业技术学院）、张立永（河北北方学院）、郭傲民（晋中职业技术学院）负责生理实验编写。

在教材编写过程中，得到了河北科技师范学院李佩国教授的大力支持，并进行仔细的审稿工作，为确保本书质量提供了保证，在此表示衷心的感谢。

由于时间仓促，特别是我们的水平有限，书中难免存在不少的缺点和不足，诚恳希望广大读者提出批评和改进意见。

编　者

2012 年 6 月

目　录

第一章

绪 论

第一节 动物生理学的研究内容和意义

一、动物生理学的研究内容

生理学是生物学的一个分支，是研究生物机体正常生命活动规律的科学。生理学是生命科学的重要组成部分，也是生命科学研究中极具吸引力的领域。动物生理学又是生理学的一个分支，它是研究动物机体正常生命活动及其规律的科学。

动物机体是由许多细胞、器官、系统组成的，它们各自完成一定的生理活动，同时又相互联系、相互制约、相互依存、相互配合，作为一个完整统一的整体而进行着有规律的生命活动。机体与周围环境之间也保持着密切的联系。生存环境的变化，必然导致动物机体各器官、系统的机能发生与之相适应的变化，动物才能生存下去。动物生理学的任务就是研究动物机体各个系统、各个器官、各个细胞的正常功能活动及不同细胞、器官、系统之间如何协调统一、机体和外界环境之间如何协调统一的生命活动过程。

构成机体的基本单位是细胞，由许多不同的细胞构成一定的器官。由共同完成某一生理功能的不同器官相互联系，构成一个系统。由许多不同的系统相互联系、相互作用，共同构成一个有机的整体，因此，动物生理学的研究就是从细胞水平、器官和系统水平、整体水平三个层次来进行研究的。

1. 细胞和分子水平的研究 从分子水平和细胞水平研究动物体内各种物质分子的结构、功能以及细胞内部进行的各种生理活动。即研究细胞及其物质分子的结构与功能的关系，及它们内部所发生的各种生物化学变化与生物物理变化的过程和规律。

动物体各器官的生理功能都由构成该器官的各种细胞的生理特性所决定的。如肌肉的收缩功能、腺体的分泌功能是由肌细胞和腺细胞的生理学特性所决定的。因此，要研究各器官的功能原理必须从细胞水平上进行研究。而细胞的生理学特性是由构成细胞的各种物质分子，特别是生物大分子的化学和物理特性所决定的，因此，要认识生命的本质，就必须从分子水平上探究细胞内部这些分子特别是生物大分子的化学和物理特性，其中，以基因及其表达的蛋白质特性最为突出。在不同条件下，基因的表达可发生相应的变化，从而引起细胞类型和功能的改变。例如，在恶劣生态条件下，机体许多基因的表达都被明显抑制。

2. 器官和系统水平的研究 即研究动物各组织、器官和系统的特殊生理活动以及它们之间的相互影响、相互制约关系。机体的生命活动都是由每一个器官、每一个系统完成的，每个器官、系统都有其独特的生理学特性，因而能完成一定的生理功能，因此，要了解机体的生命活动规律，必须从研究每一个器官、系统的生命活动规律入手。生理学家从器官和系统水平的研究生理学，取得了大量丰富的生理学知识，构成了当今生理学的基本内容，也是我们学习生理学的主要内容。

3. 整体水平的研究 即研究动物各种生理活动协调统一的调控过程，以及整体活动与生存环境之间的辩证统一关系。在完整的有机体内，机体各器官、各系统之间相互联系、相互制约、相互依存、相互配合，使各器官、各系统的功能维持协调统一。同时，机体与周围环境之间也保持着协调统一。当外界环境的变化时，动物机体通过改变各器官、系统的机能来适应环境的变化，使动物能够在变化的环境中生存下去。

上述三个水平的研究之间不是孤立的，而是相互联系、相互补充的。要阐明任何一种生理活动，必须从其细胞分子水平、器官和系统水平以及整体水平上全面研究，才能全面了解这种生理活动的本质和规律。

二、动物生理学在生命科学中的意义

动物生理学是畜牧、兽医等科学的基础学科之一，其理论基础来源于实践，反过来又为实践服务。它既是兽医临床工作者正确认识畜禽疾病，分析致病原因，提出合理治病方案和有效预防措施的理论根据，也是畜牧业实践中科学饲养、迅速繁殖家畜和获取优质高产的肉、蛋、奶、皮、毛等畜禽产品的理论基础。

多年来，广大的畜牧兽医工作者，应用所掌握的动物生理活动规律，在提高动物生产性能、防病治病等方面做了大量工作。例如，人工授精、同步发情、生物调控、疫病扑灭等技术的应用和推广，对保障动物体健康和畜牧业的发展具有重要的意义。同时，随着畜牧兽医实践的发展，不断对动物生理学提出新的课题，推动动物生理学的发展。如繁育肉用、乳用或乳肉兼用型的优良种牛，驯化和培育野生经济动物（鹿、貂、麝、狐等）等，都向动物生理学提出了新的研究课题。而随着动物生理学的深入发展，必将导致新理论的发现和新技术的建立，进而促进应用科学的进步。例如，应用生长激素促进生长和泌乳的技术，就是以生长轴的研究为基础；胚胎工程和动物克隆，则是以生殖生理研究的进步为前提，正在兴起的功能基因组学研究，也以细胞及分子生理学研究为依据。

动物生理学是以家畜和家禽为主要研究对象，是比较生理学的重要组成部分。随着比较生理学研究的深入，一些家畜已被作为生理学及人类医学研究的模型动物。例如，猪的消化、心血管功能与人类有着相似的规律，目前已被用作人类消化道、心血管疾病研究的模型动物。由此可见，动物生理学不仅是畜牧、兽医科学的重要基础学科，对它的深入研究也将促进人类医学的发展。

三、动物生理学的研究方法

动物生理学是一门实验性科学，每一种生理功能的发现及其机理的揭示，都是通过科学实验获得的。17 世纪，英国医生威廉·哈维（William Harvey 1578 ~ 1657）首次用动物活体实验，科学的阐明了血液循环的途径和规律，证明心脏是血液循环的中心。1628 年出版了《心与血的运动》一书，标志着近代生理学即实验生理学开始成为一门独立的科学。同时，也首先把动物实验方法引进生理学领域。因此，哈维被称为**近代生理学的奠基人**。

作为一门实验性科学，生理学的发展与其他自然科学的发展有密切的关系，并且相互促进。其他自然科学的发展，以及新的技术不断应用于生理学实验，使生理学的研究日益深入，生理学的知识和理论不断得到新的发展。

动物实验是研究动物生理学的基本方法，概括起来讲，可分为急性实验和慢性实验两类。

（一）急性实验

根据研究目的和需要可分为两种：

1. 活体解剖实验 是在麻醉或破坏大脑的条件下，对动物进行活体解剖，暴露需要观察和研究的器官，给予各种刺激，观察、记录并分析所发生的反应。

2. 离体器官实验 是从活体内切离某一组织或器官，置于与体内环境相似的人工模拟环境中，使其在短时间内保持生理功能，然后观察、记录、分析其生理功能。

这两种方法通常都不能持久，观察研究也只能在短期内进行，所以被统称为**急性实验**。这类方法的优点是操作比较简单，实验条件容易控制，能对组织器官的功能进行直接观察和实验。其缺点是不能反映组织器官在正常生理条件下的功能状态。

（二）慢性实验

这类实验都以健康的动物为实验对象，对动物施行手术，或者摘除、破坏某一器官（如切除某一内分泌腺），待手术动物恢复后，对其进行长期的观察和研究。这类方法的优点是能在接近正常的生理条件下，研究各个器官的功能活动，其不足之处是不便于分析诸多的影响因素。

近30年来，由于电子生理仪器在现代生理学中被广泛应用，使人们可以在不损害机体健康的情况下进行生理学研究，例如，心电图、脑电图的应用可以精确地观察整体水平条件下的各种生理功能规律。慢性实验实质上是一种综合性实验。

总之，以上方法各有利弊，在进行生理研究时，应根据需要，选择适当的方法，并将各种研究技术有机地结合起来，才能更准确地反映机体的生命活动及其规律。

第二节 体液与内环境

一、体液与内环境

1. 体液及其分布 体液是指存在于动物体内的水分和溶解于水中的各种物质（如无机盐、葡萄糖、蛋白质等）所组成的液体。体液的主要成分是水分，机体内水分的含量随着动物的种类、年龄、性别、营养状况和其他情况不同而有显著差异。一般成年动物体液总量占体重的60%～70%，幼畜含水量比较多，肥胖动物因脂肪组织含水量较少，故比瘦的动物含水量要少。

体液按其存在的部位可分为两部分：大部分体液存在于细胞内，称为**细胞内液**，占体重的40%～45%；其余的则存在于细胞外，称为**细胞外液**，占体重的20%～25%，其中主要是间质液（或组织液），约占体重的15%，其次是位于心血管系统内的血浆，约占体重的5%。此外还有少量的淋巴液和脑脊液。各种体液彼此隔开而又相互联系，通过细胞膜和毛细血管壁进行物质交换（图1－1）。

2. 内环境 机体是由细胞构成的，而细胞外液既是细胞的直接生存环境，又是细胞与

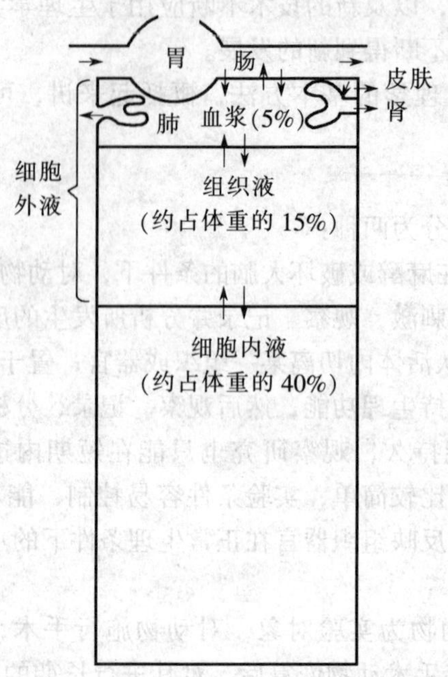

图1-1　体液分布及物质交换示意图

外界进行物质能量交换的媒介，是细胞赖以生存的体内环境。细胞外液最根本的特点是其化学成分和理化特性（温度、渗透压、酸碱度等）经常在一定范围内变动，但又保持相对恒定性。内环境的这种相对恒定，是细胞进行正常生命活动的必要条件。因此，法国生理学家伯尔纳（Claude Bernard）将细胞外液称为**机体的内环境**，以区别于机体所生存的外界环境。

二、内环境稳态

美国生理学家坎农（W. B. Cannon）继承和发展了伯尔纳的研究，将内环境化学成分和生理特性保持相对稳定的生理学现象称之为稳态。稳态包括两方面的含义，一方面是指细胞外液的理化特性保持相对稳定，不随外环境的变动而明显改变。例如体温，虽然自然环境有春夏秋冬的变化，但动物机体的体温总是稳定的，如马的体温为39.2℃左右，变化范围不超过1℃。另一方面是指稳定状态并非固定不变的，而是不断在一定范围内变化，处于动态平衡之中。如动物采食后体温升高0.2～1℃，大量饮水后体温有所下降。稳态是生理学核心概念，即机体依赖调节机制，对抗内外环境变化的影响，维持内环境等生命指标和生命现象处于动态平衡的相对稳定状态。又叫自稳态。

稳态的维持具有重要的生理意义：①稳态是机体生命活动正常进行的必要条件。如果细胞外液的温度或pH值等发生变化将改变有关酶的活性，从而影响体内各种酶促反应过程；②细胞正常兴奋性的维持需要膜内外离子浓度的相对稳定；③在外界环境剧烈变化时，内环境保持相对稳定是机体具有适应能力的前提。因此，伯尔纳说："生命活动的唯一目的在于维持机体内环境的恒定。"如果内环境稳态遭到破坏，即可发生疾病。如发热，就是体温超过了正常范围，会对机体产生许多不利影响。

当机体内外环境发生变化时，为了维持内环境稳态，机体必须通过神经和体液等调节机制，改变相关器官的生理活动，使内环境维持相对的稳定。如当外界环境寒冷时，通过神经、体液等调节，使产热器官活动加强，增加产热；同时，使散热器官活动减弱，散热减少，从而避免机体因外界寒冷而体温下降。随着研究的深入，对于稳态调节机理的认识也在逐步深入。至今，新的调节机理如控制论、反馈机制等，正在不断地被深入揭示，新的概念在不断形成。

第三节 机体生理功能的调节

动物机体各器官、系统虽分别进行着各自不同的功能活动，但它们之间密切协调配合，是一个完整统一的有机整体，并且随着内外界环境条件的变化而发生协调一致的整体性反应，以适应内外环境的变化，维持机体内环境的稳态。所有这些都是在神经调节、体液调节及组织器官自身调节作用下实现的。

一、机体生理功能的调节方式

机体生理功能的调节有三种方式：神经调节、体液调节以及器官、组织、细胞的自身调节。

1. 神经调节 通过神经系统的活动对机体功能进行的调节称为**神经调节**，它在机体功能调节中起主导作用。神经调节的基本方式是反射，包括非条件反射和条件反射（详见第九章神经生理）。反射是在中枢神经系统的参与下，机体对内外环境变化产生的规律性应答反应。反射活动的结构基础是**反射弧**。如图 1－2 所示，反射弧由 5 个基本环节组成，即感受器、传入神经、反射中枢、传出神经、效应器。感受器是感受内外环境变化并把这种变化转化为电信号（动作电位）的装置。传入神经是把感受器产生的电信号以神经冲动形式（传播着的动作电位）传到神经中枢的神经纤维。反射中枢是指脑和脊髓内一定部位的、执行某种机能的神经细胞群。其功能是对传入的神经冲动进行分析和综合。传出神经是将反射中枢发出的神经冲动传导到效应器（肌肉、腺体等）的神经纤维。效应器是完成反射动作的器官，主要包括肌肉和腺体等，它接受传出神经传来的兴奋，引起肌肉的收缩或腺体的分泌等。反射的完成有赖于反射弧结构的完整和功能的正常，反射弧 5 个环节中任何一个环节的结构受到损伤或功能发生障碍都会使反射减弱或消失。

神经调节的主要特点是：作用迅速而准确，既表现高度的规律性，又表现高度的自动化；但作用范围局限，作用持续时间短暂。神经调节之所以迅速准确，是因为神经冲动的传导速度很快，反射弧的各个环节都有严格的定位，神经系统能通过不同的反射弧分别调节不同器官，甚至同一器官不同部位的精细活动。神经系统之所以有高度规律性，是因为不但每一种反射的神经联系是有规律的，而且各种反射之间的互相影响也是有规律地进行的，因而整个机体活动表现协调，机体各个系统之间能够经常保持动态平衡。神经调节之所以能达到自动化，是因为不仅感受器和中枢可以通过反射调节效应器的活动，效应器也能反过来影响感受器和中枢的活动；不仅高级中枢能调节低级中枢的活动，低级中枢也能反过来影响高级中枢的活动。这些反馈性影响是神经调节达到自动化的关键。

2. 体液调节 机体内某些特定的细胞，能合成并分泌某些具有信息传递功能的化学物

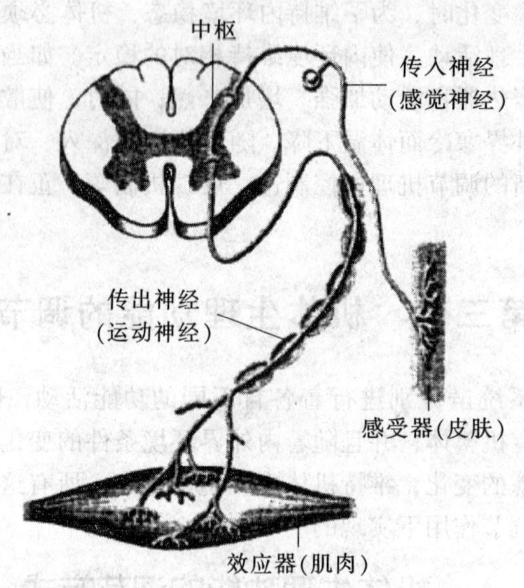

图 1-2　反射弧模式图

质，经体液途径运送到特殊的靶组织、靶细胞，作用于相应的受体，对靶组织、靶细胞活动进行的调节，称为**体液调节**。由体内内分泌腺分泌的各种激素，经过血液循环作用于相应的靶组织、靶细胞调节其功能，是最典型的体液调节。例如，卵巢分泌的雌激素，经血液传递到不同的细胞，通过受体的转导，调节性功能的变化；甲状腺分泌的甲状腺激素，经过血液运输到各组织器官，起促进代谢、调节生长和发育等作用。

除了激素经血液循环发挥作用的内分泌途径之外，体内一些细胞分泌的某些激素或某些生物活性物质如组胺、激肽、前列腺素，代谢产物如 CO_2、腺苷、乳酸等经细胞外液扩散至邻近细胞，并调节其功能，这种调节属于局部性体液调节，称为**旁分泌**。

此外，许多激素的产生和分泌又直接或间接受到神经系统的调控，如下丘脑内一些神经细胞也能合成激素，并随神经轴突的轴浆送至末梢，释放进入血液，进而调节其他内分泌组织细胞的活动。这样体液调节实质上成了神经调节传出途径的一个环节，这类调节被称为**神经－体液调节**（图 1－3）。例如，处于热应激条件下的奶牛，中枢神经系统既通过交感神经直接作用于有关器官（如汗腺），同时还通过下丘脑－垂体－肾上腺轴，分泌肾上腺皮质激素间接调控有关器官的功能，前者属于神经调节，后者则属于神经－体液调节。从总体上讲，神经系统主要调节机体肌肉的活动和腺体的分泌，而体液系统则主要参与代谢的调节。

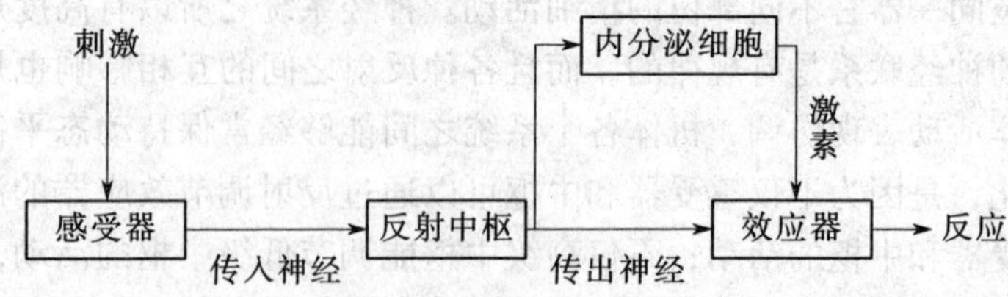

图 1-3　神经－体液调节

体液调节的特点：作用出现比较缓慢，作用范围比较广泛，作用时间也比较持久。这一特点对于调节持续性的生理活动，特别是对组织器官的代谢过程，对保持机体内部活动的相对恒定，以及对维持机体新陈代谢的动态平衡等方面，起着重要的作用。

3. 自身调节　自身调节是指细胞、组织、器官在不依赖外来神经或体液调节的情况下，自身对刺激发生的适应性反应过程。如回心血量增加时，心肌细胞初长度增加，心肌收缩力量加强，使心脏血容量变化不大；又如脑、肾的血流量在一定范围内不随着动脉血压的升降而改变。这都是通过自身调节实现的。与上述两种调节方式相比较，自身调节较为简单，幅度小，也不十分灵敏，但对生理功能和稳态的维持仍有一定意义。

二、机体生理功能的调控系统模式

美国数学家维纳（Nobert Wiener）于1948年出版了《控制论：关于在动物或机器中控制和通讯的科学》一书，他以各类系统中所共同具有的通讯和控制特征为研究对象，揭示了“控制论”的概念，认为：不论是机器还是生物体，甚至社会，尽管各属不同性质的系统，但它们都能根据周围环境的某些变化来调整和决定自己的运动。控制论的出现大大促进了自然科学和社会科学的发展。对于生物科学，最为突出的就是把工程体系中的反馈概念引入生理科学。动物有机体功能活动的调节原理与机器、通讯系统的运作相似，它的功能调节网络也属于自动控制系统，控制部分与受控部分之间存在着密切联系。由控制部分发出的信号称为**控制信息**。由受控部分返回控制部分的，调整控制部分活动的信息称为**反馈信息**。反馈信息参与对控制部分活动的调节，由此引起概念的更新，大大地丰富和发展了生理科学。因此，反馈是稳态调节的基础，是机体最基本的生理功能。

根据控制论的基本原理，控制系统可分为三大类：非自动控制系统、反馈控制系统和前馈控制系统。但在机体生理功能的调节过程中，非自动控制系统极为少见，主要通过反馈控制系统和前馈控制系统来进行调控。

（一）反馈控制系统

反馈控制系统又称为**自动控制系统**，指在控制部分发出指令管理受控部分的同时，受控部分又反过来影响控制部分的活动，控制部分进而再调节受控部分（图1-4）。这种控制方式是双向的，它具有自动控制的特征。生命活动过程中普遍存在反馈现象，例如，效应器细胞对内、外刺激做出的反应也可作为信息反馈回反射中枢，参与对反射中枢活动的调节，使反射中枢根据实际情况不断纠正和调整发出的信息，从而达到精确的调节作用。这种由效应器（受控部分）发出反馈信息调整控制部分活动的作用称为**反馈**。

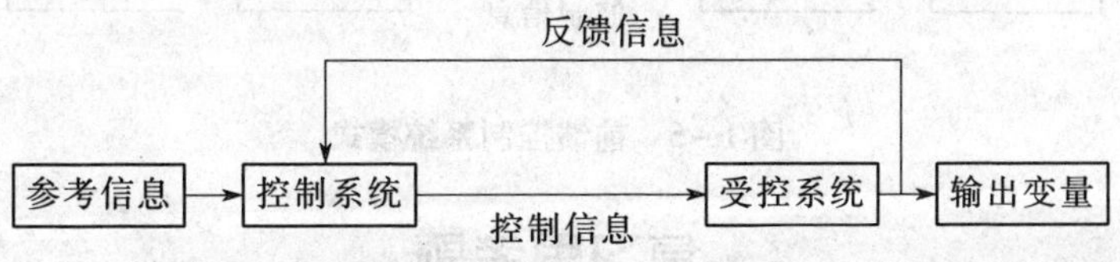

图1-4　反馈控制系统模式

根据反馈信息的作用效果，反馈可分为负反馈和正反馈两大类。

1. 负反馈　如果反馈信息可抑制或减弱控制部分的初始控制信息，则称为**负反馈**。例如，当血液中葡萄糖浓度升高时，作用于胰岛 B 细胞膜上的相应受体，导致胰岛素分泌减少，胰岛素作用于相应的靶细胞受体，通过促进肝脏、肌肉和脂肪等组织对葡萄糖的利用，抑制糖原分解以及糖异生作用等，使血糖浓度降低，以重新建立稳态。

负反馈是体内普遍存在而有效的调节方式，它对于保证生理机能的稳定性和精确性是十分重要的。除激素分泌外，呼吸、体温、血压等生理活动的相对稳定，也都是通过负反馈调节来实现的。例如，如心血管中枢发出控制信息加强心脏和血管的功能活动，使动脉血压升高，而动脉血压升高又通过压力感受器来影响心血管中枢的活动，使其发出控制信息减弱心脏和血管的功能活动，使动脉血压下降，从而维持血压的相对稳定。

2. 正反馈 正反馈是一种与负反馈作用相反的调节方式。如果反馈信息可促进或加强控制部分的初始控制信息，则称之为正反馈。如排尿反射、分娩过程、血液凝固等都属于正反馈。这些过程一旦被启动，就会通过正反馈使它们加强加快，直至全部过程完成为止。正反馈和负反馈相比在体内是比较少见的。

（二）前馈控制系统

前馈控制系统是指干扰信号在作用于受控部分，引起输出变量改变的同时，还可直接通过感受装置作用于控制部分，即在未引起负反馈调节之前，同时，又经另一快捷途径发出干扰信号直接作用于控制部分，及时调控受控部分的活动（图 1－5）。**前馈**是受控部分的输出变量未出现“偏差”而引起负反馈调节之前，外界干扰信号对控制部分的直接作用。因而前馈可以避免负反馈在纠正“偏差”时易出现滞后现象和较大波动的缺陷。如在机体恒定体温的维持调节中，体温调节中枢发出控制信息控制产热器官和散热器官活动而改变体温，体温的变化信息又反馈给体温调节中枢，影响其控制信息，防止体温过高或过低。当外界环境温度升高或降低时，一方面可以通过影响机体的体温，而反馈给体温调节中枢进行体温调节。另一方面，可以通过皮肤温度感受器将环境变化的信息直接反馈给体温调节中枢，使机体在没有出现体温变化前就进行提前调节，防止了体温的升高或降低。此外，体内的各种条件反射也认为是前馈控制，例如，动物看见食物就引起唾液分泌，比食物进入口腔中再引起唾液分泌发生得更早，它可使机体的反应更具有预见性和超前性。

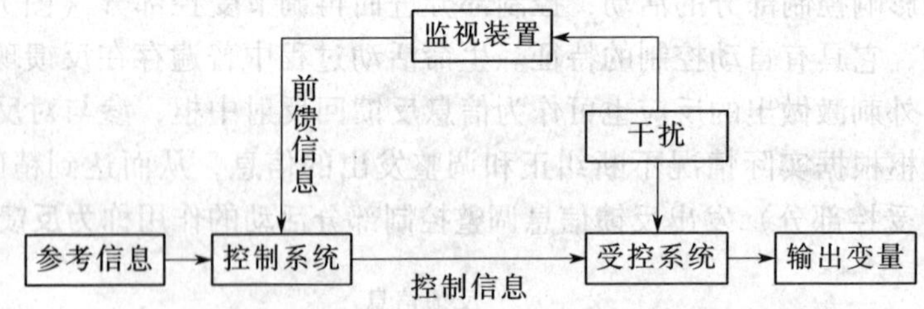

图 1－5 前馈控制系统模式

复习思考题

1. 何谓内环境和稳态，举例阐明稳态的重要生理意义。
2. 试述机体机能活动的调节方式有哪些，各有何特点？
3. 试述生命活动的自动控制原理。

第二章

细胞的基本功能

细胞是生物体结构和功能的基本单位。体内所有的生理功能和生化反应都是在细胞及其产物（如细胞间隙内的胶原蛋白和蛋白聚糖）的物质基础上进行的。100 多年前，光学显微镜的发明促进了细胞的发现。此后对细胞结构和功能的研究，经历了细胞水平、亚细胞水平和分子水平等具有时代特征的研究层次，揭示出众多生命现象的机制，积累了极其丰富的科学资料。因此，学习生理学应由学习细胞生理开始。

第一节　细胞膜的物质转运功能

一切动物细胞都被一层薄膜所包被，称为细胞膜或质膜。它把细胞内容物和内环境分隔开来，完整而又相对独立，可防胞液流失、保持细胞内稳定，完成细胞内外的物质转运。

新陈代谢过程中进出细胞的物质种类繁多，理化性质各异，且大多数物质不溶于脂质或水溶性大于其脂溶性。而由于细胞膜主要是由液态的脂质分子构成的，因此，除极少数脂溶性小分子物质能直接通过细胞膜进出细胞外，大多数物质跨膜转运与膜蛋白质有关，至于一些团块性固态或液态物质的进出细胞（吞噬、分泌），则与膜的更复杂的生物学过程有关。

一、单纯扩散

单纯扩散，也叫简单扩散，是指脂溶性物质由细胞膜高浓度一侧向低浓度一侧扩散的现象。

单纯扩散的基本原理是分子的热运动（布朗运动），根据物理学原理，溶液中一切分子都处于不断的热运动之中，分子的运动动能与温度成正比。当温度恒定时，分子因运动而离开某一区域的量，与此物质在该区的浓度成正比。因此，如设想两种不同浓度的溶液相邻的放在一起，则高浓度区域中的溶质分子将向低浓度区域发生净移动，这种现象称为**扩散**。物质分子移动量的多少可以用**扩散通量**来表示，即某种物质每秒钟通过每平方厘米假想平面的摩尔数或毫摩尔数［mol/（s · cm^2）或 mmol/（s · cm^2）］。一般条件下，扩散通量的大小与膜两侧的浓度差成正比，即浓度差越大，扩散通量越大。此外，由于细胞膜主要由脂质分子构成，物质扩散通量的大小除与膜两侧浓度差有关外，还与细胞膜对该种物质的通透性有关，通透性越大，则扩散通量越大。

在机体的体液中存在的脂溶性物质并不很多，因而靠单纯扩散方式进出细胞膜的物质并不多。比较肯定的是氧气、二氧化碳等气体分子，他们能溶于水，也溶于脂质，它们可以顺浓度差自由进出细胞膜。此外，体内一些甾体（类固醇）激素也是脂溶性的，理论上也可以靠单纯扩散进入细胞内，但由于分子量较大，近来认为也需膜上某种特殊蛋白质的“协助”，才能使转运过程加快。

单纯扩散的特点是：①不消耗能量；②顺浓度梯度转运。

二、易化扩散

易化扩散，也叫**帮助扩散**，是指物质分子依靠细胞膜上一些特殊蛋白质分子的“帮助”下，由细胞膜高浓度一侧向低浓度一侧扩散的现象。

易化扩散的特点是：①不需要消耗能量；②顺浓度梯度转运；③需要膜蛋白参与。

根据参与易化扩散的膜蛋白的不同，易化扩散可分为以下两类。

1. 由载体介导的易化扩散 细胞膜上某些蛋白质具有载体功能，即能与某些物质结合，并引起蛋白质变构，将物质从细胞膜高浓度一侧运到低浓度一侧，再与物质分离（图 2-1）。体内的葡萄糖、氨基酸等营养物质多是由特定载体“帮助”而通过细胞膜的。

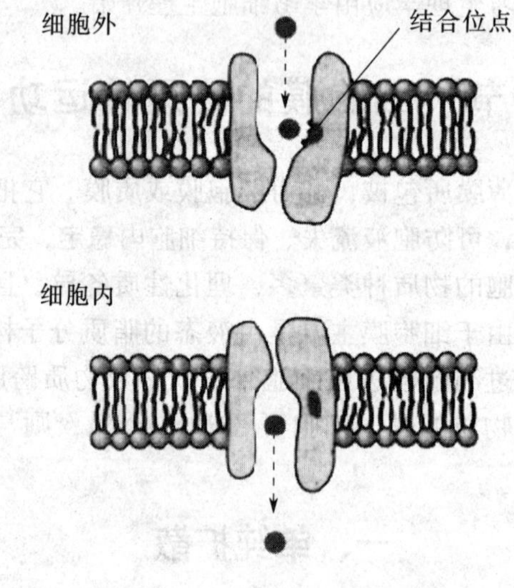

图 2-1 载体转运示意图

由载体介导的易化扩散具有以下特点。

(1) 特异性 一般某种载体蛋白质的结合位点只能选择性的与具有某种特定化学结构的物质结合，因而，体内多数物质都有自己专用载体进行易化扩散。

(2) 饱和性 当膜两侧物质浓度差达到一定程度后，物质扩散的量不再随浓度差增加而增大，这是由于膜上某种载体及其结合位点的数量是有限的，因此，当物质的量超过膜上某种载体及其结合位点的数量时，即使物质再多，扩散通量也不会再增加。

(3) 竞争性抑制 如果某种载体可以运输 A、B 两种物质时，则二者存在竞争现象，即当 A 物质增多时，B 物质的扩散就减少；当 B 物质增多时，A 物质的扩散就减少。这同样是由于载体数量是有限的，运输 A 增加时，运输 B 的量必然减少，反之亦然。

2. 由通道介导的易化扩散 是指由细胞膜上的通道蛋白帮助完成的易化扩散。如图 2-2 所示，通道蛋白像一个贯穿细胞膜并带有闸门装置的管道。当通道开放时，物质顺浓度差或电位差经通道转运，通道关闭时，即使膜两侧存在浓度差或电位差，物质也不能通过。各种离子如 Na^+、K^+、Ca^{2+} 等主要是通过这种方式进行转运的。通道蛋白开放或关闭受通道闸门控制，根据控制通道开放机制的不同，将通道蛋白分为电压门控通道（膜两侧电位差变化控制闸门开关）、化学门控通道（某种化学物质控制闸门开关）、机械门控通道（机械刺激引起闸门开关）等。

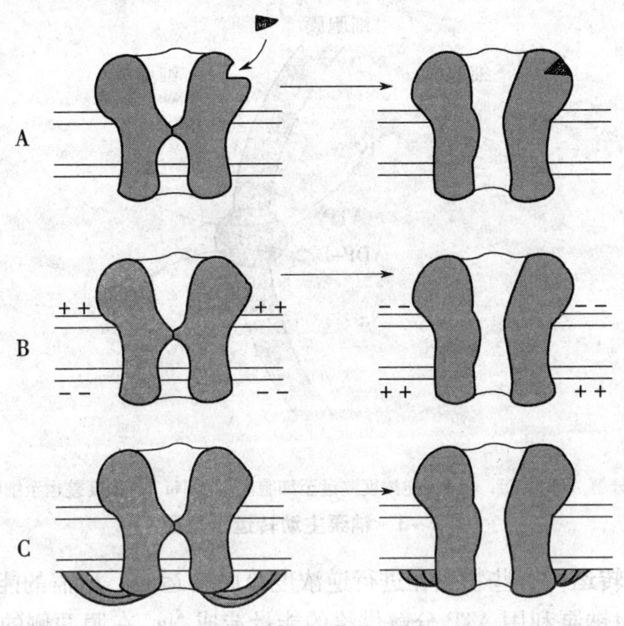

左侧示通道关闭状态，右侧示通道开放状态

A：化学门控通道　B：电压门控通道　C：机械门控通道

图 2-2　通道转运示意图

由于单纯扩散和易化扩散都是将物质分子从细胞膜高浓度一侧运到低浓度一侧，转运过程不需要细胞消耗能量，因此，均属于被动转运。

三、主动转运

主动转运是指细胞通过本身的某种耗能过程将某种物质分子由细胞膜低浓度一侧向高浓度一侧转运的现象。

主动转运特点是：①需要消耗能量；②逆浓度梯度转运；③需要膜蛋白参与（钠泵、钙泵等）。

主动转运分为原发性主动转运和继发性主动转运，一般所说的主动转运是指原发性主动转运。

1. 原发性主动转运　细胞通过本身的某种耗能过程将某种物质从细胞膜低浓度一侧向高浓度一侧转运的过程称为**原发性主动转运**。它是通过某种生物泵把物质从低浓度一侧“泵”到高浓度一侧，就像水泵把水从低处泵到高处一样，必须提供能量。目前研究最充分、分布最广泛、作用最重要的生物泵是**钠-钾泵**，即**钠泵**。

钠泵是镶嵌在细胞膜上的一种特殊蛋白质分子，它具有 ATP 酶活性，当细胞内 Na^+ 浓度升高或细胞外 K^+ 浓度升高时被激活，使 ATP 分解为 ADP，放出能量，并利用此能量进

行 Na^+、K^+转运。1 分子 ATP 分解释放的能量可以将 3 个 Na^+ 运到细胞外，而将 2 个 K^+ 运到细胞内（图 2-3），故钠泵也称为 **Na^+ - K^+ 依赖式 ATP 酶**。钠泵活动具有重要的生理意义，它能维持细胞内外 Na^+、K^+浓度差，形成细胞外高 Na^+ 细胞内高 K^+ 的不均衡分布，而这正是细胞生物电产生基础。

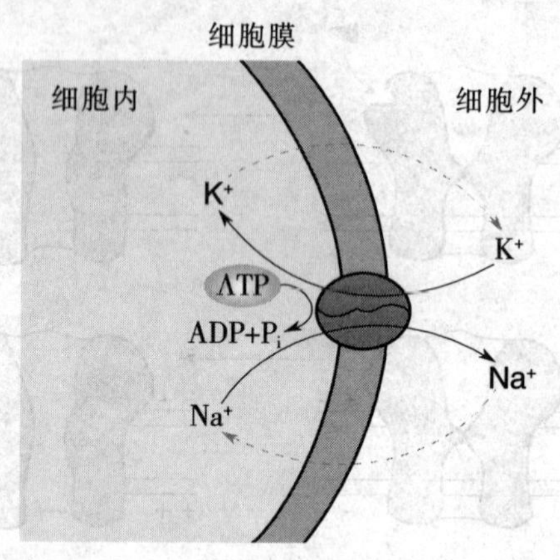

钠泵分解 ATP 供能，将 K^+ 逆浓度差运至细胞内，将 Na^+ 逆浓度差运至细胞外

图 2-3　钠泵主动转运示意图

2. 继发性主动转运　有些物质在进行逆浓度跨膜转运时，所需的能量并不直接由 ATP 分解供能，而是先由钠泵利用 ATP 分解供给的能量造成 Na^+ 在膜两侧的浓度差，在膜上一种称为转运体的蛋白质帮助下，将 Na^+ 顺浓度差进行转运，同时，将其他物质逆浓度差进行转运。这种间接利用 ATP 能量的主动转运过程称为**继发性主动转运**或**联合转运**（图 2-4）。葡萄糖和氨基酸在小肠黏膜上皮处的吸收以及它们在肾小管上皮处的重吸收等生理过程，均属于继发性主动转运。

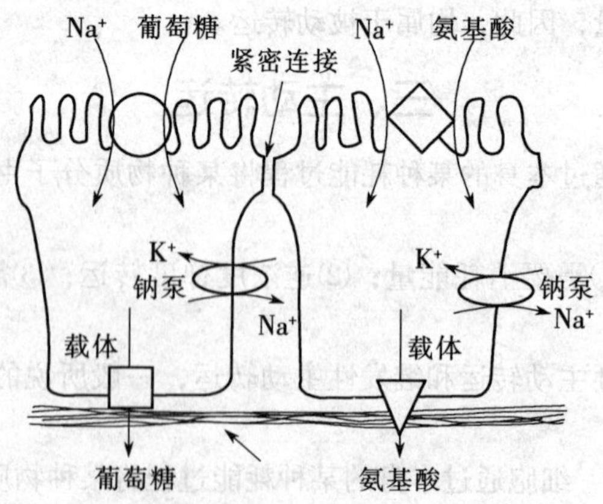

上方弯曲的管腔侧膜上的圆和方块，分别表示同葡萄糖和氨基酸的继发性主动转运有关的转运蛋白质分子；下方的基底侧膜上则有与此类物质易化扩散有关的载体

图 2-4　葡萄糖和一些氨基酸的继发性主动转运模式图

如果被转运的离子或分子都向同一方向运动，称为同向转运，相应的转运体也称为同

向转运体；如果被转运的离子或分子彼此向相反方向运动，称为反向转运或交换，相应的转运体也称为**反向转运体**或**交换体**。

四、入胞与出胞

对于大分子物质或团块不能直接通过上述方式通过细胞膜，而是通过细胞膜复杂的活动而进出细胞的。

1. 入胞　大分子物质或团块进入细胞内的过程称为入胞。如蛋白质、细菌、病毒、异物等进入细胞时都采用这种方式。入胞的过程首先是这些物质被细胞识别并相互接触，之后细胞膜逐渐向内凹陷包住异物等，最后与细胞膜断裂，使物质连同包裹它的细胞膜一起进入细胞内，形成吞噬小泡（图2－5）。入胞包括两种方式：如果进入细胞的物质是固体，称为**吞噬**；如果进入细胞的物质是液体，称为**吞饮**。

2. 出胞　大分子物质或团块排出细胞的过程称为**出胞**。如内分泌腺细胞分泌激素、外分泌腺细胞分泌酶原、神经末梢释放递质等。大分子物质在细胞内形成后，通常被一层膜性结构所包被，形成分泌囊泡，当分泌活动开始时，囊泡向细胞膜移动、接触，使囊泡膜与细胞膜融合，进而在融合处向外破裂，将囊泡内的物质一次性全部排空（图2－5）。

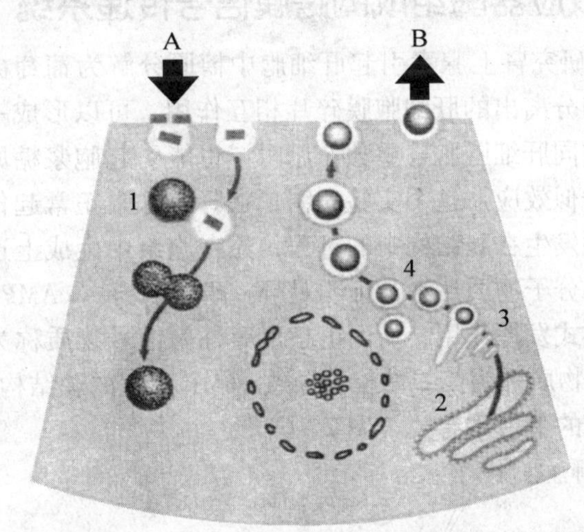

A：入胞　B：出胞　1. 溶酶体　2. 粗面内质网
3. 高尔基复合体　4. 分泌颗粒

图2－5　入胞和出胞示意图

第二节　细胞的跨膜信号转导功能

多细胞生物是一个统一的整体，细胞之间互相影响，协同活动是每时每刻都在发生的。调节机体内各种细胞在时间和空间上有序的增殖、分化，协调它们的代谢、功能和行为，主要是通过细胞间数百种信号物质实现的。这些信号物质包括激素、神经递质和细胞因子等。

兴奋在细胞间传递的形式除了在心肌、内脏平滑肌和少量神经细胞之间，由于存在细胞间通道一缝隙连接而可以进行双向的直接电传递外，其他大部分细胞主要是通过神经递质、激素等各种化学分子为媒介物而进行信息传递的。这些活性分子本身并不进入它们的靶细胞或直接影响细胞内代谢过程（少数类固醇激素和甲状腺素例外），而是作用于细胞膜表面，通过引起膜结构中一种或多种特殊蛋白质分子的变构作用，将信息以新的信号形式传递到膜内，进而引起靶细胞功能的改变（靶细胞膜的电变化或其他细胞内功能的改变）。这一过程称为跨膜信号转导或跨膜信号传递。细胞跨膜信号转导的方式主要有以下几种。

一、由具有特异感受结构的通道蛋白质完成的跨膜信号传递

一些门控通道具有受体的功能，它能与特定信号刺激结合，并引起其构象发生改变，从而允许某些离子通过，引起膜电位变化而引起细胞功能的改变。神经—肌肉接头的信息传递就是这种跨膜信号转导的典型代表。当运动神经末梢兴奋时，释放乙酰胆碱（ACh），与骨骼肌细胞终板膜上的 N 型乙酰胆碱受体结合，进而引起终板膜 Na^+ 通道开放，引起 Na^+ 内流，使骨骼肌细胞兴奋。

二、由膜的特异受体蛋白质、G－蛋白和膜的效应器酶组成的跨膜信号传递系统

20 世纪 60 年代在研究肾上腺素引起肝细胞中糖原分解为葡萄糖的作用机制时，发现如果将肾上腺素单独同分离出的肝细胞膜碎片相互作用，可以形成一种分子量小、能耐热的物质，当把这种物质同肝细胞胞浆单独作用时，也能引起胞浆糖原分解，同肾上腺素作用于完整的肝细胞有类似效应。这个实验表明，在肾上腺素正常起作用时，它只是作用于细胞膜表面，通过某种发生在膜结构中的过程，先在胞浆中生成上述小分子物质，后者再促进糖原分解。这种小分子物质后来被证明是环一磷酸腺苷（cAMP），以后陆续发现其他许多激素都采用类似方式发挥作用，从而把激素等外来信号物质称为**第一信使**，而将胞浆内产生的 cAMP 等信号物质称为**第二信使**。导致 cAMP 产生的膜结构内部的过程颇为复杂，它至少与膜中三类特殊的蛋白质有关（图 2－6）。

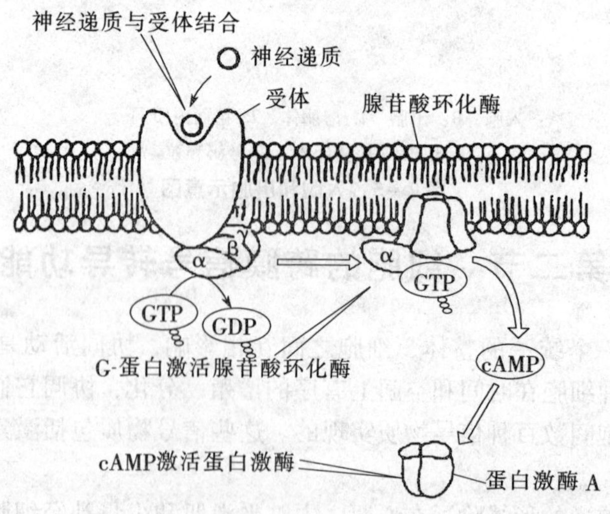

图 2－6　由 G－蛋白耦联受体实现的跨膜信号转导示意图

1. 受体蛋白　受体蛋白能够与到达膜表面的外来化学信号（第一信使）作特异性结合。已发现近 100 种类似的分子结构，其肽链至少穿膜 7 次，N 末端位于细胞膜外侧，能识别、结合特定信号分子。C 末端位于细胞膜内侧，与 G－蛋白连接，当 N 末端与特定信号分子结合后，激活 C 末端相连的 G－蛋白。

2. G－蛋白　即鸟苷酸结合蛋白。已发现数十种。通常由 α、β、γ 三个亚单位构成。α 亚单位起催化单位。G－蛋白未激活时与一分子 GDP 结合，激活的受体蛋白使 G－蛋白激活时，G－蛋白 α 亚单位与 GDP 分离，而与 GTP 结合并与 β、γ 亚单位分离激活膜内的效应器酶。

3. 膜的效应器酶　膜效应器酶激活时，使胞浆中第二信使物质的生成升高；抑制时则降低。目前发现的效应器酶主要有：**腺苷酸环化酶**，能够将 ATP 转变 cAMP；**磷脂酶 C**，将磷脂酰甘油分解产生三磷酸肌醇（IP3）和二酰甘油（DG）。其中 cAMP、三磷酸肌醇（IP3）、二酰甘油（DG）等作为第二信使，使细胞内靶蛋白磷酸化或去磷酸化，产生特定的生物学效应。此外，Ca^{2+}、cGMP 等也是许多信号传导途径中的细胞内第二信使。

通过这种方式进行跨膜信号传递的，不仅包括绝大多数肽类激素。在神经递质类物质中，除氨基酸递质以外，不论是小分子的经典递质和近 50 种神经肽类物质，都主要是以突触后细胞中产生出第二信使类物质来完成跨膜信号传递的。

三、由酪氨酸激酶受体完成的跨膜信号传递

近年来研究发现，胰岛素及表皮生长因子（EGF）、神经生长因子、成纤维细胞生长因子等多种细胞因子是通过该途径实现传递的。

酪氨酸激酶受体只有一个跨膜的 α－螺旋和一个膜内肽段。膜外肽链与特定配体结合后直接激活膜内肽链，使该肽链或其他蛋白质底物的酪氨酸残基磷酸化而引发细胞功能改变。

第三节　细胞的生长、增殖与凋亡

一、细胞的生长与增殖

细胞生长和增殖是生物体重要的基本特征之一。

细胞生长表现为细胞体积的增加，细胞干重、蛋白质、核酸含量增加均可作为衡量细胞生长的指标。此外，细胞间质的增加也是细胞生长的一种形式。

细胞增殖是指细胞数量的增加。细胞以分裂的方式进行增殖。单细胞生物，以细胞分裂的方式产生新的个体。多细胞生物，以细胞分裂的方式产生新的细胞，用来补充体内衰老和死亡的细胞；同时，多细胞生物可以由一个受精卵，经过细胞的分裂和分化，最终发育成一个新的多细胞个体。必须强调指出的是，通过细胞分裂，可以将复制的遗传物质，平均地分配到两个子细胞中去。可见，细胞增殖是生物体生长、发育、繁殖和遗传的基础。

二、细胞凋亡

1. 细胞凋亡的概念与生物学意义　细胞凋亡是一个主动的由基因决定的自动结束生命

的过程，也叫**细胞编程性死亡（PCD）**。细胞凋亡是细胞的一种生理性的、主动性的“自觉自杀行为”，犹如秋天片片树叶的“凋落”。由于这些细胞死得有规律，似乎是按编好了的“程序”进行的，所以，又称为**“程序性细胞死亡”**。细胞凋亡是一种正常的生理过程，但是细胞凋亡过多或过少都可引起疾病发生。因此，近年来对于细胞凋亡的研究已成为医学界研究的热点之一。

细胞凋亡是细胞的一种基本生物学现象，对于多细胞生物个体的正常生长发育，自稳态平衡的维持和抵御外界各种因素的干扰方面都起着十分重要的作用。通过细胞凋亡，机体可以去除不需要的或异常的细胞而不引起炎症反应，因而具有十分重要的生物学意义。

机体内每小时都有数百万细胞凋亡，而每个凋亡的细胞，几乎都有新生的细胞来取代，这样才能使组织与器官维持原状。而一旦细胞的这种生与死失去平衡，机体就会产生很多疾病。如关节炎、过敏等疾病，就是由于本该凋亡的细胞却没有按照程序死亡，该死的时候没有死掉；而艾滋病则是由于病毒的攻击，使不该死亡的淋巴细胞大批死亡，从而破坏了人体的免疫能力；神经细胞的提前死亡，则能引起老年性痴呆症。

近年来的科学研究还表明，细胞的凋亡是受细胞内部的基因所调控的，调控凋亡的基因有两类：一类是抑制凋亡的基因，另一类是启动或促进凋亡基因。科学家们只要找出这些调控基因，分析其功能，就可以找出比放疗、化疗更有效果的诱导癌细胞凋亡的药物，从而产生一种独特的新疗法。

2. 细胞凋亡的特征

（1）形态学变化　细胞凋亡的形态学变化是多阶段的，细胞凋亡往往涉及单个细胞，即便是一小部分细胞也是非同步发生的。首先出现的是细胞体积缩小，连接消失，与周围的细胞脱离，然后是细胞质密度增加，线粒体膜电位消失，通透性改变，释放细胞色素 C 到胞浆，核质浓缩，核膜、核仁破碎；胞膜有小泡状形成，膜内侧磷脂酰丝氨酸外翻到膜表面，胞膜结构仍然完整，最终可将凋亡细胞遗骸分割包裹为几个凋亡小体，无内容物外溢，因此，细胞凋亡并不引起周围的炎症反应，凋亡小体可迅速被周围专职或非专职吞噬细胞吞噬。

（2）生物化学变化　细胞凋亡的一个显著特点是细胞染色体的 DNA 降解，这是一个较普遍的现象。这种降解非常特异并有规律，所产生的不同长度的 DNA 片段为 180 ~ 200bp 的整倍数，提示染色体 DNA 恰好是在核小体与核小体的连接部位被切断，产生不同长度的寡聚核小体片段，实验证明，这种 DNA 的有控降解是一种内源性核酸内切酶作用的结果。此外，在细胞凋亡的过程中往往还有新的基因的表达和某些生物大分子的合成作为调控因子。如在糖皮质激素诱导鼠胸腺细胞凋亡过程中，加入 RNA 合成抑制剂或蛋白质合成抑制剂即能抑制细胞凋亡的发生。

第四节　细胞的兴奋性和生物电现象

一、细胞的兴奋性

1. 细胞的兴奋性含义　19 世纪中后期实验发现：某些组织或细胞受到一些外界刺激时有发生反应的能力，称为兴奋性。尽管事实上，几乎所有活组织或细胞都具有兴奋性，只是反应的灵敏度和反应的表现形式有所不同。但在各种动物组织中，一般以神经和肌细胞，以及某些腺细胞表现出较高的兴奋性，因此，习惯上将它们称为**可兴奋细胞**或**可兴奋组织**。

进一步研究发现，组织细胞受到刺激时，其内部的新陈代谢都将发生相应的改变，于是就把组织细胞受到刺激时发生新陈代谢改变的特性称为**兴奋性**，而组织细胞受到刺激后，由相对静止或活动较弱的状态变为活动的或活动增强的过程，称为**兴奋**；反之，则称为**抑制**。

随着电生理技术的发展和实验资料的积累，发现虽然细胞组织兴奋时表现各不相同，但却都首先表现为膜电位改变，产生动作电位，并且是表现其他功能的前提或触发因素。因此在近代生理学中，**兴奋性**被理解为细胞在受刺激时产生动作电位的能力。而**兴奋**就是指产生了动作电位，或者说产生了动作电位才是兴奋。

2. 刺激和反应的关系 能引起组织细胞发生反应的各种内外环境因素统称为**刺激**。组织细胞受到刺激后发生的功能活动的改变称为反应，反应包括兴奋和抑制两种形式。但是，并不是所有的刺激都能引起组织细胞发生反应，刺激要引起组织细胞产生反应必须具备以下条件。

（1）适宜的刺激强度 刺激必须达到一定强度才能引起组织细胞发生反应。能引起组织细胞发生反应的最小刺激强度称为刺激阈。等于刺激阈的刺激称为**阈刺激**；低于刺激阈的刺激称为**阈下刺激**；反之称为**阈上刺激**。刺激阈高低与组织细胞兴奋性有关，兴奋性越高，则刺激阈越低；兴奋性越低，则刺激阈越高。

（2）适宜的刺激时间 刺激作用于组织细胞必须达到一定时间才能引起反应。时间过短，则不能引起细胞发生反应，但时间过长，也会引起组织细胞适应而反应减弱或消失。

（3）刺激强度对时间的变化率 在一定范围内，引起兴奋的强度对时间呈反变关系，即刺激强度越大，所需时间越短，反之亦然（图 2－7）。当刺激持续时间超过一定的限度时，时间因素不再影响强度阈值，或者说，存在一最低的或最基本的阈强度，称为**基强度**。当刺激强度为基强度的 2 倍时，刚能引起反应所需的最短刺激持续时间为时值。

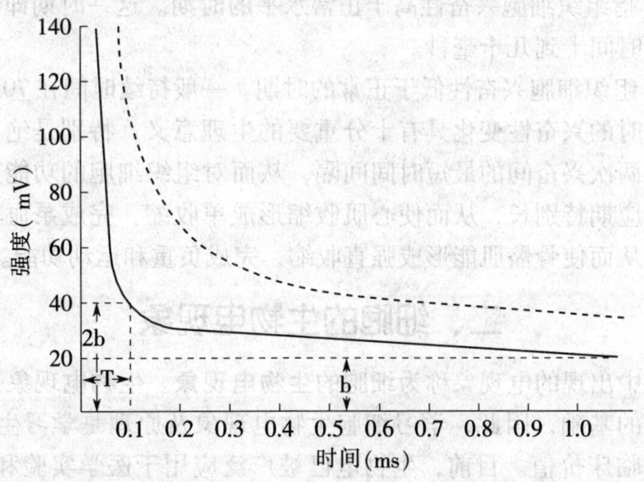

b. 基强度 T. 时值

图 2－7 强度－时间曲线

3. 组织兴奋时兴奋性的变化 在细胞接受一次刺激而出现兴奋的当时和以后的一个短时间内，它们的兴奋性将经历一系列有规律的变化，然后才恢复正常。一般而言，细胞发生一次兴奋后，其兴奋性依次经历以下 4 个时期（图 2-8）。

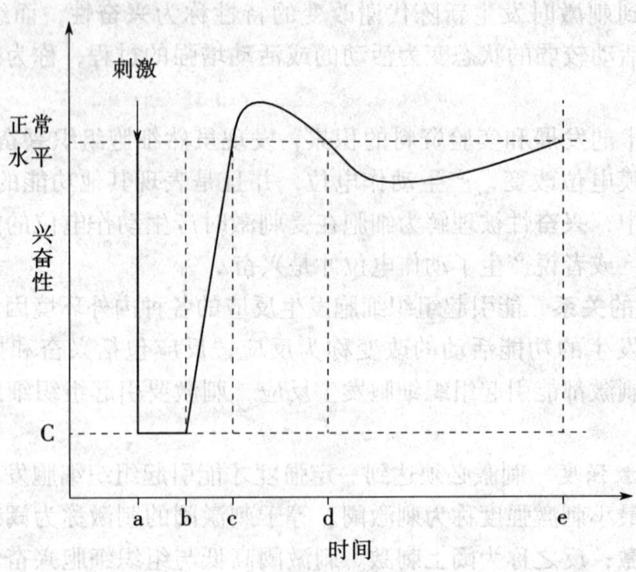

ab：绝对不应期 bc：相对不应期 cd：超常期 de：低常期

图 2-8 组织兴奋时兴奋性的变化示意图

(1) 绝对不应期 指组织细胞兴奋性暂时消失，对任何刺激都不能发生反应的时期。一般绝对不应期持续时间为 0.3～0.5ms。

(2) 相对不应期 指组织细胞兴奋性逐渐恢复但尚低于正常水平的时期。阈上刺激可以引起组织细胞发生反应。相对不应期一般持续时间为 0.5～1.0ms。

(3) 超常期 指组织细胞兴奋性高于正常水平的时期。这一时期即使阈下刺激也能引起反应。一般持续时间十到几十毫秒。

(4) 低常期 组织细胞兴奋性低于正常的时期。一般持续时间在 70ms 以内。

组织细胞兴奋时的兴奋性变化具有十分重要的生理意义，特别是绝对不应期，它的长短决定了组织细胞两次兴奋间的最短时间间隔，从而对组织细胞的功能产生重要影响。如心室肌细胞绝对不应期特别长，从而使心肌收缩形成单收缩，完成泵血功能。而骨骼肌绝对不应期特别短，从而使骨骼肌能形成强直收缩，完成负重和运动功能。

二、细胞的生物电现象

细胞生命活动中出现的电现象称为**细胞的生物电现象**。生物电现象是细胞的基本特性之一，是细胞兴奋的基础，因此，学习细胞生物电现象及原理是学习生理学的重要基础，同时也具有重要的临床价值。目前，生物电已被广泛应用于医学实验和临床，如心电图、脑电图等生物电在相关疾病的诊断中起着十分重要的作用。细胞的生物电现象有**静息电位**和**动作电位**两种表现形式。

（一）静息电位

1. 静息电位的概念　**静息电位**，也称**膜电位**，指细胞未受刺激时，存在于细胞膜内外两侧的电位差。

细胞静息电位表现为同侧表面上各点间电位相等，内外两侧存在电位差，且所有动物细胞均为外正内负状态。如规定膜外电位为 0，则膜内电位一般在 -10 ~ -100mV。如枪乌贼巨大神经轴突及蛙骨骼肌细胞静息电位为 -50 ~ -70mV，哺乳动物神经细胞和肌细胞为 -70 ~ -90mV。

细胞在静息状态下呈外正内负的状态称为**极化**。

2. 静息电位的产生机制　Bernstein 在 1902 年最早提出了**膜学说**来解释生物电现象，他认为，膜内外两侧内外离子分布的不均衡性和在静息状态下细胞膜主要对钾离子有通透性是产生静息电位的基础。如下表所示，细胞内阳离子主要是 K^+，其浓度是细胞外的 39 倍，而细胞外阳离子主要是 Na^+，其浓度是细胞内的 12 倍。细胞内阴离子主要是有机离子（A^-），其中，主要是蛋白质离子，而细胞外阴离子主要是 Cl^-，有机离子极少。如果细胞膜允许这些离子自由通过的话，将顺浓度差产生 K^+、A^- 的外向流和 Na^+、Cl^- 的内向流，但细胞在静息状态下，细胞膜对 K^+ 有较大通透性，对 Na^+ 通透性很小，仅为 K^+ 的 1/100 ~ 1/50，而对 A^- 几乎没有通透性。因此，在静息状态下，K^+ 不断外流，而 A^- 不能随之外流，这样就形成了膜外正电荷越来越多而膜内负电荷越来越多的外正内负的极化状态，但 K^+ 外流并不能无限制的进行下去，因为随着 K^+ 外流形成的外正内负的电场力会阻止 K^+ 外流。当浓度差形成的促进 K^+ 外流的力量与电场力形成的阻止 K^+ 外流的力量达到平衡时，K^+ 的净移动就会等于零，因此，静息电位主要是 K^+ 的平衡电位。

表　哺乳动物骨骼肌细胞内外离子的浓度（mmol/L）

离子	细胞内	细胞外	细胞内外浓度比
K^+	155	4	39∶1
Na^+	12	145	1∶12
Cl^-	3.8	120	1∶31
A^-	155		

（二）动作电位（AP）

1. 动作电位的概念及过程　**动作电位**是指可兴奋细胞受到刺激而兴奋时的膜电位变化过程。动作电位是细胞处于兴奋状态的标志。

由图 2 -9 可见，当细胞受到刺激时，膜电位发生迅速变化，首先，膜内电位迅速升高，从 -70mV 升高到 0mV，极化状态逐渐减弱以至消失称为**去极化**，进而膜内电位继续升高，从 0mV 升高至 +30mV，使膜电位变为内正外负状态称为**反极化**或**超射**。去极化过程和反极化过程共同构成动作电位的上升支，历时约 0.5ms。一般为叙述简便，常把去极化和反极化统称为**去极化**或**除极化**。去极化至顶点后，动作电位迅速下降，膜电位又回到外正内负的极化状态称为**复极化**。复极化过程构成动作电位的下降支。在动作电位过程中，其主要部分电位曲线呈尖峰状，习惯称为**峰电位**，共需 0.5 ~ 1.0ms。峰电位产生是细胞兴奋的标志。在复极化末期，膜电位发生微小而缓慢的电位波动，称为后电位，包括负后电位和正后电位。后电位一般时程比较长，约为44ms。

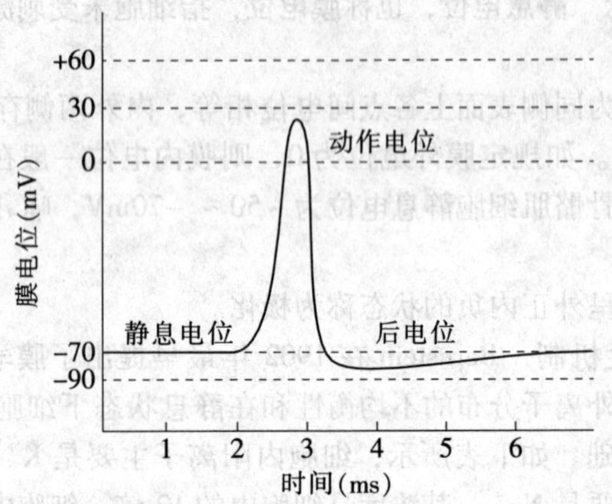

图 2-9 动作电位期间膜电位的变化

细胞的动作电位与它兴奋时兴奋性的周期性变化有一定的时间关系，一般峰电位相当于绝对不应期，负后电位前段相当于相对不应期，负后电位后段相当于超常期，正后电位相当于低常期（图2-10）。

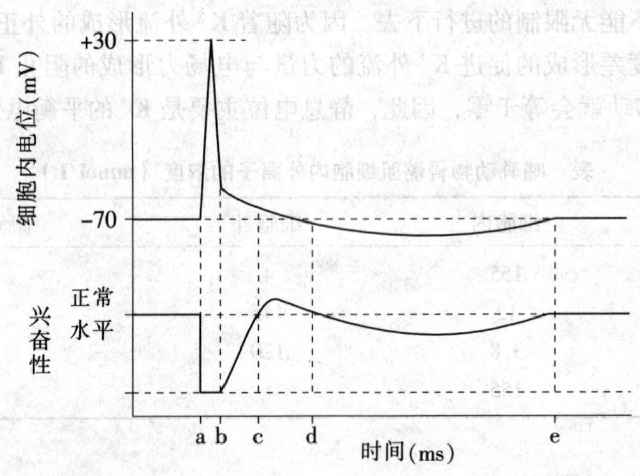

ab：峰电位——绝对不应期　bc：负后电位的前部分——相对不应期

cd：负后电位的后部分——超常期　de：正后电位——低常期

图 2-10 动作电位与兴奋性变化的时间关系

2. 动作电位的产生机制 动作电位的产生机制也用膜学说来解释。当刺激作用于细胞膜，使膜电位达到一定程度时，钠通道被激活而大量开放，使 Na^+ 通透性突然增大，引起 Na^+ 大量内流产生去极化和反极化，直至达到 Na^+ 的平衡电位，构成峰电位的上升支。之后钠通道迅速失活而关闭，K^+ 通道（不同于静息时的 K^+ 通道）迅速开放引起 K^+ 迅速外流而引起复极化，形成峰电位的下降支。在复极化期末，膜电位的数值虽然已经恢复到接近静息电位水平，但细胞内外离子的浓度差已发生变化。细胞每兴奋一次或每产生一次动作电位，细胞内 Na^+ 浓度的增加及细胞外 K^+ 浓度的增加都是十分微小的变化，但是，足以激活细胞膜上的钠泵，使钠泵加速运转，逆着浓度差将细胞内多余的 Na^+ 主动转运至细胞外，将细胞外多余的 K^+ 主动转运入细胞内，从而使细胞内外的 Na^+、K^+ 离子分布恢复到原先的静息水平，这个过程引起膜电位的微小波动，即产生后电位。

（三）细胞兴奋的产生和传导

1. 细胞兴奋的产生　细胞产生动作电位的过程称为兴奋。刺激作用于细胞，并不一定能引起细胞产生动作电位，只有当刺激使膜电位去极化至某一临界值时，才能引起钠通道大量开放而产生动作电位，该临界值称为**阈电位（TP）**。阈电位一般比静息电位低 10 ~ 20mV。一般来说，细胞兴奋性的高低与细胞的静息电位和阈电位的差值成反变关系，即差值越小，细胞的兴奋性越高；差值越大，细胞的兴奋性越低。

能引起细胞产生动作电位的最小刺激强度称为**刺激阈（阈强度）**，其本意就是能使膜的静息电位去极化达到阈电位的刺激强度。超过阈强度后，细胞动作电位并不随刺激强度的增加而改变，这种现象称为动作电位的**"全或无"**现象。

比阈强度弱的刺激称为**阈下刺激**。单个阈下刺激不能引起细胞产生动作电位，但也会引起少量的 Na^+ 内流，产生低于阈电位的去极化电位，且只局限于受刺激的部位，这种电位称为**局部电位**，在受刺激局部产生的微弱的去极化反应称为**局部反应**（图 2－11）。局部反应具有以下特点：①电位幅度小且不能向外远距离传播；②无"全或无"现象，局部反应随着刺激强度增加而增强；③有总和作用，即先后连续多次阈下刺激产生的局部电位（时间总和）或多个阈下刺激同时刺激相邻部位产生的局部电位（空间总和）具有累加作用，当多个局部电位累加达到阈电位时，就可以引发细胞产生动作电位。因此，动作电位可以由一次阈刺激或阈上刺激引起，也可由多个阈下刺激产生的局部电位的总和而引起。

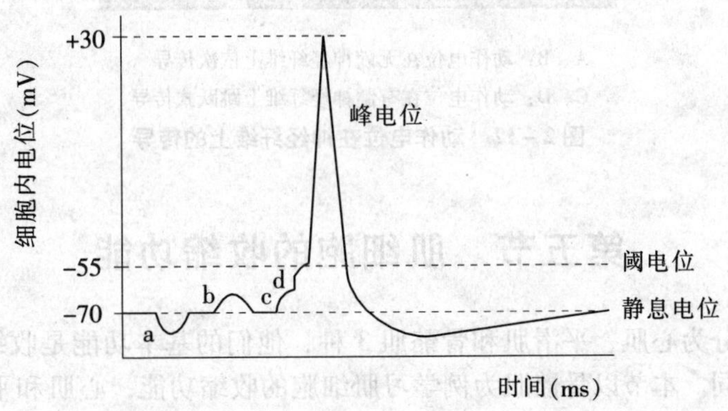

a：超极化　b：局部去极化　c、d：局部去极化的时间总和

图 2－11　刺激引起膜超极化、局部反应及其时间总和

2. 兴奋的传导　**兴奋的传导**是指在细胞膜的任何一个部位产生动作电位后，都能沿细胞膜传播，使整个细胞膜兴奋的现象。

兴奋的传导的机制用局部电流学说来解释。下面以无髓神经纤维为例加以说明。如图 2－12 中 A、B 所示，当细胞任何一处产生动作电位而反极化时，与它相邻的未兴奋部位产生电位差，从而产生由正电位向负电位的电流流动即局部电流，其中，在膜外侧，电流由未兴奋部位流向兴奋部位，在膜内侧，电流由兴奋部位流向未兴奋部位。结果使相邻的未兴奋部位的膜内电位升高，而膜外电位下降，即产生去极化，当去极化达到阈电位时，即可触发相邻未兴奋部位爆发动作电位，使之变成新的兴奋点。这样使动作电位进一步通过局部电流迅速向两侧传播，直至整个细胞膜都产生动作电位为止。由于无髓神经纤维动作电位的传导是从兴奋部位依次传遍整个细胞膜，故传导速度较慢。

有髓神经纤维的髓鞘具有绝缘作用，动作电位只能在没有髓鞘的郎飞氏结处进行。传导时，已经兴奋的郎飞氏结和相邻未兴奋的郎飞氏结之间产生局部电流，使相邻未兴奋的郎飞氏结产生动作电位，这样动作电位就从一个郎飞氏结传给相邻的郎飞氏结，称为**跳跃式传导**（图 2－12 中 C、D 所示）。这种传导方式使兴奋传导速度大大加快，且更加节能，是一种经济、高效的传导方式。

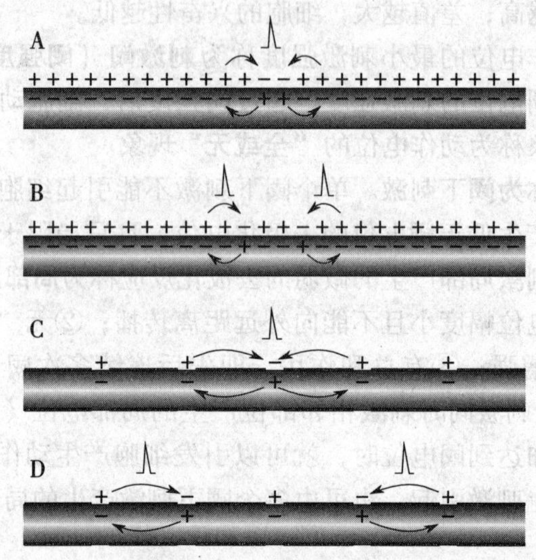

A、B：动作电位在无髓神经纤维上依次传导

C、D：动作电位在有髓神经纤维上跳跃式传导

图 2－12　动作电位在神经纤维上的传导

第五节　肌细胞的收缩功能

机体的肌肉分为心肌、平滑肌和骨骼肌 3 种，他们的基本功能是收缩，3 种肌细胞的收缩原理基本相同。本节以骨骼肌为例学习肌细胞的收缩功能，心肌和平滑肌的生理特点将分别在血液循环和消化与吸收章节中介绍。

一、骨骼肌的收缩机理

（一）骨骼肌的结构特征

骨骼肌与收缩有关的结构主要包括肌原纤维和肌管系统（图 2－13）。

1. 肌原纤维和肌小节　骨骼肌细胞内含有大量的肌原纤维，这是肌细胞收缩的结构基础。肌原纤维平行排列，纵贯肌细胞全长。在显微镜下观察，肌原纤维呈明暗相间的节段，分别称为**明带（I 带）**和**暗带（A 带）**。I 带中央有一条与肌原纤维垂直的较暗的线称为 **Z 线**，A 带中央有一条亮纹叫 **H 带**，其中央也有一条横线称为 **M 线**。在肌原纤维上相邻两条 Z 线之间的部分称为**一个肌小节**，每个肌小节是由一个位于中间的暗带和两侧各1/2

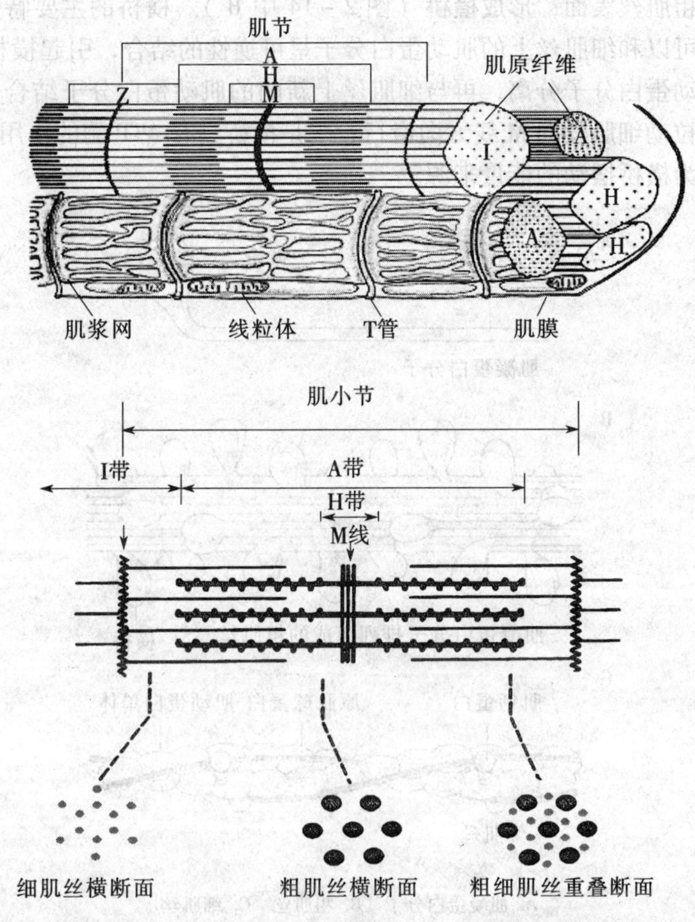

图2－13　骨骼肌细胞的肌原纤维和肌管系统模式图

的明带所组成。肌小节是骨骼肌结构和功能的基本单位。

2. 肌管系统　肌管系统包括横管系统和纵管系统。

（1）横管系统（T管）　由肌膜在A－I带交界处向内凹陷而成的垂直深入肌细胞内部的横行管道。横管走向与肌原纤维垂直，其作用是将肌膜上的电兴奋传入肌细胞深部。

（2）纵管系统（L管）　与肌原纤维平行，为沿肌原纤维长轴纵行排列的滑面内质网，末端在A－I带交界处膨大称为**终末池**，终末池是细胞内Ca^{2+}储存库，故又称**钙池**。终末池通过对钙的储存、释放和再积聚，来触发和终止肌原纤维的收缩。横管系统和纵管系统交界处，以横管为中心，加上它两侧各一个终末池形成**三联管结构**。三联管结构是兴奋和收缩耦联的结构基础，它可以把从横管传来的兴奋信息（动作电位）和终末池释放Ca^{2+}联系起来，完成横管向纵管的信息传递。而终末池释放的Ca^{2+}则是引起肌肉收缩的直接因子。

（二）肌原纤维的超微结构

在电子显微镜下肌原纤维由大量肌丝组成，包括粗肌丝和细肌丝两种。

1. 粗肌丝　粗肌丝主要由许多肌球蛋白（又称肌凝蛋白）所组成。每个肌球蛋白分子分为杆部和头部两部分（图2－14中A），其杆部朝向M线，呈束状排列，而它的头部则规律地分布在粗肌丝表面，形成**横桥**（图 2－14 中 B）。横桥的主要特性有二：一是横桥在一定条件下可以和细肌丝上的肌动蛋白分子呈可逆性的结合，引起横桥向 M 线方向的摆动，继而与肌动蛋白分子分离，再与细肌丝上新的的肌动蛋白分子结合，这样产生同方向连续的摆动，拉动细肌丝向 M 线方向滑行；二是横桥具有 ATP 酶的作用，可以分解 ATP 而获得能量，作为横桥摆动的能量来源。

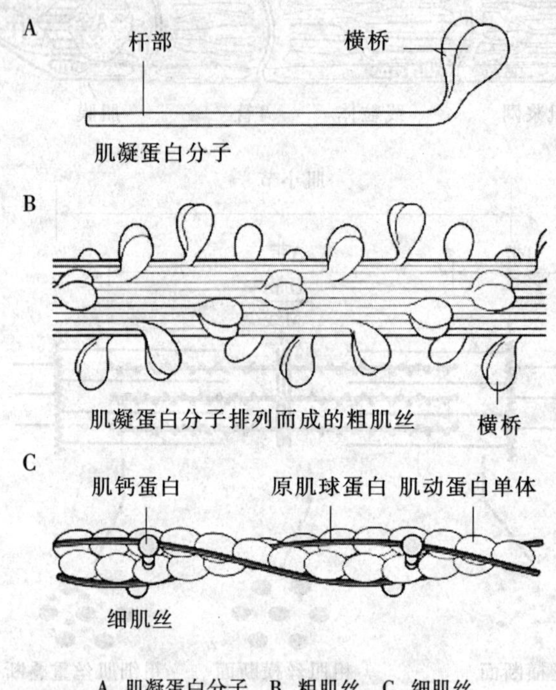

A. 肌凝蛋白分子　B. 粗肌丝　C. 细肌丝

图 2－14　肌丝分子结构示意图

2. 细肌丝　细肌丝由 3 种蛋白质分子组成，即肌动蛋白（又叫肌纤蛋白）、原肌球蛋白（又叫原肌凝蛋白）和肌钙蛋白（又叫原宁蛋白）（图 2－14 中 C）。许多肌动蛋白分子聚合成双螺旋状，组成细肌丝的主体，其上有与横挢结合的位点，它能与横桥结合并激活其 ATP 酶，引起肌丝滑行。原肌球蛋白分子也形成双螺旋状机构，缠绕在肌动蛋白上。肌肉安静时，正好位于肌动蛋白和横桥之间，阻碍二者的结合。肌钙蛋白是有 3 个亚单位的球形蛋白质分子，结合在原肌球蛋白上，其作用是与 Ca^{2+} 结合并使原肌球蛋白分子构象改变和位移，暴露肌动蛋白与横桥的结合位点，使肌动蛋白与横桥结合，引起肌肉收缩。

肌动蛋白和肌球蛋白与肌丝滑行有直接的关系，故被称为**收缩蛋白**。而原肌球蛋白和肌钙蛋白虽然不直接参加肌细胞收缩，但是它们对收缩过程起着重要的调控作用，故合称**调节蛋白**。

（三）骨骼肌收缩的机理

动物所有骨骼肌的活动，都是在中枢神经系统控制下完成的。从运动神经元的兴奋到肌肉的收缩共包括 3 个过程：首先，中枢神经系统发出的指令以神经冲动（动作电位）的形式，沿躯体运动神经传导，并传递给肌细胞，这个过程称为**神经－肌肉间的兴奋传递**；其次，肌细胞膜表面的动作电位通过肌细胞的三联管结构传到肌细胞内部，触发信息物质

Ca^{2+}从肌浆网释放到肌浆，并将信息传递给肌浆内调节蛋白，这一过程称为**兴奋－收缩偶联**；最后，肌浆中高浓度Ca^{2+}通过肌浆内调节蛋白，触发收缩蛋白的结合，并使肌肉收缩。

1. 神经肌肉间的兴奋传递

（1）神经－肌肉接头的结构　运动神经元是通过神经—肌肉接头将神经冲动传递给骨骼肌。运动神经纤维末梢和肌细胞（即肌纤维）相接触的部位，称为**神经－肌肉接头**或**运动终板**。一条运动神经纤维末梢，进行反复分支，每一分支都支配一条肌纤维。当某一神经元兴奋时，其冲动可引起它所支配的全部肌纤维收缩。每个运动神经元和它所支配的全部肌纤维，称为**一个运动单位**。

如图2－15所示，当神经分支的末端接近肌纤维时，失去髓鞘，末梢膨大，以裸露的神经末梢嵌入到肌细胞膜的凹陷中，形成神经—肌肉接头。在神经末梢中含有大量囊泡，称为**接头小泡**，接头小泡内含有大量乙酰胆碱（ACh）分子。神经—肌肉接头由接头前膜、接头后膜、接头间隙三部分组成。接头前膜是运动神经末梢嵌入肌细胞膜的部位，即神经轴突的细胞膜。接头后膜（也叫终板膜）是与接头前膜相对应的肌细胞膜。它较一般肌细胞膜厚，并有规则的向细胞内凹陷，形成许多皱褶之中，从而扩大与接头前膜的接触面积，利于兴奋传递。在接头后膜上有能与ACh特异性结合的N型乙酰胆碱受体，现已证明，它们是一些化学门控通道，具有能与乙酰胆碱特异性结合的亚单位和附着其上的胆碱酯酶。接头前、后膜之间有200Å的间隙，称为**接头间隙**。接头间隙与细胞外液相通。

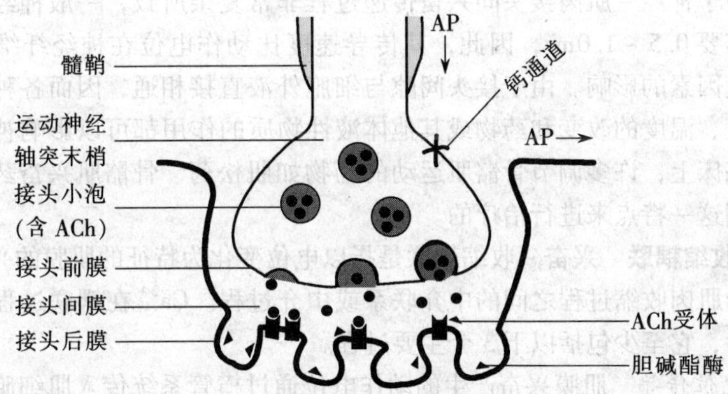

图2－15　神经－骨骼肌接头的结构及其传递过程示意图

（2）神经－骨骼肌接头处兴奋传递的过程　在安静状态时，神经末梢只有少数囊泡随机进行自发释放，通常不足以引起肌细胞的兴奋。如图2－15所示，当神经冲动传到运动神经末梢时，立即引起轴膜去极化，改变轴膜对Ca^{2+}的通透性，使细胞外液中的Ca^{2+}进入轴突内，触发囊泡移向前膜，并与接头前膜融合、破裂，将囊泡内ACh一次性全部释放到接头间隙中，称为**量子式释放**。ACh通过接头间隙扩散到达接头后膜时，立即与N型乙酰胆碱受体结合，并使它的通道结构开放。通道开放时，允许Na^+、K^+等通过，引起Na^+的跨膜内流和K^+的跨膜外流，但是以Na^+的内流为主，导致接头后膜的去极化。这一终板膜的去极化，称为**终板电位（EPP）**。终板电位以电紧张的形式引起终板膜临近的一般肌纤维膜电压门控通道－钠通道大量开放，导致Na^+大量内流而爆发动作电位并传遍整个肌细胞，引起肌细胞兴奋，从而完成一次神经与骨骼肌之间的兴奋传递。终板电位属于局部电位，不表现“全或无”的特性，而具有总和作用。它的大小与接头前膜释放的 ACh 多少呈正变关系。

在轴突末梢释放的乙酰胆碱，一般在 1～3ms 内就被受体附近的胆碱酯酶破坏。每个神经冲动传到末梢，只释放一次递质，也只能与受体发生一次结合，并产生一次终板电位和动作电位，所以神经冲动与动作电位以 1∶1 的传递方式进行，这是神经肌肉间兴奋传递的一个重要规律。它不同于中枢神经系统内的突触传递，对于肌肉能够准确完成适应性收缩反应极为重要。如果胆碱酯酶被破坏，则会导致乙酰胆碱在接头间隙积聚，使骨骼肌细胞发生持续的兴奋和收缩而发生痉挛。临床上有机磷中毒的发病机理就主要是通过破坏胆碱酯酶活性而引起的。

（3）*神经－肌肉接头间兴奋传递的特点*　神经－肌肉接头间兴奋传递与动作电位在神经纤维上传导不同，它具有以下特点：①1∶1 传递。即运动神经每兴奋一次，骨骼肌就兴奋和收缩一次。这主要是由于在正常情况下，运动神经一次冲动引起 ACh 释放所形成终板电位，一般都大于引起肌细胞兴奋的阈电位的 3～4 倍，因此，神经每兴奋一次，足以引起肌细胞的兴奋一次；另一方面，每次神经冲动释放的 ACh，在它发挥完作用后 1～2ms 内即被存在于间隙和接头后膜上的胆碱酯酶分解而失效，以免再次作用于 N 受体，影响下次神经冲动到来时的效应；②单向传递。即兴奋只能从接头前膜传向接头后膜，而不能从接头后膜传向接头前膜；③时间延搁。即神经－肌肉接头间兴奋传递速度较慢，耗时较长的现象。这主要是由于神经－肌肉接头间兴奋传递过程非常复杂所致，一般神经－肌肉接头间一次兴奋传递需要 0.5～1.0ms，因此，其传导速度比动作电位在神经纤维上传导要慢得多；④易受环境因素的影响。由于接头间隙与细胞外液直接相通，因而各种环境因素如细胞外液的酸碱度、温度的改变和药物或其他体液性物质的作用都可以影响神经－肌接头处的兴奋传递。临床上，许多调节骨骼肌运动的药物如肌松药、骨骼肌兴奋药、胆碱酯酶复活剂等都是利用这一特点来进行治疗的。

2. 兴奋－收缩耦联　兴奋－收缩耦联是指以电位变化为特征的肌膜的兴奋过程和以肌丝滑行为基础的肌肉收缩过程之间的中介联系或中介过程。Ca^{2+} 在耦联过程中起了关键性作用。目前认为，它至少包括以下 3 个主要过程。

（1）*动作电位传导*　肌膜兴奋产生的动作电位通过横管系统传入肌细胞内部，到达三联管结构和每个肌小节。

（2）*兴奋在三联管部位的传递*　兴奋到达横管时，激活横管膜上的 L－型钙通道，使之发生变构和移位，解除对终末池膜上钙通道的阻塞，使之开放，从而使终末池内的 Ca^{2+} 大量进入肌浆内，引起肌丝滑行。

（3）*纵管系统（肌质网）中 Ca^{2+} 的贮存释放和再积聚*　Ca^{2+} 进入细胞浆内，引起肌丝滑行后，在肌质网膜上的钙泵（Ca^{2+}－Mg^{2+}－ATP 酶）作用下，将肌浆内的 Ca^{2+} 迅速泵回到肌浆网内，使肌浆内 Ca^{2+} 浓度下降，肌肉舒张。

3. 骨骼肌收缩　根据骨骼肌的微细结构的形态特点以及它们在肌肉收缩时的改变，Huxley 等在 20 世纪 50 年代初就提出了用肌小节中粗、细肌丝的相互滑行来说明肌肉收缩的机制，被称为**滑行学说**。其主要内容是：肌肉收缩时虽然在外观上可以看到整个肌肉或肌纤维的缩短，但是，在肌细胞内并无肌丝或它们所含的蛋白质分子结构的缩短，而只是在每一个肌小节内发生了细肌丝向粗肌丝之间的滑行，亦即由Z线发出的细肌丝在某种力量的作用下主动向暗带中央移动，结果各相邻的Z线都互相靠近，肌小节长度变短，造成整个肌原纤维、肌细胞、乃至整条肌肉长度的缩短（图2－16）。

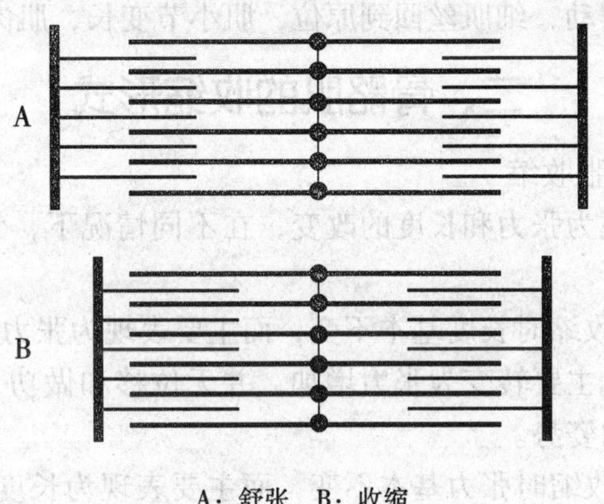

A：舒张 B：收缩

图2－16 肌丝滑行示意图

从分子水平来说，滑动的基本过程是：如图2－17中A所示，肌肉处于舒张状态时，原肌球蛋白正好位于肌动蛋白和横桥结合位点之间，阻碍二者的结合。肌细胞产生动作电位引起肌浆中Ca^{2+}浓度升高时，Ca^{2+}与肌钙蛋白结合，肌钙蛋白及原肌凝蛋白相继发生构象改变，位阻效应解除，将肌动蛋白上的结合位点暴露出来，使横桥与之结合，激活横桥的ATP酶，分解ATP放出能量，使横桥发生摆动，将细肌丝往粗肌丝中央方向（M线）拖动。经过横桥与肌动蛋白的结合、摆动、解离和再结合、再摆动所构成的横桥循环过程，细肌丝不断向M线滑行，肌小节缩短（图2－17中B）。

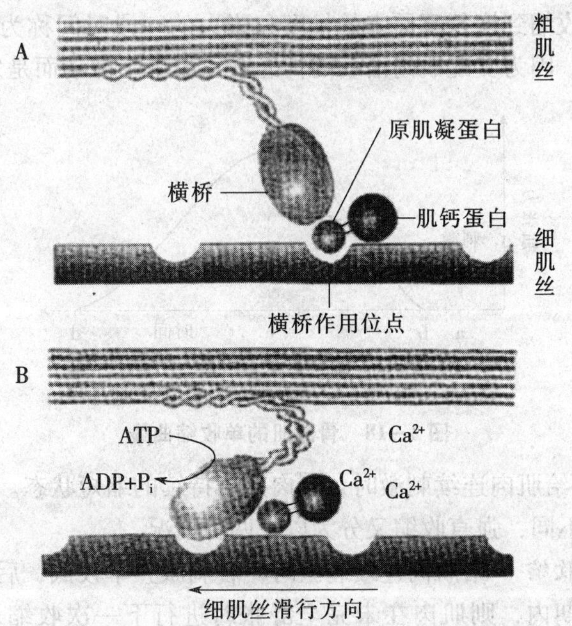

A：肌舒张 B：肌收缩

图2－17 肌丝滑行机制示意图

Ca^{2+}进入细胞浆内，引起肌丝滑行后，在肌浆网膜上的钙泵（$Ca^{2+}-Mg^{2+}-ATP$酶）作用下，将肌浆内的Ca^{2+}迅速泵回到肌浆网内，使肌浆内Ca^{2+}浓度下降，Ca^{2+}与肌钙蛋白分离，原肌球蛋白分子构象恢复、复位又位于肌动蛋白和横桥结合位点之间，使横桥与肌动蛋白分离，横桥停止摆动，细肌丝回到原位，肌小节变长，肌肉舒张。

二、骨骼肌的收缩形式

（一）等长收缩和等张收缩

骨骼肌收缩时，表现为张力和长度的改变，在不同情况下，骨骼肌收缩有不同的表现形式。

1. 等长收缩 肌肉收缩时长度基本不变，而主要表现为张力的增加称为**等长收缩**。肌肉等长收缩所消耗的能量主要转变为张力增加，并无位移和做功，因此，等长收缩的主要作用在于维持机体一定的姿势。

2. 等张收缩 肌肉收缩时张力基本不变，而主要表现为长度发生缩短称为**等张收缩**。肌肉等张收缩所消耗的能量主要转变缩短肌肉及移动负荷而完成一定的功。

机体内骨骼肌的收缩大多数情况下是混合式收缩，既有张力增加，又有长度缩短，且总是张力增加在前，长度缩短在后。

（二）单收缩和强直收缩

运动神经元发放的冲动频率会影响骨骼肌的收缩形式和收缩强度。

1. 单收缩 肌肉受到一次刺激所引起的一次收缩，称为**单收缩**。单收缩包括潜伏期、缩短期和舒张期3个时期（图2-18）。从给予刺激到肌肉开始收缩的一段时间，称为**潜伏期**。在此期间，肌肉发生着兴奋—收缩耦联的复杂过程。从肌肉开始收缩到收缩达到最大限度的一段时间称为**缩短期**。在此期间，肌肉内发生肌丝滑行，产生张力和缩短的主动过程。从肌肉最大限度收缩到恢复至原来的长度和张力的一段时间称为**舒张期**。在正常机体内一般不发生单收缩，因为支配肌肉活动的神经不发放单个冲动而是发放一连串的冲动。

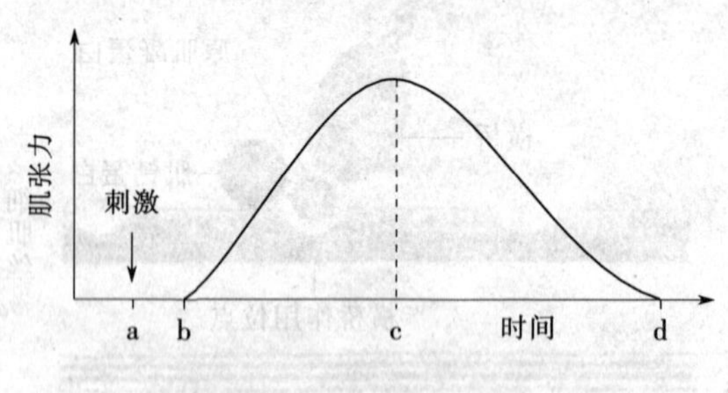

ab：潜伏期　bc：缩短期　cd：舒张期

图2-18　骨骼肌的单收缩曲线

2. 强直收缩 在给肌肉连续刺激时，肌肉处于持续的缩短状态。这种收缩称为**强直收缩**。根据刺激频率的不同，强直收缩又分为以下两种情况。

（1）不完全强直收缩　给肌肉连续刺激时，若刺激频率较低，后一次刺激落在前一刺激所引起收缩的舒张期内，则肌肉在未完全舒张时进行下一次收缩，形成锯齿状收缩曲线，称为**不完全强直收缩**（图2-19中A、B）。一般不完全强直收缩的幅度大于单收缩的幅度，这是由于收缩的总和作用引起的。

(2) 完全强直收缩　给肌肉连续刺激时，若刺激频率较高，后一次刺激落在前一刺激所引起收缩的缩短期内，则肌肉没有舒张时进行下一次收缩，形成平滑的收缩曲线，称为**完全强直收缩**（图2-19中C）。一般完全强直收缩的幅度大于单收缩和不完全强直收缩的幅度，因而可以产生更大的收缩效果。通常所说的强直收缩是指完全强直收缩。

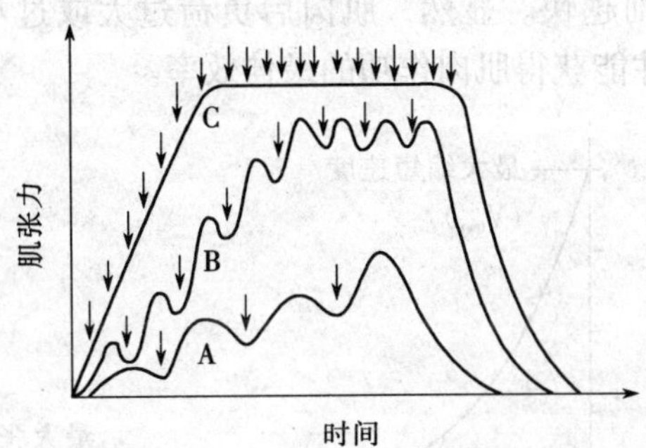

A、B：不完全强直收缩曲线　C：完全强直收缩曲线（曲线上的箭头表示刺激）

图2-19　骨骼肌强直收缩曲线

在生理条件下，支配骨骼肌的传出神经总是发生连续的冲动，所以，骨骼肌的收缩都是强直收缩。

三、影响骨骼肌收缩的因素

影响骨骼肌收缩的因素主要有前负荷、后负荷和肌肉的收缩能力。

1. 前负荷　前负荷是指肌肉收缩前所承受的负荷。前负荷决定了肌肉在收缩前的长度，亦即肌肉的初长度，因而初长度可以作为前负荷的观测指标。从图2-20可以看出，在一定范围内，肌张力和肌肉的初长度成正变关系，肌肉初长度越大，肌张力越大。当肌肉初长度增加到一定程度时，产生最大肌张力。使肌肉产生最大肌张力的肌肉前负荷称为**最适前负荷**，此时的肌肉初长度称为**最适初长度**。但是，当超过最适前负荷后，肌张力和肌肉的初长度成反变关系，肌肉初长度越大，肌张力则越小。

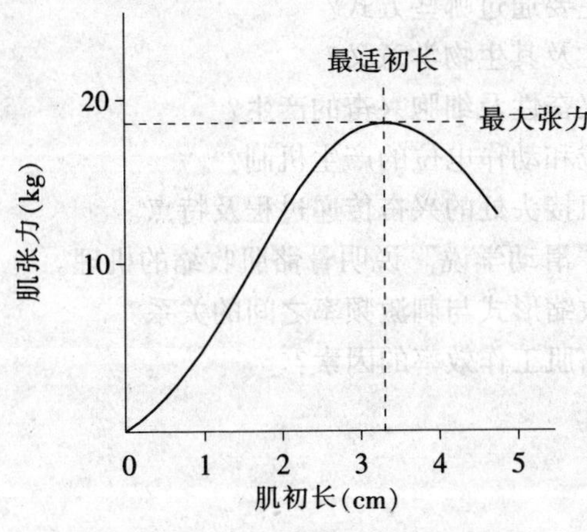

图2-20　肌初长对肌张力的影响

2. 后负荷 后负荷是指肌肉开始收缩时才遇到的负荷。它是肌肉收缩的阻力。肌肉在有后负荷的情况下收缩，总是先有张力的增加以克服后负荷的阻力，然后才有长度的缩短。当肌肉处于最适初长度时，改变后负荷，测得在不同后负荷情况下肌肉收缩产生的张力－速度曲线（图2－21），该曲线类似双曲线，表明二者成反变关系，即后负荷越小，则肌张力越小，但收缩速度则越快。显然，肌肉后负荷过大或过小都会降低肌肉的作功效率，因而，适当的后负荷才能获得肌肉作功的最佳效率。

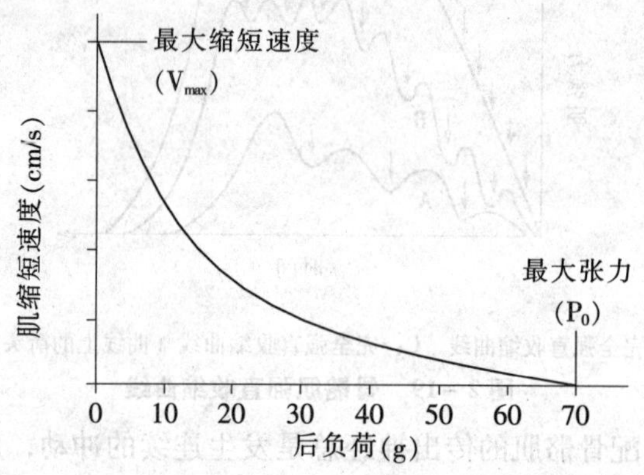

图2－21 骨骼肌张力－速度关系曲线

3. 肌肉的收缩能力 肌肉收缩能力是指与负荷无关的、决定肌肉收缩效能的内在特性。它主要取决于兴奋—收缩耦联、肌肉内蛋白质或横桥功能特性改变等。其他条件不变时，肌肉收缩能力增强，则肌肉收缩张力增加，收缩速度加快，作功效率提高。如钙离子、咖啡因、肾上腺素等因素可通过影响肌肉的收缩机制而提高肌肉收缩能力，而缺氧、酸中毒等则可降低肌肉的收缩能力。

复习思考题

1. 细胞膜转运物质的形式有几种？它们是怎样实现物质转运的？
2. 细胞间信息传递主要通过哪些方式？
3. 如何理解细胞凋亡及其生物学意义？
4. 如何理解细胞的兴奋性及细胞兴奋的产生？
5. 如何理解静息电位和动作电位的产生机制？
6. 简述神经－骨骼肌接头处的兴奋传递过程及特点。
7. 以骨骼肌收缩的“滑动学说”说明骨骼肌收缩的机理。
8. 如何理解肌肉的收缩形式与刺激频率之间的关系？
9. 如何理解影响骨骼肌工作效率的因素？

第三章

血　液

血液是一种液体组织，在心脏收缩力驱动下，循环流动于心血管系统内。血液的主要功能是物质运输，它将从外界摄入的营养物质和 O_2 运送到全身各组织细胞，将各组织细胞产生的代谢产物运送到排泄器官排出体外；同时，将内分泌腺产生的激素运送到靶器官、靶细胞发挥调节作用，因而，血液起着沟通机体各部分之间和机体与外环境之间的作用。此外，血液还具有免疫保护机能、酸碱平衡调节机能等，因而，血液对维持内环境稳态和机体的正常生理功能是极其重要的。如果流经体内的任何器官的血流量不足，均可以造成严重的组织损伤甚至危及生命。

血液不仅是沟通各组织细胞与外部环境的最活跃的体液组分，而且体内各器官组织功能的变化，往往反映到血液中来。因此临床上，经常进行有关血液学检查，对诊断疾病具有重要价值。

第一节　血液的组成与理化特性

一、血液的组成和血量

（一）血液的基本组成

血液是由血浆和悬浮在血浆中的血细胞组成。其中，血细胞包括红细胞、白细胞和血小板。取一定量的抗凝血液置于比容管内中混合均匀，以每分钟 3 000转的速度离心 30min后，管中的血液可分为 3 层，上层淡黄色液体为血浆，下层为深红色、不透明的积压较紧的部分为红细胞，中部夹着一薄层白色不透明的白细胞和血小板（图 3－1）。用这种方法可以测出血细胞在全血中所占的容积百分比称为**血细胞比容**，由于血液中血细胞主要是红细胞，故血细胞比容也叫红细胞比容。不同动物的红细胞比容不同，一般活泼动物的红细胞比容比较大，而运动缓慢的动物红细胞比容比较小。临床上测出红细胞比容，可以用来诊断脱水、贫血和红细胞增多症等。常见动物的红细胞比容见表 3－1。

表 3－1　常见动物的红细胞比容

动 物	红细胞比容	动 物	红细胞比容
马	35（24～44）	猪	42（32～50）
牛	35（24～46）	犬	45（37～55）
绵羊	38（24～50）	猫	37（24～45）
山羊	28（19～38）		

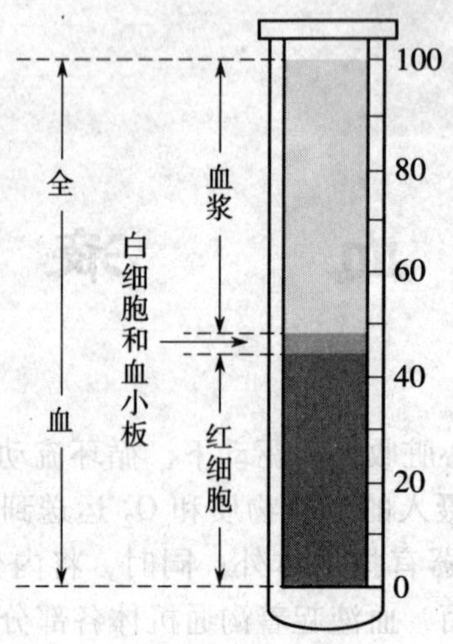

图 3-1　血液的组成示意图

血液流出血管后，如不经抗凝处理，很快会凝固形成血块，随着血块逐渐回缩而析出淡黄色的清亮液体，称为**血清**。血清和血浆的主要区别在于血清中没有纤维蛋白原，此外，一些凝血因子含量也显著减少。

（二）血浆的成分及功能

血浆是机体内环境的重要组成部分，其主要成分是水、无机物、有机物和少量气体。血浆含水量90%～92%，无机盐含量0.8%～1%，其中主要的阳离子是K^+、Na^+、Ca^{2+}、Mg^{2+}等，主要的阴离子是Cl^-、HCO_3^-、HPO_4^{2-}等，它们对于维持内环境的渗透压、酸碱平衡和神经肌肉组织的正常兴奋性具有十分重要的作用。血液中的有机物含量8%～9%，主要是血浆蛋白、营养物质（葡萄糖、氨基酸、脂肪酸等）、代谢产物、激素等。

血浆蛋白是血浆中各种蛋白质的总称，占血浆的5%～8%。用盐析法可分为白蛋白（清蛋白）、球蛋白（电泳法等）和纤维蛋白原。球蛋白又可分为α-球蛋白（α_1，α_2，α_3），β-球蛋白，γ-球蛋白三种蛋白质。各种血浆蛋白在不同的动物中所占的比例有较大的区别，但同种动物的比例相对稳定。羊、兔、犬、猫等动物白蛋白多于球蛋白，而牛、马、猪、鸡等动物白蛋白只占血浆蛋白总量的35%～50%，纤维蛋白原的含量通常不超过血浆蛋白总量的10%。

各种蛋白质具有不同的生理功能，主要有以下6个方面。

（1）*营养功能*　血浆蛋白可以被单核细胞吞噬、酶解成氨基酸，供其他组织细胞生长和损伤修复合成新蛋白之用。

（2）*运输功能*　血液中脂溶性物质、许多激素及代谢产物、药物等都是与血浆蛋白结合进行运输的。

（3）*缓冲功能*　血蛋白与其钠盐构成酸碱缓冲对参与酸碱平衡调节。

（4）*形成胶体渗透压*　血浆蛋白特别是清蛋白是构成血浆胶体渗透压的主要成分，血浆胶体渗透压对于维持血管内、外的水分平衡具有十分重要的作用。

（5）*参与机体的免疫功能*　抗体、补体系统是机体主要的免疫物质，而它们的化学成分都是血浆球蛋白，尤其是γ-球蛋白。

（6）*参与凝血和抗凝血功能* 绝大多数的血浆凝血因子、生理性抗凝物质以及促进血纤维溶解的物质都是血浆蛋白。

此外，血浆中还含有一些蛋白质或核酸的中间产物或终产物，如尿素、尿酸、肌酸、肌酐、氨基酸、胆红素、氨等，这些非蛋白含氮物质统称为**非蛋白氮（NPN）**。测定血液中 NPN 含量可以了解肾功能和蛋白质及核酸的代谢情况。

此外，血浆中还含有葡萄糖、脂肪、胆固醇、脂肪酸等物质。

动物血液中的成分含量见表 3－2。

表 3－2 动物血液中的某些成分的含量

动物	全血（mmol/L）		血清（mmol/L）				血浆蛋白（g/L）		
	葡萄糖	NPN	尿素氮	总胆固醇	钙	无机磷	总蛋白	白蛋白	球蛋白
马	2.8～4.8	14.3～28.6	3.6～7.1	1.9～3.9	2.3～3.8	3.6～7.1	65.0	32.5	32.5
牛	2.0～3.5	14.3～28.6	2.1～9.6	1.3～6.0	2.3～3.0	2.1～9.6	76.0	36.3	39.7
绵羊	1.5～2.5	14.3～27.1	2.9～7.1	2.6～3.9	2.3～3.0	2.9～7.1	53.8	30.7	23.1
山羊	2.3～4.5	21.4～31.4	4.6～10.0	1.4～5.2	2.3～3.0	4.6～10.0	66.7	39.6	27.1
猪	4.0～6.0	14.3～32.1	2.9～8.6	2.6～6.5	2.3～3.8	2.9～8.6	63.0	20.3	32.7
犬	4.0～6.0	12.1～27.1	3.6～7.1	3.2～6.4	2.3～2.8	3.6～7.1	62.0	35.7	26.3
猫	4.0～6.0		3.6～10.7	2.3～2.8	2.0～2.9	3.6～10.7	75.8	40.1	35.7

综上所述，血液的组成可概括如下。

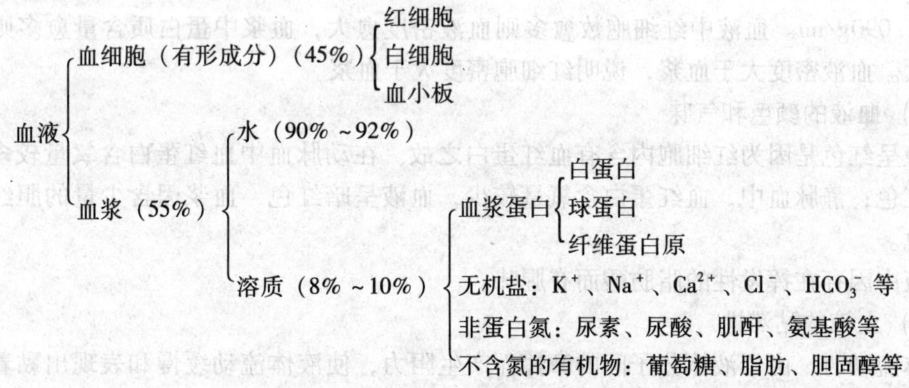

（三）血量

动物体内血液的总量称为**血量**。动物血量用动物身体的质量的百分比来表示，哺乳动物的血量占身体质量的 5%～10%。体积大的动物血量相对少，幼年动物较成年动物多，通常大部分血量心脏和血管内流动，这部分血量称**循环血量**，少部分血量滞留在动物的肝、肺、脾、皮下静脉中称为**贮备血量**。在剧烈运动、情绪激动或应急状态时贮备血量可释放，补充循环血量的相对不足，以满足机体的需要。常见动物的血量见表 3－3。

表 3-3 常见动物血量（ml）

动物	每千克体重血量	动物	每千克体重血量
马（役用）	71.7	犬	92.5
奶牛	57.4	猫	66.7
绵羊	58.0	公鸡	90
山羊	70.0	母鸡	74
兔	56.4	鸭	102
猪	57.0	鸽	92

血量的相对稳定是维持正常动脉血压和器官血液供应的必要条件。健康动物一次失血不超过动物总血量的10%时，一般不会影响健康。血浆中的水分和无机物可在1~2h内由组织液得到补偿，血浆蛋白可以在1~2d内由肝脏加速合成，但红细胞和血红蛋白的恢复较慢，首先由贮备血量来暂时补充，而后由骨髓在1个月内加速合成。如果动物一次失血超过总血量的20%就会引起机体活动的明显障碍。如果动物一次失血超过总血量的30%动物就有生命危险。

二、血液的理化特性

（一）血液的密度

血液的密度主要决定于血液中的红细胞的数量和血浆蛋白质的浓度。正常哺乳动物的血液的密度为1.050~1.060g/ml，血浆的密度为1.025~1.030g/ml。红细胞的密度为1.070~1.090g/ml。血液中红细胞数愈多则血液密度愈大，血浆中蛋白质含量愈多则血浆密度愈大。血液密度大于血浆，说明红细胞密度大于血浆。

（二）血液的颜色和气味

血液呈红色是因为红细胞内含有血红蛋白之故。在动脉血中血红蛋白含氧量较多，血液呈鲜红色；静脉血中，血红蛋白含氧量较少，血液呈暗红色，血浆因含少量的胆红素而呈淡黄色。

血液中因存在挥发性的脂肪酸而有腥味。

（三）血液的黏滞性

液体流动时，由于液体分子间的摩擦而产生阻力，使液体流动缓慢和表现出黏着的特性称为**黏滞性**。通常是在体外测定血液或血浆与水相比的相对黏滞性，这时血液的相对黏滞性为4.5~6.0倍，血浆为1.56~2.5倍。全血的黏滞性主要决定于所含的红细胞数量和在血浆中的分布状况，而血浆的黏滞性主要决定于血浆蛋白质的含量以及血中液体的含量。当血流缓慢时，红细胞可叠连或聚集成其他形式的团粒，使血液的黏滞性增大，血流阻力增加，影响血液正常循环。

（四）血浆渗透压

渗透压是溶液中的溶质促使水分子通过半透膜从一侧溶液扩散到另一侧溶液的力量。渗透压的大小决定于单位体积溶液中溶质颗粒的数目，与溶质的数目的多少成正比，而与溶质的种类和大小无关。正常情况下，细胞内的渗透压与血浆渗透压基本相等。血浆渗透压包括晶体渗透压和胶体渗透压。由溶解于血浆中的晶体物质（如电解质），形成的渗透压，称为**晶体渗透压**，其中，80%来自 Na^+ 和 Cl^-。由血浆中蛋白质所形成的渗透压称为**胶体渗透压**，其中，主要来自白蛋白。哺乳动物和禽类的血浆渗透压为771kPa，相当于7.6个大气压。其中，晶体渗透压约占血浆渗透压的99.5%，约767.5kPa，而胶体渗透压仅占血浆渗透压的0.5%，约3.3 kPa（25mmHg）。

由于晶体物质可以自由进出毛细血管，使血浆与组织液中晶体物质的浓度几乎相等，所以它们的晶体渗透压也基本相等。但由于血浆和组织液的晶体物质中绝大部分不易透过细胞膜，所以，细胞外液的晶体渗透压的相对稳定，对于保持细胞内外的水平衡及维持细胞正常形态和功能具有重要作用。此外，晶体渗透压对于消化道对水和营养物质的吸收、消化腺的分泌活动及肾小管的重吸收作用都有重要的作用。

血浆胶体渗透压虽然很低，但由于血浆蛋白一般不能透过毛细血管壁，使组织液中蛋白质很少，所以血浆的胶体渗透压明显高于组织液。因而，血浆胶体渗透压对于维持血管内外的水平衡（血浆与组织液的相对平衡）具有重要作用。

在机体内，细胞质的渗透压和血浆渗透压基本相等，故将和血浆渗透压相等的称为**等渗溶液**。临床上常用的等渗溶液有0.9% NaCl溶液（生理盐水）或5%葡萄糖溶液。高于或低于血浆渗透压的溶液则相应地称为**高渗或低渗溶液**。

（五）血浆的pH值

动物血浆的pH值变动范围很小，正常哺乳动物的血浆pH值为7.35～7.45。由于血浆pH值影响酶的活性，进而影响细胞的新陈代谢及生理功能，因而血浆pH值的相对稳定对于维持机体正常的生命活动具有十分重要的作用。血浆pH值低于7.35称为**酸中毒**；血浆pH值高于7.45称为**碱中毒**。如果血浆pH值低于6.9或高于7.8，将危及生命。

血浆pH值的相对稳定是血浆、肺、肾共同作用的结果。血浆pH值主要决定于血浆中缓冲对，血浆中主要缓冲对 $NaHCO_3/H_2CO_3$、Na_2HPO_4/NaH_2PO_4、蛋白质钠盐/蛋白质。其中，$NaHCO_3/H_2CO_3$ 起着最重要的作用。在红细胞内尚有血红蛋白钾盐/血红蛋白、氧合血红蛋白钾盐/氧合血红蛋白、K_2HPO_4/KH_2PO_4、$KHCO_3/H_2CO_3$ 等缓冲对，都是很有效的缓冲对系统。血浆缓冲对的作用在于将进入血液的强酸性或强碱性物质转变为弱酸性或弱碱性物质，使其对血浆pH值的影响减至很小。由于机体代谢过程中主要是产生大量的酸性代谢产物，所以，起缓冲作用的主要是缓冲对中的弱碱盐，特别是 $NaHCO_3$，故把血液中 $NaHCO_3$ 的含量称为**碱储**。

第二节 血细胞生理

血液中的血细胞包括红细胞、白细胞和血小板3种。

一、红细胞（RBD）

（一）红细胞的形态、数量

1. 红细胞的形态 大多数哺乳动物成熟的红细胞呈双面略凹的圆盘形（图3－2），无细胞核。直径为7～8μm，周边最厚处约为2.5μm，中央最薄处约为1μm。这种形状由于表面积与体积之比较球形大，因而气体扩散面积大，扩散距离短，有利于红细胞的气体交换，也有利于红细胞形态可塑性变形，挤过口径比它小的毛细血管、血窦空隙。骆驼、鹿的细胞是椭圆形，无细胞核，禽类红细胞椭圆形，有细胞核。

图 3－2　哺乳动物的红细胞

2. 红细胞的数量　红细胞是血液中数量最多的一种血细胞，数量在一定范围内，随动物种类、性别、环境不同而有所变化。习惯上单位是百万/mm^3（10^{12}个/L）。常见动物的红细胞数见表3－4。

表 3－4　常见动物红细胞数（10^{12}个/L）

动 物	红细胞数量	动 物	红细胞数量
马	7.5（5.0～10.0）	公鸡	3.8
牛	7.0（5.0～10.0）	母鸡	3.0
绵羊	12.0（8.0～12.0）	雄鸭	2.7
山羊	13.0（8.0～18.0）	雌鸭	2.5
猪	6.5（5.0～8.0）	鹅	2.7
犬	6.8（5.0～8.0）	雄鸽	4.0
猫	7.5（5.0～10.0）	雌鸽	2.2

（二）红细胞的生理特性

1. 红细胞膜的通透性　红细胞膜具有选择通透性，氧气、二氧化碳及尿素可以自由通过，葡萄糖、氨基酸、负离子（Cl^-、HCO_3^-）较易通过，而正离子却很难通过。细胞膜上的钠泵维持胞内高钾低钠的状况，用于保持亚铁血红蛋白不致被氧化，也用于保持胞膜上的完整性和细胞的双凹圆盘形。其所需能量来自葡萄糖无氧酵解和磷酸戊糖旁路代谢。

2. 红细胞的可塑变形性　红细胞经常要挤过口径比它小的毛细血管和血窦孔隙，这时红细胞将发生卷曲变形，通过后又恢复原形，这种变形称为**可塑性变形**。影响这一特性的因素包括：①红细胞表面积/体积的比值大小与可塑性变形能力成正比，故双凹圆盘形红细胞的变形能力远大于球形红细胞；②红细胞膜的流动性、弹性与可塑性变形能力成正比，因此，衰老的红细胞可塑性变形能力降低；③红细胞内黏度与可塑性变形能力成反比，故引起细胞内黏度增高的因素（如血红蛋白变形或浓度增高）可引起可塑性变形能力降低。

3. 红细胞的悬浮稳定性　将与抗凝剂混匀的血液静置于一支玻璃管（如分血计）中，红细胞由于密度较大，将因重力而下沉，但正常时下沉十分缓慢。红细胞在血浆中能够保持悬浮状态而不易下沉的特性称红细胞的悬浮稳定性。通常以红细胞在1h内下沉的距离来表示红细胞沉降的速度，称为**红细胞沉降率**（简称血沉，ESR）。红细胞沉降率愈小，表示悬浮稳定性愈大。某些疾病（如活动性肺结核、风湿热等）可以使许多红细胞能较快地互相以凹面相贴，形成一叠红细胞，称为**叠连**。红细胞相互叠连，总的表面积与总体积之比减小，因而摩擦力减小，下沉速度加快。

红细胞叠连形成的快慢主要决定于血浆的性质，而不在于红细胞自身。若将血沉快的患病动物的红细胞，置于正常动物的血浆中，则形成叠连的程度和红细胞沉降的速度并不加大；反过来，若将正常动物的红细胞置于这些患病动物的血浆中，则红细胞会迅速叠连而沉降。一般血浆中白蛋白增多可使红细胞沉降减慢；而球蛋白与纤维蛋白原增多时，红细胞沉降加速。其原因可能在于白蛋白可使红细胞叠连减少，而球蛋白与纤维蛋白原则可促使叠连增多，但其详细作用机制尚不清楚。

4. 红细胞的渗透脆性　由于红细胞内的渗透压与血浆渗透压相同，故血浆能维持红细胞的正常形态和功能。在高渗溶液中，红细胞内的水分将外渗而发生皱缩；而在低渗溶液中，水分将进入红细胞内，引起红细胞膨胀，甚至破裂，使血红蛋白释出，这一现象称**红细胞溶解**，简称**溶血**。但红细胞对低渗溶液的破坏有一定的抵抗力，红细胞在低渗溶液中抵抗破裂和溶血的特性，称为**渗透脆性**。如将正常红细胞悬浮在0.9% NaCl溶液中，红细胞保持正常大小和双凹圆碟形；在0.8%～0.6% NaCl溶液中，红细胞仅发生体积膨胀；在0.42% NaCl溶液中时才出现部分细胞溶血，在0.35% NaCl溶液中才发生全部溶血。衰老的红细胞及在某些溶血性疾病中，红细胞的渗透脆性明显增大。临床上常常通过测定红细胞的脆性来了解红细胞的生理状态，或作为某些疾病诊断的辅助方法。

（三）红细胞的功能

红细胞的主要功能是运输O_2和CO_2（详见第五章呼吸）。在血液中由红细胞运输的O_2约为溶解于血浆O_2的70倍；在红细胞参与下，血液运输CO_2的量约为溶解于血浆中的CO_2的18倍。红细胞的双凹碟形使气体交换面积较大，由细胞中心到细胞表面的距离较短，因此气体进出红细胞的扩散距离也较短，有利于O_2和CO_2的跨膜转运。红细胞运输O_2的功能是靠细胞内的血红蛋白来实现的，一旦红细胞破裂，血红蛋白逸出，即丧失运输气体的功能。红细胞运输CO_2的功能，主要是由于红细胞内有丰富的碳酸酐酶，后者能使CO_2和H_2O之间的可逆反应速度加快数千倍。从组织扩散进入血液的大部分CO_2，与红细胞内的H_2O发生反应，生成H_2CO_3。此外，红细胞在酸碱平衡调节及免疫中也具有重要作用。

二、红细胞的生成与破坏

（一）红细胞的生成

1. 红细胞生成所需的原料　蛋白质和铁是合成血红蛋白的基本原料，如果供给不足则导致营养不良性贫血，临床上以缺铁性贫血最为常见，表现为血红蛋白含量减少，红细胞体积缩小，故也称为**小细胞低色素性贫血**。在幼红细胞的发育、成熟过程中，需要维生素

B_{12}和叶酸的参与，如果维生素B_{12}和叶酸供给不足则也会引起贫血，表现为幼稚红细胞数量明显增加，体积增大，故也称为**巨幼红细胞性贫血**。此外，红细胞生成还需要维生素B_6、维生素B_2、维生素C、维生素E和微量元素铜、锰、钴、锌等。

2. 红细胞生成过程 动物出生后，红骨髓是生成红细胞的唯一场所。红细胞由红骨髓的多功能造血干细胞分化增殖而成，其分化增殖过程依次经过多功能造血干细胞、髓系干细胞、红系祖细胞、原红细胞、早幼红细胞、中幼红细胞、晚幼红细胞、网织红细胞、成熟红细胞多个阶段。某些放射性物质或药物会抑制骨髓的造血功能，造成**再生障碍性贫血**。

3. 红细胞生成的调节 红细胞数量的稳定主要受促红细胞生成素的调节，此外，雄激素也有一定的调节作用。

促红细胞生成素（EPO）主要是由肾脏产生的，肝脏也有少量的生成。正常血液中维持一定的浓度，使红细胞数量相对稳定。该物质可以促进骨髓内造血细胞的分化、成熟和血红蛋白的合成，并促进成熟的红细胞释放进入血液，特别是对晚期红系祖细胞的增殖起重要作用。在机体贫血、组织中氧分压降低时，血浆中的促红细胞生成素浓度增加。但当促红细胞生成素浓度增加到一定水平时，反而能抑制促红细胞生成素的合成和释放。这种反馈调节，使红细胞数量相对稳定，以适应机体的需要。

雄激素可以直接刺激骨髓造血组织，促使红细胞和血红蛋白的合成，也可以作用于肾脏或肾脏以外组织产和促红细胞生成素的合成，从而间接地促使红细胞生成，这也可能是雄性动物的红细胞数和血红蛋白量高于雌性动物的原因之一。

（二）红细胞的破坏

1. 红细胞寿命 红细胞的寿命因动物种类不同而有很大差异。不同动物红细胞的平均寿命是：马140~150d，牛135~162d，猪75~97d，鸡28~35d，鸭42d，鸽35~45d。

2. 红细胞破坏 脾是破坏红细胞的主要场所。衰老的红细胞变形能力减退，脆性增加，容易被急速血流冲击而破坏（特别是血流湍急处），也不容易通过微小空隙而滞留在脾和骨髓中被吞噬细胞吞噬破坏。红细胞破坏后，血红蛋白分解为珠蛋白、铁和胆绿素，其中珠蛋白、铁珠蛋白、铁可被重新利用，胆绿素还原为胆红素，经肝脏解毒后进入小肠还原生成胆素原，随粪便、尿液排出体外。

三、白细胞（WBC）

1. 白细胞的数量和分类 白细胞为无色有核的细胞，比红细胞大，但密度比红细胞小。白细胞按其细胞浆中有无特殊嗜色颗粒，将其分为粒细胞和无粒细胞。粒细胞又依据所含颗粒对染色剂反应特性分为中性粒细胞、嗜碱性粒细胞、嗜酸性粒细胞，无颗粒细胞则可以分为单核细胞和淋巴细胞两种。白细胞的形态与分类见图3－3。各自所占白细胞总数的百分比为：中性粒细胞50%~70%，淋巴细胞20%~40%，单核细胞2%~8%，嗜酸性粒细胞0%~7%，嗜碱性粒细胞0%~1%。白细胞在不同的生理状态下变动范围大，如昼夜节律清晨最低点，午后最高，升幅可达25%，在炎症、组织损伤及白血病等情况，可发生明显变化。常见动物白细胞数量及各类白细胞比见表3－5。

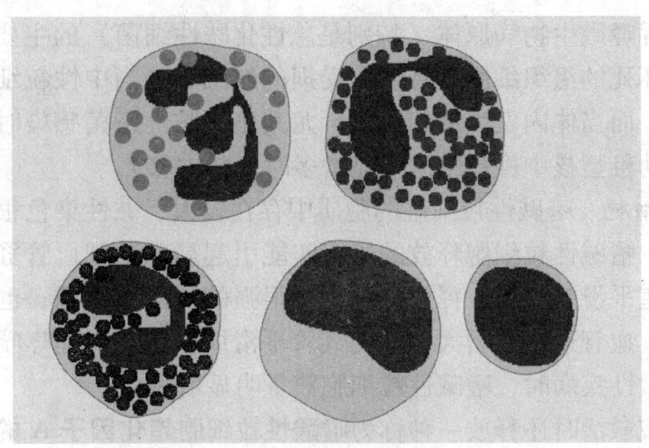

图 3-3 白细胞的形态

表 3-5 常见动物白细胞数量及各类白细胞比例

动物	白细胞总数（$\times10^9$ 个/L）	各类白细胞所占百分比（%）					
		嗜碱性粒细胞	嗜酸性粒细胞	中性粒细胞		淋巴细胞	单核细胞
				杆型核	分叶核		
马	8.77	0.5	4.5	4.5	53.0	34.5	3.5
牛	7.62	0.5	4.0	3.5	33.0	57.0	2.0
绵羊	8.25	0.5	5.0	2.0	32.5	59.0	2.0
山羊	9.70	0.1	6.0	1.0	34.0	57.5	1.5
猪	14.66	0.5	0.5	6.0	31.5	55.5	3.5
骆驼	24.00	0.5	8.0	7.0	47.5	35.0	1.5
犬	11.50	1.0	6.0	3.0	60.0	25.0	5.0
猫	12.50	0.5	5.0	0.5	59.0	32.0	3.0
公鸡	16.6	2.4	1.4	25.8		64	6.4
母鸡	29.4	2.4	2.5	13.3		76.1	5.7
雄鸭	24.0	3.1	9.9		52.0	31.0	3.7
雌鸭	26	3.3	10.2		32.0	47.0	6.9
鹅	18.2	2.2	4.0		50.0	36.0	8.0

2. 白细胞的生理特性和功能 白细胞中除淋巴细胞外，都能伸出伪足做变形运动，得以穿过血管壁。白细胞具有趋向某些化学物质游走的特性称为**趋化性**。体内具有趋化作用的物质包括机体细胞的降解产物、抗原-抗体复合物、细菌毒素和细菌等，白细胞可按着这些物质的浓度梯度游走到这些物质的周围，把异物包围起来并吞入胞浆内，此过程称为**吞噬作用**。

白细胞的主要功能是参与机体的特异性免疫和非特异性免疫反应。

（1）中性粒细胞 中性粒细胞具有活跃的变形能力，敏锐的趋化性和很强的吞噬及消化细菌的能力，是吞噬微生物病原体（特别是急性化脓性细菌）的主要细胞。此外，也能吞噬机体本身各种坏死的组织细胞及衰老、受损的红细胞。当中性粒细胞减少时，机体抗感染能力明显下降；而当体内发生细菌感染，尤其是化脓性细菌感染时，中性粒细胞数量显著增多，特别是幼稚型核中性粒细胞明显增多时（核左移）。

（2）嗜碱性粒细胞　嗜碱性粒细胞的胞质中存在较大、碱性染色很深的颗粒。颗粒内含有肝素和组织胺。嗜碱性粒细胞释放的组织胺能引起局部毛细血管舒张，血管通透性增大，支气管、胃肠道平滑肌收缩；释放的肝素有很强的抗凝血作用；也能释放过敏性慢反应物质（SRS－A），血管通透性增大，细支气管平滑肌收缩，引起哮喘、荨麻疹等过敏反应的症状。某些过敏性疾病时，嗜碱性粒细胞数量明显增多。

嗜碱性粒细胞被激活时还释放一种称为**嗜酸性粒细胞趋化因子 A 的小肽**，这种因子能把嗜酸性粒细胞吸引过来，聚集于局部以利于其他细胞的吞噬活动。

（3）嗜酸性粒细胞　嗜酸性粒细胞的数量随肾上腺糖皮质激素量的昼夜波动而表现日周期（清晨少、午夜多）。这类白细胞也具有吞噬功能。嗜酸性粒细胞在体内的作用是限制嗜碱性粒细胞在速发性过敏反应中的作用。当嗜碱性粒细胞被激活时，释放出趋化因子，使嗜酸性粒细胞聚集到同一局部，并从 3 个方面限制嗜碱性粒细胞的活性：一是嗜酸性粒细胞可产生前列腺素 E 使嗜碱性粒细胞合成释放生物活性物质的过程受到抑制；二是嗜酸性粒细胞可吞噬嗜碱性粒细胞所排出的颗粒，使其中含有生物活性物质不能发挥作用；三是嗜酸性粒细胞能释放组胺酶等酶类，破坏嗜碱性粒细胞所释放的组胺等活性物质。此外，嗜酸性粒细胞还参与对蠕虫的免疫反应。当机体发生过敏反应或蠕虫感染时，常伴有嗜酸性粒细胞增多。

（4）单核细胞　单核细胞从血流中进入肝、脾和淋巴结等组织后，即转变为细胞体积大、溶菌颗粒多、吞噬能力强的巨噬细胞。巨噬细胞能吞噬较大的异物和细菌。激活了的单核细胞和组织巨噬细胞能生成并释放多种细胞毒素、干扰素和白细胞介素，参与机体防卫机制，还产生一些能促进细胞和平滑肌细胞生长的因子。单核细胞还参与激活淋巴细胞的特异性免疫功能。

（5）淋巴细胞　淋巴细胞是免疫细胞中的一大类，它们在免疫应答过程中起着核心作用。根据细胞成长发育的过程和功能不同，可分为两类：T 细胞（占 70%～80%）和 B 细胞（占 15%），在功能上 T 细胞主要与细胞免疫有关，B 细胞则主要与体液免疫有关。

3. 白细胞的生成与破坏

（1）白细胞的生成　白细胞与红细胞和血小板一样都起源于骨髓中的多功能造血干细胞，但淋巴细胞除来自骨髓外，还在淋巴组织包括胸腺、淋巴结、扁桃体等产生；单核细胞除来自骨髓外，部分在网状内皮系统产生。白细胞分化增殖只要受一组造血生长因子（HGF）调节，HGF 由淋巴细胞、单核－巨噬细胞、成纤维细胞、内皮细胞分泌。此外，乳铁蛋白、转化生长因子－β 可直接抑制或通过限制上述 HGF 而抑制白细胞生成。

（2）白细胞的破坏　白细胞的破坏可因衰老死亡和执行防御功能被消耗而致。有的被网状内皮系统吞噬，有的则通过消化、呼吸、泌尿道排出体外。

四、血小板

（一）血小板形态、数量

血小板是从骨髓成熟的巨核细胞胞浆裂解脱落下来的具有生物活性的小块胞质。哺乳动物的血小板呈椭圆形、杆形或不规则形。循环血液中的血小板是无色、无核的透明小体，比红细胞小，有代谢现象。血小板的数量因动物种类不同而不同（表3-6），并随机体情况发生变化，如剧烈运动和妊娠期显著增加（妊娠诊断），大量失血和组织损伤时则显著减少。

表3-6 动物血小板数量表（10^9个/L）

动物	血小板数量	动物	血小板数量
马	200~900	驴	400
牛	260~710	骆驼	367~790
绵羊	170~980	犬	199~577
山羊	310~1 020	猫	100~760
猪	130~450	兔	125~250

家禽的血液中没有血小板而含有凝血细胞，其功能类似于哺乳动物的血小板。凝血细胞由骨髓单核细胞分化而来。细胞呈卵圆形，有一个圆形细胞核。凝血细胞的数量为：鸡2.6×10^{10}个/L，鸭3.07×10^{10}个/L。

（二）血小板的生理功能

血小板的主要功能是吸附血浆中的多种凝血因子于表面，参与生理性止血和血液凝固的过程。

1. 维持毛细血管壁的正常通透性 血小板可以随时沉着在毛细血管壁上，以填补血管内皮细胞脱落留下的空隙，并可以融合入血管内皮细胞，对血管内皮细胞的完整性或细胞修复有重要的作用。当血小板明显下降时，血管脆性增加，会产生产生出血倾向。微小创伤或仅血压增高也使皮肤和黏膜下出现出血瘀点，甚至出现大块紫癜称为**血小板减少性紫癜**。

2. 参与生理性止血 生理性止血是指当小血管受损，血液自血管内流数分钟后，出现自行停止的过程。生理性止血过程主要包括3个过程：①受损伤局部血管收缩 当小血管受损时，首先由于神经调节反射性引起局部血管收缩，继之血管内皮细胞和黏附于损伤处的血小板释放缩血管物质，使血管进一步收缩封闭创口；②血栓的形成 血管内膜损伤，暴露内膜下组织激活血小板，使血小板迅速黏附、聚集，形成松软的止血栓堵住伤口，实现初步止血；③纤维蛋白凝块的形成 血小板血栓形成的同时激活血管内的凝血系统，在局部形成血凝块，加固止血栓，起到止血作用。

3. 参与凝血 血小板表面的质膜结合有多种凝血因子（Ⅰ，Ⅴ，Ⅺ，Ⅻ等），在血小板因子（PF）中，PF_2和PF_3都是促进血凝的，PF_4可中和肝素，PF_6则抑制纤溶。当血小板经表面激活后，它能加速凝血因子Ⅻ和Ⅺ的表面激活进程。血小板所提供的磷脂表面

(PF_3)，据估计可使凝血酶原的激活加快两万倍。因子 X_a 和因子 V 连接于此磷脂表面后，还可以免受抗凝血酶Ⅲ和肝素对它们的抑制作用。

4. 参与纤维蛋白溶解 血栓形成早期，血小板可以释放抗纤溶酶因子（PF_6）和另一些抑制蛋白酶的物质，所以，在形成血栓时，不致受到纤溶的干扰。在血栓形成的晚后时期，随着血小板解体和释放反应增加，血小板内所含的纤溶酶系及其激活物也将释放出来；血纤维和血小板释放的5－羟色胺等，也能使内皮细胞释放激活物。促使纤溶酶原活化，促进纤维蛋白解体，使血栓溶解，血流通畅。

（三）血小板的生成与破坏

1. 血小板生成与调节 生成血小板的巨核细胞也是从骨髓中的造血干细胞分化发展来的。造血干细胞先分化生成巨核系祖细胞，也称巨核系集落形成单位（CFU－Meg）。祖细胞核内染色体是2倍体或4倍体时，具有增殖能力，数量增加；祖细胞进一步化为8～32倍体的巨核细胞时，胞质开始分化，内膜系统逐渐完备。最后有一种膜性物质把胞质分隔成许多小区。当每个小区被完全隔开时即成为血小板。一个个经静脉窦窦壁内皮间隙脱落入血。巨核细胞增殖、分化的调节机制类 RBC，受促血小板生成素（TPO）的调节。

2. 血小板的破坏 血小板进入血液后，只在开始2d具有生理功能，但平均寿命可有7～14d。发挥生理功能时被消耗；衰老的血小板是在脾、肝和肺组织中被吞噬的。

第三节 血液凝固与纤维蛋白溶解

血液凝固是指血液由流动的液体状态转变为不能流动的凝胶状态的过程，简称血凝。在凝血的过程中由于血浆中的可溶性纤维蛋白原转变为不溶的纤维蛋白，并交织成网，将血细胞网罗在内形成血凝块。血液凝固后1～2h 血块发生收缩，同时析出淡黄色的液体称为**血清**。

凝血是一种防御性保护反应，它可以避免血液丢失过多而维持血量的相对稳定。

一、凝血因子

血浆与组织中直接参与凝血的物质，统称为**凝血因子**，其中，已按国际命名法编了号的有12种（表3－7）。此处还有前激肽释放酶、高分子激肽原以及来自血小板的磷脂等。除Ⅳ和磷脂外都是蛋白质，且Ⅱ、Ⅶ、Ⅸ、Ⅹ、Ⅺ、Ⅻ及前激肽释放酶都是蛋白质酶。通常在血液中，凝血因子Ⅱ、Ⅶ、Ⅸ、Ⅹ、Ⅺ、Ⅻ都是无活性的酶原，必须通过有限水解在其肽链上一定部位切断或切下一个片段，以暴露或形成活性中心，才成为有活性的酶，这个过程称为**激活**。被激活的酶，称为这些因子的“活性型”，习惯上在该因子代号的右下角加“a”字来表示。如凝血酶原被激活为凝血酶，即由因子Ⅱ变成因子Ⅱa。因子Ⅶ是以活性型存在于血液中的，但必须有因子Ⅲ（即组织凝血激酶）同时存在才能起作用，而在正常时因子Ⅲ只存在于血管外，所以，通常因子Ⅶ在血流中也不起作用。

表3-7 凝血因子

因子	同义名	合成部位	合成时是否需要维生素K	凝血过程中的作用
Ⅰ	纤维蛋白原	肝	否	变为纤维蛋白
Ⅱ	凝血酶原	肝	需要	变为有活性的凝血酶
Ⅲ	组织因子	各种组织	否	启动外源凝血
Ⅳ	钙离子	—	—	参与凝血的多个过程
Ⅴ	前加速素	肝	需要	调节蛋白
Ⅶ	前转变素	肝	需要	参与外源凝血
Ⅷ	抗血友病因子	肝为主	否	调节蛋白
Ⅸ	血浆凝血激酶	肝	需要	变为有活性的
Ⅹ	Stuart - Prower 因子	肝	需要	变为有活性的
Ⅺ	血浆凝血激酶前质	肝	否	变为有活性的
Ⅻ	接触因子	不明确	否	启动内源凝血
XⅢ	纤维蛋白稳定因子	肝	否	不溶性纤维蛋白的形成

二、血液凝固过程

Macfarlane，Davies 和 Ratnoff 在1964年分别提出并逐步完善了凝血过程的瀑布学说，他们认为凝血是一系列凝血因子相继酶解而激活的过程。

凝血过程大体上可分为3个阶段：即凝血酶原激活物的形成；凝血酶原变成凝血酶；纤维蛋白原转变成纤维蛋白（图3-4）。

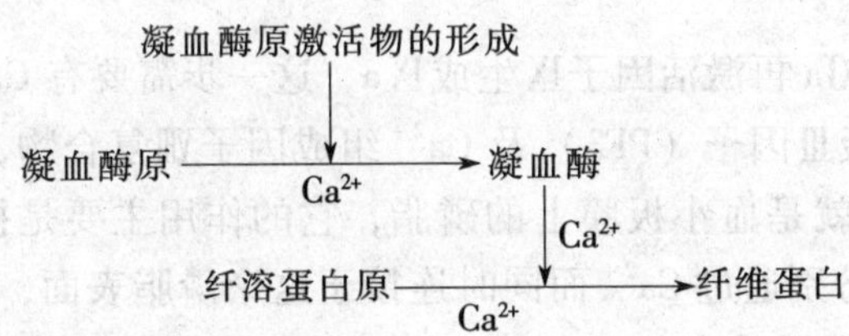

图3-4 凝血的基本过程

（一）凝血酶原激活物的形成

凝血酶原激活物的形成过程可以分为内源性激活途径和外源性激活途径两个途径（图3-5）。如果只是损伤血管内膜或抽出血液置于玻璃管内，完全依靠血浆内的凝血因子逐步使凝血因子X激活从而发生凝血的，称为**内源性激活途径**；如果是依靠血管外组织释放的因子Ⅲ来参与凝血因子X的激活的，称为**外源性激活途径**，如创伤出血后发生凝血的情况。

1. 内源性途径 一般从凝血因子Ⅻ的激活开始。当血管内皮受到损伤时，暴露出血管内膜下组织，特别是胶原纤维，与因子Ⅻ接触，可使因子Ⅻ激活成Ⅻa。Ⅻa可激活前激肽释放酶使之成为激肽释放酶；后者反过来又能激活因子Ⅻ，这是一种正反馈，可使因子Ⅻa大量生成。Ⅻa又激活因子Ⅺ成为Ⅺa。由因子Ⅻ激活到Ⅺa形成为止的步骤，称为**表面激**

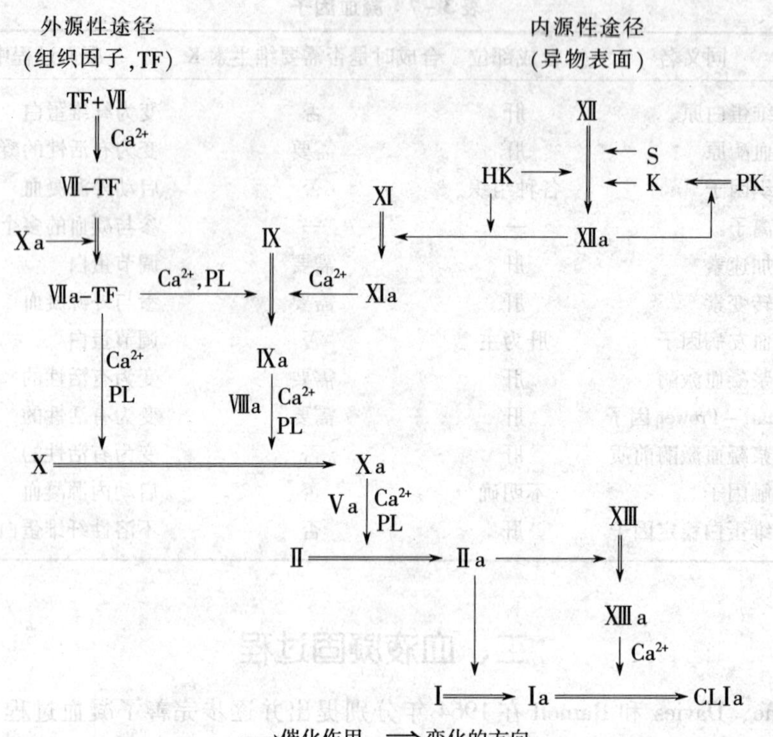

PL：磷脂 S：血管内皮下组织 PK：前激肽释放酶 K：激肽释放酶

HK：高分子激肽原 Ia：纤维蛋白单位 CLIa：纤维蛋白交联成网

图 3－5 凝血过程示意图

活。表面激活所形成的Ⅺa 再激活因子Ⅸ生成Ⅸa，这一步需要有 Ca^{2+}（即因子Ⅳ）存在。Ⅸa 再与因子Ⅷ和血小板Ⅲ因子（PF3）及 Ca^{2+} 组成因子Ⅷ复合物，即可激活因子 X 生成 Xa。血小板Ⅲ因子可能就是血小板膜上的磷脂，它的作用主要是提供一个磷脂的吸附表面。因子Ⅸa 和因子 X 分别通过 Ca^{2+} 而同时连接于这个磷脂表面，这样，因子Ⅸa 即可使因子 X 发生有限水解而激活成为 Xa。但这一激活过程进行很缓慢，除非是有因子Ⅷ参与。因子Ⅷ本身不是蛋白酶，不能激活因子 X，但能使Ⅸa 激活因子 X 的作用加快几百倍。所以，因子Ⅷ虽是一种十分重要辅助因子。遗传性缺乏因子Ⅷ将发生甲型血友病，这时凝血过程非常慢，甚至微小的创伤也出血不止。先天性缺乏因子Ⅸ时，内源性途径激活因子 X 的反应受阻，血液也就不易凝固，这种凝血缺陷称为 **B 型血友病**。

2. 外源性途径 外源性途径的启动来源于组织因子（TF，凝血因子Ⅲ）。因子Ⅲ，原名组织凝血激酶，广泛存在于血管外组织中，但在脑、肺和胎盘组织中特别丰富。血管损伤时释放组织因子进入血液，与因子Ⅶa 结合组成 TF－Ⅶa 复合物，在有 Ca^{2+} 存在的情况下，激活因子 X 生成 Xa。Xa 又与因子Ⅴ、PF3 和 Ca^{2+} 形成凝血酶原酶复合物，激活凝血酶原（因子Ⅱ）生成凝血酶（Ⅱa）。

（二）凝血酶原转变成凝血酶

正常血液中的存在无活性的凝血酶原，在 Ca^{2+} 参与下，凝血酶原激活物催化凝血酶原转变生成凝血酶。

（三）纤维蛋白原转变生成纤维蛋白

凝血酶的主要作用是使纤维蛋白原分解形成纤维蛋白单体，在 Ca^{2+} 和 FXⅢa 作用下，纤维蛋白单体相互聚合形成不溶于水的纤维蛋白多聚体凝块，从而导致血液凝固。

血凝形成后由于血小板收缩蛋白的收缩作用，使血凝块回缩面变得结实，同时析出血清。

从血液流出血管到出现丝状的纤维蛋白所需的时间称凝血时间。不同动物凝血时间有所不同。马的凝血时间为11.5min；牛6.5min；绵羊2.5min；猪3.5min。动物患病某些疾病时可因某些凝血因子缺乏或不足，使凝血时间延长。

三、抗凝物质和纤维蛋白溶解

血液在心血管系统内循环，之所以不发生凝固，一方面是因为血管内膜光滑，不出现异物面，凝血因子Ⅻ不可能发生表面激活，血小板的黏附、聚集也不能发生。再则，即使血浆中有少量凝血因子成了活化型，也将被稀释，不足以引起凝血反应，并由肝脏清除或被吞噬细胞吞噬。更重要的一个方面是血浆中存在着一些抗凝物质和纤溶系统。

（一）抗凝物质

血浆中存在多种抗凝物质，其中主要有以下几种。

1. 抗凝血酶Ⅲ 抗凝血酶Ⅲ是血浆中一种丝氨酸蛋白酶抑制物，可以其分子上的精氨酸残基与因子Ⅱa、Ⅶ、Ⅸa、Ⅻa 活性中心的丝氨酸残基结合，“封闭失活”。抗凝血酶Ⅲ本身抗凝作用非常慢而弱，但与肝素结合后，抗凝作用可增加2 000倍。

2. 蛋白质C 蛋白质C是由肝脏合成的维生素K依赖性血浆蛋白，以酶原形式存在于血浆中。凝血酶与血管内皮表面存在的凝血酶调制素结合后激活蛋白质C。激活的蛋白质C具有多方面的抗凝血、抗血栓功能：①在 Ca^{2+} 和PL存在时可灭活因子V和Ⅷ；②限制Xa与血小板的结合，使Xa激活II作用大为减弱；③刺激纤溶酶原激活物的释放，从而增强纤维蛋白的溶解。

3. 组织因子途径抑制物（TFPI） TFPI是主要来自小血管内皮细胞的一种糖蛋白，目前被认为是体内主要的生理抗凝物质。其主要抗凝机制是：①与FXa结合，抑制其催化活性；②与FⅦa－TF结合，使之灭活。

4. 肝素 肝素是一种酸性黏多糖，主要由肥大细胞和嗜酸性粒细胞产生，存在于大多数组织中。肝素在体内、外都具有抗凝作用。肝素抗凝的主要机制有：①它能结合血浆中的一些抗凝蛋白，增强其抗凝活性，如抗凝血酶III和肝素辅助因子II。肝素与肝素辅助因子II结合后，凝血酶灭活速度可加快1 000倍；②刺激血管内皮细胞释放组织因子途径抑制物（TFPI）和其他抗凝物质；③增强蛋白质C的活性；④刺激血管内皮细胞释放纤溶酶原激活物，增强纤溶。

（二）纤维蛋白溶解

凝血过程中形成的纤维蛋白被分解、液化的过程称纤维蛋白溶解，简称纤溶。纤溶的作用是使生理性止血过程中所形成的纤维蛋白凝块能及时溶解，防止血栓形成，此外，纤溶系统还参与组织修复、血管再生等多种功能。

参与纤溶的物质有纤溶酶原、纤溶酶以及纤溶酶原激活物和纤溶酶抑制物等，总称纤维蛋白溶解系统。

纤溶的基本过程可分为纤溶酶原的激活与纤维蛋白（或纤维蛋白原）的降解两个阶段（图3－6）。

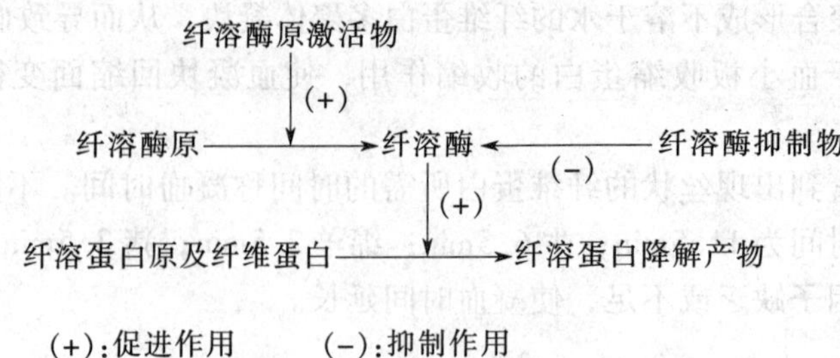

图3－6　纤溶的基本过程

纤溶酶原主要是在肝、骨髓、嗜酸性粒细胞与肾中合成的纤溶酶原，纤溶酶原激活有两条途径，其一是通过内源性凝血系统的有关凝血因子激活（如FⅫa、激肽释放酶等）。该途径使血凝与纤溶互相配合，并保持平衡。其二是通过来自各种组织和血管内皮细胞合成的组织型纤溶酶原激活物激活（如肾合成分泌尿激酶）。该途径可以防止血栓形成，在组织修复、愈合中发挥作用。

此外，体内还存在多种纤溶抑制物（如纤溶酶原激活物的抑制剂－1、补体 C_1 抑制物等），抑制纤溶系统的活性。

凝血和纤溶是两个对立又统一的功能系统，它们之间的动态平衡，使机体既不会发生出血，也不会在血管内形成血栓，维持血液在血管内循环流动和血管壁结构的完整性。

四、促进和延缓血液凝固

在临床和实验室工作中，经常需要促进血凝过程（如止血、提取血清等）或延缓血凝过程（如防止血栓形成、提取血浆、血细胞检查等）。

（一）抗凝或延缓凝血的常用方法

1. 移钙法　凝血过程的3个主要阶段中均有 Ca^{2+} 参与，除去血浆中的 Ca^{2+} 可以达到抗凝的目的。常用的移钙法，也是制备抗凝血的常用方法：血液中加入适量柠檬酸钠可与 Ca^{2+} 结合成络合物——柠檬酸钙；加入适量草酸盐，如草酸钾、草酸铵，可与 Ca^{2+} 结合成不溶性草酸钙；用乙二胺四乙酸（EDTA）螯合钙等。

2. 肝素　肝素在体内、外均具有强大的抗凝作用，可注射到体内防止血管内凝血和血栓的形成，也可用于体外抗凝。具有用量少、对血液影响小、易保存的优点。

3. 脱纤法　使用小细木条或玻璃棒不断搅拌流入容器的血液，不久后木条或玻璃棒上将缠绕一团细丝状的纤维蛋白，即脱纤抗凝法。脱纤血不会凝固，但此方法不能保全血细胞。此外，也可在容器内放一些玻璃珠，不断摇动血液，也可达到脱纤的目的。

4. 低温　凝血过程是一系列酶促反应，酶的活性明显受温度影响。将盛血容器置入低温环境中，可以延缓凝血过程。

5. 血液与光滑面接触　盛血容器内壁预先涂层石蜡，可因凝血因子Ⅻ的活化延迟等原因而延缓血凝。

6. 双香豆素　牛或羊吃了发霉的苜蓿干草，15d 后血液凝固能力减弱，导致内部出血，在30~50d内死亡。这种“苜蓿干草病”是由于饲草中的香豆素腐败后转成的双香豆素，具有在肝细胞内竞争性抑制维生素K的作用，阻碍了凝血因子Ⅱ、Ⅶ、Ⅸ、Ⅹ在肝内的合成，使血液凝固减慢。双香豆素可作为抗凝剂在临床中防止血栓形成。过量应用双香豆素后，可口服水溶性维生素K来解毒。

（二）促凝的常用方法

1. 加温和接触粗糙面 加温能提高酶的活性，加速凝血反应。接触粗糙面，可促进凝血因子Ⅻ的活化，也可促进血小板聚集、解体并释放凝血因子。手术中常用温热生理盐水纱布压迫术部，以加快凝血与止血。除了温度因素外，纱布粗糙面及其带有负电荷也是促凝的因素。

2. 维生素K 许多凝血因子合成过程需要的维生素K参与，维生素K缺乏可导致凝血障碍，补充维生素K能促进凝血。

第四节 血型与输血

一、血型与红细胞凝集

1. 血型 血型通常指红细胞膜上特异性抗原的类型，即红细胞血型。随着对血型本质的研究不断深入，有关血型的定义，有狭义和广义之分。

狭义的血型是指能用抗体加以分类的血细胞的抗原类型。如人的A型、B型、O型、AB型、MN型和Rh型，牛的A、B、C系，猪的A、B、C系等血型。此种血型可用抗体进行检测。

广义的血型是指以蛋白质化学结构的微小差异即蛋白质多态性和同功酶为依据进行分类。如采用凝胶电泳法，可按血清或血浆中所含蛋白质划分Pr型（前蛋白型）、Alb型（蛋白型）、Tf型（铁传递蛋白型）和Cp型（血浆铜蓝蛋白型）等血型；又如可按所含各种酶的同工酶电泳图谱进行血型分类。

目前研究较多的是红细胞血型，其中，以人血型研究较早、较系统。

2. 红细胞凝集 不相容血型的两种血液混合时，其中的红细胞会聚集成簇的现象称为**红细胞凝集**，红细胞凝集的本质是抗原—抗体反应。红细胞膜上存在着特异的抗原，称为**凝集原**，即**血型抗原**；血清中有能与红细胞膜上的凝集原起反应的特异抗体，称为**凝集素**，即**血型抗体**。

3. 人类的ABO血型系统 人类红细胞膜上含A凝集原（A抗原）和B凝集原（B抗原）两种抗原物质，血清中含α凝集素（抗A）和β凝集素（抗B）两种抗体。根据红细胞膜上是否含有凝集原A、B进行将血液分为A、B、AB、O型四种血型。凡红细胞膜上只含A抗原者为A型，红细胞膜上只含B抗原的，称为**B型**；若A与B两种抗原都含有的称为**AB型**；这两种抗原都没有的，则称为**O型**。不同血的人的血清中含不同的凝集素，即不含有对抗他自身红细胞凝集原的凝集素。在A型人的血清中，只含有抗B凝集素；B型人的血清中，只含有抗A凝集素；AB型人的血清中没有抗A和抗B的凝集素；而O型血人的血清中则含有抗A和抗B两种凝集素（表3-8）。

表 3－8 ABO 血型系统分类

血型	凝集原	凝集素
A	A	α
B	B	β
AB	A、B	—
O	—	α、β

4. 人类 Rh 血型系统 把恒河猴的红细胞重复注射入家兔体内，引起家兔产生免疫反应，使家兔的血清中产生抗恒河猴红细胞的抗体（凝集素）。再用含这种抗体的血清与人的红细胞混合，发生血清凝集反应者称为 **Rh 阳性血型**，表明其红细胞上具有与恒河猴同样的抗原；若人的红细胞不被这种血清凝集，称为 **Rh 阴性血型**。中国大多数民族 99% 为 Rh 阳性。

Rh 血型抗原不存在天然抗体，因此，初次输血时不会产生输血反应。

5. 输血原则 输血前，首先应通过交叉配血试验测定 ABO 血型相合，多次输血时还应 Rh 血型也相合方可输血。

交叉配血试验的方法是：在 37℃下，将供血者的红细胞与受血者的血清进行配合试验检查有无红细胞凝集反应（交叉配血试验的主侧）。同时，还将受血者的红细胞与供血者的血清进行配合试验，检查有无红细胞凝集反应（交叉配血试验的次侧）。如果交叉配血的两侧均无凝集反应，即为配血相合，可进行输血。如果主侧有凝集反应，无论次侧反应如何，称为**配血不合**，不可以输血。如果主侧无凝集反应，次侧有凝集反应，在紧急情况下可以少量、缓慢输血。

随着医学和科学技术的进步，近年来，由于血液成分分离机的广泛应用以及分离技术及成分血的质量不断提高，输血疗法已经由输全血发展为成分输血，这样既能提高疗效，减少不良反应，又能节约血源，是将来输血疗法的主要发展方向。

二、动物血型及应用

1. 动物血型 动物血型比较复杂，动物主要用同种免疫血清的溶血反应，来检查红细胞抗原，马、牛、猪、绵羊、山羊、犬等动物红细胞的抗原型都已有大量研究，并被国际公认。如牛有 A、B、C、J、L、M、N、S、Z 等 12 个血型，猪有 A、B、C、D、E、F、G、H、I、J、K、L、M、N 15 个血型。血清蛋白型和酶型主要用凝胶电泳法等进行分类，已知的有白蛋白型（Alb 型）、前白蛋白型（Pr 型）、后白蛋白型（Pa 型）、运铁蛋白型（Tf 型）、血浆铜蓝蛋白型（Cp 型）、血液结合素型（HP 型）、血浆脂蛋白型（Lpp 型）、血红蛋白型（Hb 型）、碳酸酐酶型（AC 型）、淀粉酶型（Am 型）、碱性磷酸酶型（AKP 型）、脂酶型（ES 型）、6－磷酸葡萄糖脱氢酶型（6－PGD 型）、乳酸脱氢酶型（LDH 型）等。

2. 血型应用 血型在畜牧兽医生产实践中的应用广泛，具有一定的应用价值。

（1）畜牧生产中可以用来指导建立血型系谱、亲子鉴定、遗传育种 从遗传学角度，动物的血型与生产性能都是可遗传性状，它们之间有一定的相关性。如通过研究血浆碱性磷酸酶（Akp）、铜蓝蛋白（Cp）、淀粉酶（AmⅡ）、前白蛋白（Pa）、后白蛋白（Po）和运铁蛋白（Tf）6 个血浆蛋白位点的多态性进行检测，并根据测定各位点，不同基因型与生长性能的关系，发现 Cp 位点 BB 基因型猪日增重显著高于 AA、AB 型。

（2）指导兽医临床实践 ①诊断疾病 新生仔畜溶血病、牛异性双胎不育等疾病都可以通过血型原理来进行诊断；②指导合理输血 家畜的正常血清中，红细胞血型抗体免疫效价很低，很少发生像人类 ABO 血型系统的红细胞凝集反应。动物输血的一般原则是：不同个体之间初次输血不超过 1 000ml，一般影响不大，间隔 5d 以内的重复输血也一般影响不大，超过 5d 的重复输血极易引起休克，必须通过交叉配血实验来进行输血。

复习思考题

1. 简述血浆蛋白的种类及其生理作用。
2. 血浆晶体渗透压和血浆胶体渗透压各有何生理意义？
3. 红细胞、白血病、血小板的生理功能是什么？
4. 简述血液凝固和纤维蛋白溶解的过程。
5. 血液在维持内环境酸碱平衡中有什么作用？
6. 运用红细胞生成部位、原料、成熟因素及生成调节的知识，解释临床上常见贫血的主要原因？
7. 为什么血液检查是临床上诊断疾病的重要方法？

第四章

血液循环

循环系统主要由心脏和血管组成。血液循环系统中按一定方向进行周而复始的流动称为**血液循环**。心脏是血液循环的动力器官，它有规律的收缩和舒张活动，像泵一样产生推动力，推动血液在动脉、毛细血管、静脉所组成的闭锁系统中定向流动。血管是血液运行的管道，同时，还起到血液分配的作用。血液循环的主要功能是物质运输，它运输营养物质、氧气和代谢产物，保证新陈代谢的正常进行；运输体内各内分泌激素，实现机体的体液调节；通过血液不断的循环流动，维持机体内环境的相对稳定和实现血液防卫功能。因此，血液循环是高等动物机体生存的最主要条件之一。

第一节　心脏的泵血功能

心脏是一个由心肌组织构成并且具有瓣膜结构的空腔器官。心脏节律性地舒张、收缩，以及由此而引起的瓣膜的规律性开启和关闭，推动血液沿单一方向循环流动。心脏泵血作用是由心肌电活动（兴奋产生与扩布）、机械收缩（压力容积变化、血流）和瓣膜活动三者相互联系配合才得以实现。

一、心动周期和心率

1. 心动周期　心脏每收缩和舒张一次，称为**一个心动周期**。由于心脏是由心房和心室两个合胞体构成的，因此，一个心动周期包括心房收缩、心房舒张、心室收缩、心室舒张四个过程。这四个过程有着严格的顺序性，分为3个阶段：①心房收缩期 此期左右心房同时收缩，左右心室处于舒张状态；②心室收缩期　左、右心房开始舒张，左、右心室几乎同时收缩；③全心舒张期（间歇期）　心室、心房都处于舒张状态（图4－1）。由于心室收缩时间长，力量大，是推动血液循环的主要力量，因此，所谓心缩期和心舒期就是指心室的收缩期和舒张期。

心动周期时程的长短与心率有关。以猪为例，成年猪在安静状态下平均心率为75次/min，则每个心动周期持续0.8s。其中，心房收缩期约0.1s，心房舒张期约0.7s，心室收缩期约0.3s，心室舒张期约0.5s。可见，在每一个心动周期中心房和心室的舒张时间都大于收缩时间。所以，心肌在每次收缩后有足够的时间补充消耗和排除代谢产物，这是心肌可以能够不断活动而不疲劳的根本原因。心动周期中的间歇期占总时间的50%，可以有充足的时间让静脉血回流和充盈心室，并使心肌本身能从冠状循环中得到足够的血液供应。如果心率加快，心动周期缩短，收缩期舒张期均相应缩短，但主要是舒张期缩短；即心肌工作时间相对延长，这对心脏的持久活动是不利的。

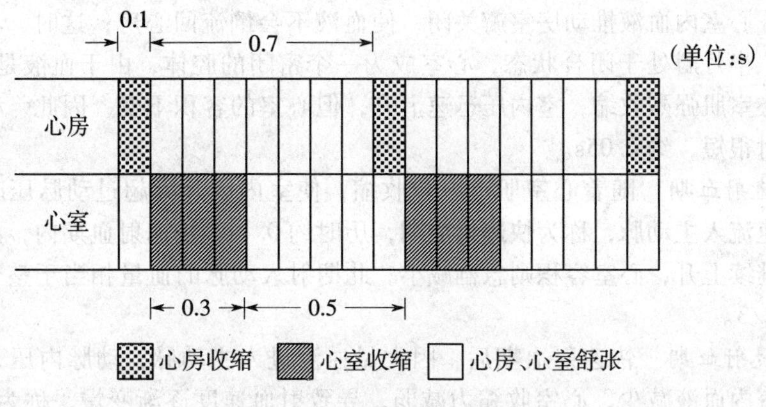

图 4-1 心动周期时序关系图解

2. 心率 心脏每分钟搏动的次数称为**心率**。不同种类、不同年龄、不同性别、不同生理情况下的动物，心率都有所不同（表 4-1）。一般而言，小型动物心率较大型动物快，雄性动物心率较雌性动物快，幼龄动物较老龄动物快，活动时比安静状态心率快。坚持锻炼的人、调教有素的动物平静时心率较慢，剧烈运动时心率加快程度也较小。

表 4-1 各种动物心率的正常变异范围（次/min）

动物	心率	动物	心率
骆驼	25~40	猪	60~80
马	28~42	狗	80~130
奶牛	60~80	猫	110~130
公牛	30~60	兔	120~150
山羊、绵羊	60~80	鸡、火鸡	300~400

二、心脏泵血的过程和机理

每一个心动周期，心脏射血一次。在射血过程中，心脏通过其自动节律性舒缩活动，造成心内容积和压力的改变以及心瓣膜规律性开启和关闭，从而推动血液在循环系统中沿单一方向周而复始循环流动。

根据心室内压力、容积的改变、瓣膜开闭与血流的情况，通常将一个心动周期过程划分为几个时期。

1. 心房收缩期 心房开始收缩前，心脏处于全心舒张期，血液由心房进入心室，随心室不断心室充盈，房-室间压力差逐渐缩小。至心室舒张末期，心房开始收缩，心房容积缩小，房内压升高，血液顺压力差进入心室，使心室进一步充盈。心房由于心房壁较薄，收缩期较短，仅持续约 0.1s 左右，故心房收缩增加的心室充盈量仅占心室总充盈量的 10%~30%。心房收缩首先开始于心房与外周静脉的交界处，使心房收缩时血液不会逆流到外周静脉去。

2. 心室收缩期 包括等容收缩期、快速射血期、减慢射血期。

(1) 等容收缩期 心房收缩结束转为舒张时，心室开始收缩，室内压迅速升高，当超过房内压时，心室内血液推动房室瓣关闭，使血液不会倒流回心房；这时，心室内压仍低于动脉内压，半月瓣处于闭合状态，心室成为一个密闭的腔体，由于血液是不可压缩的，所以，尽管心室肌强烈收缩，室内压迅速上升，但心室的容积不变，因此，称为**等容收缩期**。此期历时很短，约 0.05s。

（2）快速射血期　随着心室肌进一步收缩，使室内压升高超过动脉压时，半月瓣打开，血液快速流入主动脉，称为**快速射血期**，历时约 0.1s。快速射血期内，心室肌仍在收缩，室内压继续上升，心室容积则急剧减小。此期射入动脉的血量相当于整个心缩期内全部射血量的 2/3。

（3）减慢射血期　快速射血期后，因大量血液进入主动脉，动脉内压升高，与此同时，由于心室内血液减少，心室收缩力减弱，导致射血速度逐渐变慢，称为**减慢射血期**，历时约 0.15s。在减慢射血期内，室内压已略低于大动脉压，但血液在惯性的作用下继续流入动脉，将总射血量的 1/3 血量射出。减慢射血期末，心室容积缩至最小。

3. 心室舒张期

（1）等容舒张期　心室收缩完毕，开始进入舒张状态，室内压急剧下降。主动脉内血液向心室方向返流，推动半月瓣关闭。这时室内压明显高于房内压，房室瓣依然关闭，心室又成为封闭腔。此时心室肌肉舒张，室内压以极快速度下降，但容积不改变，称为**等容舒张期**，持续 0.06 ~ 0.08s。

（2）快速充盈期　心室进一步舒张，室内压继续下降。当室内压低于房内压时，血液顺压力差推开房室瓣快速流入心室，称为**快速充盈期**，历时 0.11s 左右。此时心房亦处于舒张状态，室内压下降所产生的“抽吸”作用，使大静脉的血液也经心房流入心室。因此，心脏有力的收缩和舒张，不仅有利于心室向动脉中射血，而且也有利于静脉血液向心房回流和心室的充盈。此期进入心室的血液量约占心室总充盈量的 2/3。

（3）减慢充盈期　随心室内血量的增多，房 - 室间压力梯度逐渐减小，血流速度逐渐减慢心室容积进一步增大，称为**减慢充盈期**，历时约 0.22s。接着进入下一个心动周期，心房开始收缩。每个心动周期中左右心室的射血量基本是相等的，但因肺动脉压只有主动脉压的 1/6 左右，故右心室内压力变化要比左心室内小得多。心动周期中心脏内压力及瓣膜活动见图 4 - 2。

三、心音

心动周期中，由于心肌收缩、瓣膜启闭及血液撞击心血管壁引起的振动产生的声音，称为**心音**。心音可通过周围组织传递到胸壁；如将听诊器放在胸壁某些部位，就可听到心音。一般在一个心动周期中可听到两个类似“通 - 嗒”的声音，分别称为**第一心音**和**第二心音**。

第一心音发生于心收缩期的开始，故又称**心缩音**。其音调较低、持续时间较长。产生的原因主要是心室收缩、血流急速冲击房室瓣使之关闭以及射血开始引起的主动脉管壁的振动。其大小反映心机收缩力量和房室瓣的功能状态。

第二心音发生于心舒张期的开始，故又称心舒音。其音调较高、持续时间较短。产生的原因主要是心室舒张时，半月瓣突然关闭，血液冲击瓣膜以及主动脉中血流减速引起的

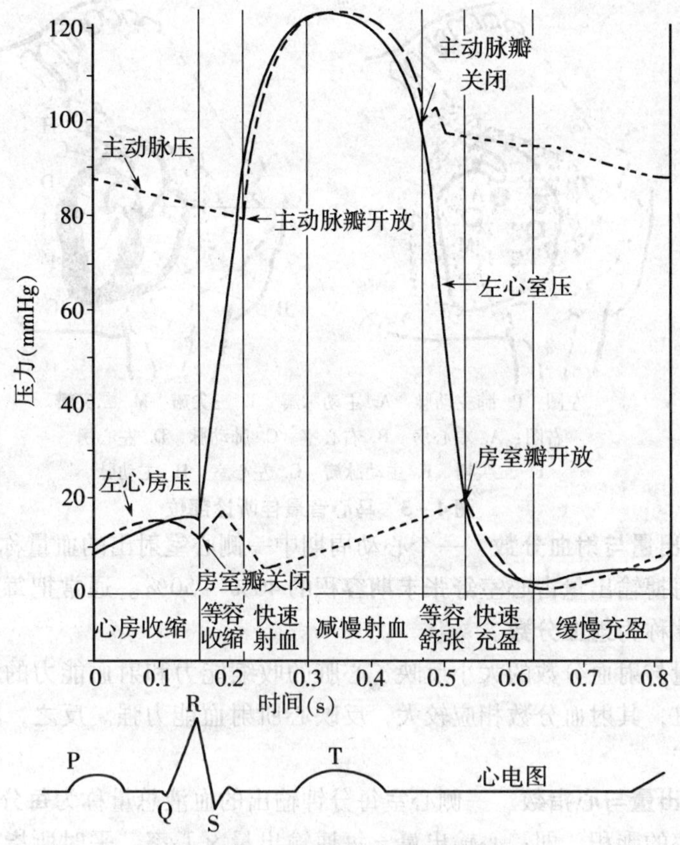

图 4－2 心动周期中心脏内压力及瓣膜活动

振动。其大小反映动脉血压的高低和半月瓣的功能状态。

胸廓前壁任一部位均能听到第一心音和第二心音，但有最佳听取部位。如马的主动脉瓣最佳听诊区在右侧第三肋间近胸骨右缘；肺动脉听诊区在左侧第三肋间近胸骨左缘；三尖瓣的听诊区在右侧第五肋与胸骨的交接处；二尖瓣的听诊区在左侧第五肋间的左腋前线上（图 4－3）。

心脏某些异常活动可以产生杂音和或其他异常心音。因此，听取心音对于心脏疾病的诊断有一定的意义。心室肌肉肥厚时，心室收缩力量增强，第一心音增强；心肌炎时，心室收缩力量减弱，第一心音减弱；房室瓣闭锁不全和动脉口狭窄有收缩期杂音，如呼呼的高啸声；房室瓣口狭窄和动脉瓣闭锁不全有舒张期杂音。机体在病理状态下，可能出现第三心音和第四心音增强，并伴随第一、第二心音之后出现，形成临床上所称“奔马节律性心音”。

四、心脏泵血功能的评价

评定心脏泵血机能是否正常是临床上的重要问题。在通常情况下，从左右心室射入主动脉或肺动脉中去的血量是相等的，这是体循环与肺循环保持协调的必要条件。因此，心输出量可用任一心室射入动脉的血量来表示，不过，通常是指左心室射入主动脉的血量。评价心脏泵血机能的指标主要有：

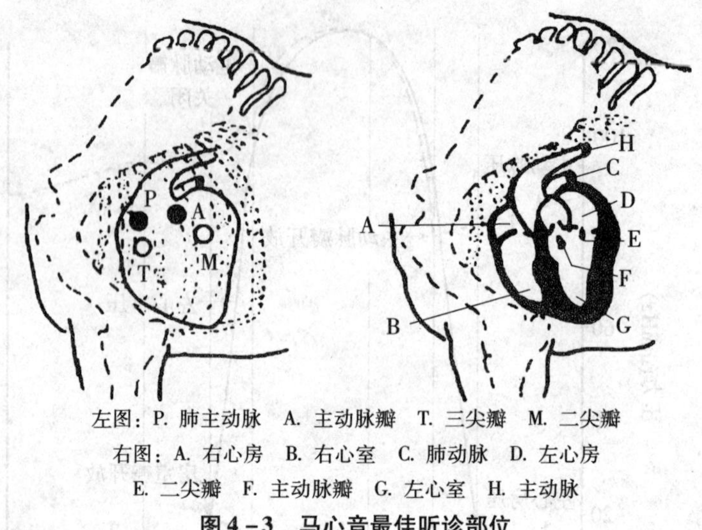

左图：P. 肺主动脉　A. 主动脉瓣　T. 三尖瓣　M. 二尖瓣
右图：A. 右心房　B. 右心室　C. 肺动脉　D. 左心房
E. 二尖瓣　F. 主动脉瓣　G. 左心室　H. 主动脉

图 4－3　马心音最佳听诊部位

1. 每搏输出量与射血分数　一个心动周期中一侧心室射出的血量称为**每搏输出量**。在静息状态下，每搏输出量占心室舒张末期容积的 40% ~50%。通常把每搏输出量占心舒期末容积的百分比称为**射血分数**。

每搏输出量与射血分数的大小反映了心脏的收缩能力和射血能力的大小。经过锻炼调教的动物的心脏，其射血分数相应较大，反映心肌射血能力强。反之，则反映心脏射血能力弱。

2. 每分输出量与心指数　一侧心室每分钟输出的血液总量称为**每分输出量**。它等于每搏输出量和心率的乘积，即：心输出量 = 每搏输出量 × 心率。平时所指的心输出量，都是指每分输出量。心输出量是评价循环系统泵血功能的重要指标。

心输出量是以个体为单位计量的，但个体大小对心输出量影响很大，所以，用心输出量的绝对值，在个体大小不同的动物之间比较心脏的功能是不全面的。研究发现，在安静状态下心输出量与动物体表面积成正比关系。在安静状态下，每平方米体表面积的每分心输出量称为**心指数**。用于评价不同大小个体间的心脏功能。

3. 心力储备　心输出量是和动物代谢水平相适应的，机体各器官活动加强时，为了适应代谢增强的需要，心输出量就增多。心输出量随机体代谢的需要而相应增加的能力称为**心力储备**。包括心率储备和每搏输出量储备。**心率储备**是通过提高心率而实现，可使心输出量增加 2 ~2.5 倍。每搏输出量储备是增加心肌收缩力提高射血分数而实现。充分利用心率和输出量的储备力量，可使心输出量提高 5 ~6 倍。由此可见，心力贮备的大小反映心脏泵血功能对代谢需要的适应能力。通过调教和训练可以提高心力储备，这对骑乘马和役用家畜尤其明显。当然，心力储备也不是无限的，当心力储备发挥最大限度的作用后仍不能适应机体需要时，就会发生心力衰竭，即长期负担过重，使心脏收缩力和心输出量都逐渐减小。

五、心脏泵血功能的调节

心脏的泵血功能是随机体生理状态的不同而随时调节的，这种变化是在神经、体液及心脏自身调节机制下实现的。

1. 每搏输出量的调节　每搏输出量取决于心室肌收缩的强调和速度。所以，每搏输出量的大小主要受心室肌收缩前心室充盈时被拉长的程度（即前负荷）、心肌收缩能力、外周动脉血压（即后负荷）的影响。

（1）前负荷　心肌在收缩前所遇到的负荷，称为**心肌的前负荷**。前负荷可用心室舒张期末血液的充盈程度（容积）来表示，它反映了心室肌在收缩前的初长度。在一定范围内，心肌纤维初长度越大，收缩力量越大，每搏输出量越大，这种特性称为**心肌的异长自身调节**（也叫 Starling“心的定律”）。通过心肌的异长自身调节，保持回心血量和射血量的动态平衡，实现心脏泵血机能的自身调节。静脉回心血量受两个因素的影响：一是心室舒张末期充盈持续时间，在心率增加时，心舒期缩短，心室舒张充盈不完全，心搏出量将随之减少；二是静脉回心血流速度，静脉回流速度取决于外周静脉压与心房、心室之差。回流速度愈快，心室的充盈量愈大，心搏出量也愈多。

（2）心肌的收缩能力　是指通过心肌本身收缩活动的强度和速度的改变而不依赖于前、后负荷的改变来影响每搏输出量的能力，这种调节机制也称为**心肌的等长自身调节**。神经、体液、药物等多种因素都可通过影响兴奋－收缩耦联过程中各个环节而改变心肌收缩能力，从而调节每搏输出量。如交感神经兴奋及肾上腺素等都可增强心肌收缩能力，而迷走神经兴奋和乙酰胆碱等则可降低心肌收缩能力。

（3）后负荷　是指心肌在收缩时才遇到的负荷。心室肌后负荷是指动脉血压，故又称压力负荷。在一定范围内，后负荷对心输出量影响不大。这是由于后负荷增大导致搏出量减少时，心缩末期容量增大，即使此时静脉回心血量不变，心舒末期容量也将增大，心脏可通过心肌的异长自身调节使心肌的收缩力量加大，恢复每搏输出量，同时，由于每搏输出量减少，血压下降，会反射性引起交感神经兴奋，肾上腺素等分泌增加，通过心肌的等长自身调节增加每搏输出量。但如果动脉压持续升高（高血压患者），会加重心脏负担，引起心室肌肥厚等病变。临床上常使用舒血管药物降低后负荷来改善心脏的泵血功能。

2. 心率　在一定范围内，心率的增加能使心输出量随之增加。但心率过快，心输出量可能反而减少。这是由于，心率过快，就会使心动周期的时间缩短，特别是舒张期的时间缩短，从而导致心室充盈不足，同时，使心肌细胞营养代谢障碍，心肌收缩力降低，以致每搏输出量减少，心输出量下降。但心率过慢，会使心舒期延长，结果因射血次数减少而使心输出量下降。

第二节　心肌细胞的生物电现象与生理特性

心房和心室不停歇地进行有顺序的、协调的收缩和舒张交替的活动，是心脏实现泵血功能、推动血液循环的必要条件。而心脏舒缩活动的生理基础就在于心肌细胞在兴奋性、自律性、传导性和收缩性方面具有独特的生理特性。其中，兴奋性、自律性和传导性是以心肌细胞的生物电活动为基础的，而收缩性则是在心肌细胞膜的动作电位触发下产生的机械性收缩反应。

一、心肌细胞的生物电现象

（一）心肌细胞的类型及特征

心脏的心肌细胞并不是同一类型的，根据它们的组织学特点、电生理特性以及功能上的区别，粗略地分为两大类型：普通心肌细胞和特殊分化的心肌细胞。两类心肌细胞分别实现一定的职能，互相配合，完成心脏的整体活动。

1. 普通心肌细胞 包括心房肌细胞和心室肌细胞。其细胞浆内富含肌原纤维，主要功能是收缩做功，提供心泵活动的动力，所以又称为**收缩细胞**或**工作细胞**，具有接受外界刺激产生兴奋的能力，但不能产生自动节律性兴奋，属于非自律性细胞。

2. 特殊分化的心肌细胞 包括**P细胞和浦肯野氏细胞**。其细胞浆内不含肌原纤维，故缺乏收缩能力，但具有产生自动节律性兴奋的能力，属于**自律性细胞**。这些细胞构成了心脏特殊传导系统，完成兴奋的传导功能。心传导系统包括窦房结、心房传导组织、房室结、房室束、浦肯野氏纤维以及心室传导组织（图4－4）。P细胞主要存在于窦房结中，是窦房结中产生自动节律性兴奋的细胞，所以也称为**起搏细胞**。浦肯野氏细胞广泛存在于除窦房结和房室结以外的所有心传导系统中。

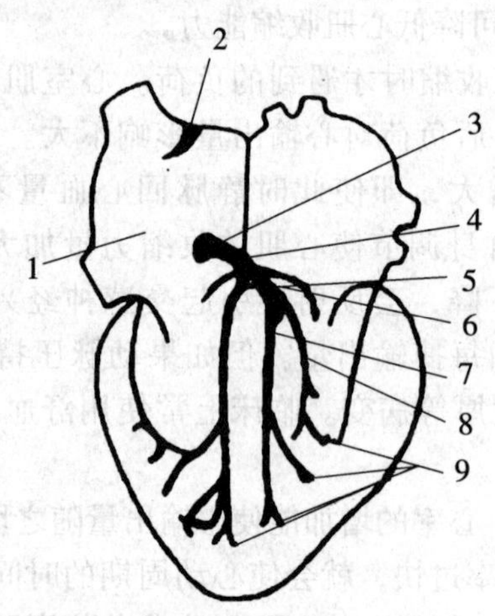

1. 右心房 2. 窦房结 3. 房室结 4. 希氏束 5. 右支 6. 左支 7. 前分支 8. 后分支 9. 浦肯野纤维

图4－4 心脏传导系统示意图

（二）普通心肌细胞的生物电现象及产生机制

心肌细胞与神经细胞、骨骼肌细胞等可兴奋细胞一样，也有两种基本的表现形式：静息电位和动作电位。以下以心室肌细胞为例，说明心肌细胞生物电现象的规律。

1. 静息电位 与其他可兴奋组织细胞的静息电位相似，也是由K^+外流所形成的跨膜电位（膜外为正，膜内为负的极化状态）。心肌细胞的静息电位约－90mV。

2. 动作电位 心室肌细胞受到刺激兴奋后产生的动作电位，也是由去极化、反极化和复极化部分组成，但与神经细胞、骨骼肌细胞的动作电位相比，心室肌细胞动作电位的主要特征为：其升降支不对称，复极化过程复杂，时间持续较长。动作电位整个过程可分为0、1、2、3、4五个时期，其中，0期为去极化和反极化过程，1、2、3、4期为复极化过程。

(1) 去极化过程　又称0期除极，表现为膜内电位由 -90mV 迅速上升到 +20～+30mV（膜内电位由0mV转化为正电位的过程称超射，又称反极化），构成动作电位的上升支。哺乳动物心室肌细胞的0期除极过程幅度大、速度快，仅1～2ms就可完成，去极速率达到200～400V/s。0期除极的机制是快 Na^+ 通道开放导致 Na^+ 内流。当心室肌细胞在窦房结传来的兴奋冲动影响下，使膜内电位上升至临界水平即阈电位（约为 -70mV）水平时，引起快钠通道蛋白变构，通道开放（激活），于是膜外 Na^+ 顺着浓度差和电位差迅速内流，形成快钠内向电流，使膜内电位急剧上升。在膜内电位达到0电位时，膜外钠离子仍可随膜内外浓度梯度继续内流，直至接近钠平衡电位。因为钠通道激活快，失活也快，开放时间很短，因此称为**快通道**。以快钠通道为0期去极化的心肌细胞称为**快反应细胞**，其动作电位称快反应动作电位，包括心房肌细胞、心室肌细胞、浦肯野细胞。决定0期去极的快钠通道，可被河豚毒（TTX）特异性阻断。以慢钙通道为0期去极化的心肌细胞称为**慢反应细胞**，其动作电位称慢反应动作电位，包括P细胞。

(2) 复极化过程　包括1、2、3、4四个时期。与神经、骨骼肌相比心肌细胞的复极化过程要复杂得多，时程要长得多，可持续200～300ms。

1期（快速复极初期）：膜内电位由 +30mV 迅速下降到0mV左右，历时约10ms。1期复极开始，快钠通道已关闭，但有瞬时性的外向钾离子通道的激活，引起 K^+ 的快速外流，使膜内电位快速下降。K^+ 通道可被四乙季胺和4-氨基吡啶所阻断。0期除极和1期复极这两个时期的膜电位变化都很快，记录图形上表现为尖峰状，故合称为**锋电位**。

2期（平台期或缓慢复极期）：当1期复极膜内电位达到0mV左右之后，复极过程就变得非常缓慢，膜内电位基本上停滞于0mV左右，达100～150ms之久。细胞膜两侧呈等电位状态，记录图形比较平坦，故复极2期又称为**平台期**，是整个动作电位持续时间长的主要原因。2期复极主要由于慢钙通道开放，Ca^{2+}（伴有少量 Na^+）内流和 K^+ 外流所形成的离子电流动态平衡所致。0期去极化过程中激活 Ca^{2+} 通道（-40mV），Ca^{2+} 通道激活过程比Na通道慢，须等到0期才持续开放，引起 Ca^{2+} 缓慢内流产生平台期。Ca^{2+} 通道激活、失活以及再复活所需时间都很长，故称为**慢通道**。以 Ca^{2+} 通道为0期去极化的心肌细胞称为**慢反应细胞**，其动作电位叫慢反应动作电位。初期是 Ca^{2+} 内流占优势，随着时间推移，K^+ 外向电流逐渐增强，导致膜电位缓慢变负。慢钙通道可被 Mn^{2+} 和多种钙通道阻断剂如维拉帕米、异搏定等所阻断。

3期（快速复极末期）：平台期后，由于钙通道完全失活，内向离子流终止，而 K^+ 外流则随时间而递增，因而膜的复极加速，导致膜电位快速复极化直至完成复极，占时100～150ms。

4期（恢复期或静息期）：3期之后膜电位已恢复到静息水平，但离子分布状态尚未复原。在动作电位的变化过程中，多种离子发生了顺浓度梯度的跨膜转运，包括 Na^+ 和 Ca^{2+} 内流、K^+ 外流，造成膜内外正常的离子浓度梯度改变。通过心肌细胞膜上存在有 Na^+-K^+ 泵作用，将 Na^+ 的外运与 K^+ 的内运相耦联起来，形成 Na^+-K^+ 交换，实现 Na^+、K^+ 的主动转运。细胞内 Ca^{2+} 的外运，是通过交换 $Ca^{2+}-Na^+$ 泵交换进行的。

心室肌细胞动作电位及主要离子活动见图4-5。

（三）特殊分化心肌细胞的动作电位及产生机制

特殊分化心肌细胞为自律细胞，其动作电位主要特点是4期自动去极化。即当动作电

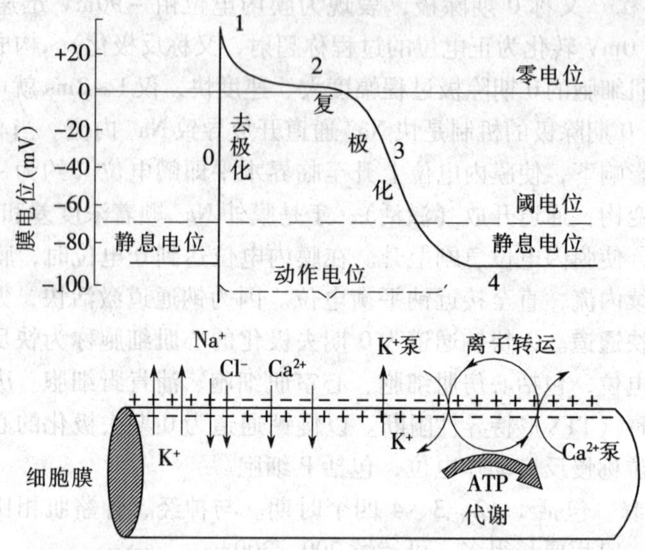

图 4－5　心室肌细胞动作电位及主要离子活动

位 3 期复极末达到最大值之后，会立即开始自动除极，当除极达到阈电位水平时则再次引起兴奋（出现动作电位）。

1. 浦肯野细胞动作电位及特征　浦肯野氏细胞动作电位的 0、1、2、3 期各期波形、幅度和形成机理均与心室肌细胞相似，只是持续时间较长。但是，4 期却不同，浦肯野氏纤维细胞的 4 期电位并不稳定于静息电位水平，而是发生缓慢去极化过程，称为**舒张期自动去极化**。通常把这类心肌细胞复极 4 期起始部的膜电位称为**舒张期最大电位**或**最大复极电位**，以区别于普通心肌细胞 4 期中稳定的静息电位。浦肯野氏细胞的最大复极电位约为 －90mV，一旦舒张期自动去极化达阈电位 －70mV 时，快钠通道被激活、开放，即可触发一次动作电位。由于浦肯野氏细胞主要是通过快钠通道的激活而兴奋的，故称为**快反应自律细胞**。浦肯野氏细胞 4 期自动除极的离子基础是随时间而逐渐增强的 Na^+ 内向流和逐渐衰减的 K^+ 外向流引起的。这里的 Na^+ 内向流（If），不同于 0 期除极的 Na^+ 内流，它是在 3 期复极化过程中激活并在 4 期开放形成的离子流（－60mV 开始激活），它可以被铯所阻断。

2. 窦房结 P 细胞的动作电位及特征　P 细胞的动作电位具有以下特征：①只有 0、3、4 期组成，而没有 1、2 期；② 0 期除极速度慢（约 10V/s，浦 200 ~ 1 000V/ s），历时长（7ms 左右，浦 1 ~ 2ms）；③动作电位的幅值也小，约 70mV ，最大复极电位为 －65 ~ －60mV，不出现明显的超射；④ 4 期自动去极化，且自动除极速度（约 0.1V/ s）比浦肯野细胞（约 0.02V/ s）要快。

P 细胞的 0 期除极化是由 L 型慢 Ca^{2+} 离子通道激活，而引起的 Ca^{2+} 缓慢内流的结果。故 P 细胞属于慢反应自律细胞，且 0 期除极幅度低，速度慢。

P 细胞 4 期自动除极是由随时间而增长的净内向电流所引起的。这个净内向电流由 3 部分组成：①进行性增强的内向离子流，主要是 Na^+ 流；②T 型钙通道激活和 Ca^{2+} 内流。T 型钙通道在膜电位复极化到 －60 ~ －50mV 被激活、开放，导致 Ca^{2+} 内流；③时间依赖性的 K^+ 外流逐渐衰减（相当于内向电流的逐步增加）。

窦房结 P 细胞的动作电位和主要离子活动见图 4－6。

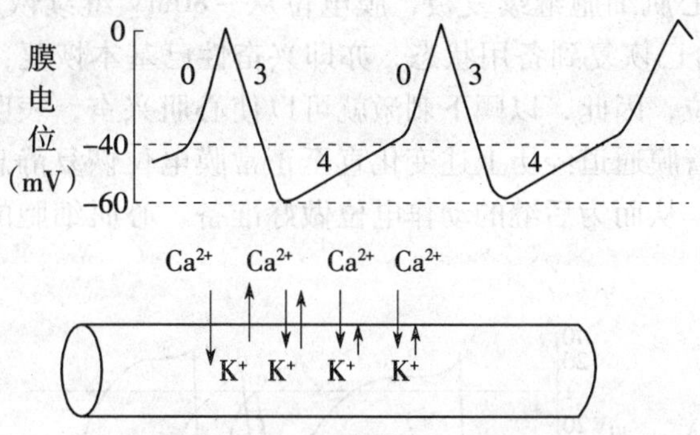

图 4－6　窦房结 P 细胞的动作电位和主要离子活动

二、心肌细胞的生理特性

心肌细胞具有兴奋性、自律性、传导性和收缩性四种生理特性。心肌的收缩性是指心肌能够在肌膜动作电位的触发下产生收缩反应的特性，它是以收缩蛋白质之间的生物化学和生物物理反应为基础的，是心肌的一种机械特性。兴奋性、自律性和传导性，则是以肌膜的生物电活动为基础的，故又称为**电生理特性**。心肌组织的这些生理特性共同决定着心脏的活动。

（一）心肌的兴奋性

所有心肌细胞都具有兴奋性。其中，自律细胞能自发的产生节律性兴奋，非自律细胞在接受外来刺激后发生兴奋。

心肌细胞每产生一次兴奋，其膜电位将发生一系列有规律的变化，膜通道由备用状态经历激活、失活和复活等过程，兴奋性也随之发生相应的周期性改变。兴奋性的这种周期性变化，影响着心肌细胞对重复刺激的反应能力，对心肌的收缩反应和兴奋的产生及传导过程具有重要作用。心室肌细胞一次兴奋过程中，其兴奋性的变化可分以下几个时期。

（1）*有效不应期*　心肌细胞发生一次兴奋后，由动作电位的去极相开始到复极 3 期膜内电位达到约－55mV 这一段时期内，不论给以多大的刺激，都不能引起心肌细胞产生任何程度的去极化，称为**绝对不应期**，此期膜上 Na^+ 通道全部处于失活状态，故细胞兴奋性为 0；膜内电位由－55mV 恢复到约－60mV 这一段时间内，如果给予的刺激有足够的强度，肌膜可产生局部的去极化，但并不能引起扩播的动作电位，称为**局部反应期**，此期，只有极少量 Na^+ 通道处于备用状态，故兴奋性极低。因此，把膜由 0 期去极开始到 3 期膜内电位复极到－60mV 期间，不能产生动作电位的时期称为**有效不应期**。与神经细胞和骨骼肌细胞相比，心肌细胞有效不应期特别长，一直持续到心肌机械收缩的舒张期开始之后，使心肌收缩形成单收缩，而不会像骨骼肌那样产生完全强直收缩，从而使心脏有血液充盈的时期，这对心脏完成泵血功能十分重要。

（2）*相对不应期*　指膜电位从－60mV 继续复极化至－80mV 期间。此期如果给予阈上刺激心肌可产生新的兴奋。原因是此时部分 Na^+ 通道已经处于备用状态，但数量较少，故兴奋性仍然低于正常，故只对阈上刺激产生动作电位，而且表现为 0 期幅度和速度均较正常为小，传导速度也较慢。

（3）*超常期* 指心肌细胞继续复极，膜电位从 －80mV 继续恢复至 －90mV 的这段时期。Na^+ 通道绝大部分已恢复到备用状态，亦即兴奋性已基本恢复，而且此时的膜电位比正常电位更接近阈电位，因此，以阈下刺激就可以使心肌兴奋，表明此期的兴奋性超过正常，故名超常期。随着膜通道经历上述变化直至正常膜电位恢复静息时的备用状态，心肌的兴奋性也恢复正常，从而为后继的动作电位做好准备。心肌细胞的动作电位和兴奋性变化见图 4－7。

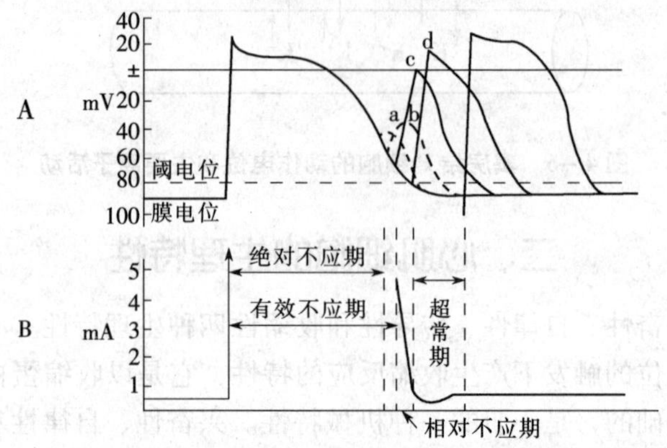

A. 动作电位与不同的复极时期给予刺激所引起的反应

B. 用阈值变化曲线（B 中的实线）说明兴奋后兴奋性的变化

图 4－7 心肌细胞的动作电位和兴奋性变化

（二）心肌的自动节律性

心肌细胞在没有外来刺激的条件下，能自动发生节律性兴奋的特性和能力，称为**自动节律性或自律性**。具有自动节律性的组织或细胞，叫自律组织或自律细胞。衡量自律性的高低用自动兴奋的频率表示。很早以前就有人观察到，离体的动物心脏，在适宜的条件下即使未受到任何利激，也能自动地、有节律地进行收缩，说明其具有自动节律性。高等动物心脏的自律性组织存在于心内膜下的心脏特殊传导组织中，包括窦房结（蛙类为静脉窦）、房室交界（房室结结区除外）、房室束及浦肯野氏纤维等。这些组织的自律性高低不一，以猪为例，窦房结 P 细胞自律性最高，自动兴奋频率约 70 次/min；房室交界及其束支自律性居中，自动兴奋频率 40～60 次/min；浦肯野氏纤维自律性最低，自动兴奋频率约 20 次/min。

心脏始终是依照当时情况下自律性最高的部位所发出的兴奋来进行活动的。这就是说，各部分的活动统一在自律性最高部位的主导作用之下。在正常情况下，窦房结是支配整个心脏兴奋和跳动的节律起点，故称之为正常起搏点。由窦房结控制的心搏节律称为**窦性心律**；而窦房结 P 细胞以外的其他自律细胞在正常时都处于窦房结的控制之下而不表现自身的节律性，只起到传导兴奋的作用。只有在某种特殊情况下，如它们的兴奋性增高或窦房结兴奋传导阻滞时，才能自动发出兴奋，以较低的频率引发心脏活动，因此称为**潜在起搏点**，其所形成的节律称为**异位心律**。

（三）心肌的传导性和兴奋在心脏内的传导

心肌细胞兴奋产生的动作电位能够沿着细胞膜传播的特性叫传导性，其高低用动作电位沿细胞膜传播的速度来衡量。心肌细胞传导兴奋的机制是局部电流（已兴奋部位与未兴奋部位膜之间存在的电位差产生局部电流而进行兴奋的传导）。此外心肌细胞之间的闰盘结构是低电阻的缝隙连接，使心肌细胞膜上任何部位的动作电位可以通过闰盘结构传至邻近的细胞，乃至整块心肌，使心肌组织在功能上成为一个合胞体而表现为左、右心房或心室的同步兴奋和收缩。

心脏内兴奋传导的途径始于窦房结产生的兴奋，经过渡细胞传至心房，通过优势传导通路传导到房室交界，再经房室束、房室束支、浦肯野氏纤维网至心室肌。

兴奋在心脏不同部位的传导速度不同，从窦房结到心室的传导具有快—慢—快的特点。窦房结 P 细胞发出兴奋一方面经心房肌细胞（0.3m/s）和前结间束（1m/s）传导至左、右心房，引起心房收缩，另一方面通过结间束（1.7m/s）传导至房室交界区（结区，0.02m/s），再依次经房室束（0.2m/s）、左右希氏束（2～3 m/s）、浦肯野纤维（1.5～4m/s）传导至左右心室肌，经心室肌（0.5m/s）迅速传导到所有心室肌细胞，引起左右心室收缩。

可见，兴奋在左右心房之间、左右心室之间传导时，速度很快，从而保证兴奋几乎可同时到达心房或心室各部位，从而保证全部心房肌细胞或心室肌细胞几乎同时收缩，产生巨大的收缩力，推动血液循环流动。而兴奋在房室交界处的传导速度则很慢，仅 0.02～0.05m/s，形成一个时间延搁，称为**房－室延搁**。房室延搁可使兴奋到达心房和心室的时间前后分开，使心房收缩结束后才开始心室收缩，保证了心室收缩之前有更多的血液充盈，因而有重要的生理意义。

（四）心肌细胞的收缩性

心肌的收缩性是指心房和心室工作细胞具有接受阈刺激产生收缩反应的能力。在正常情况下，它们只接受来自窦房结节律性兴奋的刺激。心肌细胞收缩机理与骨骼肌相同，在受刺激时，先在膜上产生电兴奋，然后通过兴奋－收缩耦联使心肌纤维缩短。但心肌细胞的收缩性有其自己的特点，表现为不发生强直收缩和期前收缩与代偿性间歇，这两个特点都与心肌细胞兴奋性的周期性变化有关。

1. 不发生强直收缩　心肌兴奋性周期变化的特点是有效不应期特别长，相当于整个收缩期加舒张早期，在此期间，任何新刺激都不能引起心肌收缩，即心肌兴奋后，只有进入舒张期才能接受新的刺激，所以，心肌细胞不发生强直收缩，始终保持着收缩与舒张交替的节律活动（图 4－8）。

2. 同步收缩（合胞体性）　由于心肌兴奋性的传导特点，使心房和心室各自构成了一个功能合胞体。由窦房结传来的兴奋几乎同时传导至全部心房肌细胞或心室肌细胞，使它们几乎同时兴奋，几乎同时收缩，产生巨大的收缩力，推动血液循环流动。

3. 期前收缩与代偿性间歇　正常的心脏按照窦房结的节律进行活动时，窦房结发出的兴奋总是在心肌前一次兴奋的不应期终止之后，才传导到心房和心室，因此，心房和心室都能按照窦房结的节律，交替进行收缩和舒张的活动。但心室肌如果在有效不应期之后、正常的窦性节律到来之前受到一次额外的（人工或病理）刺激，可产生一次额外的兴奋和收缩，由于它发生在下一次窦房结兴奋所产生的正常收缩之前，所以称为**期前收缩或额外**

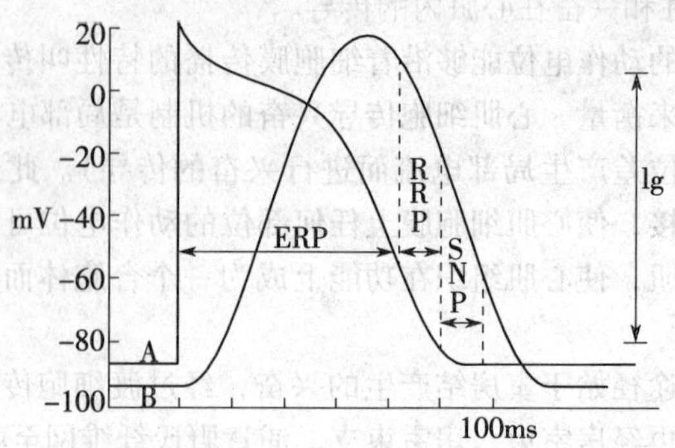

A. 动作电位　B. 机械收缩　ERP. 有效不应期　RRP. 相对不应期　SNP. 超长期

图4-8　心室肌动作电位期间兴奋性的变化及其与机械收缩的关系

收缩，也称早搏。由于期前收缩的出现，使紧接而来的窦房结兴奋往往落在期前收缩的有效不应期内，以致心室不能表现收缩反应，必须等到下一次窦房结的兴奋传来时，心室才发生收缩。这样，在一次期前收缩之后，常有一段较长的心脏舒张期，称为**代偿性间歇**（图4-9）。心肌的这一特点，可以避免发生强直收缩，使心肌按照起搏点的节律性兴奋，进行舒缩交替活动，保证泵血功能的实现。

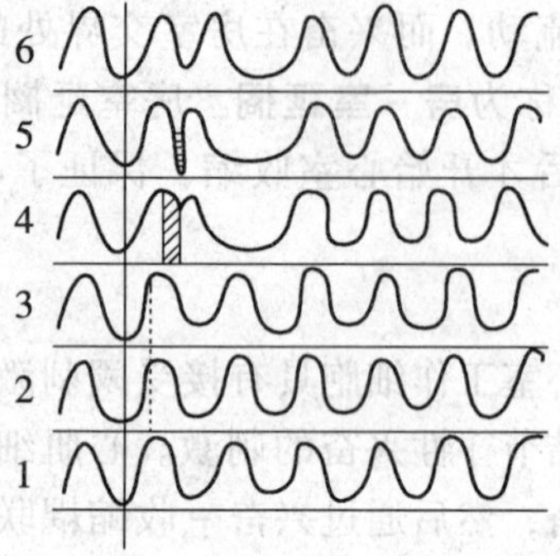

每条线下的电磁标记号指示给予电刺激的时间

曲线1~3刺激落在有效不应期内，不引起反应

曲线4~6刺激落在相对不应期内，引起期前收缩和代偿性间歇

图4-9　期前收缩和代偿性间歇

影响心肌生理特性的因素有以下几种。

1. K^+对心脏活动的影响　心肌对细胞外K^+浓度变化比较敏感，但是，不同部位心肌的敏感性有所不同，心房肌最敏感，房室束-浦肯野纤维系统次之，窦房结敏感性较低。

细胞外液钾浓度增高时，对心脏兴奋性的影响与其浓度增高的程度有关。当K^+浓度轻度或者中度升高时，细胞内外K^+的浓度梯度减小，K^+外流的力量减弱，静息电位（RP）的绝对值减小，和阈电位（TP）差值减小，细胞的兴奋性增高；当K^+的浓度显著升高时，RP的绝对值减小（膜内-55mV左右）时，钠通道的开放效率降低，钠通道逐渐失活，兴奋性降低或者丧失，严重时可导致心肌停搏于舒张状态。此时，仅由Ca^{2+}的内流来构成动作电位，故上升支小而缓慢，使兴奋传导速度减慢，传导性降低。

当细胞外 K^+ 的浓度升高时，细胞膜对钾的通透性增高，心室肌细胞复极过程加速，平台期缩短，不应期也缩短。

高钾对心肌收缩功能有抑制作用。因为细胞外的 K^+ 和 Ca^{2+} 在细胞膜上有竞争性抑制作用，因此当膜外 K^+ 的浓度升高时，平台期内流的 Ca^{2+} 减少，心肌细胞内的 Ca^{2+} 浓度难于升高，减小了 Ca^{2+} 的兴奋-收缩耦联作用，从而减弱了心肌收缩能力。

由于4期自动除极速度减慢，导致窦房结自律性降低，心率减慢。

2. Ca^{2+} 对心脏活动的影响　细胞外 Ca^{2+} 在心肌细胞膜上对 Na^+ 的内流有竞争性抑制作用，称为**膜屏障作用**，因此，当细胞外 Ca^{2+} 浓度发生变化时，与 Ca^{2+} 内流和 Na^+ 内流相关的生物电活动都将受到影响，而对静息电位则无明显作用。

当细胞外 Ca^{2+} 的浓度升高时，对 Na^+ 的屏障作用加大，由于这种抑制作用，触发 Na^+ 快速内流产生0期去极化就比较困难，即出现阈电位上移，从而与静息电位的差距加大，兴奋性降低；发生兴奋后，Na^+ 内流的抑制则导致0期去极化速度和幅度下降，传导性下降。Ca^{2+} 内流是慢反应细胞0期去极化、4期自动去极化和快反应细胞动作电位2期复极的主要离子活动。细胞外的高钙促使 Ca^{2+} 内流加快，慢反应细胞0期去极化加快加强，结果是其传导性和自律性增高。快反应细胞动作电位平台期将因 Ca^{2+} 的内流加速而缩短、复极加速、不应期和动作电位时程均缩短。在快反应自律细胞，4期自动去极化速度将因 Na^+ 内流的抑制而减慢，同时阈电位上移，所以自律性下降。

Ca^{2+} 的浓度升高时，心室肌细胞平台期 Ca^{2+} 内流增加，心肌收缩力增强，故钙剂在临床上常用作强心剂（心率加快、收缩力增强），但是当细胞外的 Ca^{2+} 浓度过高时，心脏就会停搏于收缩状态，称为**钙僵直**，因此临床上静脉注射钙剂时，速度不可以过快。

Ca^{2+} 的浓度下降的影响与升高时基本相反。

3. Na^+ 对心脏活动的影响　Na^+ 内流是快反应心肌细胞0期去极化的基础。Na^+ 浓度改变主要通过影响去极化的程度和速度影响心肌细胞的生理特性。但心肌细胞对 Na^+ 浓度改变敏感性不强，Na^+ 浓度的一般改变对心肌细胞影响不大。

当［Na^+］显著升高时，细胞内外 Na^+ 浓度梯度加大，使快反应心肌细胞0期去极化的程度和速度都增加，传导性增高；在快反应自律细胞，4期 Na^+ 内流加速，自动去极化速度加快，自律性升高。由于细胞内 Ca^{2+} 外运和 Na^+ 内流相耦联，故［Na^+］显著升高时，Na^+ 内流加速促进 Ca^{2+} 外运增加，使细胞内 Ca^{2+} 浓度下降，使心肌细胞收缩减弱。

当［Na^+］显著降低时，影响与高钠正好相反。

4. H^+ 对心脏活动的影响　细胞外 H^+ 浓度升高时，H^+ 和 Ca^{2+} 竞争性结合肌钙蛋白的结合位点，从而抑制 Ca^{2+} 与肌钙蛋白结合，使心肌收缩力量减弱。如再加入2.5% $NaHCO_3$ 后，解除了 H^+ 对 Ca^{2+} 的抑制作用，Ca^{2+} 又可与肌钙蛋白结合，心肌的收缩力量增加。

5. 温度的影响　适宜的温度时维持心肌正常生理特性的必要条件，其中以窦房结的自律细胞最为敏感。温度升高时，细胞物质代谢增强，自律性升高，反之，自律性下降。

6. 神经因素的影响　心脏的活动受交感神经和迷走神经的双重支配，交感神经末梢释放去甲肾上腺素，使心肌收缩力加强，传导速度加快，心率加快；迷走神经末梢释放乙酰胆碱，使心肌收缩力减弱，心肌传导速度减慢，心率减慢。

三、体表心电图

在动物机体内，由窦房结发出的一次兴奋，按一定的途径和进程，依次传向心房和心室，引起整个心脏的兴奋。因此，每一个心动周期中，心脏各部分兴奋过程中出现的电变化，其传播方向、途径、次序和时间等都有一定的规律。这种生物电变化通过心脏周围的导电组织和体液，反映到身体表面，使身体各部位在每一心动周期中也都发生有规律的电变化。将引导电极置于肢体或躯体一定部位记录到的心脏活动时的电变化曲线称为**心电图**（ECG）。心电图反映心脏兴奋的产生、传导和恢复过程中的生物电变化，而与心脏的机械收缩活动无直接关系。因此，心电图整个心脏在心动周期中各细胞电活动的综合向量变化。

（一）导联

用两条导线连接引导电极，放在体表的任何两个部位，与心电图机相接，都可记录出心脏周期性变化的电位图形。描记心电图时，引导电极安放的位置及其连接方式称为**导联**。在临床工作中，为了便于比较，对电极的安放部位和导联连接方法都做了统一的规定。目前，常用的导联有标准导联、加压单极肢体导联和胸导联。

1. 标准导联 这是一种双极肢体导联，它又可分为第一导联（Ⅰ）、第二导联（Ⅱ）、第三导联（Ⅲ），它们的具体连接方法如下。

导联名称	正电极连接	负电极连接
第一导联（Ⅰ）	左前肢肘关节内侧	右前肢肘关节内侧
第二导联（Ⅱ）	左后肢膝关节内侧	右前肢肘关节内侧
第三导联（Ⅲ）	左后肢膝关节内侧	左前肢肘关节内侧

2. 加压单极肢体导联 把心电图机正电极置于左前肢（VL）、右前肢（VR）肘关节内侧或左后肢（VF）膝关节内侧，负电极连接被测外的其余两个肢体，这样测得的心电图只反映测量电极所在部位的电位变化情况。由于其测得的心电图振幅可比标准导联测得的提高1.5倍，故称为**加压单极肢体导联**，通常用aVL、aVR和aVF代表（图4－10）。

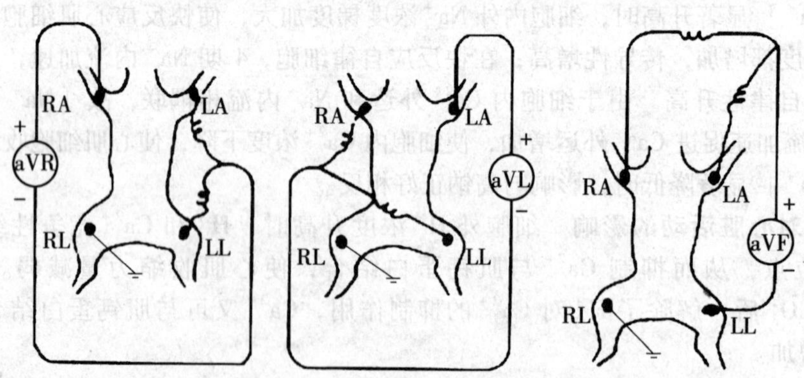

图4－10 小动物加压单极肢体导联的导线连接

3. 单极胸导联 把左前肢、右前肢和左后肢同时相联并与心电图机负电极连接，正电极置于胸壁的不同部位，分别构成各种单极胸导联，各种动物心脏的位置不尽相同，电极安放的位置也各有区别。

4. 大家畜用鞍形导联　是根据牛、马等大家畜体型设计的鞍形导联，可以很方便地将有关电极安放在适当部位，并且可任意选择上述3种导联方法。

（二）心电图的波形及其意义

导联方法不同，描记得到的心电图波形也各不相同。各种动物因其心脏去极和复极过程等的不同，心电图波形也各不相同。但基本上都包括一个P波，一个QRS波群和一个T波。分析心电图时，主要是看各波波幅高低，历时长短以及波形的形状变化和方向等。图4－11为犬、猫Ⅱ导联的正常心电图。

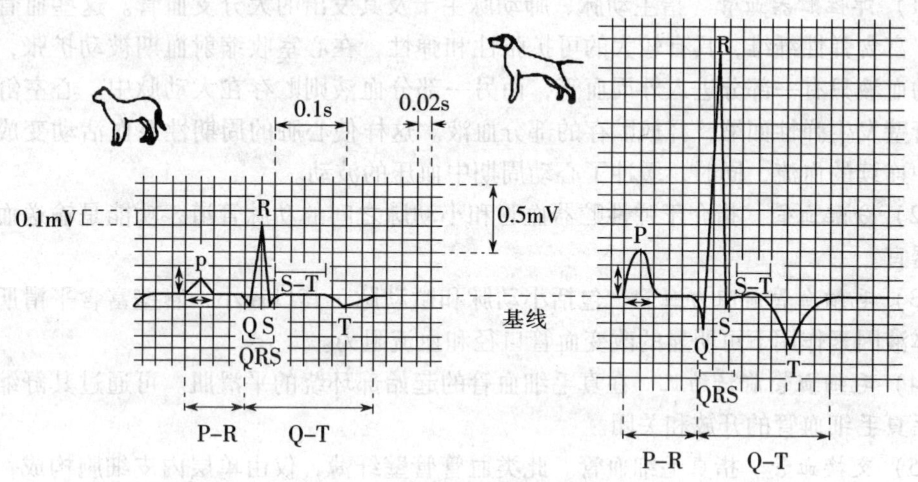

图4－11　犬、猫正常心电图

P波反映左右心房去极化过程，其波形往往小而圆钝。P波的起点标志心房开始兴奋，终点标志心房已全部兴奋，其持续时间相当于兴奋在两个心房传导的时间。大型动物尤其是马，兴奋在两心房之间传导需经历相当时程，可出现双峰状P波。

QRS波群包括了3个相连的波，反映的是左右心室去极化过程的电位变化。QRS波群的起点标志心室兴奋的开始，终点标志左、右心房已全部兴奋。QRS波群持续时间代表心室肌兴奋传播所需的时间。

T波是继QRS波群之后的一个波幅较低而持续时间较长的波，它反映心室肌复极化过程中的电位变化。T波的起点标志心室肌复极的开始，终点标志左、右心室复极化完成。有时在T波后，还出现一个小的U波，代表兴奋的后电位。

P－Q间期是指P波起点到QRS波群起点之间的时程，反映心房开始兴奋到心室开始兴奋的间隔时间。若P－Q间期显著延长，表明房室结或房室束传导阻滞，这在临床上有重要的参考价值。

Q－T间期是指QRS波群起点到T波终点之间的时程。反映心室开始去极到全部心室完成复极化所需的时间。其长短与心率有密切关系，心率越快，此间期越短。

S－T段是指QRS波群终点到T波起点之间的时程，代表心室各部分均处于去极化状态，无电位差，因此，它应位于等电位线上。若某一部位的心室肌因缺血、缺氧或出现病理变化时，该部位的电位与正常部位的电位之间会出现电位差，使S－T段偏离等电位线，如心肌炎时，S－T段往往下移，这在临床上有极重要的参考价值。

第三节　血管生理

一、血管的种类和功能

血管可分为动脉、毛细血管和静脉三大类。各类血管因在整个血管系统中所处的部位不同，结构各异，因此在功能上也具有不同的特点。按生理功能可将血管分为以下几类。

（1）弹性贮器血管　指主动脉、肺动脉主干及其发出的大分支血管。这些血管的管壁坚厚，富含弹性纤维，具有较大的可扩张性和弹性，在心室收缩射血期被动扩张，使心室射出的血液只有一部分进入外周血管，而另一部分血液则贮存在大动脉中。心室舒张期大动脉管壁发生弹性回缩，释放贮存的部分血液。这样使心脏的周期性泵血活动变成了血管系统中连续的血流，同时，缓冲了心动周期中血压的波动。

（2）分配血管　指介于弹性贮器血管和小动脉之间的动脉管道，功能是输送血液至各组织器官。

（3）毛细血管前阻力血管　包括小动脉和微动脉。其口径小，管壁富含平滑肌，在神经、体液因素作用下可明显的改变血管口径和血流阻力。

（4）毛细血管前括约肌　在真毛细血管的起始部环绕的平滑肌。可通过其舒缩活动控制其后真毛细血管的开放和关闭。

（5）交换血管　指真毛细血管。此类血管管壁纤薄，仅由单层内皮细胞构成，内皮细胞间有裂隙，外面仅有一薄层基膜，故有很大的通透性，为血液与组织液进行物质交换的场所。

（6）毛细血管后阻力血管　指微静脉。其管径小，对血流有一定阻力。通过其舒缩活动调节毛细血管压和体液在血管内与组织间隙的分配。

（7）容量血管　指静脉血管。与同级动脉相比，数量多，口径大，管壁薄，可扩张性较强，容量大，起血液贮存库的作用。在安静状态下，机体60%～70%的循环血量容纳在静脉中。

（8）短路血管　指直接联系小动脉和小静脉的吻合支。它们可使小动脉内的血液不经过毛细血管而直接流入小静脉。动物机体的脚趾、耳廓等处的皮肤中有许多短路血管存在，它们在功能上与体温调节有关。

二、血液在血管系统内的流动

血液在心血管系统中流动的一系列物理学问题属于血流动力学的范畴。血流动力学基本的研究对象是流量、阻力和压力之间的关系。由于血管是有弹性和可扩张的而不是硬质的管道系统，血液是含有血细胞和胶体物质等多种成分的液体，而不是理想液体，因此血流动力学除与一般流体力学有共同点之外，又有它自身的特点。

（一）血流量与血流速度

1. 血流量和器官血流量　单位时间内流过血管某一截面的血量称为**血流量**，也称容积速度，其单位通常以 ml/min 或 L/min 表示。血流量（Q）的大小主要决定于两个因素，即血管系统两端的压力差（ΔP）和血管对血流的阻力（R）。三者关系为：血流量与血管两端的压力差成正比，与血流阻力成反比。即：$Q = \Delta P/R$，ΔP 为血管系统两端的压力差；R 为血管对血流的阻力。

在体循环中，Q 相当于心输出量，按照流体力学规律，在封闭的管道系统中，各个横断面的流量都是相等的，因此，在整个循环系统中，动脉、毛细血管和静脉系统各段血管总横断面血流量也基本相等，即大致等于心输出量。ΔP 在体循环中，相当于主动脉血压与右心房压之差，由于右心房接近于零值，所以 ΔP 实际相当于平均动脉压。

对于某一器官来说，前一公式中的 Q 为器官血流量，即单位时间内流过该器官的血流量。ΔP 为进出该器官的平均动脉压和静脉压的差，R 为该器官的血流阻力。在正常情况下，器官血流量是与该器官当时的代谢水平相适应的。

2. 血流速度 血流速度是指血液中的一个质点在血管内移动的线速度。各类血管的血流速度与该类血管的总横断面积成反比。主动脉及其主要分支，血管口径虽然大，但其数量少，总横断面积最小，因而大、中等动脉内血流最快，如主动脉血流可达 45～50cm/s。毛细血管虽细，但有无数分支，总横断面积最大，故毛细血管内血流最慢，仅达 0.05～0.08cm/s，而这样的速度极有利于物质通过毛细血管壁进行交换（图 4－12）。

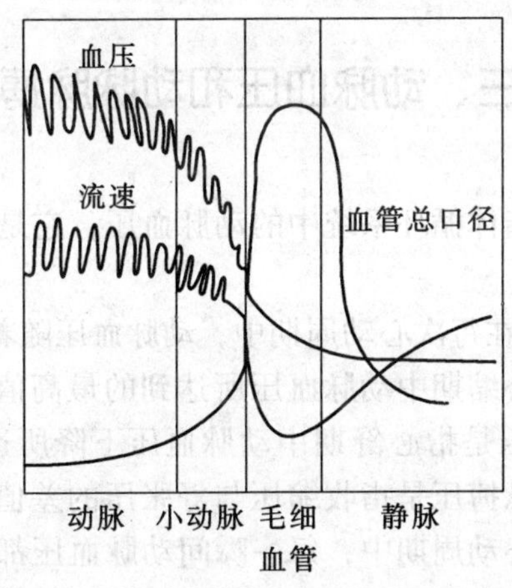

图 4－12 各段血管的血压、血流速度和血管总横断面积的关系示意图

（二）血流阻力

血液在血管内流动时遇到的各种阻力之和称为**总外周阻力**。在小血管（主要指小动脉和微动脉）内流动时遇到的阻力称为**外周阻力**。血流阻力的产生主要来源于血液内部分子之间的相互摩擦及血液与血管壁之间的摩擦力。根据泊肃叶定律公式计算，血流阻力（R）与血管半径的四次方成反比，与血管长度（L）和血液黏滞性（η）成正比。即 $R = 8L\eta/\pi r4$ 。L 为血管长度，η 为血液黏滞性，r 为血管半径。

由于血管的长度和血液粘滞性相对比较稳定，因此，血流阻力主要由血管口径，尤其是小动脉口径决定。阻力血管口径增大时，血流阻力降低，血流量就增多；反之，当阻力血管口径缩小时，器官血流量就减少。机体对循环功能的调节中，就是通过控制各器官阻力血管和口径来调节各器官之间的血流分配的。

（三）血压

血压是指血管内的血液对于单位面积血管壁的侧压力，也即压强。国际单位是Pa（N/m^2），常用kPa表示。习惯单位是毫米汞柱（mmHg），1mmHg = 0.133kPa = 133Pa。并且常以大气压（760mmHg）为血压的生理零点。

血压的形成需以下3方面条件。

（1）*血液充盈血管是形成血压的前提* 可用循环系统平均充盈压来表示，反映血量与血容量（循环系统）相对关系。如果血量增多，或血管容量缩小，则血液充盈的程度就增高；反之，如果血量减少或血管容量增大，则血液充盈的程度就降低。

（2）*心室射血是产生血压的动力* 心室肌收缩时所释放的能量可分为两部分，一部分用于推动血液流动，是血液的动能；另一部分形成对血管壁的侧压力，并使血管壁扩张，这部分是势能。在心脏舒张时，大动脉管壁开始弹性回缩，将势能转化为推动血液循环的动能，使血液得以继续向前流动，这样动脉系统无论在心脏的收缩期还是舒张期都能保持稳定的血压来推动血液循环。

（3）*外周阻力是构成血压的必要条件* 外周阻力的存在是使心室收缩力转变为势能的必要条件。

三、动脉血压和动脉脉搏

（一）动脉血压

通常所说的血压，就是指体循环系统中的动脉血压，它是决定其他各类血管血压的主要动力。

1. 动脉血压的正常值 在每次心动周期中，动脉血压随着心室的舒缩活动而发生明显的周期性变化。收缩压是指心缩期中动脉血压所达到的最高值，也称为**高压**，主要反映心室肌收缩力量的大小。舒张压是指心舒期中动脉血压下降所达到的最低值，也称为**低压**，主要反映外周阻力的大小。脉搏压是指收缩压与舒张压的差值，简称脉压，主要反映大动脉管壁的弹性大小。在一个心动周期中，每一瞬间动脉血压都是变动的，其平均值称为**平均动脉压**。平均动脉压 = 舒张压 + 1/3（收缩压一舒张压）。各种动物的血压常值见表4-2。

表4-2 各种成年动物颈动脉或股动脉的血压（kPa）

动物	收缩压	舒张压	脉搏压	平均动脉压
马	17.3	12.6	4.7	14.3
牛	18.7	12.6	6.0	14.7
猪	18.7	10.6	8.0	13.3
绵羊	18.7	12.0	6.7	14.3
兔	16.0	10.6	5.3	12.4
猫	18.7	12.0	6.7	14.3
犬	16.0	9.3	5.3	1.6

2. 影响动脉血压的因素

(1) 每搏输出量 在外周阻力和心率相对稳定的条件下，心室肌收缩力量加强，每搏输出量增大，心缩期射入主动脉的血量增多，心缩期中主动脉和大动脉内增加的血量变多，管壁所受的张力也更大，故收缩期动脉血压的升高更加明显。由于动脉血压升高，血液流向外周的速度加快，到舒张期末，大动脉内存留的血量和每搏输出量增加之前相比，增加并不多。因此，当每搏输出量增加而外周阻力和心率变化不大时，动脉血压的升高主要表现为收缩压的升高，舒张压可能升高不多，故脉压增大。反之，当每搏输出量减少时，则主要使收缩压降低，脉压减小。可见，在一般情况下，收缩压的高低主要反映心脏每搏输出量的多少。

(2) 心率 如果心率加快，而每搏输出量和外周阻力都不变，由于心舒期缩短，在心舒期内流至外周的血液就减少，故心舒期末主动脉内存留的血量增多，舒张期血压就升高。由于动脉血压升高可使血流速度加快，因此在心缩期内可有较多的血液流至外周，收缩压的升高不如舒张压的升高显著，脉压比心率增加前减小。相反，心率减慢时，舒张压降低的幅度比收缩压降低的幅度大，故脉压增大。

(3) 外周阻力 如果心输出量不变而外周阻力加大，则心舒期中血液向外周流动的速度减慢，心舒期末存留在主动脉中的血量增多，故舒张压升高。在心缩期，由于动脉血压升高使血流速度加快，因此收缩压的升高不如舒张压的升高明显，脉压也相应减小。反之，当外周阻力减小时，舒张压的降低比收缩压的降低明显，故脉压加大。可见，在一般情况下，舒张压的高低主要反映外周阻力的大小。外周阻力的改变，主要是由于小动脉管径（骨骼肌和腹腔器官阻力血管口径）的改变。另外，血液黏滞度也影响外周阻力。如果血液黏滞度增高，外周阻力就增大，舒张压就升高。

(4) 主动脉的弹性 主动脉管壁的扩张主要是起弹性贮器的作用而缓冲血压，使收缩压降低，舒张压升高，脉搏压减少。所以动脉管壁硬化，大动脉的弹性作用减弱，使收缩压升高而舒张压降低，故脉压增大（图 4－13）。

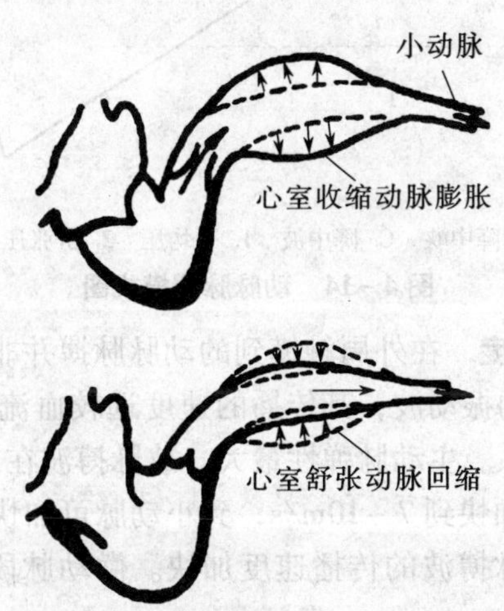

图 4－13 动脉管壁弹性对血流和血压的影响

(5) 循环血量和血管系统容量比 循环血量和血管系统容量相适应，才能使血管系统足够地充盈，维持一定的体循环平均充盈压。循环血量减少（如失血）后，血管系统的容量改变不大，则体循环平均充盈压必然降低，使动脉血压降低。在另一些情况下，如果循环血量不变而血管系统容量增大，也会造成动脉血压下降。

上述影响动脉血压的各种因素，都是在假设其他因素不变的前提下，分析某一因素发生变化时对动脉血压可能产生的影响。实际上，在各种不同的生理情况下，上述影响动脉血压的各种因素可能同时发生改变。因此，在某种生理情况下动脉血压的变化，往往是各种因素相互作用的综合结果。

（二）动脉脉搏

脉搏是指每个心动周期中，随着心室收缩和舒张而引起血管壁的起伏波动。在每个心动周期中，动脉内的压力发生周期性的波动。随着心脏节律性泵血活动，使主动脉管壁发生的扩张－回舒的振动以弹性波的形式沿血管壁传向外周，就形成了动脉脉搏。通常所说的脉搏就是指动脉脉搏。在手术时暴露动脉，可以直接看到动脉随每次心搏而发生的搏动。用手指也可摸到身体浅表部位的动脉搏动。

1. 动脉脉搏的描记及其波形 应用脉搏描记器记录下来的脉搏波形称为**脉搏图**。动脉脉搏的波形可因描记方法和部位的不同而有差别，但一般都由一个升支和降支组成。升支较陡峭，代表心室收缩时射血，使主动脉内压急剧上升，管壁突然扩张。降支较为平缓，代表心室舒张时主动脉管壁弹性回缩，内压缓慢下降。降支中段常有一个小波，称为**降中波**，其左侧凹陷的切迹称为**降中峡**。降中波和降中峡是由于心室舒张后主动脉壁回缩以及主动脉血流撞击已关闭的半月瓣后折返，引起动脉血压小幅上升，动脉血管有一次轻度扩张而形成的（图4－14）。

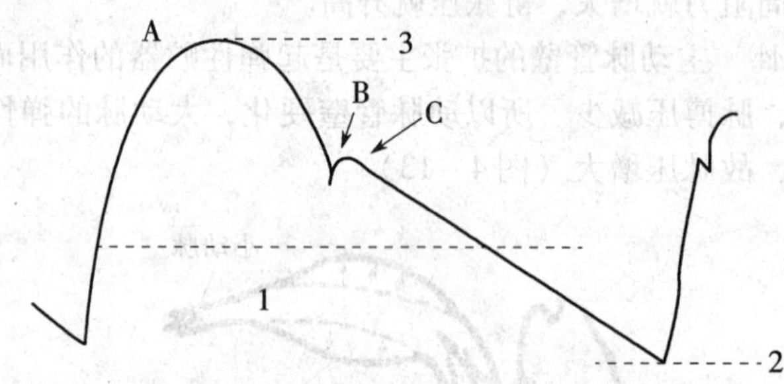

A. 主波 B. 降中峡 C. 降中波 1. 平均压 2. 舒张压 3. 收缩压

图4－14 动脉脉搏模式图

2. 动脉脉搏波的传播速度 在外周触摸到的动脉脉搏并非血液对手指的冲击，而是沿着动脉管壁向外周血管传播的振动波，其传播的速度远较血流速度快。脉搏波的传播速度与动脉管壁的弹性成反比关系。主动脉弹性最大，故脉搏波在主动脉的传播速度最慢，3～5m/s，在大动脉的传播速度加快到7～10m/s，到小动脉可加快到15～35m/s。动脉硬化时主动脉管壁的扩张性减小，脉搏波的传播速度加快。微动脉段以后脉搏波动大大减小弱，到毛细血管，脉搏基本消失。

3. 动脉脉搏的检查意义 通过检查脉搏的速度、幅度、硬度和频率等特性，不但能够直接反映心率和心动周期的节律，而且在一定程度上能够反映整个循环系统的功能状态，所以检查动脉脉搏具有十分重要的临床意义。

检查各种动物脉搏的部位：牛在尾动脉、颌外动脉、腋动脉或隐动脉；马在颌外动脉、尾中动脉或面横动脉；猪在挠动脉，猫和狗在股动脉或胫前动脉。

四、静脉血压和静脉血流

静脉是血液回流心脏的通道，同时起着血液贮存库的作用。静脉的收缩和舒张可有效地调节回心血量和心输出量。

(一) 静脉血压与中心静脉压

静脉血压是指静脉内血液对管壁产生的侧压力。当循环血液流过毛细血管之后，其能量的大部分因用于克服外周阻力而被消耗，再加上静脉管壁薄，易扩大，因此，静脉部位的血流对管壁产生的侧压力很小，右心房血压最低，已接近零。通常把右心房或胸腔内大静脉的血压称为**中心静脉压**（CVP）。把各器官静脉的血压称为**外周静脉压**。中心静脉压的高低取决于心脏的射血能力和静脉血回流的速度。一方面，如果心脏机能良好，能及时将回心血液射入动脉，则中心静脉压较低；反之，心脏射血机能减弱时，回流的血液淤积于腔静脉中，致使中心静脉压升高。另一方面，如果回心血流速度慢，则中心静脉压下降。中心静脉压是反应心血管功能的又一重要指标。输血、输液过多或速度过快，超过心脏负担时，中心静脉压将升高。由此中心静脉压可作为临床输血或输液时输入量与输入速度是否恰当的检测指标。

（二）静脉脉搏

随着房舒缩活动而引起大静脉管壁规律性的膨胀和塌陷便形成静脉脉搏。由于静脉内压力较低，故静脉脉搏幅度较小，传播距离较近。马、牛等大家畜颈静脉的近心端，可以触摸到静脉脉搏，其传播方向与动脉脉搏相反。静脉脉搏可反映右心房在心动周期中的内压变化，所以检查静脉脉搏在临床有一定的意义。

（三）静脉回心血量及其影响因素

静脉回心血量取决于外周静脉压和中心静脉压之差，以及静脉对血流的阻力。单位时间内由静脉回流心脏的血量等于心输出量。动物躺卧时，全身各大动脉均与心脏处于同一水平，可靠静脉系统中各段压差来推动血液回流到心脏。但动物处于站立时，因受重力影响血液将积滞在心脏水平以下的腹腔和四肢的末梢静脉中，这时就需借助外力因素促使其回流。

1. 体循环平均充盈压 体循环平均充盈压升高，静脉回心血量也增加。所以，当全身血量增加或容量血管收缩时，体循环平均充盈压升高，静脉回心血量也就增多，反之，循环血量减少如失血、脱水或静脉血管扩张，静脉回心血量减少。

2. 心脏收缩力量 心脏泵血过程中，如果心肌收缩力量强，收缩末期容量少，心舒期心室内压就较低，对心房和大静脉内血液的抽吸力量也就较大，回心血量就多。右心衰竭时，射血力量显著减弱，在收缩末期右心房和大静脉内血液淤积增多，回心血量大大减少。病畜可出现颈外静脉怒张，肝充血肿大，下肢浮肿等体征。左心衰竭时，左心房压和肺静脉压升高，引起肺淤血和肺水肿。

3. 体位改变 动物从卧位转变为立位时，四肢部分静脉扩张，容量增大，故回心血量减少。

4. 骨骼肌的挤压作用 骨骼肌收缩时能挤压肌肉内或肌间深部静脉，使静脉内压力上升，推动血液向心脏方向流动。由于静脉中的瓣膜只能朝着心脏的方向开放，因此骨骼肌舒张时，静脉内的血液不会倒流。这样，骨骼肌的收缩和舒张运动就会像水泵一样，推动静脉内的血液向右心房方向流动，也称为**肌肉泵或静脉泵**。但如果肌肉持续维持收缩状态，静脉持续受压回流反而减少。

5. 胸腔负压的抽吸作用 呼吸运动时胸腔内产生的负压变化，也是促进静脉回流的另一个重要因素。在吸气时胸廓扩张，胸腔内的负压更低，牵引胸腔内柔软而薄的大静脉和右心房，使其被动扩张，静脉容积增大，内压下降，外周静脉血回流加快，回心血量增加。呼气时牵张作用减小，由腔静脉回流右心房的血液相应减少。

五、微循环

微循环是指微动脉和微静脉之间的血液循环。血液循环最根本的功能是进行血液和组织液之间的物质交换，这一机能就是在微循环部分实现的。

（一）微循环的组成和血流通路

微循环的结构在不同的组织器官中会有一定的差异，典型的微循环一般由微动脉、后微动脉、毛细血管前括约肌、前毛细血管、真毛细血管网、动－静脉吻合支和微静脉等7部分组成（图4－15）。

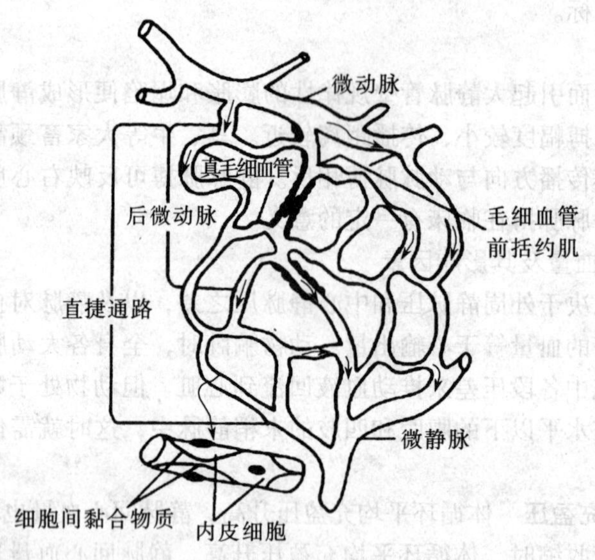

图4－15 微循环模式图

（二）微循环的通路

血液流经微循环有3条途径。

1. 动－静脉短路 血液从微动脉经动－静脉吻合支直接回流到微静脉称为**动－静脉短路**。此通路的血管壁厚，血流迅速，完全不进行物质交换，因此，这条通路又叫“非营养通路”。动－静脉短路多见于皮肤、皮下组织和肢端等处的微循环中，在一般情况下多处于关闭状态。当环境温度升高时，动－静脉吻合支开放增多，血流量增加，使皮肤温度升高，有利于散热；环境温度降低时，吻合支关闭，皮肤血流量减少，有利于保存热量。黄牛颈部的肉垂中有大量动－静脉吻合支，对调节体温有重要作用。

2. 直捷通路 血液从微动脉经后微动脉和通血毛细血管进入微静脉为直捷通路。此通路经常处于开放状态，血液速度较快，其主要功能不是进行物质交换，而是使一部分血液迅速经微循环进入静脉，以保证静脉回心血量。直捷通路在骨骼肌的微循环中较多见。

3. 营养通路或迂回通路 血液经微动脉、后微动脉、毛细血管前括约肌和真毛细血管网汇集到微静脉为营养通路或迂回通路。此通路迂回曲折，血流缓慢，真毛细血管相互交织成网状，且真毛细血管壁较薄，内皮细胞之间存在着细微的裂隙，通透性大，是血液和组织液之间进行物质交换的场所。

（三）微循环的调节

微循环血流量受前后阻力的影响。微动脉和后微动脉是微循环的前阻力，特别是微动脉，通过其收缩和舒张，控制微循环的血流量，称为**微循环的"总闸门"**。后微动脉和毛细血管前括约肌控制微循环内血量的分配，称为**"分闸门"**。微静脉是微循环的后阻力血管，其收缩时，毛细血管后阻力加大，血液不易流出，起着微循环"后闸门"的作用。

在神经调节中，微循环血管平滑肌受交感缩血管神经纤维支配。交感神经兴奋时，血管平滑肌收缩，导致微循环中血流量减少，毛细血管血压下降。交感神经抑制时，血管平滑肌舒张，使血流量增多，毛细血管血压上升。

体液调节中，血管平滑肌受全身性缩血管物质（肾上腺素、去甲肾上腺素、血管紧张素等）和局部性舒血管物质（乳酸、CO_2、组织胺等）的调节。

微循环血管中，微动脉、微静脉既受交感神经支配，也受体液因素调节。而决定营养通路血流量的后微动脉和毛细血管前括约肌的舒缩活动主要受体液中血管活性物质的调节。在全身性缩血管物质作用下，微动脉和毛细血管前括约肌收缩，相应的真毛细血管网关闭，导致局部代谢产物蓄积，当达到一定浓度时，引起微动脉和毛细血管前括约肌舒张，相应的真毛细血管网开放，带走代谢产物，微动脉和毛细血管前括约肌又发生收缩，如此反复，使后微动脉和毛细血管前括约肌发生交替性收缩与舒张（每分钟 5～10 次）（图 4－16），在安静状态下，同一时间内骨骼肌组织中只有 20%～30% 的真毛细血管处于开放状态。代谢旺盛时，局部代谢产物堆积加快，使单位时间内真毛细血管网开放次数增加，器官血流量增多，使器官血流量与器官新陈代谢水平相适应。

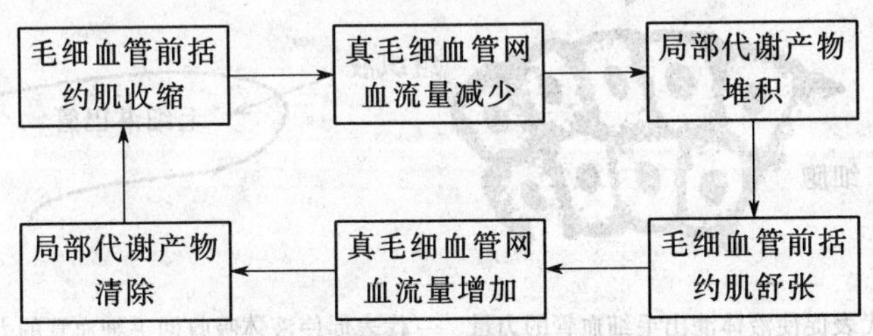

图 4－16 微循环血流量调节示意图

六、组织液与淋巴液的生成和回流

组织液存在于组织细胞的间隙中，是血液与组织细胞之间进行物质交换的媒介。组织液绝大部分呈胶冻状，不能自由流动，因此，不会因重力作用而流至身体的低垂部分。组织液中有极小一部分呈液态，可自由流动。组织液中各种离子成分与血浆相同，组织液中也存在各种血浆蛋白质，但其浓度明显低于血浆。

（一）组织液的生成与回流

毛细血管壁的通透性很大，血液在流经毛细血管时，除大分子血浆蛋白和血细胞不能滤过外，其余血浆成分可以通过血管壁进入组织间隙，形成组织液，组织液也可以进入到毛细血管内。

组织液的生成和回流取决于有效滤过压的大小。作用于毛细血管壁两侧的压力主要有4个因素，即毛细血管血压、血浆胶体渗透压、组织液静水压和组织液胶体渗透压。其中，毛细血管血压和组织液胶体渗透压是促使液体由毛细血管内向血管外滤过（组织液生成）的力量，而血浆胶体渗透压和组织液静水压是将液体从血管外重吸收入毛细血管内（组织液回流）的力量。滤过的力量和重吸收的力量之差，称为**有效滤过压**。即：

有效滤过压 =（毛细血管血压 + 组织液胶体渗透压）—（血浆胶体渗透压 + 组织液静水压）

有效滤过压大于0，则组织液生成；有效滤过压小于0，则组织液回流。如图4－17所示，在毛细血管动脉端的有效滤过压为正值1.33kPa（10mmHg），组织液生成；而在毛细血管静脉端的有效滤过压为负值－1.06kPa（－8mmHg），组织液被重吸收。总的说来，流经毛细血管的血浆，约有0.5%在毛细血管动脉端以滤过的方式进入组织间隙成为组织液，其中约90%在静脉端被重吸收回血液，其余约10%进入毛细淋巴管，成为淋巴液。

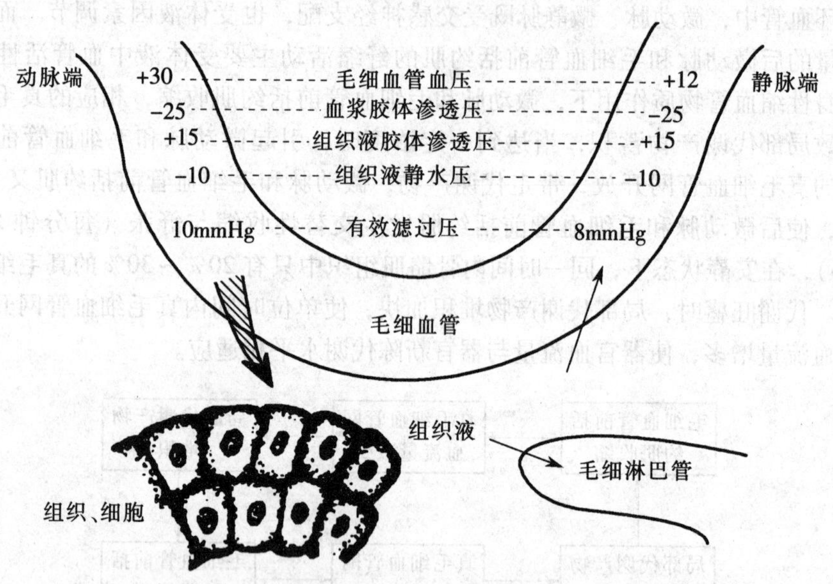

图4－17 组织液生成与回吸收示意图

（二）影响组织液生成与回流的因素

在正常情况下，组织液不断生成，又不断被重吸收，保持动态平衡，故血量和组织液量能维持相对稳定。如果这种动态平衡遭到破坏，发生组织液生成过多或重吸收减少，组织间隙中就有过多的液体潴留，形成组织水肿。凡是影响有效滤过压和毛细血管通透性的各种因素，都可影响组织液的生成与回流。

1. 毛细血管血压　凡能引起毛细血管血压升高的因素，都可促进组织液的生成；反之，则减少其生成。例如，右心衰竭时，静脉回流受阻，毛细血管血压升高，因而有效滤过压增大，组织液生成增多而回流减少，从而出现水肿。炎症时，炎症部位小动脉扩张，进入毛细血管的血量增加而使毛细血管血压增高，引起局部水肿。

2. 血浆胶体渗透压　凡能引起血浆蛋白质含量增减而使血浆胶体渗透压发生改变的因素都可影响组织液的生成。当蛋白质摄入不足（低蛋白水平日粮、消化道疾病等）、蛋白质消耗过多（慢性消耗性疾病、肝病等）或排出过多（肾病等）时，均可使血液中血浆蛋白含量减少，血浆胶体渗透压降低，有效滤过压增大，导致组织液生成增多，引起组织水肿。

3. 淋巴回流　毛细血管动脉端滤出的液体，有一部分是通过淋巴回流入血液的，若淋巴回流受阻（丝虫病、肿瘤压迫），则组织液积聚起来可导致水肿。

4. 毛细血管通透性　在正常情况下毛细血管壁的通透性变化不大，只有在病理情况下，才有较大的改变。例如在烧伤、过敏反应中，由于局部组织释放大量组胺，使毛细血管壁的通透性加大，部分血浆蛋白渗出，血浆胶体渗透压降低，而组织液胶体渗透压升高，有效滤过压升高，组织液生成增多，出现局部水肿。

（三）淋巴液及其回流

回流的组织液中有10%进入毛细淋巴管，即成为淋巴液。毛细淋巴管比毛细血管的通透性大，故组织液中的蛋白质分子、病原微生物等容易进入毛细淋巴管中。毛细淋巴管逐级汇集成小淋巴管和大淋巴管，流入集合淋巴管和淋巴结，最后经淋巴导管（胸导管和右淋巴管）进入前腔静脉，加入血液循环。所以淋巴回流系统是组织液向血液循环回流的一个重要辅助系统。

淋巴回流的生理意义在于：① 回收蛋白质　组织液中的蛋白质分子绝大部分经淋巴运回血液，从而维持血浆蛋白的正常浓度和血浆胶体渗透压，这是淋巴回流最为重要的意义。据测定，人体一天回收的蛋白质达75～200g，占血中蛋白质的一半；② 吸收脂肪及其他营养物质　由肠道吸收的脂肪80%～90%是经过淋巴回流被输送入血液的；③ 平衡血浆与组织液　通过淋巴途径回收多余的组织液，以调节血浆和组织液之间的液体平衡；④ 淋巴结的防御、屏障作用　淋巴液在流入血液途径中要经过许多淋巴结，淋巴结内有大量巨噬细胞，能清除淋巴液中的细菌或其他异物，减少感染扩散的危险。淋巴结还产生淋巴细胞和浆细胞，可参与机体的免疫反应，因此，淋巴循环对机体具有防御屏障作用。

第四节　心血管功能的调节

动物机体在不同的生理状况下，各器官组织的代谢水平不同，对血流量的需要也不同。机体通过神经和体液机制可对心脏和各部分血管的活动进行调节，从而适应各器官组织在不同情况下时血流量的需要，有效地进行各器官之间的血流分配。

一、神经调节

心肌和血管平滑肌接受植物性神经的支配。机体通过各种心血管反射实现对心血管活动的调节。

（一）心脏和血管的神经支配

1. 支配心脏的传出神经 心脏受心交感神经和心迷走神经的双重支配。

（1）心交感神经 支配心脏的交感神经来自脊髓胸腰段1～6节脊髓灰质侧角，在颈前、颈中和星状神经节更换神经元，节后纤维在心脏附近形成心脏神经丛，支配心脏的各个部分。右侧纤维大部分终止于窦房结；左侧纤维大部分终止于房室结和房室束；两侧均有纤维分布到心房肌和心室肌。

心交感节后神经元末梢释放的递质为去甲肾上腺素，与心肌细胞膜上的β型肾上腺素能受体结合，可导致心率加快（正性变时作用）、房室交界传导速度加快（正性变传导作用）、心肌收缩能力加强（正性变力作用）。β受体阻断剂（如普萘洛尔等）可以阻断心交感神经对心脏的兴奋作用。

（2）心迷走神经 支配心脏的副交感神经是迷走神经的心脏支。右侧迷走神经心脏支的大部分神经纤维终止于窦房结；左侧迷走神经的心脏支大部分终止于房室结和房室束。两侧均有纤维分布到心房肌，但心室肌只有少量迷走神经支配。

心迷走神经节后纤维末梢释放的递质为乙酰胆碱，可作用于心肌细胞的M型胆碱能受体，导致心率减慢（负性变时作用）、房室交界传导速度减慢（负性变传导作用）、心肌收缩能力减弱（负性变力作用）。M受体阻断剂（如阿托品等）可以阻断心迷走神经对心脏的抑制作用。

心脏神经的作用特点：①交感兴奋，心脏活动增强，迷走兴奋，心脏活动受抑制，二者的效应是对立统一的；②正常条件下，二者均对心脏有作用，而以迷走神经支配占优，称迷走紧张。指迷走神经对心脏产生经常而持久的作用，使心脏活动的速度和强度限制在一定水平之内的情况。长期锻炼可使迷走神经紧张性提高，心率减慢，这可以理解为心力贮备的中枢机制。

此外，近年来还发现了一些肽能神经纤维支配心脏的活动。

2. 支配血管的传出神经 血管系统中，除真毛细血管外，所有血管壁均有平滑肌，绝大多数血管平滑肌都受植物性神经支配，但毛细血管前括约肌主要受代谢产物调节。支配血管平滑肌的神经纤维（植物性神经），称为**血管运动神经纤维**。根据不同的神经支配效应，将血管运动神经纤维分为缩血管神经纤维和舒血管神经纤维两大类。

（1）缩血管神经纤维 缩血管神经纤维来源于交感神经，故又称为**交感缩血管神经纤维**。体内几乎所有的血管都受交感缩血管纤维支配，但不同部位的血管中缩血管纤维分布的密度不同。一般同一部位的皮肤分布最密、骨骼肌和内脏次之，冠状血管、脑血管较少。动脉血管较密，特别是微动脉最密，静脉分布较少。多数血管受交感缩血管纤维单一支配。交感缩血管神经纤维对血管的调节作用主要通过血管紧张性活动实现。安静状态下，持续发放1～3次/s的低频冲动（8～10次），称交感缩血管紧张。这种紧张性活动使血管维持一定的收缩状态，在此基础上，紧张性增强，血管进一步收缩，紧张性下降，血管舒张。

缩血管神经纤维来源于交感神经，其节后纤维末梢释放去甲肾上腺素，作用于血管平滑肌上的α肾上腺素能受体和β_2肾上腺素能受体。去甲肾上腺素与α受体结合，引起血管平滑肌收缩；与β_2受体结合导致血管平滑肌舒张。由于去甲肾上腺素与α受体结合能

力比与 β_2 受体结合的能力强，故缩血管神经纤维兴奋时主要引起缩血管的效应。由于不同器官血管的受体种类不同，如皮肤血管、胃肠道、肾脏等内脏血管以 α 受体为主，而骨骼肌血管则以 β_2 受体为主，且不同器官的缩血管神经分布密度不同，故当交感神经兴奋时，会导致有的器官（如皮肤、胃肠道、肾脏）血流量显著减少，而骨骼肌、冠状血管、脑血管则血流量增加，实现血液的重新再分配，这对于机体在紧急情况下保证重要器官的血液供应具有重要作用。

（2）*舒血管神经纤维*　体内有部分血管除接受缩血管神经纤维支配外，还接受舒血管神经纤维支配。其节后纤维末梢释放乙酰胆碱，与血管平滑肌的 M 型胆碱能受体结合，使血管舒张。舒血管神经纤维来源很多，主要包括：①交感舒血管神经纤维　主要分布于骨骼肌血管。交感舒血管神经纤维安静时，没有紧张性冲动发放，只有动物处于情绪激动和发生防御反应时才发放冲动，使骨骼肌血管舒张，血流量增多；②副交感舒血管神经纤维　主要分布于脑、唾液腺、胃肠道外分泌腺和外生殖器等少数器官的血管平滑肌。其活动只对组织、器官的局部血流起调节作用，对循环系统总外周阻力的影响甚小；③脊髓背根舒血管纤维　感觉传入纤维中的脊髓背根在外周末梢处可发出分支，支配邻近的微动脉。当皮肤受到伤害性刺激时，感觉冲动在延传入神经向中枢传导的同时，可在末梢分叉处延分支达到微动脉，使其扩张局部皮肤出现红晕。这种仅通过轴突外周部位完成的反应，称为**轴突反射**。这种神经纤维也称为**背根舒血管纤维**。

（二）心血管调节中枢

神经系统对心血管活动的调节是通过各种神经反射实现的。生理学中将与控制心血管活动有关的神经元集中的部位称为**心血管调节中枢**。控制心血管活动的神经元分布在中枢神经系统从延髓到大脑皮层的各个水平上，它们各具不同的功能，又互相密切联系，使整个心血管系统的活动协调一致，并与整个机体的活动相适应。

1. 延髓心血管中枢　实验发现，只要保持延髓和脊髓的结构完整，动物血压就基本维持稳定，这表明延髓心血管中枢是维持正常血压和心血管反射的基本中枢。主要包括缩血管中枢、心交感中枢和心迷走中枢 3 部分。在安静状态时，心迷走中枢占优势，不断发出冲动经迷走神经传到心脏，使心跳减慢减弱，这一现象称为**"迷走紧张"**。在血管方面，则缩血管中枢占优势，发放低频率神经冲动，使肌肉、皮肤和内脏血管处于微弱而持久的收缩状态，以维持正常的血压。

2. 高级中枢　在延髓以上的脑干、下丘脑、大脑和小脑中也都存在与心血管活动有关的神经元，其中，以下丘脑和大脑皮层最为重要。它们可以将心血管活动和机体其他功能进行整合，使心血管功能和机体其他功能相适应。例如，下丘脑是一个非常重要的整合部位，在体温调节、摄食、水平衡以及发怒、恐惧等情绪反应的整合中，都起着重要的作用。这些反应都包含有相应的心血管活动的变化。

（三）心血管反射

机体的各种内、外感受器，尤其是存在于心血管本身的感受器，受到刺激后，都可以反射性地调节心血管的活动，使之产生各种适应性的变化。机体内主要的心血管反射有压力感受性反射和化学感受性反射。

1. 颈动脉窦和主动脉弓的压力感受性反射

（1）*动脉压力感受器*　颈动脉窦和主动脉弓在血管壁的外膜下，有丰富的感觉神经末梢，主要感受血压变化对血管壁产生的牵张刺激，常称为**压力感受器**（图4－18）。在一定范围内，该感受器发放冲动的频率，随血压升高对血管壁牵张刺激的加强而增大。

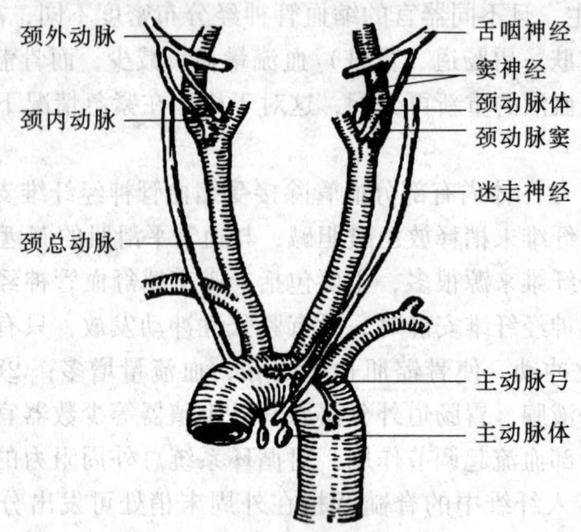

图4－18　颈动脉窦区与主动脉弓区的压力感受器与化学感受器

（2）传入神经和中枢的联系及反射效应　颈动脉窦的传入神经为窦神经，随舌咽神经进入延髓。主动脉弓的传入神经随迷走神经进入延髓。但兔的主动脉弓传入神经在颈部自成一束，称为**主动脉神经或减压神经**，在颅底并入迷走神经干。当动脉血压升高时，血管壁扩张，刺激颈动脉窦和主动脉弓压力感受器，使其发放冲动的频率增加，经窦神经和主动脉神经进入延髓，在孤束核交换神经元。孤束核神经元兴奋，其轴突一方面投射到迷走疑核或背核，兴奋心迷走中枢；另一方面投射到延髓腹外侧部，抑制心交感中枢和交感缩血管中枢。于是出现心脏活动减慢减弱，心输出量减少，小动脉血管舒张，外周阻力下降，使血压降低到接近于原来的正常水平。血压突然降低时，压力感受器发放冲动的频率减少，使心迷走中枢抑制，心交感中枢和交感缩血管中枢兴奋，使心率加快，心输出量增加，外周血管阻力增高，血压回升。但是，应该指出，在一般安静状态下，动物的动脉血压值就已高于压力感受器的感受阈值。所以，由颈动脉窦和主动脉弓压力感受器发放冲动，引起血压降低的反射活动，不仅发生在血压升高时，而且经常存在。这也是心迷走神经经常有冲动（迷走紧张）的原因，据此，常把这种压力感受器反射称为**减压反射**。

（3）压力感受性反射的生理意义　压力感受器反射是负反馈调节机制。它的生理意义在于使动脉血压保持相对稳定。动物实验发现，颈动脉窦压力感受器，窦内压为正常平均动脉压［约13.3kPa（100mmHg）］时，最为敏感。这时如果窦内压出现微弱变动，就可以通过压力感受器反射，恢复到相对稳定的水平。但是，如果血压变化偏离正常血压太远，或血压出现持续而缓慢的变化，则压力感受器反射明显减弱，因为压力感受器对这类血压变化不敏感。这说明动脉血压在一定生理范围内快速波动时，压力感受器反射稳定血压的作用大，并表现明显的缓冲功能。故在生理学中常把窦神经和主动脉神经称为**“缓冲神经”**。如果切除动物两侧的缓冲神经，动物血压就会出现大幅度的波动而不能保持相对稳定。

2. 颈动脉体和主动脉体的化学感受性反射　位于颈总动脉分支处的颈动脉体和主动脉弓下方的主动脉体，可感受血液中的化学变化并发放神经冲动，称之为化学感受器。由该感受器发放神经冲动，所引起的反射活动，称为**化学感受器反射**。当血液中出现缺氧、CO_2 分压升高和 H^+ 浓度增加时，上述感受器即发放冲动，经窦神经和迷走神经进入延髓，引起呼吸和心血管活动的变化。整体上一般表现为呼吸加深加快、心率增加、心输出量增多、脑及心脏的血流量加大、腹腔内脏的血流量减少等综合效应。

在正常情况下，该反射对心血管活动不起明显的调节作用，只是在严重缺氧、窒息、脑部供血不足、血压过低和酸中毒等情况下，才明显发挥作用。因此，化学感受性反射对心血管调节的意义主要是参与机体应急状态时（如大量失血）循环功能的调节，维持血压，使血液重新分配，保证心、脑等重要器官的血液供应。

3. 心、肺感受器引起的心血管反射　分布在心房、心室和肺循环大血管壁的感受器总称为**心肺感受器**。其适宜刺激有两类：一类是对血管壁的机械牵张。当心房、心室或肺循环大血管中压力升高或血容量增多，使心脏或血管壁受到牵张时，这些机械或压力感受器就发生兴奋。在生理情况下，对心房壁的牵张主要是由血容量增多而引起的，因此，心房壁的牵张感受器也称为**容量感受器**。另一类是一些化学物质，如前列腺素、缓激肽等。有些药物如藜芦碱等也能刺激心肺感受器。大多数心肺感受器受刺激时引起的反射效应是交感神经紧张性降低、心迷走神经紧张性加强，导致心率减慢，心输出量减少，外周阻力降低，故血压下降。心肺感受器兴奋后，还有抑制血管升压素释放的作用。

4. 其他感受器反射　全身许多感受器受到刺激时，都可反射性地影响心血管活动。这些内脏感受器的传入神经纤维行走于迷走神经或交感神经内。刺激躯体传入神经时可以引起各种心血管反射，反射的效应取决于感受器的性质、刺激的强度和频率等。用中低等强度的低频电脉冲刺激骨骼肌传入神经，常可引起降血压效应；而用高强度高频率电刺激皮肤传入神经，则常引起升血压效应。在平时，肌肉活动，皮肤冷、热刺激以及各种伤害性刺激都能引起心血管反射活动。扩张肺、胃、肠、膀胱等空腔器官常可引起心率减慢和外周血管舒张等效应。当脑血流量减少时，心血管中枢的神经元可对脑缺血发生反应，引起交感缩血管神经纤维紧张显著加强，外周血管高度收缩，动脉血压升高，称为**脑缺血反应**。

二、体液调节

心血管活动的体液调节是指血液和组织液中的某些化学物质，对心血管活动所产生的调节作用。按化学物质的作用范围，可分为全身性体液调节和局部性体液调节两大类。

（一）全身性体液调节

体液中这类化学物质不易被破坏，可随血液循环到达机体各部，对心血管活动产生调节效应。

1. 肾上腺素和去甲肾上腺素　循环于血液中的肾上腺素和去甲肾上腺素，主要来自肾上腺髓质。其中，肾上腺素约占80%，去甲肾上腺素约占20%。肾上腺素和去甲肾上腺素在化学结构上都属于儿茶酚胺类。肾上腺素能神经纤维末梢释放的递质去甲肾上腺素也有一小部分进入血液循环。

血液中的肾上腺素和去甲肾上腺素对心脏和血管的作用有许多共同点，但并不完全相同，因为两者对不同的肾上腺素能受体的结合能力不同。肾上腺素可与 α 和 β 两类肾上腺素能受体结合。在心脏，肾上腺素与 β_1 肾上腺素能受体结合，产生正性变时和变力作用，使心输出量增加，在血管，肾上腺素的作用取决于血管平滑肌上 α 和 β 肾上腺素能受体分布的情况。在皮肤、肾、胃肠、血管平滑肌上 α 肾上腺素能受体在数量上占优势，肾上腺素的作用是使这些器官的血管收缩；在骨骼肌和肝脏的血管，β 肾上腺素能受体占优势，小剂量的肾上腺素常以兴奋 β 肾上腺素能受体的效应为主，引起血管舒张，大剂量时也兴奋 α 肾上腺素能受体，引起血管收缩。去甲肾上腺素主要与血管 α 受体结合，引起血管平滑肌的收缩，使外周阻力增大，血压升高；也可与心肌 β 受体结合，但强心作用较弱。这也是临床上将肾上腺素作为强心剂，而去甲肾上腺素作为收缩血管的升血压药物的原因。

2. 肾素－血管紧张素－醛固酮系统 血管紧张素是一组多肽类物质，它的产生经历一系列复杂过程。当循环血量减少，动脉血压下降，使肾血流量减少时，可刺激肾脏产生并释放肾素。血浆中无活性的血管紧张素原在肾素的作用下水解，生成血管紧张素Ⅰ。在血浆和组织中，特别是在肺循环血管内皮表面，存在有血管紧张素转换酶，在后者的作用下，血管紧张素Ⅰ水解，生成血管紧张素Ⅱ。血管紧张素Ⅱ在血浆和组织中的血管紧张素酶 A 的作用下，生成血管紧张素Ⅲ。血管紧张素Ⅱ和血管紧张素Ⅲ作用于血管平滑肌和肾上腺皮质等细胞的血管紧张素受体，引起相应的生理效应。其中以血管紧张素Ⅱ的作用最为重要，其主要作用包括：①可直接使全身微动脉收缩，血压升高；也可使静脉收缩，回心血量增多；②可作用于交感神经节后纤维，使其释放递质增多；③作用于中枢神经系统内一些神经元的血管紧张素受体，使交感缩血管神经元的紧张性加强；④与血管紧张素Ⅲ一起强烈刺激肾上腺皮质球状带细胞合成和释放醛固酮，后者可促进肾小管对 Na^+、水的重吸收，使循环血量增加。

由于肾素、血管紧张素、醛固酮三者关系密切，故将它们联系起来称为**肾素－血管紧张素－醛固酮系统**。在某些病理情况下，如大量失血时，肾素－血管紧张素－醛固酮系统的活动加强，促使血压回升和血量增加，对循环功能的调节起重要作用。

3. 血管升压素 血管升压素（VP）在下丘脑的视上核和室旁核合成，经下丘脑－垂体束运输到神经垂体储存，需要时释放入血。其主要作用是促进肾远曲小管和集合管对水的重吸收，故又称抗利尿素（ADH）。血管升压素对循环系统的重要作用是引起全身血管平滑肌收缩，使血压升高。在正常生理情况下，由于血管升压素浓度过低而对血压调节作用不大。但在机体大量失血、严重失水等情况下，血管升压素大量释放，对保留体内液体、维持动脉血压具有重要意义。

（二）局部性体液调节

研究发现，血管升压素、血管内皮生成的血管活性物质、缩血管物质、激肽释放酶－激肽系统、心钠素、前列腺素、阿片肽、组织胺等对心血管的活动也具有一定的调节作用。这类化学物质容易受到破坏或易被稀释而失效，只能在产生这些化学物质的局部时组织器官的血液循环发挥调节作用。

1. 血管内皮生成的血管活性物质 多年来一直以为血管内皮只是衬在心脏和血管腔面的一层单层细胞组织，及在毛细血管处通过内皮进行血管内外的物质交换。近年的研究已证实，内皮细胞可以生成并释放若干种血管活性物质，引起血管平滑肌舒张或收缩。

(1) *血管内皮生成的舒血管物质* 血管内皮生成和释放的舒血管物质有多种。其中，比较重要的是内皮舒张因子（EDRF）。EDRF 的化学结构尚未完全弄清，但多数人认为，可能是一氧化氮（NO）。EDRF 可使血管平滑肌内的鸟苷酸环化酶激活，cGMP 浓度升高，游离 Ca^{2+} 浓度降低，故血管舒张。同时，它还可以减弱缩血管物质对血管平滑肌的直接收缩效应。

(2) 血管内皮生成的缩血管物质　血管内皮细胞也可产生多种缩血管物质，称为**内皮缩血因子（EDCF）**。近年来研究的较深入的是内皮素（ET）。内皮素是已知的最强烈的缩血管物质之一。给动物注射内皮素可引起持续时间较长的升血压效应。但在升血压之前常先出现一个短暂的降血压过程。

2. 激肽释放酶 - 激肽系统　激肽释放酶存在于动物血浆和某些组织中，能分解底物激肽原为激肽。激肽是一类舒血管多肽物质，最常见的为舒缓激肽和血管扩张肽。这类激肽有强烈的舒血管作用，使血管平滑肌舒张，增加毛细血管的通透性；但对其他的平滑肌则引起收缩。在一些腺体器官中生成的激肽，可以使器官局部的血管舒张，血流量增加。

3. 心钠素　心钠素（ANP），是由心房肌细胞合成和释放的一类多肽。心钠素可使血管舒张，外周阻力降低；也可使每搏输出量减少，心率减慢，故心输出量减少。心钠素作用于肾的受体，还可以使肾排水和排钠增多，故心钠素也称为**心房钠尿肽**。此外，心钠素还能抑制肾的近球细胞释放肾素，抑制肾上腺皮质球状带细胞释放醛固酮；在脑内，心钠素可以抑制血管升压素的释放。这些作用都可导致体内细胞外液量减少。

4. 前列腺素

前列腺素（PG）是一组活性强、类别多、功能复杂的脂肪酸衍生物，几乎存在于全身的所有组织中。各种前列腺素对血管平滑肌的作用是不同的，例如，前列腺素 E_2 具有强烈的舒血管作用，前列腺素 $F_{2\alpha}$ 则使静脉收缩。前列环素（即前列腺素 I_2）是在血管组织中合成的一种前列腺素，有强烈的舒血管作用.

5. 阿片肽　垂体释放的 β - 内啡肽可使血压降低，其降压作用可能主要是中枢性的。血浆中的 β - 内啡肽可进入脑内并作用于某些与心血管活动有关的神经核团，使交感神经活动抑制，心迷走神经活动加强。除中枢作用外，阿片肽也可作用于外周的阿片受体。血管壁的阿片受体在阿片肽的作用下，可导致血管平滑肌舒张。交感缩血管纤维末梢也存在接头前阿片受体，这些受体被阿片肽激活时，可使交感纤维释放递质减少。

6. 组织胺　存在于疏松结缔组织的肥大细胞中，当组织受到损伤或发生炎症以及过敏反应时，就可释放出组织胺。组织胺可以使局部毛细血管高度扩张，血管壁的通透性明显增加，导致局部组织水肿。

三、心血管活动的自身调节

实验证明，如果将调节血管活动的外部神经、体液因素都去除，则在一定的血压变动范围内，器官、组织的血流量仍能通过局部血管的舒缩活动得到适当的调节。这种调节机制存在于器官组织或血管本身，故也称为**自身调节**。心脏的泵血功能的自身调节机制，已在前面叙述。血管方面的自身调节，有两种不同的学说。

（一）肌源学说

该学说认为，血管平滑肌经常保持一定程度的紧张性收缩活动，是一种肌源活动。当器官的血管灌注压突然升高时，血管平滑肌受到牵张刺激，肌源性活动加强，使器官血流阻力加大，这样不会因灌注压升高而增加血流量。反之，当灌注压突然降低时，肌源性活动减弱，血管平滑肌舒张，器官血流阻力减小，器官血流量不因灌流压下降而减少。

（二）局部代谢产物学说

该学说认为，器官血流量的自身调节主要取决于局部代谢产物的浓度。当代谢产物腺苷、CO_2、H^+、乳酸和 K^+ 等在组织中的浓度升高时，可使局部血管舒张，器官血流量增多，将代谢产物运走。于是局部代谢产物浓度下降，导致血管收缩，血流量恢复到原有水平，使血流量与代谢活动水平相适应。

总之，血压的调节是复杂的过程，有许多机制参与。每一种机制都在一个方面发挥调节作用，但不能完成全部的、复杂的调节。神经调节一般是快速的，短期的调节，主要是通过对阻力血管口径及心脏活动的调节来实现的；而长期调节则主要是通过肾对细胞外液量的调节实现的。

四、动脉血压的长期调节

动脉血压的神经调节主要是在短时间内血压发生变化的情况下起作用的，而当血压在较长时间内（数小时，数天，数月或更长）发生变化时，神经反射的效应常不足以将血压调节到正常水平。在动脉血压的长期调节中起重要作用的是肾。具体地说，肾通过对体内细胞外液量的调节而对动脉血压起调节作用。有人将这种机制称为**肾-体液控制系统**。此系统的活动过程如下：当体内细胞外液量增多时，血量增多，血量和循环系统容量之间的相对关系发生改变，使动脉血压升高；而当动脉血压升高时，能直接导致肾排水和排钠增加，将过多的体液排出体外，从而使血压恢复到正常水平。体内细胞外液量减少时，发生相反的过程，即肾排水和排钠减少，使体液量和动脉血压恢复。

肾-体液控制系统调节血压的效能取决于一定的血压变化能引起多大程度的肾排水排钠变化。实验证明，血压只要发生很小的变化，就可导致肾排尿量的明显变化。血压从正常水平 13.3kPa（100mmHg）升高 1.3kPa（10mmHg），肾排尿量可增加数倍，从而使细胞外液量减少，动脉血压下降。反之，动脉血压降低时，肾排尿明显减少，使细胞外液量增多，血压回升。

肾-体液控制系统的活动也可受体内若干因素的影响，其中较重要的是血管升压素和肾素-血管紧张素-醛固酮系统。前已述，血管升压素在调节体内细胞外液量中起重要作用。血管升压素使肾集合管增加对水的重吸收，导致细胞外液量增加。当血量增加时，血管升压素减少，使肾排水增加，血管紧张素Ⅱ除引起血管收缩，血压升高外，还能促使肾上腺皮质分泌醛固酮。醛固酮能使肾小管对 Na^+ 的重吸收增加，并分泌 K^+ 和 H^+，在重吸收 Na^+ 时也吸收水，故细胞外液量和体内的 Na^+ 量增加，血压升高。

总之，血压的调节是复杂的过程，有许多机制参与。每一种机制都在一个方面发挥调节作用，但不能完成全部的、复杂的调节。神经调节一般是快速的、短期的调节，主要是通过对阻力血管口径及心脏活动的调节来实现的；而长期调节则主要是通过肾对细胞外液量的调节实现的。

第五节 家禽血液循环的特点

一、心脏生理

禽类心脏也分为左右两个心房和心室。心跳频率远高于哺乳动物，如成年公鸡平均心率达350次/min以上，母鸡更高，可达390次/min；成年鹅心率为200次/min。

由于心率快，禽类心电图通常只出现*P*、*S*和*T*三个波；心率更快时，*P*波可能与*T*波融合在一起。

心输出量与性别有关。公鸡的心输出量大于母鸡，但按每公斤体重计算，则母鸡的心输出量大。

二、血管生理

成年公鸡的收缩压为25.3kPa，舒张压为20.0kPa，脉搏压5.3kPa。血压与心率并无直接相关，家鸡与火鸡血压差异大，鸡与火鸡的收缩压分别为23.3kPa和33.3kPa，但它们的心率差异不大（均为300~400次/min)。

禽类血液循环时间短于哺乳动物。鸡血液流经体循环和肺循环一周的时间约为2.8s；鸭为2~3s，潜水时血流减慢，循环时间可增大为9s。

三、心血管活动的调节

和哺乳动物一样，禽类心脏也受迷走神经和交感神经双重支配。不同的是，在安静状况下，两种神经对禽心脏具有均衡的调节作用，而在哺乳动物则经常处于“迷走紧张”状态。

禽类外周压力感受器和化学感受器，也参与血压调节，但敏感性较差。儿茶酚胺类激素可使禽类血压升高。禽类血液中5-羟色胺和组织胺含量高于哺乳动物，给鸡注射这类物质有明显的降压效应。催产素在哺乳动物有缩血管作用，使血压上升，但对鸡却是降压作用，可能是舒血管效应的结果。

复习思考题

1. 在一个心动周期中，心脏内的压力，容积、及瓣膜开关、血流方向发生了哪些变化?
2. 心肌有哪些生理特性，与心脏机能有何联系?
3. 试述动脉血压的形成及其影响因素。
4. 简述影响组织液生成与回流的因素。
5. 简述压力感受性反射的过程和意义?
6. 简述各类心肌细胞动作电位的特点及发生机制?
7. 试述心交感神经、心迷走神经对心脏的作用及其机制。
8. 试述肾上腺素和去甲肾上腺素对心血管作用的异同。

第五章

呼　吸

呼吸系统起始于鼻腔和口腔，经气道延伸至肺，其主要功能是进行气体交换。动物在进行新陈代谢的过程中，需要不断地从外界摄取氧气，氧化营养物质获取能量。同时，又必须把在代谢过程中产生的二氧化碳排出体外。机体与外界环境之间的这种气体交换过程称为**呼吸**。通过呼吸，机体从大气摄取新陈代谢所需要的 O_2，排出所产生的 CO_2。呼吸系统的主要功能是将氧气吸入肺脏，并转送到血液中，以及排出 CO_2，维持内环境中 O_2 和 CO_2 含量的相对稳定，保证生命活动正常进行。

在高等动物和人体，呼吸过程包括 3 个环节：①外呼吸或肺呼吸　包括肺通气（外界空气与肺之间的气体交换过程）和肺换气（肺泡与肺毛细血管之间的气体交换过程）；②气体在血液中的运输；③内呼吸或组织呼吸　即组织换气（血液与组织、细胞之间的气体交换过程），有时也将细胞内的氧化过程包括在内（图 5－1）。3 个环节相互衔接，同时进行，并且有赖于呼吸系统和血液循环系统的相互配合，其中，任何一个环节发生障碍，均可引起组织缺氧和二氧化碳蓄积，使新陈代谢发生障碍，甚至危及生命。

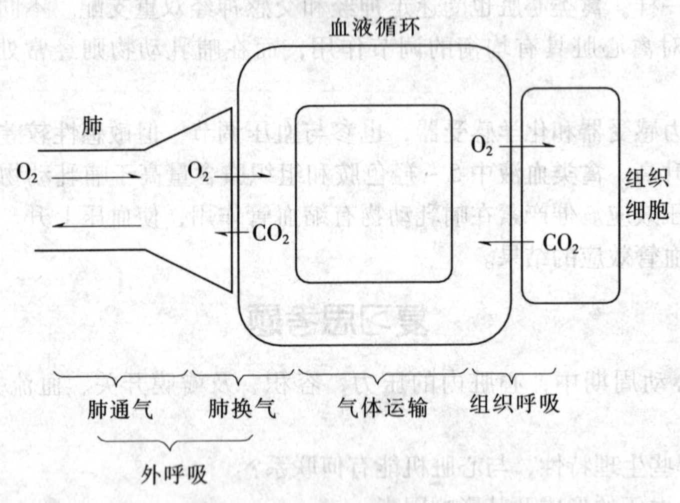

图 5－1　呼吸全过程示意图

第一节　肺通气

肺与外界环境之间进行气体交换的过程称为**肺通气**。

一、肺通气的结构基础

实现肺通气的结构基础是呼吸道、肺和胸廓。呼吸道是气体进出的通道，肺泡是气体交换的场所，呼吸肌舒缩引起的胸廓节律性运动是气体进出的动力。

（一）呼吸道

呼吸道（气道）是气体进出肺的通道，包括鼻、咽、喉（上呼吸道）和气管、支气管及其在肺内的分支（下呼吸道）。呼吸道有骨或软骨作支架，以保证管腔的畅通。上呼吸道黏膜含有丰富的毛细血管和黏液腺，并分泌黏液，因此对吸入的冷空气和干燥的空气有增温和加湿的作用。下呼吸道黏膜由纤毛上皮构成，纤毛可做定向摆动，黏膜含黏液腺并分泌黏液，可将吸入空气中的尘埃、微生物等黏着在纤毛顶端，借其摆动移至咽部排出体外，因此，呼吸道也有清洁和滤过空气的作用。下呼吸道，尤其是细支气管有极丰富的平滑肌，收缩时呼吸道口径变细，通气阻力增大。舒张时，呼吸道口径变粗，通气阻力减小。

呼吸道与外界直接相通，易受病原微生物的侵袭而发炎。呼吸道黏膜对刺激非常敏感，喉、气管、支气管黏膜一旦受到刺激常引起咳嗽反射，鼻黏膜受刺激引起喷嚏反射。

（二）肺泡

肺是一对含有丰富弹性组织的气囊，由呼吸性小支气管、肺泡管、肺泡囊和肺泡4个部分组成的功能单位（图5－2），均具有交换气体的功能，其中，以肺泡为主。肺泡壁上皮细胞可以分为2种，大多数为扁平上皮细胞（Ⅰ型细胞），少数为较大的分泌上皮细胞（Ⅱ型细胞）。在肺泡气与肺毛细血管血液之间，含有多层组织结构，组成呼吸膜，肺泡气即经过此膜与血液进行气体交换。

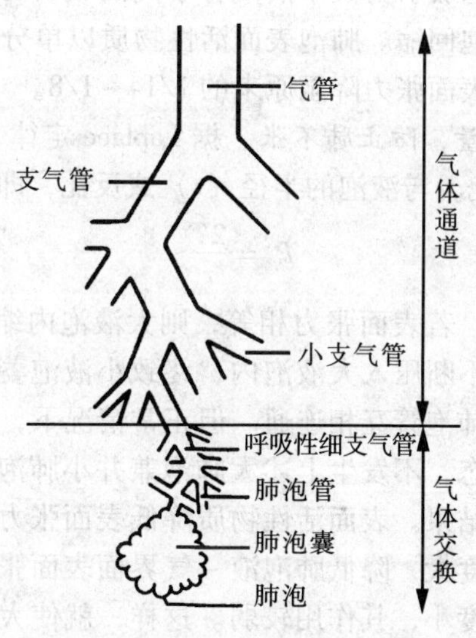

图5－2 肺呼吸单位结构模式图

1. 呼吸膜 在电子显微镜下，呼吸膜含有6层：①肺表面活性物质；②液体分子；③肺泡上皮细胞；④间质（弹力纤维和胶原纤维）；⑤毛细血管基膜；⑥毛细血管内皮细胞（图5－3）。6层结构的总厚度仅为0.2～1μm，通透性大，气体容易扩散通过。

2. 肺泡表面活性物质 肺泡表面活性物质是由肺泡Ⅱ型细胞分泌的一种复杂的脂蛋

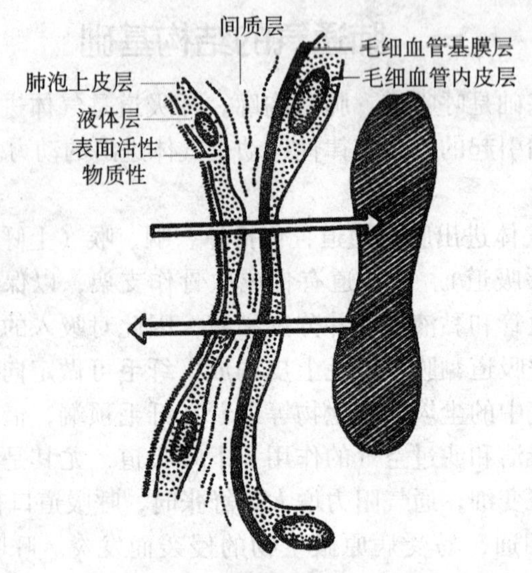

图 5-3　呼吸膜结构示意图

白，主要成分是二棕榈酰卵磷脂。分子的一端是非极性疏水的脂肪酸，不溶于水；另一端是极性的，易溶于水。因此，肺泡表面活性物质分子形成单分子层分布在液-气界面上，并随着肺泡的张缩而改变其密度。正常肺的表面活性物质在不断更新，以保持其正常功能。肺泡表面活性物质的主要作用是：

（1）降低肺泡的表面张力，降低吸气阻力　肺泡内表面的液体层与肺泡气形成液-气界面，由于界面液体分子间的吸引力大于液气分子间的吸引力，因而产生表面张力，力的方向指向肺泡中心，驱使肺泡回缩。肺泡表面活性物质以单分子层覆盖在肺泡液体层的表面，能使肺泡气-液界面的表面张力降至原来的 1/14～1/8。

（2）稳定大小肺泡的容量，防止肺不张　据 Laplace 定律，吹胀的液泡的内缩压（P）与液泡表面张力（T）成正比，与液泡的半径（r）成反比，即：

$$P = \frac{2T}{r}$$

两个连通的大、小液泡，若表面张力相等，则大液泡内缩压（P）小，而小液泡内缩压大，导致小液泡内的气体不断压入大液泡内，终致小液泡萎陷（图 5-4）。肺内有大量的不同大小的肺泡，并通过肺泡管互相连通。但正常情况下，这些大小不一的肺泡互不影响，均能维持一定的充气状态，不发生上述大肺泡兼并小肺泡的现象。目前，认为这是由于肺泡表面活性物质作用的结果。表面活性物质降低表面张力的能力与其密度成正比，小肺泡表面活性物质的相对浓度大，降低肺泡液-气界面表面张力的作用相对较强；而大肺泡由于表面活性物质相对浓度小，其作用较弱。这样，就使大小不一的肺泡具有大致相等的内压力，从而都保持容量相对的稳定，使小肺泡不致萎缩，大肺泡不致膨大而胀破。

（3）防止肺水肿　肺泡表面张力使肺泡回缩，有促使肺毛细血管内液体进入肺泡而形成水肿的倾向，但是，由于肺泡表面活性物质的存在，降低了肺泡表面张力，阻止了肺毛细血管内液体的滤出，保证了肺的良好换气机能。

肺泡表面活性物质不断合成并释放，同时又不断被清除。二者在激素和神经的调节下保持动态平衡。糖皮质激素和甲状腺激素可使合成和释放增多；胰岛素有抑制作用。交感

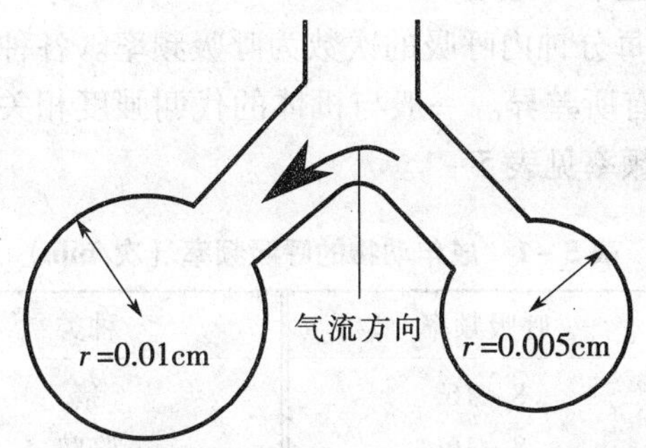

图5-4 相连通的大小不同的泡内压及气流方向示意图

神经和迷走神经兴奋均可加速合成与释放。

（三）呼吸肌

呼吸运动是肺通气的动力，参与呼吸运动的肌肉称为**呼吸肌**。包括吸气肌和呼气肌。使胸廓扩大产生吸气动作的肌肉称为**吸气肌**，主要是隔肌和肋间外肌。深吸气时，上锯肌、斜角肌、提肋肌、胸锁乳突肌也参与吸气。使胸廓缩小产生呼气动作的肌肉称为**呼气肌**，主要是肋间内肌、腹壁肌。

二、肺通气原理

气体进出肺取决于两方面因素的相互作用：推动气体流动的动力和阻止其流动的阻力。

（一）肺通气的动力

气体进出肺是由于大气和肺泡气之间存在压力差的缘故。在自然呼吸条件下，肺内压是由于肺的张缩所引起的肺容积的变化引起，可是肺本身不具有主动张缩的能力，它的张缩由胸廓的扩大和缩小所引起。而胸廓受呼吸肌缩舒支配。呼吸肌收缩、舒张所引起的胸廓的节律性扩大和缩小，称为**呼吸运动**。呼吸运动是肺通气的原动力。

1. 呼吸运动 呼吸运动包括吸气运动和呼气运动。呼吸运动过程包括吸气过程和呼气过程。

吸气过程：（主动）平和（静）吸气时，膈肌收缩，中心后移，使胸廓前后径扩大。肋间外肌收缩，牵引肋骨向前向外展开（1~2cm），使胸廓左右径、上下径加大，容积增加4/5。胸廓扩大导致胸内压下降，进而引起肺扩张和肺内压下降，当肺内压低于大气压时，外界的空气经呼吸道进入肺泡，产生吸气。深吸气（用力吸气）时，膈肌、肋间外肌收缩力量加大，辅助吸气肌也参与收缩，吸气增加。

呼气过程：平和（静）呼气时，吸气肌舒张使胸廓回位，引起肺回缩和肺内压升高，当肺内压高于大气压时，肺泡内的空气经呼吸道进入外界环境，产生呼气。深呼气（用力呼气）时，呼气肌（肋间内肌、腹壁肌）也发生收缩，牵拉肋骨内收，使胸廓容积更小，肺内压更高，呼出气体更多。因而，机体平和（静）呼气时，呼气是被动的，而深呼气（用力呼气）时，呼气是主动的。

2. 呼吸频率、呼吸类型和呼吸音

（1）呼吸频率　动物每分钟内呼吸的次数为呼吸频率。各种动物的呼吸频率，随个体大小、年龄、机体状态而有所差异。一般与机体的代谢强度相关，代谢活动强，呼吸频率快。各种成年动物的呼吸频率见表5－1。

表5－1　成年动物的呼吸频率（次/min）

种类	呼吸频率	种类	呼吸频率
马	8～16	猪	10～20
骡	8～16	骆驼	5～12
驴	8～16	狗	10～30
牛	10～30	兔	10～15
羊	12～30	鸡	15～30
猫	10～25	鸭	16～28

（2）呼吸类型　根据呼吸过程中，呼吸肌活动的强度和胸腹部的起伏变化程度将动物呼吸分为三种类型：如果吸气时以肋间外肌收缩为主，胸壁起伏明显，称为**胸式呼吸**；吸气时以隔肌收缩为主，腹部起伏明显，称为**腹式呼吸**；吸气时肋间外肌与隔肌都参与，胸壁和腹壁的运动都比较明显，称为**胸腹式呼吸（混合式呼吸）**。正常情况下，家畜中（除妊娠后期母畜和狗为胸式呼吸外）均为胸腹式呼吸。只有患病时，才表现有某一种单一式的呼吸。例如患胸膜炎时，常表现为腹式呼吸；患腹膜炎时，常表现为胸式呼吸。因此，观察动物的呼吸方式对诊断疾病具有重要的临床意义。

（3）呼吸音　呼吸时，气体通过呼吸道进出肺泡产生的声音称为**呼吸音**。在胸部表面一般可以听到肺泡呼吸音，其性质类似于“夫”的声音。偶尔也可听到支气管呼吸音，其性质类似于“sh”的声音。在肺功能发生改变或发生炎症时，呼吸音明显增强或减弱，甚至出现病理性呼吸音，如干、湿罗音等，因此，听诊呼吸音是判断肺功能状态及肺部疾病的重要方法。

3. 肺内压

肺内压是指肺泡内的压力。在呼吸暂停、声带开放、呼吸道畅通时，肺内压与大气压相等。吸气之初，肺容积增大，肺内压暂时下降，低于大气压，空气在此压差推动下进入肺泡，随着肺内气体逐渐增加，肺内压也逐渐升高，至吸气末，肺内压已升高到和大气压相等，气流也就停止。反之，在呼气之初，肺容积减小，肺内压暂时升高并超过大气压，肺内气体便流出肺，使肺内气体逐渐减少，肺内压逐渐下降，至呼气末，肺内压又降到和大气压相等。

呼吸过程中肺内压变化的程度，视呼吸的缓急、深浅和呼吸道是否通畅而定。若呼吸慢，呼吸道通畅，则肺内压变化较小；若呼吸较快，呼吸道不够通畅，则肺内压变化较大。平静呼吸时，呼吸缓和，肺容积的变化也较小，吸气时，肺内压较大气压低0.133～0.266kPa（1～2mmHg）；呼气时较大气压高0.133～0.266kPa（1～2mmHg）。用力呼吸时，呼吸深快，肺内压变化的程度增大。当呼吸道不够通畅时，肺内压的升降将更大。例如紧闭声门，尽力做呼吸动作，吸气时，肺内压可为－3.99～－13.3kPa（－100～

-30mmHg），呼气时可达7.89～18.62kPa（60～140mmHg）。

由此可见，在呼吸过程中正是由于肺内压的周期性交替升降，造成肺内压和大气压之间的压力差，这一压力差成为推动气体进出肺的直接动力。一旦呼吸停止，便可根据这一原理，用人为的方法造成肺内压和大气压之间的压力差来维持肺通气，这便是人工呼吸。人工呼吸的方法很多，如用人工呼吸机进入正压通气；简便易行的口对口的人工呼吸；节律地举臂压背或挤压胸廓等。但在进行人工呼吸时，首先要保持呼吸道畅通，否则，对肺通气而言，操作将是无效的。

4. 胸膜腔与胸内压

（1）胸膜腔　胸膜腔由两层胸膜构成，即紧贴于肺表面的脏层和紧贴于胸廓内壁的壁层。两层胸膜形成一个密闭的、潜在的腔隙，为胸膜腔。胸膜腔内仅有少量浆液，没有气体，这一薄层浆液的作用是：一是在两层胸膜之间起润滑作用；二是浆液分子的内聚力使两层胸膜紧紧贴附在一起，不易分开，所以肺就可随着胸廓的运动而运动。因此，胸膜腔的密闭性和两层胸膜间浆液分子的内聚力有重要生理意义。如果胸膜破裂，胸膜腔与大气相通，空气将立即进入胸膜腔内，形成气胸。此时两层胸膜彼此分开，肺将因其本身的回缩力而塌陷，肺便失去了通气机能。

（2）胸膜腔负压　胸膜腔内的压力称为**胸内压**，又称胸膜腔内压，通常情况下为负值，所以又称胸内负压。检测时，将连着水检压计的胸套管刺入动物的胸膜腔内（图5-5），检压计的液面即可直接指示出胸膜腔内的压力。测定表明：无论吸气时还是呼气时，胸膜腔内压都比大气压低，依大气压作为零计则称低于大气压为负压。胸内负压值随着呼气与吸气而变化着，吸气时负值增大，呼气时负值减小。

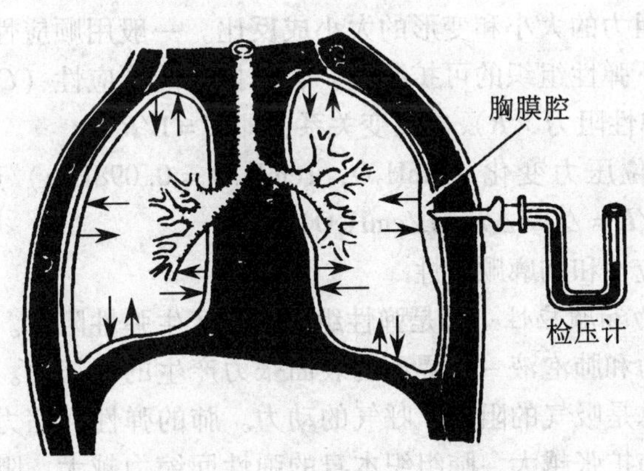

图5-5　胸膜腔内压测定示意图

胸内负压是如何形成的呢？由于胸膜腔内没有气体，不产生压力，因此，胸内压实际上是通过胸膜脏层作用于胸膜腔间接形成的压力。胸膜壁层的外表面有坚厚的胸廓组织支持，胸壁上的大气压力不会影响胸膜腔。而胸膜脏层却受到两方面力的影响，一是肺内压，即大气所加的压力，使肺泡扩张；一是肺的回缩力，使肺泡缩小。因此，胸膜腔内的压力是上述两种方向相反的力的代数和，即：

胸内压=肺内压-肺回缩力

在吸气之末和呼气之末，肺内压等于大气压，因此：

胸内压=大气压-肺回缩力

如定义一个大气压为生理零值，则：

胸内压 = －肺回缩力

由此可见，胸内负压是由肺的回缩力造成的。吸气时肺扩张，回缩力增大，负压也增大；呼气时相反，负压减小。如马在平和呼吸时，吸气末胸内负压值为 －2.12kPa（－16mmHg），呼气末为 －0.79kPa（－6mmHg）。

胸内压负压具有重要的生理意义。首先，胸内负压是肺扩张的重要条件，由于胸膜腔与大气隔绝，处于密闭状态，因而对肺有牵拉作用，使肺泡保持充盈气体的膨隆状态，能持续地与周围血液进行气体交换，不致于在呼气之末肺泡塌陷无气体而中断气体交换；其次，胸内负压对胸腔内的其他器官有明显的影响。如吸气时，胸内压降得更低，引起腔静脉和胸导管扩张，促进静脉血和淋巴回流。胸内负压还可使胸部食管扩张，食管内压下降，有利于动物的呕吐反射和反刍动物的逆呕。

综上所述，可将肺通气的动力概括如下：呼吸肌的舒缩形成的呼吸运动是肺通气的原动力；由于呼吸运动引起的肺的被动扩张和回缩所形成的肺内压与大气压之间的压差是肺通气的直接动力；胸内负压是实现肺通气的重要条件。

（二）肺通气的阻力

肺通气的动力需要克服肺通气的阻力方能实现肺通气。肺通气的阻力有两种：弹性阻力（肺和胸廓的弹性阻力），是平静呼吸时主要阻力，约占总阻力的 70%；非弹性阻力，包括气道阻力，惯性阻力和组织的黏滞阻力，约占总阻力的 30%，其中又以气道阻力为主。

1. 弹性阻力和顺应性　弹性组织在外力作用下变形时，有对抗变形和弹性回位的倾向，称为**弹性阻力**。阻力的大小和变形的大小成反比。一般用顺应性来度量弹性阻力。顺应性是指在外力作用下弹性组织的可扩张性。容易扩张的顺应性（C）大，弹性阻力（R）小。顺应性（C）与弹性阻力（R）成反变关系：即 $C = 1/R$

顺应性大小用单位压力变化（cmH_2O，$1cmH_2O = 0.098kPa$）所能引起的容积变化（ΔV）来表示。$C = 1/R = \Delta V/\Delta P$（$L/cmH_2O$）。

顺应性包括肺顺应性和胸廓顺应性

（1）肺的弹性阻力和顺应性　肺是弹性组织，也产生弹性阻力。肺的弹性阻力包括肺组织本身的弹性回缩力和肺泡液－气界面的表面张力产生的回缩力。二者均使肺具有回缩的倾向，因此，二者总是吸气的阻力，呼气的动力。肺的弹性回缩力来自于弹性纤维、胶原纤维等弹性成分，肺扩张越大，肺组织本身的弹性回缩力越大，阻力越大。肺的弹性回缩力约占肺弹性阻力的 1/3。肺泡表面张力是在肺泡内侧表面的液－气界面产生表面张力，约占肺弹性阻力的 2/3。当肺泡内充满液体时，因液－气界面消失而失去表面张力。此外，表面张力大小还与肺泡表面活性物质含量有关。当肺泡表面活性物质含量减少时，表面张力明显增加。因此，发生肺充血、肺组织纤维化、肺泡表面活性物质减少时，肺弹性阻力增加，顺应性降低，表现为吸气困难；而肺气肿时，肺弹性纤维被破坏，肺弹性阻力减小，顺应性增大，表现为呼气困难。

（2）胸廓的弹性阻力　来自胸部的弹性组织的弹性回缩力。胸廓畸形、肥胖等因素均可增大弹性阻力，胸廓顺应性减小。和肺的弹性阻力不同，胸廓的弹性回缩力的方向又随其扩张与回缩程度发生向量变化。当胸廓处于自然位置（肺容量约占肺总量的 67%）时，胸廓的弹性回缩力为零；当胸廓小于自然位置（肺容量小于肺总量的67%）时，胸廓的弹性回缩力向外，成为吸气的动力，呼气的阻力；当胸廓大于自然位置（肺容量大于肺总量的67%）时，胸廓的弹性回缩力向内，成为呼气的动力，吸气的阻力。

2. 非弹性阻力

非弹性阻力包括包括气道阻力、惯性阻力和组织的黏滞阻力。非弹性阻力是在气体流动时产生的，并随气流速度加快而增加。

惯性阻力是气流在发动、变速、换向时因气流和组织惯性所产生的阻止气体流动的因素。平和呼吸时，惯性阻力小，可忽略不计。

黏滞阻力是来自呼吸时组织相对位移所发生的摩擦。

气道阻力是气体在呼吸道内流动时气体分子之间及气体分子与气道壁之间的摩擦力，占非弹性阻力的80%～90%。其大小受气流速度、气流形式和呼吸道口径的影响。其中，呼吸道口径的影响最大，气道阻力与气道半径的4次方成反比，故当呼吸道口径减小时，气道阻力显著增大而发生呼吸困难。此外，气道阻力和气流速度成正比，气流速度越快，气道阻力越大，反之，气道阻力越小。层流时，气道阻力较小；涡流时，气道阻力大。

呼吸道管壁有丰富的平滑肌，且呼吸道越细，平滑肌相对越多，细支气管的平滑肌最丰富。呼吸道平滑肌受迷走神经和交感神经支配。迷走神经兴奋，平滑肌收缩，气道口径变小，气道阻力加大；交感神经兴奋，则平滑肌舒张，气道口径变大，气道阻力减小，故临床上常用拟肾上腺素类药物解除支气管痉挛，缓解呼吸困难。此外，一些体液物质如儿茶酚胺可以使平滑肌舒张，降低气道阻力；而5－羟色胺、缓激肽等则使平滑肌收缩，气道阻力加大。

三、肺通气功能的评价

（一）肺容量

肺容量是指肺内容纳气体的量。在呼吸运动过程中，肺容量随气体的吸入或呼出而发生变化，其变化幅度与呼吸深度有关。肺所能容纳的最大气量称为**肺总量**，它由潮气量、补吸气量、补呼气量、余气量四部分组成（图5－6）。各种动物的肺容量不同，如马为40L。马的潮气量为6L、补吸气量与补呼气量各为12L，余气量为10L。

1. 潮气量（TV）　每次吸入或呼出的气量称为**潮气量**，受机体代谢率、运动量、情绪等因素的影响。运动或使役时增大。

2. 补吸气量（IRV）　补吸气量是指平静吸气末再尽力吸气所吸入的气量。潮气量与补吸气量之和称为**深吸气量（IC）**，它受吸气肌肌力、肺和胸壁弹性、气道阻力等影响，是衡量最大通气潜力的重要指标。

3. 补呼气量（ERV）　指平静呼气末再尽力呼气呼出的气量，体位和膈肌位置对补呼气容积影响较大。

4. 余气量（RV）　最大呼气末存留于肺内的气量，也就是在肺总量状态下呼出肺活量后的气量。平静呼气末存留于肺内的气量称为**功能余气量（FRC）**。其生理意义在于缓冲呼吸过程中肺泡气 O_2 和 CO_2 分压的过度变化。当肺处于FRC时，这部分气量起着稳定肺泡气体分压的作用。当FRC降低时，肺泡内氧和二氧化碳的浓度在呼气和吸气期将出现较大的波动，特别是在呼气时，肺泡内若无足够的残余气体继续与肺循环血流进行气体交

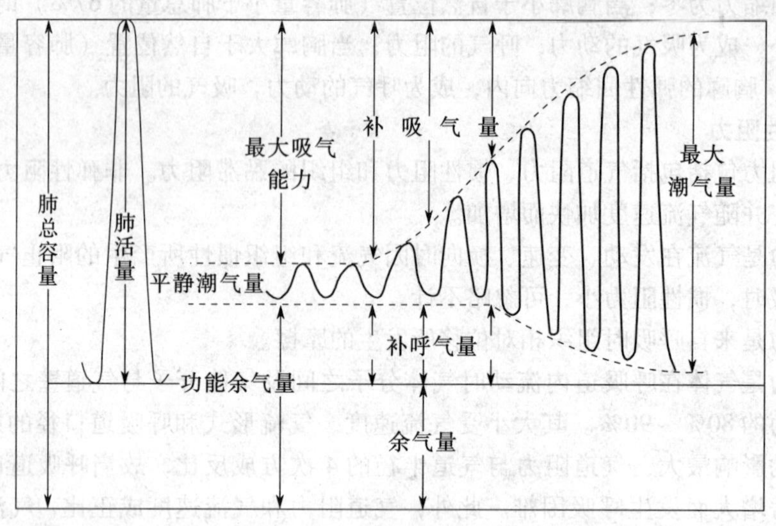

图 5-6 肺容量各成分及其变化曲线

换，未经氧合的还原血将直接进入体循环，产生相当于右-左静动脉分流的效应。FRC 过于增加时，吸入的新鲜气体将被肺泡内残余气所稀释，肺泡气氧分压降低，二氧化碳分压增高。因此，FRC 是反映机体通气状态的一项重要的指标。

5. 肺活量（VC） 肺活量指最大吸气后作最大呼气所呼出的气量，肺活量 = 潮气量 + 补吸气量 + 补呼气量，是反映肺通气功能的重要指标。但肺活量未考虑时间因素，因此更客观的指标是用力肺活量（FVC），指最大吸气后，尽力尽快呼气所呼出的气量。而在一定时间内所呼出的气量占用力肺活量的百分比则称为**用力呼气量（FEV）**，其中第一秒钟呼出的气量称为**1 秒用力呼气量（FEV_1）**，在临床上最为常用。

（二）肺通气量

1. 每分通气量

每分通气量是指每分钟进肺或出肺的气量，每分通气量 = 潮气量 × 呼吸频率；健康动物的潮气量和呼吸频率随着机体代谢水平而变化。代谢水平增高，如运动或使役时，呼吸频率和潮气量都会增大，每分通气量也增大。如马在休息时，每分通气量为 35 ~ 45L，平地步行时为 80 ~ 150L，负重时为 150 ~ 250L，挽拽时为 300 ~ 450L。

以最快速度尽力呼吸时每分钟吸入或呼出的气量则称为**最大随意通气量（MVV）**或**最大通气量**，它是一项能反映肺通气动态功能的指标。健康动物的最大通气量可比平和呼吸时的每分通气量大 10 倍多。肺的最大通气量反映了肺在每分钟的最大通气能力，它是比肺活量更能客观地反映肺通气机能的指标之一。应当注意的是测定最大通气量一般只测 10 ~ 15s，再换算成每分钟，以保证准确性并避免过度通气。由于通气功能有极大的储备力，除非有严重的通气障碍，一般静息通气量不会显示异常。

2. 肺泡通气量

每次吸入的气体，一部分停留在呼吸性细支气管以上部位的呼吸道内，这部分气体不能参与肺泡间的气体交换，称为**解剖无效腔或死腔**。进入肺泡内的气体，也可能由于血液在肺内分布不均而未能与血液进行气体交换。未能发生气体交换的这部分肺泡容量称肺泡无效腔。肺泡无效腔与解剖无效腔一起合称为**生理无效腔**。健康动物的肺泡无效腔接近于0，因此，生理无效腔几乎与解剖无效腔相等。

由于无效腔的存在，每次吸入的新鲜空气，一部分停留在无效腔内，另一部分进入肺泡。可见肺泡通气量才是真正的有效通气量。由于无效腔的存在，每次吸入肺泡的新鲜空气量小于潮气量，应该等于潮气量减去无效腔气量。因此，肺泡通气量是指每分钟吸入肺泡的新鲜空气量，即肺泡通气量 =（潮气量 - 无效腔气量）×呼吸频率，它决定了血中 CO_2 分压的水平，是反映肺通气效率的重要指标。由于无效腔的存在，一定的呼吸频率范围内，深而慢的呼吸比浅而快的呼吸肺泡通气量要多得多，因而效率更高。

例如，一匹马解剖无效腔为 1.5L，潮气量为 6L，呼吸频率为 12 次/min，则每分通气量为 6×12 = 72L，肺泡通气量为（6 - 1.5）×12 = 54L。若潮气量减半，呼吸频率加倍，每分通气量则不变，但肺泡通气量可因无效腔的存在而发生很大变化，表现为呼吸变浅、变快，肺泡通气量显著减少。从气体交换效果看，浅而快的呼吸对机体不利，适当深而慢的呼吸有利于气体交换（表 5 - 2）。

每分通气量与每分肺泡通气量之差，除以呼吸频率所得的商，即生理无效腔量。生理无效腔与解剖无效腔气量之差，可反映非功能性肺泡容量。

表 5 - 2　每分通气量与肺泡通气量的比较

呼吸频率（次/min）	潮气量 B（L）	无效腔 C（L）	每分通气量 A×B（L/min）	肺泡通气量（B - C）×A（L/min）
12	6	1. 5	72	54
6	12	1. 5	72	72
24	3	1. 5	72	36

第二节　气体交换

气体交换是指在呼吸器官血液与外环境间的气体交换和在组织器官，血液与组织细胞间的气体交换（图 5 - 7）。气体交换包括肺换气和组织换气，它们均是通过物理扩散的方式实现的。

一、气体交换原理

气体分子不停地进行着无定向的运动，其结果是气体分子从分压高处向分压低处发生净转移，这一过程称为**气体扩散**，于是各处气体分压趋于相等。机体内的气体交换就是以扩散方式进行的。

单位时间内气体扩散的容积称为**气体扩散速率**，它主要受下列因素的影响。

1. 气体分压差　气体分压是指混合气体中，每种气体分子运动所产生的压力。其大小取决于气体的浓度和总压力。

气体分压 = 总压力×该气体的容积百分比

气体分压差是气体扩散的动力，气体扩散速率与气体分压差成正比。

2. 气体的分子量和溶解度 气体扩散速率与气体溶解度成正比，与气体分子量的平方根成反比。气体溶解度与气体分子量的平方根之比称为**扩散系数**。气体扩散速率与气体扩散系数成正比。气体溶解度是指在单位分压下溶解于单位容积液体中的气体量，一般以101.325kPa，38℃时100ml液体中溶解气体的毫升数来表示。因为CO_2在血浆中的溶解度（51.5ml）是O_2在血浆中的溶解度（2.14ml）的24倍，CO_2的分子量（44）略大于O_2分子量（32），故CO_2的扩散系数是O_2的20倍，这是临床上常发生缺氧而很少发生CO_2滞留的主要原因。

3. 扩散面积和距离 气体扩散速率与扩散面积成正比，气体扩散速率与扩散距离呈反比。

4. 温度 气体扩散速率与温度呈正比。

二、气体交换的过程

1. 肺换气

肺换气是指肺泡气与肺泡壁毛细血管内血液间进行气体交换的过程。

肺泡内P_{O_2}为13.59kPa（102mmHg），P_{CO_2}为5.33kPa（40mmHg）。肺毛细血管内P_{O_2}为5.33kPa（40mmHg），P_{CO_2}为6.13kPa（46mmHg）（表5－3）。气体总是由分压高的一侧透过呼吸膜向分压低的另一侧扩散。因此，肺泡气中的O_2透过呼吸膜扩散进入毛细血管内，而血中的CO_2透过呼吸膜扩散进入肺泡内。

O_2与CO_2的扩散极为迅速，仅需0.3s即可完成。通常情况下，血液流经肺毛细血管的时间约0.7s，所以，当血液流经肺毛细血管全长约1/3时，已基本完成气体交换。可见在通常情况下，肺换气的时间绰绰有余。

表5－3 肺泡气、血液和组织中的P_{O_2}与P_{CO_2}［kPa（mmHg）］

气体	肺泡气	动脉血	静脉血	组织
O_2	13.60（102）	13.33（100）	5.33（40）	4.00（30）
CO_2	5.33（40）	5.33（40）	6.13（46）	6.67（50）

当高CO_2（46 mmHg）低O_2（40 mmHg）的静脉血流经肺部时，与肺泡气（Pco_2 40 mmHg，$Po_2$102 mmHg）存在较大的分压差，O_2从肺泡扩散入血液，而CO_2则从血液扩散到肺泡，实现肺换气，这样流经肺部的肺泡的静脉血变成了动脉血。

2. 组织换气 组织换气或内呼吸，是指血液与组织细胞间进行气体交换的过程，它包括组织细胞消耗O_2和产生CO_2的过程。高O_2和低CO_2的动脉血在流经组织细胞时，因为分压差的存在（表5－3），O_2扩散入细胞，CO_2则扩散入血液，这样流经组织毛细血管内的动脉血，边流动边进行气体交换，逐渐变成静脉血。如体循环毛细血管中动脉血的P_{O_2}为13.33kPa（100mmHg），P_{CO_2}为5.33kPa（40mmHg），而组织中由于氧化营养物质不断消耗O_2，P_{O_2}为4.76kPa（35mmHg）。在组织代谢过程中由于不断产生CO_2，P_{CO_2}为6.00～7.33kPa（45～55mmHg），依据气体由高分压向低分压扩散的规律，组织中的CO_2进入血液，而血液中的O_2进入组织。

三、影响气体交换的因素

1. 影响肺换气的因素 影响肺换气的因素除气体的分压差、气体的分子量和溶解度、温度外，临床上主要受下列因素影响。

(1) 呼吸膜的面积与厚度 单位时间内气体的扩散量与呼吸膜面积成正比，与厚度成反比。呼吸膜面积越大，气体扩散越快。健康动物呼吸膜的有效交换面积与动物的代谢状况有关，安静时，部分肺毛细血管关闭，有效交换面积减小；运动或使役时，肺毛细血管全部开放，有效交换面积增大。肺部疾病时，如肺不张、、肺水肿、肺实变、肺气肿、肺毛细血管关闭和阻塞等，均可使呼吸膜面积减少。

呼吸膜很薄，有很高的通透性，但在患病情况下，如肺纤维化、肺水肿等，由于呼吸膜增厚，通透性降低，因此，气体扩散速率下降，使机体呼吸困难，特别是运动时，由于血流加速，缩短了气体交换时间，这时，呼吸膜厚度增大对肺换气的影响便更突出。

(2) 通气/血流比值（VA/Q） 指每分肺泡通气量与每分肺血流量的比值，正常值为0.84或0.85，表示流经肺部的静脉血全部变成了动脉血。健康动物VA/Q比值是相对恒定的。通气/血流比值增大或减小，都会使气体交换发生障碍。通气/血流比值增加，意味着肺泡无效腔的增大；通气/血流比值减少，则意味着出现功能性的动－静脉短路。但值得注意的是，由于肺脏各个不同部位局部的肺泡通气量与肺毛细血管血流量分布的不均匀，导致通气/血流比值的不均一，肺尖部可高达2.5～3，而在肺底部可低至0.6。

2. 影响组织换气的因素 除以上影响肺换气的因素外，还受组织细胞代谢水平和组织血流量的影响。当血流量不变，代谢强度增加时，组织液 P_{O_2} 升高，P_{CO_2} 降低；当代谢强度不变，血流量加大时，组织液 P_{O_2} 升高，P_{CO_2} 降低。

第三节 气体在血液中的运输

气体运输是指机体通过血液循环把肺摄取的氧运送到组织细胞，又把组织细胞产生的二氧化碳运送到肺的过程。

一、气体在血液中的存在形式

O_2 与 CO_2 都以物理溶解和化学结合两种形式存在于血液中，但以溶解形式存在的极少，绝大部分呈化学结合形式（表5－4）。

表5－4 血中 O_2 与 CO_2 的含量（ml/100ml）

气体	动脉血			混合静脉血		
	化学结合	物理溶解	合计	化学结合	物理溶解	合计
O_2	20.0	0.30	20.3	15.2	0.12	15.32
CO_2	46.4	2.62	49.02	50.0	3.00	53.00

体内血液中的 O_2 和 CO_2 的物理溶解和化学结合状态时刻保持着动态平衡。物理溶解

的气体量虽然很少，但却很重要。因为在肺或组织进行气体交换时，进入血液中的 O_2 和 CO_2 都是先溶解，提高分压后再结合。O_2 和 CO_2 从血液释放时，也是溶解的先逸出，分压下降，结合的再分离出来补充所失去的溶解的气体。简示如下。

$$\text{肺泡}\left\{\begin{array}{l}O_2\rightarrow\text{溶解 }O_2\rightarrow\text{化学结合 }O_2\rightarrow\text{溶解 }O_2\rightarrow O_2\\CO_2\leftarrow\text{溶解 }CO_2\leftarrow\text{化学结合 }CO_2\leftarrow\text{溶解 }CO_2\leftarrow CO_2\end{array}\right\}\text{组织}$$

二、氧的运输

血液中的 O_2 主要是与红细胞内的血红蛋白（Hb）结合，以氧合血红蛋白（HbO_2）的形式运输，占98.4%；溶解 O_2 甚微，仅占1.6%。

（一）Hb与 O_2 结合的特征

红细胞内的血红蛋白是一种结合蛋白。1分子的血红蛋白（Hb）由1个珠蛋白和4个亚铁血红素组成。每个珠蛋白有4条多肽链，每条多肽链与1个亚铁血红素相连接构成血红蛋白的亚单位。血红蛋白与 O_2 结合有下列特征：

（1）*既能快速结合，也能快速分离，且不需酶催化*　Hb与 O_2 的结合与分离主要取决于的 P_{O_2} 高低。P_{O_2} 高时（肺部），血红蛋白与 O_2 结合形成氧合血红蛋白（HbO_2）；P_{O_2} 降低时（组织内），氧合血红蛋白迅速解离，释放 O_2。

$$Hb + O_2 \underset{P_{O_2}\text{降低（组织）}}{\overset{P_{O_2}\text{高（肺部）}}{\rightleftharpoons}} HbO_2$$

（2）*血红蛋白与 O_2 的结合是氧合反应而不是氧化反应*　血红蛋白与 O_2 的结合后，其中铁仍为二价，所以该反应不是氧化而是氧合。

（3）*只有亚铁血红蛋白才具有运输 O_2 机能*　当血红素中的 Fe^{2+} 氧化成 Fe^{3+} 时，Hb失去运氧能力。亚硝酸盐中毒的机理就在于亚硝酸盐将血液中的亚铁血红蛋白氧化为高铁血红蛋白而引起机体缺氧。

（4）*1分子血红蛋白可与4分子 O_2 结合*　1分子的血红蛋白可与4分子 O_2 结合，1g Hb可以结合1.34～1.36ml的 O_2，100ml血液中Hb所能结合的最大氧量称氧容量。Hb实际结合的 O_2 量称为**氧含量**。氧含量与氧容量的百分比为氧饱和度，即：

$$\text{Hb 氧饱和度（\%）} = \frac{\text{Hb 氧含量}}{\text{Hb 氧容量}} \times 100\%$$

（5）*Hb与 O_2 的结合或解离曲线呈S形*　Hb与 O_2 的结合或解离与Hb的变构效应有关。Hb有两种构型：还原血红蛋白为紧密型（T型），氧合血红蛋白为疏松型（R型）。疏松型与氧的亲和力是紧密型的数百倍。Hb的4个亚单位，无论在结合 O_2 还是释放 O_2 时，彼此间有协同效应，即第一个亚单位与 O_2 结合后，由于其变构效应的结果促使其他亚单位与 O_2 结合力提高（第4个亚单位与氧亲和力可增加125倍，是第一个亚单位氧亲和力的300倍）；反之，当 HbO_2 中的一个亚单位释放 O_2 后，可促使其他亚单位释放 O_2，因此，氧离曲线呈“S”形。这对于Hb与 O_2 的快速结合和释放都具有非常重要的意义。

（二）氧离曲线及影响因素

1. 氧离曲线　氧离曲线也叫氧合血红蛋白解离曲线，是表示 P_{O_2} 与Hb氧饱和度的关系曲线（图5－7）。该曲线既表示不同 P_{O_2} 下，O_2 与Hb解离规律，同样也反映了不同 P_{O_2} 时 O_2 与Hb的结合规律，但习惯上称为**氧离曲线**。

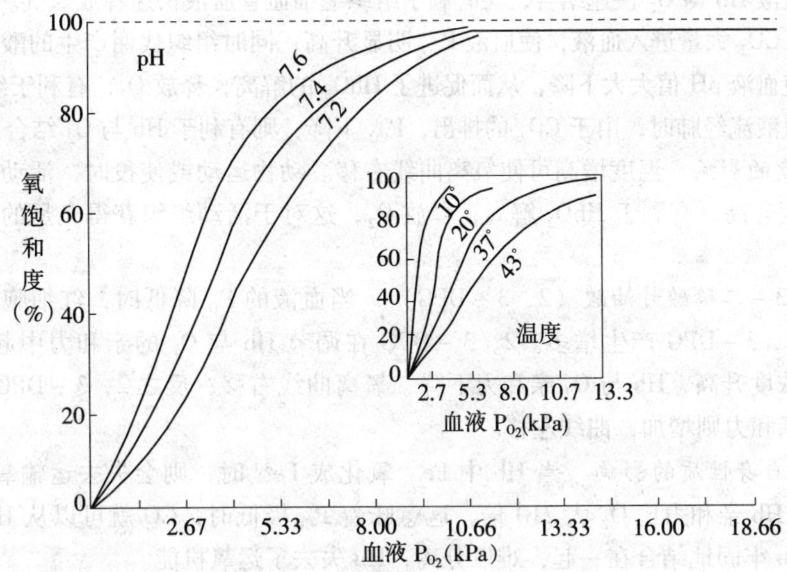

图 5-7 氧离曲线及其影响因素

氧离曲线上段相当于 P_{O_2}值 8～13.33kPa（60～100mmHg）范围。这段曲线较平坦，表明 P_{O_2}的变化对 Hb 氧饱和度影响不大。P_{O_2}从 100mmHg 降到 60mmHg 时，氧饱和度仅从 98%（19.4ml%）降到 90%，因而，只要 P_{O_2}不低于 60mmHg，Hb 氧饱和度仍能保持在 90%以上，血液仍可携带足够的氧，不致发生明显的低 O_2 症。这一特性使生活在高原地区的动物可以获得充足的氧气，保证机体的氧气需要。

氧离曲线的中段相当于 P_{O_2}5.32～7.98kPa（40～60mmHg）范围。该段曲线较陡，表明 P_{O_2}的变化对 Hb 氧饱和度影响较大，P_{O_2}下降时，可以使 Hb 氧饱和度较快下降，说明有较多的氧从氧合血红蛋白中释放出来。当 P_{O_2}为 5.32kPa（40mmHg）时（混合静脉血的 P_{O_2}），Hb 氧饱和度约为 75%（14.4ml%），表明 100ml 动脉血流经组织时，可释放出 5ml O_2，满足组织安静状态时的需要。

氧离曲线下段相当于 P_{O_2}5.33～1.33kPa（40～10mmHg）范围。这段曲线陡直，表明 P_{O_2}的变化对 Hb 氧饱和度影响非常大，P_{O_2}稍有下降，Hb 氧饱和度就会有较大幅度下降，说明有大量的 O_2 释放出来供组织活动需要。组织活动加强时，P_{O_2}可降低至 2kPa，此时，Hb 氧饱和度降至 20% 以下（4.4ml%），表明 100ml 动脉血流经组织时，可释放出 15ml O_2，是组织安静状态释放氧气量的 3 倍。

2. 影响氧离曲线的因素 多种因素影响 Hb 对 O_2 的亲和力。造成氧离曲线位置偏移。通常用使 Hb 氧饱和度达 50% 时的 P_{O_2}（正常为 3.62kPa，26.5mmHg）—P_{50}来表示 Hb 与 O_2 的亲和力。P_{50}增大，表明需要更高的 P_{O_2}才能达到 50% 的 Hb 氧饱和度，即亲和力下降，曲线右移。

（1）pH 值和 CO_2 浓度的影响 血液中的 pH 值降低或 P_{CO_2}升高，Hb 对 O_2 的亲和力降低，P_{50}增大，曲线右移；pH 值升高或 P_{CO_2}降低，Hb 对 O_2 的亲和力增加，P_{50}降低，曲线左移。pH 值对 Hb 氧亲和力的影响称为**波尔效应**，波尔效应具有重要的生理意义，它既可促进肺毛细血管血液 Hb 与 O_2 快速结合，又有利于组织毛细血管血液快速释放氧气。因为当血液流经组织时，CO_2 大量进入血液，使血液 P_{CO_2} 明显升高，同时组织代谢产生的酸与 CO_2 一起进入血液，使血液 pH 值大大下降，从而促进了 HbO_2 的解离，释放 O_2，有利于组织对 O_2 的摄取。而当血液流经肺时，由于 CO_2 的排出，P_{CO_2} 下降，则有利于 Hb 与 O_2 结合。

(2) 温度的影响　温度增高可使氧离曲线右移。动物运动或使役时，活动部位由于代谢增强而温度升高，有利于 HbO_2 解离，释放 O_2，这对于活动组织获得充足的氧供给是十分有利的。

(3) 2，3－二磷酸甘油酸（2，3－DPG）　当血液的 P_{O_2} 降低时，红细胞内无氧酵解增强，致使2，3－DPG 产生增多。2，3－DPG 在调节 Hb 与 O_2 的亲和力中起重要作用。2，3－DPG 浓度升高，Hb 与 O_2 亲和力下降，氧离曲线右移；反之2，3－DPG 浓度降低，Hb 与 O_2 的亲和力则增加，曲线左移。

(4) Hb 自身性质的影响　当 Hb 中 Fe^{2+} 氧化成 Fe^{3+} 时，则会失去运输氧气的能力。此外，CO 与 Hb 亲和力比 O_2 大210倍，这意味着 P_{CO} 极低时，CO 就可以从 HbO_2 中取代 O_2，CO 和 Hb 牢固地结合在一起，难以分离，Hb 失去了运氧机能。

三、二氧化碳的运输

(一) CO_2 的运输

CO_2 在血中以溶解形式存在的量仅占5%，但以化学结合形式存在的量却高达95%。CO_2 主要以两种结合形式运输：即碳酸氢盐和氨基甲酸血红蛋白，前者约占88%，后者约占7%。

1. 碳酸氢盐　组织中的 CO_2 扩散进入血液后透过红细胞膜进入红细胞内，由于红细胞内含有较高浓度的碳酸酐酶，在其作用下，H_2O 和 CO_2 迅速生成 H_2CO_3，并迅速分解成为 H^+ 和 HCO_3^-。即：

$$CO_2 + H_2O \xrightleftharpoons{\text{碳酸酐酶}} H_2CO_3 \rightleftharpoons HCO_3^- + H^+$$

在生成 H_2CO_3 的同时，红细胞内的氧合血红蛋白钾盐（$KHbO_2$），由于组织内的 P_{O_2} 低而放出 O_2，生成脱氧血红蛋白钾盐（KHb）。KHb 酸性较弱，它所结合的钾容易被 H_2CO_3 中的 H^+ 所置换，生成 HHb 和 $KHCO_3$，即：

$$KHbO_2 \xrightarrow{\text{组织 } P_{O_2} \text{ 低}} KHb + O_2$$

$$KHb + H_2CO_3 \longrightarrow HHb + KHCO_3$$

CO_2 不断进入红细胞，使 HCO_3^- 含量逐渐增多，当超过血浆中 HCO_3^- 的含量时，HCO_3^- 透过红细胞膜扩散进入血浆，并与血浆中的 Na^+ 结合生成 $NaHCO_3$。在 HCO_3^- 扩散入血浆的过程中，又有等量的 Cl^- 从血浆扩散入红细胞，以维持红细胞内外正负离子的静电平衡。这种 Cl^- 与 HCO_3^- 的交换现象，称为**氯转移**。这样 HCO_3^- 不致在红细胞内蓄积，以利组织中的 CO_2 不断进入血液。生成的 $KHCO_3$（红细胞）和 $NaHCO_3$（血浆中）经血液循环运至肺部。

当静脉血流经肺泡时，由于肺泡中的 P_{CO_2} 比静脉血低，同时红细胞中的还原血红蛋白（HHb）大部分与氧结合生成氧合血红蛋白（HbO_2），氧合血红蛋白又与 $KHCO_3$ 作用生成 H_2CO_3。红细胞内的 H_2CO_3 在碳酸酐酶催化下，分解为 CO_2 和 H_2O，CO_2 扩散进入血浆，进而扩散到肺泡气中，经肺呼出体外。这样，红细胞内的 H_2CO_3 逐渐降低，于是血浆中的 $NaHCO_3$ 分解，HCO_3^- 进入红细胞内，与此同时，红细胞内的 Cl^- 又返回血浆，进行反向的氯转移（图 5-8）。

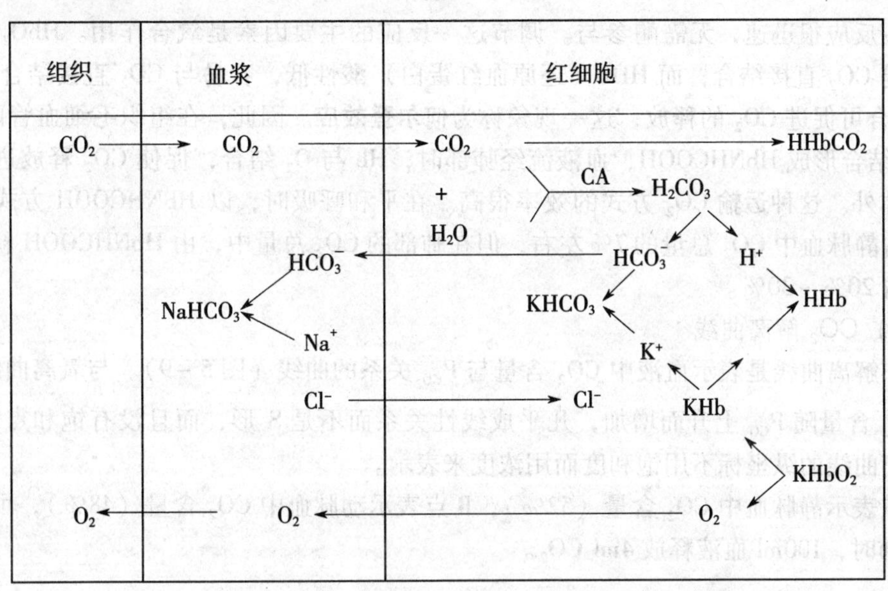

图 5-8　O_2 与 CO_2 在血液中的运输示意图（CA 为碳酸酐酶）

这样，红细胞内的 H_2CO_3 逐步降低，于是血浆中的 $NaHCO_3$ 分解，HCO_3^- 进入红细胞内，与此同时红细胞内的 Cl^- 又返回血浆，进行反向的氯转移（图 5-9）。

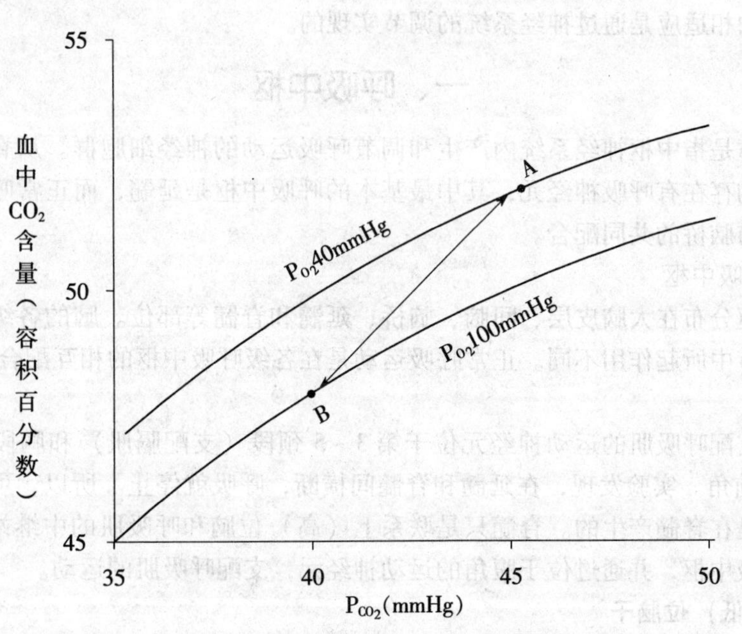

图 5-9　CO_2 解离曲线

2. 氨基甲酸血红蛋白 一部分 CO_2 进入红细胞内，与 Hb 的 $-NH_2$ 结合，形成氨基甲酸血红蛋白（HbNHCOOH），亦称碳酸血红蛋白（$HbCO_2$）。

$$HbNH_2O_2 + H^+ + CO_2 \underset{在肺}{\overset{在组织}{\rightleftharpoons}} HHbNHCOOH + O_2$$

这一反应很迅速，无需酶参与。调节这一反应的主要因素是氧合作用。HbO_2 的酸性高，难与 CO_2 直接结合；而 HHb（还原血红蛋白）酸性低，容易与 CO_2 直接结合。O_2 与 Hb 的结合可促进 CO_2 的释放，这一现象称为**何尔登效应**。因此，在组织毛细血管内，CO_2 与 HHb 结合形成 HbNHCOOH，血液流经肺部时，Hb 与 O_2 结合，促使 CO_2 释放进入肺泡而排出体外。这种运输 CO_2 方式的效率很高。在平和呼吸时，以 HbNHCOOH 方式存在的 CO_2 仅占静脉血中 CO_2 总量的7%左右，但在肺部的 CO_2 总量中，由 HbNHCOOH 释放出的 CO_2 却占 20% ~30%。

（二）CO_2 解离曲线

CO_2 解离曲线是表示血液中 CO_2 含量与 P_{CO_2} 关系的曲线（图 5 -9）。与氧离曲线不同，血液 CO_2 含量随 P_{CO_2} 上升而增加，几乎成线性关系而不是 S 形，而且没有饱和点。因此，CO_2 解离曲线的纵坐标不用饱和度而用浓度来表示。

A 点表示静脉血中 CO_2 含量（52%），B 点表示动脉血中 CO_2 含量（48%），可见，血液流经肺时，100ml 血液释放 4ml CO_2。

第四节 呼吸的调节

呼吸运动是一种节律性的活动，其深度和频率随体内、外环境条件的改变及代谢水平的改变而改变，从而使肺通气量和机体的新陈代谢水平相适应。呼吸节律的形成及其与新陈代谢水平的相适应是通过神经系统的调节实现的。

一、呼吸中枢

呼吸中枢是指中枢神经系统内产生和调节呼吸运动的神经细胞群。从脊髓到大脑皮层的各级中枢均存在有呼吸神经元，其中最基本的呼吸中枢是延髓，而正常呼吸节律的形成有赖于延髓与脑桥的共同配合。

（一）呼吸中枢

呼吸中枢分布在大脑皮层、间脑、脑桥、延髓和脊髓等部位。脑的各级部位在呼吸节律产生和调节中所起作用不同。正常呼吸运动是在各级呼吸中枢的相互配合下进行的。

1. 脊髓

脊髓中支配呼吸肌的运动神经元位于第 3 ~5 颈段（支配膈肌）和胸段（支配肌间肌和腹肌等）前角。实验发现，在延髓和脊髓间横断，呼吸就停止。所以，可以认为节律性呼吸运动不是在脊髓产生的。脊髓只是联系上（高）位脑和呼吸肌的中继站和整合某些呼吸反射的初级中枢，并通过位于腹角的运动神经元，支配呼吸肌的运动。

2. 下（低）位脑干

下（低）位脑干指脑桥和延髓。横切脑干的实验表明，呼吸节律产生于下位脑干，呼吸运动的变化因脑干横断的平面高低而异（图 5 -10）。

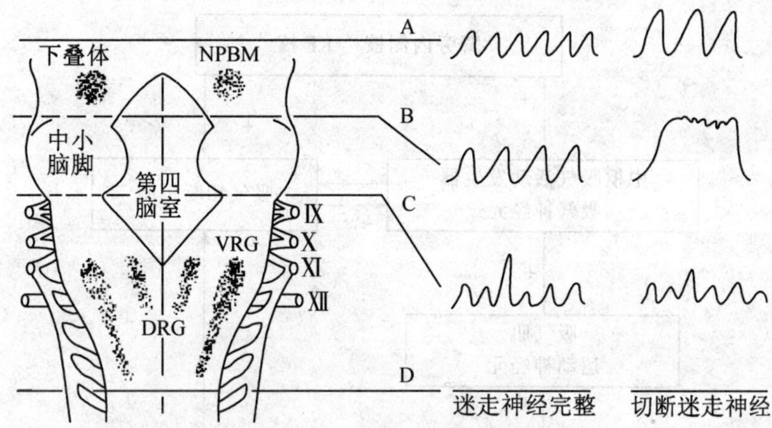

DRG：背侧呼吸组　VRH：腹侧呼吸组　NPBM：臂旁内侧核　A、B、C、D 为不同平面横切

图 5－10　脑干呼吸有关核团（左）和在不同平面横切脑干后呼吸的变化（右）示意图

在动物中脑和脑桥之间进行横切（图 5－10，A 平面），呼吸无明显变化。在延髓和脊髓之间横切（D 平面），呼吸停止。上述结果表明呼吸节律产生于下位脑干，上位脑对节律性呼吸不是必需的。如果在脑桥上、中部之间横切（B 平面），呼吸将变慢变深，如再切断双侧迷走神经，吸气便大大延长，仅偶尔为短暂的呼气所中断，这种形式的呼吸称为**长吸式呼吸**。这一结果提示，脑桥上部有抑制吸气的中枢结构，称为**呼吸调整中枢**；来自肺部的迷走传入冲动也有抑制吸气的作用，当延髓失去来自这两方面对吸气活动的抑制作用后，吸气活动不能及时中断，便出现长吸呼吸。再在脑桥和延髓之间横切（C 平面），不论迷走神经是否完整，长吸式呼吸都消失，而呈喘息样呼吸，呼吸不规则，或平静呼吸，或两者交替出现。单独的延髓即可产生节律性呼吸，表明延髓有呼吸节律基本中枢。

3. 上位脑

呼吸还受脑桥以上部位的影响，如大脑皮层、边缘系统、下丘脑等。

大脑皮层可以随意控制呼吸，发动说、唱等动作，在一定限度内可以随意屏气或加强加快呼吸。下丘脑、边缘系统是内脏活动和心理活动的重要中枢，兴奋时，可引起呼吸等内脏功能的变化，使机体的呼吸机能与其他机能相适应。例如，情绪激动、血液温度升高时，通过对边缘系统和下丘脑体温调节中枢的刺激作用，反射性的引起呼吸加强加快。

（二）呼吸节律形成的假说

呼吸节律是怎样产生的，尚未完全阐明，已提出多种假说，当前最为流行的是局部神经元回路反馈控制假说，该假说认为：在延髓有一个中枢吸气活动发生器和由多种呼吸神经元构成的吸气切断机制。当中枢吸气活动发生器自发的兴奋时，其兴奋传至脊髓吸气肌运动神经元，引起吸气，肺扩张。与此同时，其兴奋也可通过三条途径引起吸气切断机制兴奋：①加强脑桥臂旁内侧核神经元活动；②吸气引起肺牵张感觉器兴奋，经迷走神经传入吸气切断机制；③直接兴奋吸气切断机制。吸气切断机制兴奋时，发出冲动到中枢吸气活动发生器，以负反馈形式终止其活动，吸气停止，转为呼气（图 5－11）。

这一假说解释了平静呼吸时，吸气相向呼气相转化的可能机制，但关于中枢吸气活动发生器的自发性兴奋的机制、呼气如何转为吸气、呼吸加深时呼气又是如何转为主动等问题还所知甚少，还有待于进一步深入研究。

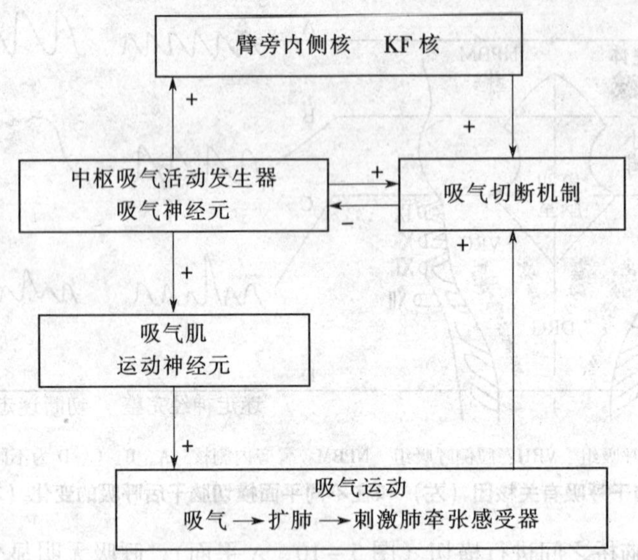

+：表示兴奋 −：表示抑制

图 5－11 呼吸节律形成机制简化模式图

二、呼吸的反射性调节

中枢神经系统接受各种感受器传入的神经冲动，实现对呼吸运动调节的过程，称为**呼吸的反射性调节**。其中，主要包括机械感受性反射和化学感受性反射。

（一）机械感受性反射

1. 肺牵张反射 由肺扩张或肺缩小引起的吸气抑制或兴奋的反射为肺牵张反射或黑－伯反射（1868 年 Breuer 和 Hering 发现），它包括肺扩张反射和肺缩小反射。其传入神经均为迷走神经。肺牵张反射有明显的种族差异，在兔的最强，人的最弱。肺牵张反射的生理意义是参与维持呼吸的深度和频率，若切断兔的双侧迷走神经，则出现吸气过深，呼吸频率变慢。病理情况下，肺顺应性降低，肺扩张时使气道扩张较大，刺激较强，可以引起该反射，使呼吸变浅变快。

（1）肺扩张反射 是肺充气或扩张时抑制吸气的反射。感觉器位于从气管到细支气管的平滑肌中，是牵张感受器，阈值低，适应慢。当肺扩张牵拉呼吸道，使之也扩张时，感觉器兴奋，冲动经迷走神经传入延髓。在延髓内通过一定的神经联系使吸气切断机制兴奋，切断吸气，转入呼气。这样便加速了吸气和呼气的交替，使呼吸频率增加。所以切断迷走神经后，吸气延长、加深，呼吸变得深而慢。

（2）肺缩小反射 是肺缩小时引起吸气的反射。感受器同样位于气道平滑肌内，但其性质尚不十分清楚。肺缩小反射在较强的缩肺时才出现，它在平静呼吸调节中意义不大，但对阻止呼气过深和肺不张等可能起一定作用。

2. 呼吸肌本体感受性反射 呼吸肌本体感受性反射是指呼吸肌的本体感受器肌梭（属机械感受器）受牵张刺激时，上传冲动而引起呼吸肌反射性收缩加强。肌梭和腱器官是骨骼肌的本体感受器，当肌梭受到牵张刺激时可以反射性地引起受刺激肌梭所在肌的收缩，为牵张反射，属本体感受性反射。当呼吸肌收缩时，其内的本体感受器受到牵张刺激，反射性地引起呼吸肌收缩增强，使呼吸运动达到一定的深度。此外，当呼吸道通气阻力增大时，通过本体感受性反射增强呼吸肌的收缩力，克服通气阻力，保持足够的肺通气量（图5－12）。

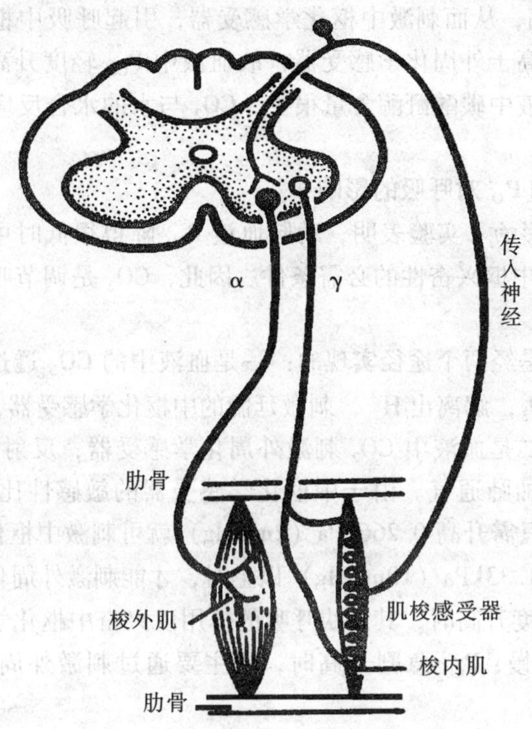

图5－12 肋间外肌本体感受性反射

（二）化学感受性反射

动脉血或脑脊液中的 P_{O_2}、P_{CO_2} 和 H^+ 通过化学感受器反射性引起呼吸机能的改变称为**化学感受性反射**。呼吸感受性反射是一种持续发挥调节作用的反射性呼吸调节活动，对于维持着血液与脑脊液中 P_{CO_2}、P_{O_2}、H^+ 浓度的相对恒定具有十分重要的作用。

1. 化学感受器 化学感觉器是感受适宜化学物质刺激的感受器。参与呼吸调节的化学感受器因其所在部位的不同，分为外周化学感受器和中枢化学感受器。

（1）外周化学感受器 颈动脉体和主动脉体是调节呼吸和循环的重要的外周化学感受器，对血液中缺 O_2 和 H^+ 增高很敏感。它能感受血液中 P_{CO_2}、P_{O_2}、H^+ 浓度的变化，当在动脉血 P_{O_2} 降低、P_{CO_2} 或 H^+ 升高都可刺激外周感受器，产生兴奋，冲动经窦神经和迷走神经传入延髓，反射性地引起呼吸加深加快和血液循环的变化。虽然颈、主动脉体两者都参与呼吸和循环的调节，但是，颈动脉体主要调节呼吸，而主动脉体在循环调节方面较为重要。此外，实验表明，上述3种刺激对化学感受器有相互增强的作用。两种刺激同时作用时比单一刺激的效应强。这种协同作用有重要意义，因为机体发生循环或呼吸衰竭时，总是 P_{CO_2} 升高和 P_{O_2} 降低同时存在，它们的协同作用加强了对化学感受器的刺激，从而促进了代偿性呼吸增强的反应。

（2）中枢化学感受器 中枢化学感受器位于延髓腹外侧浅表部位，左右对称。中枢化学感受器的生理刺激是脑脊液和局部细胞外液的［H^+］，而且其敏感性远高于外周化学感受器。但是在体内，血液中的H^+不易以通过血液屏障，故血液pH值的变化对中枢化学感受器的直接作用不大，也较缓慢。而血液中的CO_2能迅速通过血脑屏障，使化学感受器周围液体中的［H^+］升高，从而刺激中枢化学感受器，引起呼吸中枢的兴奋，由于中枢化学感受器的敏感性明显高于外周化学感受器，故血液中P_{CO_2}轻度升高即可引起呼吸机能的变化。但是，由于脑脊液中碳酸酐酶含量很少，CO_2与水的水合反应很慢，所以对CO_2的反应有一定的时间延迟。

2. P_{CO_2}、［H^+］和P_{O_2}对呼吸的影响

(1) P_{CO_2}对呼吸的影响　实验表明，动脉血液P_{CO_2}降得很低时可发生呼吸暂停，一定浓度的CO_2是维持呼吸中枢兴奋性的必需条件。因此，CO_2是调节呼吸的最重要的生理性体液因子（图5－13）。

CO_2对呼吸的影响是经两个途径实现的：一是血液中的CO_2透过血—脑屏障进入脑脊液，CO_2和水生成H_2CO_3，解离出H^+，刺激延髓的中枢化学感受器，反射性引起呼吸中枢兴奋，呼吸加深加快。二是血液中CO_2刺激外周化学感受器，反射性引起呼吸中枢兴奋，导致呼吸加深加快，增加肺通气。由于中枢化学感受器的敏感性比外周化学感受器高25倍，因而，动脉血P_{CO_2}只需升高0.266kPa（2mmHg）就可刺激中枢化学感受器，出现通气加强反应，当P_{CO_2}升高1.33kPa（10mmHg）以上时，才能刺激外周化学感受器，引起呼吸增强。因此，当CO_2轻度升高时，其加快呼吸的作用以兴奋中枢化学感受器为主。但由于中枢化学感受器的反应慢，P_{CO_2}急剧升高时，则主要通过刺激外周化学感受器调节呼吸机能。

但是，当吸入气CO_2陡升，CO_2堆积过多，抑制中枢神经系统的活动，包括呼吸中枢，发生呼吸困难、头痛、头昏，甚至昏迷。

总之，CO_2在呼吸调节中是经常起作用的最重要的化学刺激，在一定范围内动脉血P_{CO_2}的升高，可以加强对呼吸的刺激作用，但超过一定限度则有抑制和麻醉效应。

(2) ［H^+］的影响　［H^+］升高时，主要通过兴奋外周化学感受器，而兴奋呼吸中枢，使呼吸加深、加快，肺通气增加。［H^+］降低时，呼吸受到抑制。虽然中枢化学感受器对H^+的敏感性比外周化学感受器高，约为外周的25倍，但由于H^+较难通过血脑屏障，故血中H^+浓度增高以外周作用为主。但是，血中H^+增高，引起呼吸加强，会排出过多的CO_2导致血中P_{CO_2}降低，从而又限制了呼吸的加强。因此，H^+对呼吸的影响不如CO_2明显。

同样，当体内特别是中枢神经系统组织液中［H^+］过高时，则引起中枢抑制，发生呼吸困难。

(3) 低P_{O_2}对呼吸的影响　当血液中P_{O_2}降低时，兴奋外周化学感受器，反射性引起呼吸加深、加快，肺通气增加。但外周化学感受器对P_{O_2}降低敏感性不高，一般在动脉P_{O_2}下降到10.64kPa（80mmHg）以下时，肺通气才出现可觉察到的增加，可见动脉血P_{O_2}对正常呼吸的调节作用不大，仅在特殊情况下低O_2刺激才有重要意义。如严重肺气肿、肺心病患者，肺换气受到障碍，导致低O_2和CO_2潴留。长时间CO_2潴留使中枢化学感受器对CO_2的刺激作用发生适应，而外周化学感受器对低O_2刺激适应很慢，这时低O_2对外周化学感受器的刺激成为驱动呼吸的主要刺激。

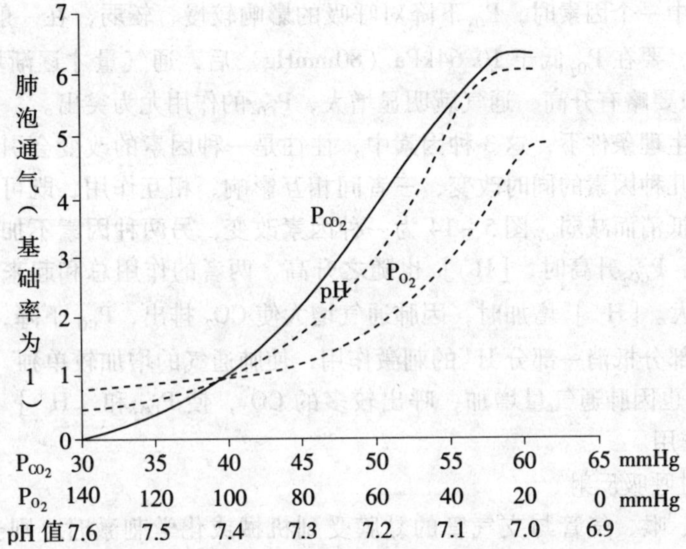

图 5-13 改变动脉血液 P_{CO_2}、P_{O_2}、pH 三因素之一而维持另外两种因素于正常水平时的对肺泡通气反应（1mmHg = 0.133kPa）

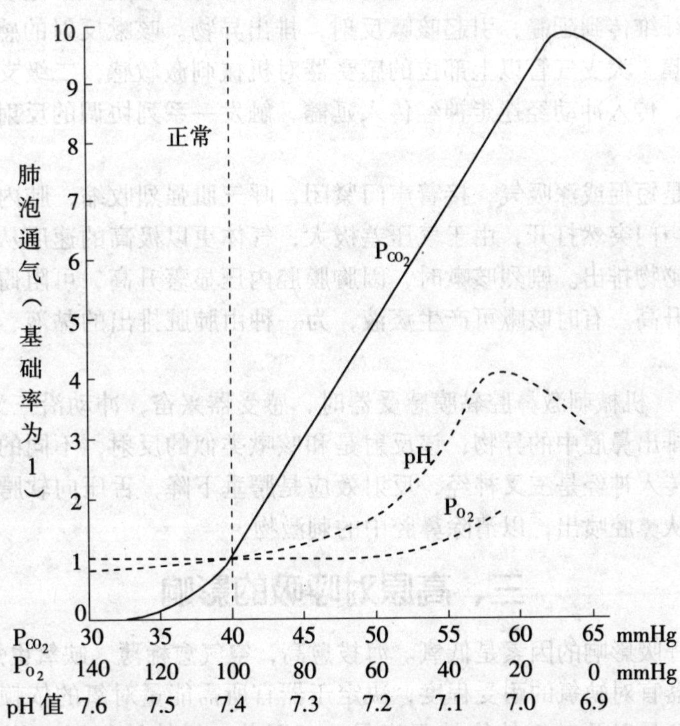

图 5-14 改变动脉液 P_{CO_2}、P_{O_2}、pH 三因素之一而不控制另外两种因素时肺泡通气反应（1mmHg = 0.133kPa）

但 P_{O_2} 降低对呼吸中枢具有直接抑制作用，重度缺氧时，则呼吸中枢被抑制。

3. P_{CO_2}、H^+和P_{O_2}在影响呼吸中的相互作用 从图5－14可知，在保持其他两个因素不变而只改变其中一个因素时，P_{O_2}下降对呼吸的影响较慢、较弱，在一般动脉血P_{O_2}变化范围内作用不大，要在P_{O_2}低于10.64kPa（80mmHg）后，通气量才逐渐增大。P_{CO_2}和H^+与低O_2不同，只要略有升高，通气就明显增大，P_{CO_2}的作用尤为突出。

在体内正常生理条件下，这3种因素中，往往是一种因素的改变会引起其他两种因素相继改变或存在几种因素的同时改变，三者间相互影响、相互作用，既可因相互总和而加大，也可因相互抵消而减弱。图5－14为一种因素改变，另两种因素不加控制时的肺通气情况。可以看出：P_{CO_2}升高时，[H^+]也随之升高，两者的作用总和起来，使肺通气较单独P_{CO_2}升高时为大。[H^+]增加时，因肺通气增大使CO_2排出，P_{CO_2}下降，也使[H^+]有所降低，两者可部分抵消一部分H^+的刺激作用，使肺通气的增加较单独[H^+]升高时为小。P_{O_2}下降时，也因肺通气量增加，呼出较多的CO_2，使P_{CO_2}和[H^+]下降，从而减弱了低P_{O_2}的刺激作用。

（三）防御性呼吸反射

当鼻腔、咽、喉、气管与支气管的黏膜受到机械或化学刺激时，则会引起防御性反射。此反射具有清除刺激物，以防异物进入肺泡的作用。常见的呼吸性防御反射有咳嗽反射和喷嚏反射。

1. 咳嗽反射 机械或化学刺激喉、气管和支气管黏膜感受器时，感受器兴奋，冲动经迷走神经的传入纤维传到延髓，引起咳嗽反射，排出异物。咳嗽反射的感受器位于喉、气管和支气管的黏膜。大支气管以上部位的感受器对机械刺激敏感，二级支气管以下部位的对化学刺激敏感。传入冲动经迷走神经传入延髓，触发一系列协调的反射反应，引起咳嗽反射。

咳嗽时，先是短促或深吸气，接着声门紧闭，呼气肌强烈收缩，肺内压和胸膜腔内压急速上升，然后声门突然打开，由于气压差极大，气体更以极高的速度从肺内冲出，将呼吸道内异物或分泌物排出。剧烈咳嗽时，因胸膜腔内压显著升高，可阻碍静脉内流，使静脉压和脑脊液压升高。有时咳嗽可产生痰液，为一种由肺脏排出的黏液、碎片和细胞组成的混合物。

2. 喷嚏反射 机械刺激鼻腔黏膜感受器时，感受器兴奋，冲动沿三叉神经传入延髓，引起喷嚏反射，排出鼻腔中的异物；该反射是和咳嗽类似的反射，不同的是：刺激作用于鼻黏膜感受器，传入神经是三叉神经，反射效应是腭垂下降，舌压向软腭，而不是声门关闭，呼出气主要从鼻腔喷出，以清除鼻腔中的刺激物。

三、高原对呼吸的影响

高原对动物呼吸影响的因素是低氧。海拔愈高，空气愈稀薄，缺氧也愈严重。

动物机体各器官对缺氧的耐受程度，决定于器官所需能量对氧的依赖性。脑组织几乎靠氧化供能，耗氧量以及对氧的依赖程度最大。因此，机体缺氧时，首先是脑组织受损伤，其次是心肌。动物由平原移入高原，由于动脉血中氧分压下降，缺氧刺激外周化学感受器，引起呼吸中枢兴奋增强，呼吸加深加快，以增加肺通气量改善机体的缺氧状况。但由于肺通气量增大，排出的二氧化碳量过多，致使肺泡气和血液中二氧化碳减少，造成呼吸性碱中毒：①由于脑脊液中二氧化碳减少，氢离子浓度下降，导致呼吸中枢抑制，呼吸减弱；②动脉血中 pH 值升高，氧离曲线左移，造成组织缺氧。

动物长期由平原移入高原后，可逐渐适应高海拔低氧环境，增强对缺氧的耐受力，缓解组织缺氧的程度。动物对高原低氧的这种适应性反应，称风土驯化。经高原风土驯化的动物有下列适应性表现：①风土驯化后机体长期保持了较大的肺通气量，并通过增强肾脏排出 HCO_3^- 的作用，解除了由 H^+ 减少对呼吸中枢的抑制作用；②风土驯化后的动物，增强了呼吸中枢对二氧化碳的敏感性，减弱 P_{CO_2} 低对呼吸的抑制作用；③血液中氧容量增大，运氧能力增强，血中红细胞和血红蛋白含量都有增加，这可能是由于缺氧刺激，产生促红细胞生成素所致；④红细胞内 2，3 – 二磷酸甘油酸（DPG）增加，于是氧离曲线右移，促使氧合血红蛋白释放氧，以缓解组织缺氧。

第五节　家禽呼吸特点

一、呼吸系统的结构特征

家禽呼吸系统由鼻腔、咽、喉、气管、支气管及其分支、气囊和肺及某些骨骼中的气腔组成。其结构上主要具有以下特征。

1. 禽类支气管在肺内不形成支气管树　禽类气管在肺内不分支成气管树，而是分支成 1 ~ 4 级支气管（图 5 – 15）。各级支气管间互相连通。每侧支气管入肺前称为**肺外一级支气管**，进入肺内后称为**肺内一级支气管**，然后分支形成二级和三级支气管，三级支气管又叫副支气管，各级支气管互相连通。副支气管的管壁呈辐射状的分出大漏斗状微管道，并反复分支形成毛细气管网，在这些毛细气管的管壁上有许多膨大部，即肺房，具有气体交换功能，相当于家畜的肺泡。

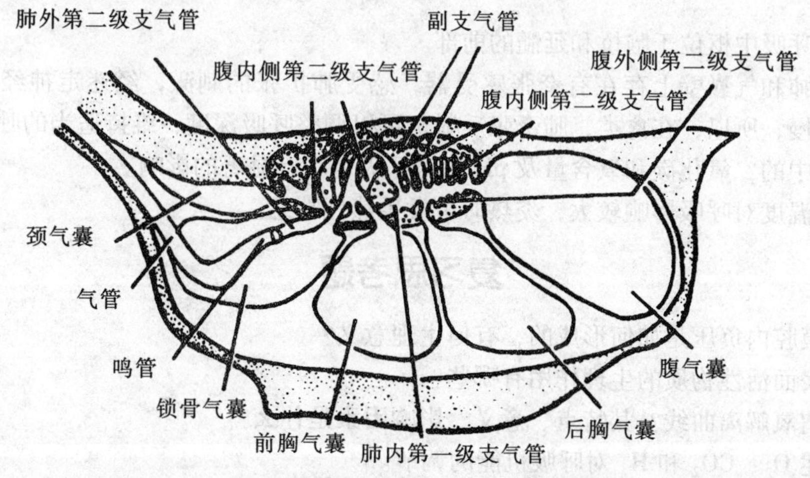

图 5 – 15　家禽支气管、肺和气囊

2. 具有发达的气囊　气囊是禽类特有的器官，是肺的衍生物。禽类一般有 9 个气囊，其中包括一个不成对的锁骨气囊、一对颈气囊、一对前胸气囊、一对后胸气囊和一对腹囊。气囊与各级支气管连通。

3. 肺扩张性不大 肺约1/3嵌于肋间隙内，因此，扩张性不大。肺各部均与易于扩张的气囊直接通连。所以，通过空气传播的病原体可沿气囊进入整个的呼吸系统、体腔、肌肉和骨骼，所以呼吸系统疾病在家禽疾病中占主要地位。

4. 胸腹腔之间没有横膈膜 由于胸腹腔之间没有横膈膜，故容易导致感染的相互传播。临床常见的肝周炎、心包炎、气囊炎多同时发生。

二、呼吸运动

家禽呼吸运动由于其结构特征而具有以下特点。

1. 禽呼吸 由于禽类没有膈肌，胸腔内没有经常性负压存在，且禽类肺的弹性较差。因此，呼吸主要通过强大的呼气肌和吸气肌的收缩来完成。

2. 呼吸频率 禽类的呼吸频率变化比较大，它取决于体格大小、种类、性别、年龄、兴奋状态及其他因素。通常体格越小，呼吸频率越高。常温条件下，家禽的呼吸频率为：母鸡20~36次，公鸡12~20次，雌鸭110次，雄鸭42次，母鹅40次，公鹅20次。家禽的潮气量为：鸡为15~30ml，鸭为38ml左右。由于禽类气囊的存在，呼吸器官的容积明显增加。因此，每次呼吸的潮气量仅占全部气囊容量的8%~15%。

三、气体交换和运输

①毛细气管壁上有许多膨大部，叫肺房，是气体交换的场所。

②气囊内空气在吸气和呼气时均通过肺，从而增加了肺通气量，且吸气和呼气时进行气体交换，适应于禽体旺盛的新陈代谢的需要。

③家禽气体运输与哺乳动物大致相似。

四、呼吸运动调节

①禽类呼吸中枢位于脑桥和延髓的前部。

②禽类肺和气囊壁上存在有牵张感受器，感受肺扩张的刺激，经迷走神经传入中枢，引起呼吸变慢，所以，在禽类，肺牵张反射也可以调整呼吸深度，维持适当的呼吸频率。

③血液中的二氧化碳和氧含量及pH值对呼吸运动有显著的影响。

④环境温度对呼吸影响较大，炎热时可发生热性喘息。

复习思考题

1. 胸膜腔内负压是如何形成的，有何生理意义？
2. 肺表面活性物质的生理作用有哪些？
3. 何谓氧解离曲线？其特点、意义、影响因素是什么？
4. 简述 O_2、CO_2 和 H^+ 对呼吸机能的调节。
5. 影响气体交换的影响因素有哪些？
6. 试述肺通气的动力和阻力。
7. 何谓肺牵张反射？它对于维持正常地呼吸节律有何意义？

第六章

消化与吸收

机体在新陈代谢过程中，需要不断地从外界摄取营养物质来满足细胞新陈代谢的需要。消化系统的主要生理功能就是摄取饲料，并对饲料进行消化和吸收，为机体新陈代谢提供必要的营养物质和能量来源。饲料中的营养物质主要包括蛋白质、脂肪、碳水化合物、无机盐、维生素和水，其中无机盐、维生素和水可以直接被吸收利用，蛋白质、脂肪、碳水化合物属于结构复杂的大分子物质而不能直接被吸收利用，必须分解成小分子物质后才能被吸收利用。将饲料在消化道内被分解为可以吸收的小分子物质过程称为**消化**。经过消化分解后的营养成分透过消化道黏膜进入血液和淋巴循环的过程，称为**吸收**。

机体的消化、吸收机能决定了动物对饲料的利用能力和动物生产能力，因此，学习研究、掌握动物消化生理知识对养殖业中促进饲料选择、加工、利用，降低畜产品成本，提供饲料利用率和养殖经济效益具有十分重要的意义。

第一节　概述

一、机体消化的主要方式

1. 物理性消化　物理性消化又称机械性消化，是指通过咀嚼和胃肠运动，将饲料磨碎、与消化液混合和向后段消化道推进的过程。通过物理性消化一般不能把饲料彻底分解为可以吸收的小分子物质，但却为化学性消化、生物性消化提供有利的条件。

2. 化学性消化　化学性消化是指通过各种消化酶将营养物质分解为可吸收的小分子物质过程。消化酶包括消化液所含有的各种消化酶和植物性饲料含有的消化酶。化学性消化可以将营养物质彻底分解，变成可吸收的小分子物质，是机体消化的主要方式。

3. 生物性消化　生物性消化是指借助于消化道微生物的作用，饲料中的营养物质分解过程。生物性消化对于饲料中难以消化的纤维素类的消化起着关键性的作用。

上述三种消化方式是相互联系、共同作用的，且具有明显的阶段性，即在消化管的某一部位和消化的某一阶段某种消化方式居于主导地位。如口腔消化以咀嚼为主，胃、小肠以化学性消化为主，而瘤胃和大肠则以生物性消化为主。

二、消化道的运动特性

消化管的运动是通过消化道肌肉来完成。在整个消化道中，消化道的肌肉除口腔、咽、食管上段及肛门外括约肌外，均为平滑肌。消化道平滑肌除具有肌肉组织的共性如兴奋性、传导性、收缩性，由于结构、生物电及功能不同而具有其自身生理特性，从而有利于完成消化和吸收功能。

1. 兴奋性比较低 消化道平滑肌的兴奋性比骨骼肌低，其收缩的潜伏期、缩短期和舒张期都比骨骼肌长得多，且变动范围大。这种特性有利于延长饲料在消化道的停留时间，利于消化和吸收。

2. 伸展性大 消化道平滑肌能根据需要而做很大的伸展而不发生张力变化。这一特性有利于消化道特别是胃容纳几倍于自己原来初容积的食物，而消化道内的压力及消化道壁的紧张性却变化不大。

3. 紧张性收缩 消化道平滑肌经常保持一种微弱的持续收缩状态，称为**紧张性**。紧张性可以使消化管维持一定的形状和保持消化道管腔一定的压力，利于消化和吸收。

4. 自动节律性 在适宜的环境下，离体的消化道平滑肌在没有外来刺激的条件下能够发生自动的节律性收缩，但收缩很缓慢，且节律性远不如心肌规则。

5. 对某些理化刺激敏感性强 消化道平滑肌对电刺激不敏感，但对于机械牵张、温度和化学刺激特别敏感。如微量的乙酰胆碱即可引起肠管强烈收缩，而微量的肾上腺素即可引起肠管强烈舒张。

三、消化道的分泌功能

消化道内存在有大量的消化腺和分泌细胞，分泌产生大量的消化液。如猪一昼夜分泌消化液 30～45L，马一昼夜分泌消化液 190～200L，牛一昼夜分泌消化液 180～200L，绵羊一昼夜分泌消化液 15～40L。这些消化液在饲料的消化和吸收过程中具有非常重要的作用。

消化液主要由有机物（主要是消化酶）、无机盐和水组成，其主要功能为：

①稀释食糜，使之与血浆的渗透压相等，以利于吸收。

②调节消化腔内的 pH 值，为消化酶提供适宜的酸碱环境。

③富含消化酶，将饲料中营养物质彻底分解为可吸收的小分子物质。

④通过分泌黏液、抗体和大量液体，便于食物的运送，保护消化道黏膜免受物理性、化学性和生物性的损伤。

四、消化道的内分泌功能

自从 20 世纪初第一个胃肠激素被发现后，人们在胃肠道黏膜内，已发现了 40 多种内分泌细胞，其数非常庞大，超过了体内所有内分泌腺中分泌细胞的总和，因此，消化管不仅仅是消化器官，也是机体内最大、最复杂的内分泌器官。

各种胃肠道内分泌细胞具有共同的生物化学特性，即都具有摄取胺及胺前体和脱羧而产生肽类激素或活性胺的能力，统成 APUD 细胞。主要胃肠激素内分泌细胞名称及分布部位见表 6－1。

胃肠道黏膜中的内分细胞所分泌的具有生物活性的化学物质的总称为**胃肠激素**。胃肠激素都属于肽类激素，目前已经发现了 20 多种，其中对消化器官功能影响最大的是胃泌素、胰泌素和胆囊收缩素。

胃肠激素通过内分泌、旁分泌、神经分泌等方式发挥作用。如胃泌素、胰泌素、胆囊收缩素等主要通过血液循环运抵靶细胞而发挥作用。生长抑素则主要通过旁分泌而对邻近靶细胞发挥作用；血管活性肠肽、P 物质等是由神经末梢释放，调节平滑肌、腺细胞活动。

此外，有些激素作为外分泌物进入胃肠腔内起作用，如胃泌素、生长抑素、血管活性肠肽、P 物质等，但作用机制不详。

表 6－1 主要胃肠激素内分泌细胞名称及分布部位

细胞名称	分布部位	分泌激素
A 细胞	胰岛	胰高血糖素
B 细胞	胰岛	胰岛素
D 细胞	胰岛、胃、小肠、结肠	生长抑素
G 细胞	胃窦、十二指肠	胃泌素
I 细胞	小肠前部	胆囊收缩素
K 细胞	小肠前部	抑胃肽
MO 细胞	小肠	胃动素
N 细胞	回肠	神经降压素
PP 细胞	胰岛、胰外分泌部、胃、小肠、大肠	胰多肽
S 细胞	小肠前部	胰泌素

胃肠激素的生理作用极为广泛，主要有以下 3 个方面。

1. 调节消化腺的分泌和消化管的运动 不同的胃肠激素对不同的消化腺、平滑肌、括约肌产生不同的调节作用。体内 3 种主要胃肠激素的作用见表 6－2。

表 6－2 三种胃肠激素对消化腺分泌和消化管运动的影响

	胃酸	胰（H_2O、HCO_3^-）	胰液（酶）	胆汁	小肠液	食管－胃括约肌	胃平滑肌	小肠平滑肌	胆囊平滑肌
胃泌素	＋＋	＋	＋＋	＋	＋	＋	＋	＋	＋
胰泌素	－	＋＋	＋	＋	＋	－	－	－	＋
CCK	＋	＋	＋＋	＋	＋	－	＋－	＋	＋

注：＋：兴奋；＋＋：强兴奋；－：抑制；＋－依部位不同而兴奋或抑制

2. 调节其他激素的释放 如抑胃肽有很强的促进胰岛素分泌的作用。此外，生长抑素、胰多肽、血管活性肠肽等对生长激素、胰岛素、胰高血糖素和胃泌素的释放均有调节作用。

3. 营养作用 有些胃肠激素可以促进消化管组组织的代谢和生长，称为**营养作用**，如胃泌素能促进胃泌酸部位黏膜及十二指肠黏膜的生长；胆囊收缩素可促进胰外分泌部的生长。

近年来研究证明：其中一些最初在胃肠道发现的肽，也存在于中枢神经系统中；而原来认为只存在于中枢神经系统的神经肽，也在消化道发现。这些双重分布的肽被称为**"脑－肠肽"**。已知的脑－肠肽有促胃液素、胆囊收缩素、P 物质、生长抑素、血管活动肠肽等 20 余种，脑－肠肽的存在，表明了神经和胃肠之间在功能上存在着密切的关系。

五、消化道的免疫功能

消化道黏膜内含有大量的淋巴组织，统称为**肠道相关淋巴组织（CALT）**，包括上皮组织淋巴细胞、固有膜层淋巴细胞和派伊尔结（淋巴集结）。这些淋巴组织在机体免疫中，特别是黏膜免疫中起着十分重要的作用。

1. 肠道淋巴细胞的转移 黏膜表面抗原经抗原提呈细胞传递给派伊尔结 T、B 淋巴细胞，在接受抗原刺激后，由派伊尔结产生抗原特异性致敏 T、B 淋巴母细胞，经肠系膜淋巴结和胸导管进入血液循环，再回道肠黏膜固有膜层和上皮组织，或者转移至其他黏膜组织（图 6－1），如生殖道、呼吸道、乳腺等形成全身黏膜免疫系统，在这些部位 B 淋巴母细胞进一步分化成熟为浆细胞，分泌 IgA，因此，可以将派伊尔结视为机体黏膜免疫的始发点。

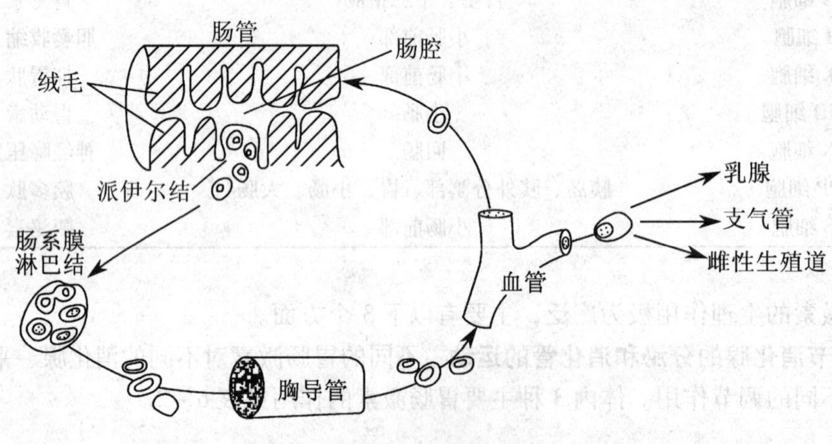

图 6－1 派伊尔结细胞的转移途径

2. 体液免疫 体液免疫是黏膜免疫的主要反应。胃肠道上皮或固有膜 B 淋巴细胞可以合成 IgA，IgA 可以经肠黏膜上皮细胞分泌到肠腔黏膜表面，故称为**分泌型 IgA（SIgA）**。IgA 在黏膜表面可抑制微生物的黏附；阻止抗原从黏膜表面侵入机体；中和病毒；与溶菌酶、补体共同作用溶解细菌。SIgA 与抗原反应后不激活补体，所以并不引起炎症反应。另外，SIgA 也参与了抗体依赖性细胞介导的细胞毒性反应（ADCC）。

3. 细胞免疫 除体液免疫外，黏膜免疫细胞还具有细胞免疫功能。包括细胞毒淋巴细胞（CTLs）、ADCC 和 NK 细胞。黏膜固有层内及上皮层中均含有细胞毒淋巴细胞，它们可以溶解被抗原覆盖的靶细胞，如病毒感染细胞、寄生虫感染细胞、恶性肿瘤细胞等，在抗感染、抗肿瘤等方面发挥重要的作用。

六、消化器官功能的调节

在神经和体液调节下作用下，消化系统各器官之间密切配合，达到消化食物和吸收营养物质的目的，同时，使消化道的机能与其他系统的功能活动相适应。一般而言，当食物进入一段消化道后，通过反射性调节和体液调节，可引起本段消化道及下一段消化道运动明显增强，消化液分泌明显增加；而前一段消化道运动则明显减弱，消化液分泌明显减少，从而使消化系统各器官之间功能协调统一。

（一）消化器官的神经支配

神经系统对消化功能的调节比较复杂，它通过内在神经系统和外来神经系统的相互协调，共同调节胃肠功能（图 6－2）。

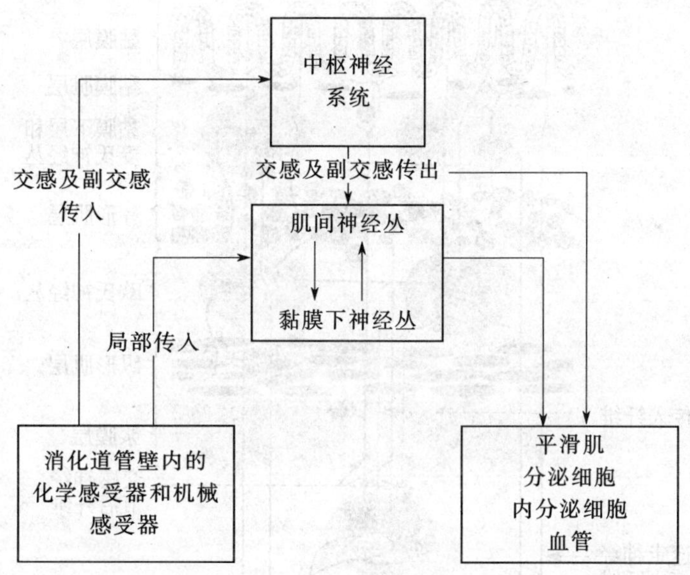

图 6-2 消化系统的局部和中枢性反射通路

1. 内在神经系统 内在神经系统又称肠神经系统，是指消化道壁内存在的大量神经元及其神经纤维构成复杂的神经网络。神经元数量约为 108 个，相当于脊髓内的神经元数目。其中包括感觉神经元、运动神经元和中间神经元，各种神经元之间通过神经纤维将胃肠壁内的各种感受器和效应器联系在一起，可独立完成局部反射活动。内在神经系统包括两种神经丛：①黏膜下神经丛，又称麦氏神经丛，位于黏膜下层，主要调节黏膜分泌及局部血液供应；②肌间神经丛，又称欧氏神经丛，位于环形肌和纵行肌之间，主要调节胃肠道运动。

内在神经系统通过局部反射途径调节消化道的活动。但在正常情况下，壁内神经丛活动受到外来神经系统的调节。

2. 外来神经系统 支配消化器官的外来神经有交感神经和副交感神经。除口腔、咽、食道前段肌肉和肛门外括约肌为骨骼肌，受躯体神经支配外，其余消化器官都受交感神经和副交感神经的双重支配，其中以副交感神经的影响较大。外来神经系统通过控制内在神经系统或直接控制效应器而发挥作用（图 6-3)。

(1) 交感神经 交感神经从胸腰段脊髓侧角发出，经腹腔神经节、肠系膜神经节或腹下神经节更换神经元后，节后神经纤维分布到胃肠平滑肌、血管平滑肌和腺体细胞或分布到内在神经丛。交感神经节后神经纤维多为肾上腺素能神经纤维，兴奋时，神经末梢释放去甲肾上腺素，引起胃肠运动减弱和腺体分泌减少。

(2) 副交感神经 副交感神经主要是迷走神经和盆神经。迷走神经主要支配食道、胃、胰、小肠及大肠前段，盆神经主要支配大肠后段。这些神经的节前纤维直接进入胃肠组织，与内在神经元形成突触，发出节后纤维支配平滑肌细胞、腺体细胞等。多数副交感神经节后神经纤维为胆碱能神经纤维，兴奋时，末梢释放乙酰胆碱，引起消化道运动增强，消化腺分泌增加。

(3) 神经中枢 控制消化器官活动的神经中枢存在于脊髓、延髓、下丘脑和大脑皮层

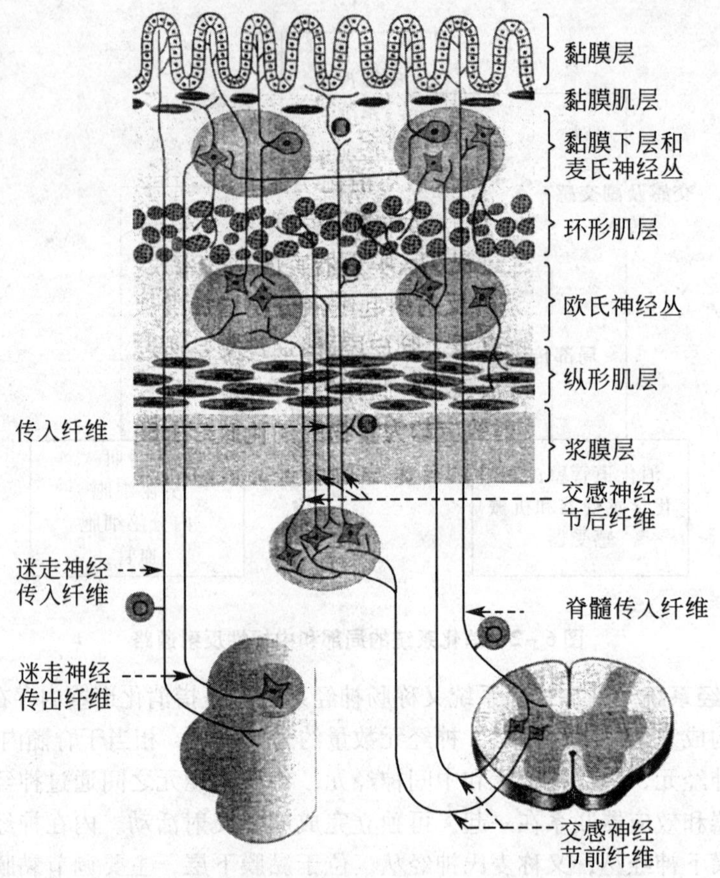

图 6－3　胃肠壁内神经丛及其与外来神经的联系

等部位，通过条件反射和非条件反射，协调各部分的功能活动。

（二）消化道的体液支配

主要是通过胃肠激素来进行调节的。详见本节“消化道的内分泌功能”。

第二节　口腔消化

口腔消化是消化过程的第一步，主要进行机械性消化，将食物经咀嚼、混以唾液、形成食团，然后吞咽入胃。

一、采食和饮水

（一）采食和饮水的方式

各种动物各有特点，由采食习性决定。

狗、猫和其他肉食动物通常用前肢按住食物，用门齿和犬齿咬断食物，并依靠头部和颈的运动将食物送入口内。牛的主要采食器官是舌。马、驴主要靠唇和门齿采食。绵羊和山羊的采食方法与马大致相同。绵羊上唇有裂隙，便于啃食很短的牧草。猪用鼻突掘地寻找食物，并靠尖形的下唇和舌将食物送入口内。

饮水时，猫和狗将舌浸入水中，卷成匙状，将水送入口中。其他家畜一般先把上下唇合拢，中间留一小缝，伸入水中，然后下颌下降，同时舌向咽部后移，使口腔内形成负压，把水吸入口腔。仔畜吮乳也是靠口腔壁肌肉和舌肌收缩，使口腔形成负压来完成。

（二）采食和饮水的调节

1. 采食中枢 随意采食主要受神经系统的调控，体液因素（包括激素和代谢产物）也参与作用。

在实验室动物研究表明，在下丘脑存在食物中枢，由摄食中枢和饱中枢组成。摄食中枢又称饥饿中枢，位于下丘脑左右两侧的外侧区，刺激这个中枢，可使刚吃饱的动物恢复摄食活动，破坏后可导致动物厌食，甚至饿死。饱觉中枢位于下丘脑两侧的腹内侧核，刺激这个中枢可使动物停止摄食，破坏则出现暴食，形成肥胖。这种情况也在猪、鸡及山羊实验中获得证实。

2. 反射调节 进食后，胃扩张、消化产物可刺激胃肠机械感受器、化学感受器反射性引起饱中枢兴奋而抑制摄食，也可以刺激胃肠黏膜内分泌细胞产生胆囊收缩素、L－细胞产生胰高血糖素样肽（GLP－1）等抑制摄食。此外，血糖水平升高或反刍动物 VFA 升高也可直接作用于中枢神经原制摄食活动。

此外，去甲肾上腺素、乙酰胆碱、5－羟色胺、γ－氨基丁酸、内啡肽、胰岛素、瘦素（Leptin）、肥胖相关多肽— Ghrelin 等对摄食也有重要的调节作用，特别是在为维持机体营养状况相对稳定的长期性调节过程中起着十分重要的作用。

3. 饮水调节 在身体多处（如口咽部）有感受局部失水的感受器，它们可以引起饮水行为；下丘脑外侧部有“饮水中枢”或称为**“渴中枢”**，此中枢兴奋可引起渴感，渴则思饮寻水，饮水后血浆渗透压回降，渴感消失。使“渴中枢”兴奋的主要刺激是血浆晶体渗透压的升高，此外有效血容量的减少和血管紧张素Ⅱ的增多也可以引起渴感。

二、咀嚼

咀嚼是由咀嚼肌群顺序收缩而完成的一种复杂的反射动作。

不同动物咀嚼方式不同：肉食动物主要用下颌猛烈的上下运动来压碎齿列间的食物，因而咀嚼很不充分；草食动物主要用下颌横向运动，在上下臼齿间磨碎饲料，并且两侧轮换咀嚼。由于饲草含粗纤维较多，故咀嚼较精细，但牛、羊采食时咀嚼很不充分，待反刍时在仔细咀嚼而磨碎饲料；猪等杂食动物咀嚼时，既有下颌上下运动，也有下颌横向运动，但以下颌上下运动为主。

咀嚼对于食物的进一步消化具有十分重要的意义。

①破坏植物的细胞壁，暴露其内容物，利于消化。

②将食物粉碎，增大与消化液的接触面积，利于消化。

③混合唾液，利于形成食团和吞咽。

④刺激口腔内的各种感受器，反射性地引起唾液腺、胃腺、胰腺等消化腺分泌及胃肠道运动，为随后的消化做好准备。

⑤将食物粉碎，减少饲料对咽、食道、胃黏膜的刺激，因而对消化道黏膜有保护作用。

因此，咀嚼的质量可影响食物的消化率，咀嚼不良影响到动物健康，甚至导致消化系统疾病。但是，咀嚼消耗动物大量能量，过多咀嚼会显著降低饲料利用率，因此，对饲料进行适当的加工（切短、磨碎、浸泡等）可以提高饲料利用率和养殖的经济效益。所谓“寸草切三刀，没料也上膘”就是这个道理。

三、唾液

唾液是由多种唾液腺分泌的混合液体。唾液腺主要有三对壁外腺即腮腺、颌下腺和舌下腺，此外还有唇腺、颊腺、腭腺、舌腺等壁内腺。一昼夜唾液分泌量因动物种类和饲料种类不同而有较大差异：猪 15L，马 40L，羊 8 ~13L，牛 100 ~200L。

（一）唾液的性质和成分

唾液是一种无色、无味、透明、略带黏性的弱碱性液体。唾液 pH 值因动物不同而有所差异：猪平均为 7.32、狗和马为 7.56、反刍动物为 8.1。唾液的主要成分为水，占 98.5% ~99.4%，其次是溶解在水中的无机物和有机物。无机物主要是 K^+、Na^+、Ca^{2+}、Cl^-、HCO_3^-、HPO_4^{2-} 等无机离子，其中，K^+、HCO_3^- 含量特别高，而 Na^+、Cl^-含量特别低。唾液中的无机离子浓度与唾液分泌速率有关，分泌速率高时，唾液中 Na^+、Cl^- 含量升高，K^+ 浓度下降；分泌率低时，则成相反现象。有机物主要是黏蛋白、溶菌酶、淀粉酶（猪、鼠唾液中含量较多、肉食动物、牛、羊、马唾液中一般没有或活性较低）、脂肪分解酶（哺乳期、犊牛）。

（二）唾液的生理作用

唾液的生理作用主要有以下几个方面。

①润湿口腔和饲料，便于咀嚼和吞咽。

②溶解食物中某些物质，引起味觉，促进食欲和其他消化液的分泌。

③消化淀粉，唾液中淀粉酶能将淀粉分解为麦芽糖。

④冲淡、中和、洗去有害物质，杀灭细菌（溶菌酶和硫氰酸离子可以杀死细菌）。

⑤反刍动物唾液中含有大量 HCO_3^-、PO_4^{3-}，可以中和瘤胃有机酸，维持适宜的 pH 值。

⑥反刍动物唾液中含有大量尿素，参与尿素再循环，提高氮的利用率。

⑦唾液可蒸发水分，利于散热（狗、水牛）。

⑧哺乳期幼畜唾液中的脂肪分解酶可以将脂肪分解为脂肪酸。

（三）唾液分泌的调节

动物的唾液分泌具有明显的种别特点，而且受生理状态和饲料组成的影响。猪非采食期间，唾液分泌很少，采食时唾液分泌明显增加，特别是腮腺，只有在采食时才分泌，而且两侧腮腺活动呈不对称性；马属动物也主要是在采食期间大量分泌；反刍动物的腮腺则是连续分泌，但采食和反刍时，分泌量明显增加，而颌下腺、舌下腺一般只在采食时分泌，反刍时不分泌。

唾液分泌受神经的反射性调节。唾液分泌的基本中枢在延髓的上、下唾核，高级中枢在下丘脑、大脑皮层等部位。支配唾液腺的神经为交感神经和副交感神经。刺激交感神经和副交感神经均能引起唾液腺分泌增加，但刺激副交感神经作用更强烈。刺激副交感神经唾液可以分泌大量的含有机成分较少的稀薄唾液，而刺激交感神经仅能引起颌下腺分泌稍有增加，且主要是有机成分。唾液分泌的反射性调节包括条件反射和非条件反射两类。

1. 非条件反射 非条件反射是指饲料刺激口腔或其他消化道的机械、化学、温度感受器等反射性引起唾液分泌增加。此外，动物食欲、情绪、饲料性质和适口性等也影响唾液的分泌。

2. 条件反射 条件反射是指饲料的形状、气味、颜色及与饲喂有关的一系列信号如呼唤、铃声、饲养员出现等引起的唾液分泌增加。它使动物在进食前即增加消化液分泌，为食物消化做好准备。如人的望梅止渴、垂涎三尺等现象都是典型的条件反射现象。

唾液分泌的神经调节如图6-4。

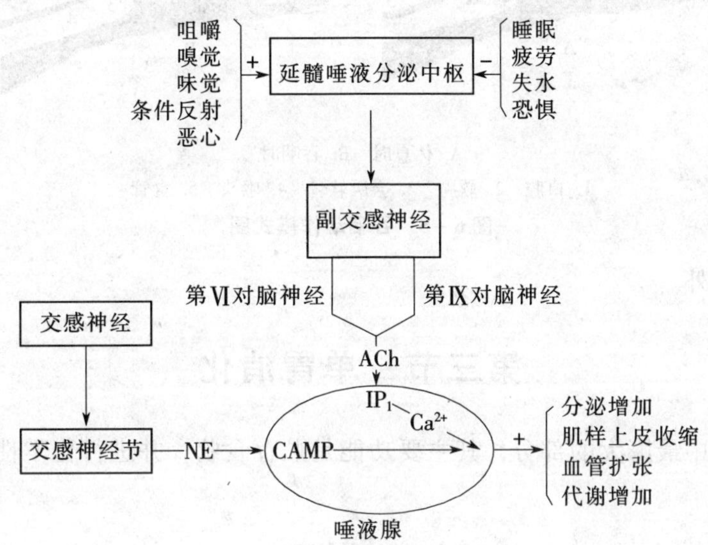

图6-4 唾液分泌的神经调节

四、吞咽

吞咽是使食物从口腔送入胃内的复杂反射动作。它由舌、咽、喉、食道、贲门协调完成。

1. 吞咽动作 吞咽动作如图6-5。经过咀嚼，形成食团后，首先是由舌压迫食团进入咽部，刺激软腭的感受器，再引起一系列的肌肉反射性收缩（不随意动作）：软腭上升，咽后壁前突，关闭鼻咽孔；声带内收，喉头上移紧贴会厌，同时舌根后移，挤压会厌，使会厌软骨翻转，盖住喉口，呼吸暂停；食管口舒张，同时咽肌收缩，将食团从咽部挤入食管。此后，由于食团对咽和食管等处的机械性刺激，反射性地引起食管蠕动，将食团送到贲门，贲门括约肌舒张，食团进入胃内。

液体经吞咽进入食道后，流至贲门部潴留，待增加到一定量时，贲门开放，液体流入胃内。一般吞咽3~4次，贲门开放一次。

2. 吞咽调节 吞咽主要受神经调节，吞咽调节的基本中枢在延髓，高级中枢在大脑皮层。传入神经为舌咽神经、喉前神经、三叉神经；传出神经为迷走神经、舌下神经和三叉神经。

吞咽中枢兴奋时可以抑制呼吸中枢而使呼吸暂停。

由于吞咽是由神经控制下完成的一种复杂的反射活动，故当神经麻醉时，会引起吞咽障碍而易发生异物性肺炎、气管堵塞窒息等，因此，在对动物进行手术麻醉时要特别注

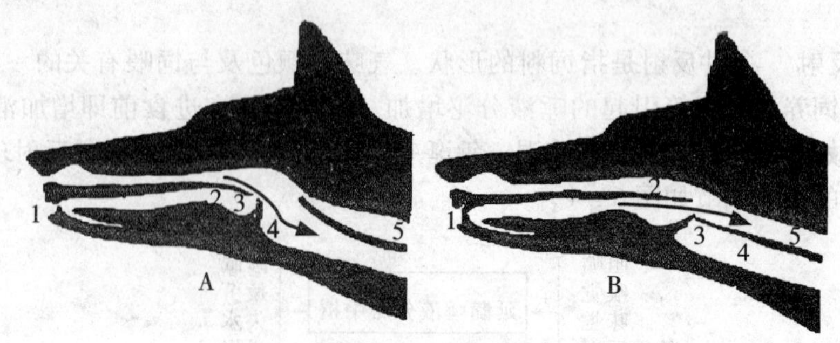

A. 休息时 B. 吞咽时

1. 口腔 2. 软腭 3. 会厌软骨 4. 喉头 5. 食管

图 6-5 吞咽动作模式图

意，以防发生意外。

第三节 单胃消化

胃是消化道中最膨大的部分，其主要功能是贮存食物，并进行化学性消化和机械性消化。

一、胃液

胃液是由胃腺和胃黏膜上皮细胞分泌的混合液体。胃腺包括贲门腺、幽门腺和胃底腺，其中贲门腺和幽门腺只分泌黏液，而胃底腺可以分泌黏液、消化酶、盐酸和内因子。

（一）胃液的性质、成分和作用

纯净的胃液是一种无色、透明的强酸性液体。胃液 pH 值为 0.9～1.5，其主要成分为水、无机物和有机物。无机物主要有 H^+、Cl^-、K^+、Na^+、HCO_3^- 等无机离子；有机物主要有消化酶、黏蛋白、内因子及少量胃肠激素。

1. 盐酸 **盐酸**又称**胃酸**，由胃底腺壁细胞分泌产生，包括游离酸和结合酸两种形式。其主要的生理功能有以下几个方面。

①可杀死随食物进入胃内的细菌。

②激活胃蛋白酶原，使之转变为有活性的胃蛋白酶。

③为胃蛋白酶提供必要的酸性环境，使蛋白质变性有利于消化。

④HCl 进入小肠后，可引起胰泌素的释放，从而促进胰液、胆汁、小肠液的分泌。

⑤HCl 所造成的酸性环境有助于小肠对铁、钙的吸收。

但是，胃酸分泌过多会对胃及十二指肠黏膜产生侵蚀作用，是临床上溃疡病的主要原因之一。

2. 胃消化酶 胃内消化酶主要有胃蛋白酶、凝乳酶、胃脂肪酶等。

（1）*胃蛋白酶* 胃蛋白酶由胃腺的主细胞分泌产生，以无活性的胃蛋白酶原形式分泌出来。在胃酸作用下转变为有活性的胃蛋白酶。已激活的胃蛋白酶对胃蛋白酶原也有激活的作用。胃蛋白酶是胃液中的主要消化酶，它能使饲料蛋白质分解为蛋白䏡和蛋白胨及少量多肽和氨基酸。胃蛋白酶仅在酸性的条件下才具有活性，哺乳动物胃蛋白酶的最适 pH 值为 2，随着 pH 值升高，酶活性逐渐降低，当 pH 值超过 5 时即可完全失活，因此，盐酸对胃蛋白酶的消化作用是必需的。

（2）*凝乳酶*　哺乳期幼畜胃液中含有较多的凝乳酶。它由胃底腺的主细胞以酶原形式分泌出来，在酸性条件下被激活。凝乳酶的作用是将乳中的酪蛋白原转变为酪蛋白，然后与钙离子结合成不溶性酪蛋白钙，使乳汁凝固，延长乳汁在胃中停留时间，利于消化。

（3）*胃脂肪酶*　肉食动物胃液中含有少量胃脂肪酶，它可以将乳脂中的丁酸甘油酯分解。

3. 黏液和碳酸氢盐　黏液是由胃黏膜上皮细胞及胃腺的黏液细胞所分泌的液体，富含黏多糖、蛋白质等，分为可溶性黏液和不溶性黏液。

（1）*可溶性黏液*　由胃腺的黏液细胞所分泌的黏液，具有润滑作用。

（2）*不溶性黏液*　由胃黏膜上皮细胞分泌的分泌黏滞性很强的黏液，其黏稠度是水的 30～260 倍。不溶性黏液中含有大量糖蛋白和 HCO_3^-。不溶性黏液覆盖于胃黏膜表面，形成 500μm 厚的凝胶层，即**黏液－碳酸氢盐屏障**，可有效保护胃黏膜免受机械性、化学性损伤。当胃腔内的 H^+ 从黏膜表面的黏液层向上皮细胞扩散时，其移动速度明显减慢，并不断与从黏膜表面向胃腔扩散的 HCO_3^- 相遇，发生中和反应，于是在胃黏液层中形成一个 pH 值梯度，黏液层靠近胃腔的一面，呈酸性，pH 值为 2 左右，而在靠近上皮细胞表面呈碱性，pH 值为 7 左右（图 6－6），从而使胃黏膜免受 H^+ 的侵蚀，并使胃蛋白酶丧失了分解蛋白质的作用，从而保护胃黏膜免受化学性侵蚀作用。

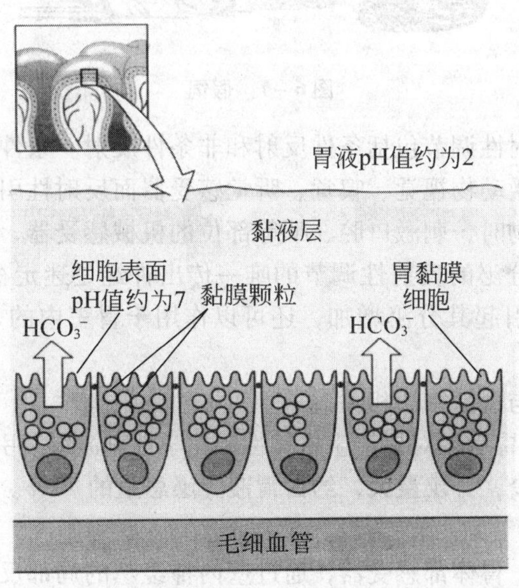

图 6－6　胃黏液－碳酸氢盐屏障

正常情况下，黏液层靠近胃腔侧的 HCO_3^- 不断被中和，糖蛋白不断被胃蛋白酶水解，使黏液由凝胶状态变为溶胶状态而进入胃液。但在正常情况下，HCO_3^- 被中和及黏液水解的速度与上皮细胞分泌黏液及 HCO_3^- 速度处于动态平衡，从而保持了黏液－碳酸氢盐屏障的完整性和连续性。当盐酸分泌过多或上皮细胞分泌机能减退时，黏液－碳酸氢盐屏障的完整性遭到破坏，胃黏膜就容易被盐酸、胃蛋白酶等侵蚀而发生胃炎、胃溃疡。

4. 内因子 由壁细胞分泌的一种相对分子量为6万的糖蛋白，内因子可与胃内维生素B_{12}结合而促进其吸收。

（二）胃液分泌的调节

胃液分泌受机体神经和体液的调节。为便于叙述，按接受食物刺激的部位将胃液分泌一般分三个时期，即头期、胃期、肠期。实际上，这3个时期时间上大部分相互重叠，几乎是同时开始的。

1. 头期 由进食时刺激头部感受器引起的胃液分泌。头期分泌的胃液消化酶含量很高，消化力强。分泌量约占分泌总量的20%。

头期胃液的传入冲动来自头部感受器（眼、耳、鼻、口、咽、食管等）。头期的胃液分泌可以通过假饲实验来证明：动物事先施行食管切断术和安装胃瘘，当动物采食时，饲料从食管切口流出体外而并不进入胃内，但却可引起胃液分泌（图6－7）。

图6－7 假饲

头期胃液分泌的反射性调节包括条件反射和非条件反射。条件反射是由与饲料有关的形状、气味、声音等刺激动物视觉、嗅觉、听觉感受器而反射性引起胃液分泌。非条件反射是动物咀嚼、吞咽食物时，刺激口腔、咽等部位的机械感受器、化学感受器而反射性引起胃液分泌。头期胃液分泌的反射性调节的唯一传出神经是迷走神经。迷走神经兴奋时，可直接作用于壁细胞，引起其分泌增加，还可以作用于胃窦内的G细胞，使其释放胃泌素，间接刺激胃腺分泌。

头期胃液的分泌量与食欲密切相关。

2. 胃期 食物进入胃后，对胃产生机械性和化学性刺激继续引起胃液分泌。**胃期分泌的胃液酸度高，消化酶少，分泌量大，约占胃液分泌总量的70%**。胃期胃液分泌增加的调节机制主要有以下方面。

①胃扩张刺激胃底、胃体部感受器，通过壁内神经丛的局部反射，直接或间接通过胃泌素的释放引起胃液分泌增加。

②胃扩张刺激胃底、胃体部感受器，通过迷走－迷走长反射直接或间接通过胃泌素的释放引起胃液分泌增加。

③胃扩张刺激胃幽门部的感受器，通过壁内神经丛促进G细胞分泌胃泌素而引起胃液分泌增加。

④食物中的化学物质，尤其是蛋白质的消化产物如多肽、氨基酸直接作用于胃幽门部

G 细胞引起胃泌素的释放，继而促进胃液分泌。

在上述调控机制中，**乙酰胆碱**（ACh）和组胺起着十分重要的调节作用。乙酰胆碱是迷走神经及部分壁内神经丛神经末梢释放的化学递质，它可以直接作用于壁细胞而促进盐酸分泌，这种作用可以被胆碱能受体抑制剂如阿托品阻断。组胺是由胃底腺**肠嗜铬样细胞（ECL）**分泌产生，它可以直接作用于壁细胞，具有很强的刺激胃酸分泌的作用，这种作用可以被组胺受体抑制剂如甲氰咪胍及其类似物所阻断。胃泌素和乙酰胆碱都可通过作用于各自的受体引起 ECL 分泌组胺而调节胃酸分泌，因而，组胺被认为是胃酸分泌最重要的调控因素。

当胃内 HCl 浓度升高，胃窦内 pH 值降到 1.2～1.5 时，可以抑制胃窦黏膜中 G 细胞释放胃泌素或刺激胃黏膜中的 D 细胞分泌**生长抑素**，从而抑制盐酸和胃蛋白酶的分泌，防止胃酸过度分泌，以维持胃内 pH 值的相对稳定，保护胃黏膜免受损伤。此外，在胃的黏膜和肌层中，存在着大量的前列腺素。迷走神经兴奋和胃泌素都可引起前列腺素释放增加。前列腺素对进食、组胺和胃泌素等引起的胃液分泌均有明显的抑制作用。

3. 肠期　食糜进入十二指肠后，由于扩张以及蛋白质消化产物对于肠壁刺激也能引起的胃液分泌。肠期胃液分泌量很少，仅占 10%。

肠期胃液分泌主要受体液调节。食糜进入十二指肠后，刺激十二指肠机械感受器和化学感受器，反射性引起十二指肠 G 细胞分泌胃泌素，刺激胃酸的分泌。食糜还可以刺激十二指肠黏膜，使其释放肠泌酸素，刺激胃酸的分泌。小肠吸收氨基酸以后，被吸收的氨基酸也可能参与肠期的胃液分泌。

食糜进入十二指肠后，一方面引起胃液分泌，但另一方面，肠内食糜也对胃液分泌产生抑制作用。其主要因素为盐酸、脂肪和高渗溶液。

(1) 盐酸　当十二指肠内的 pH 值降到 2.5 以下时，对胃酸分泌产生抑制作用。盐酸可以刺激十二指肠黏膜的 S 细胞分泌胰泌素（促胰液素），后者对胃酸的分泌具有显著的抑制作用；盐酸刺激十二指肠球部释放球抑胃素，对胃液分泌具有抑制作用。但球抑胃素的化学结构尚未最后确定。

(2) 脂肪　脂肪及其消化产物进入小肠后，可以刺激小肠黏膜产生**肠抑胃素**，抑制胃酸、胃蛋白酶的分泌和胃的运动。**肠抑胃素**由我国生理学家林可胜最早发现并命名。但肠抑胃素至今未提纯，故目前认为，可能不是一个独立的激素，而是数种具有该作用的激素总称。

(3) 高渗溶液　高渗溶液可以刺激小肠壁渗透压感受器，通过**肠－胃反射**抑制胃液的分泌；同时，它还能刺激小肠黏膜释放抑制胃液分泌的胃肠激素而抑制胃液分泌。

胃液分泌的时相及调节见图 6－8。

二、胃的运动

除胃液的化学性消化外，通过胃运动的机械性消化也起着重要的作用。

(一) 胃运动的作用

①暂时贮存食物。

②使食物与胃液混和成半流体食糜，利于消化。

③将食糜分批排入十二指肠。

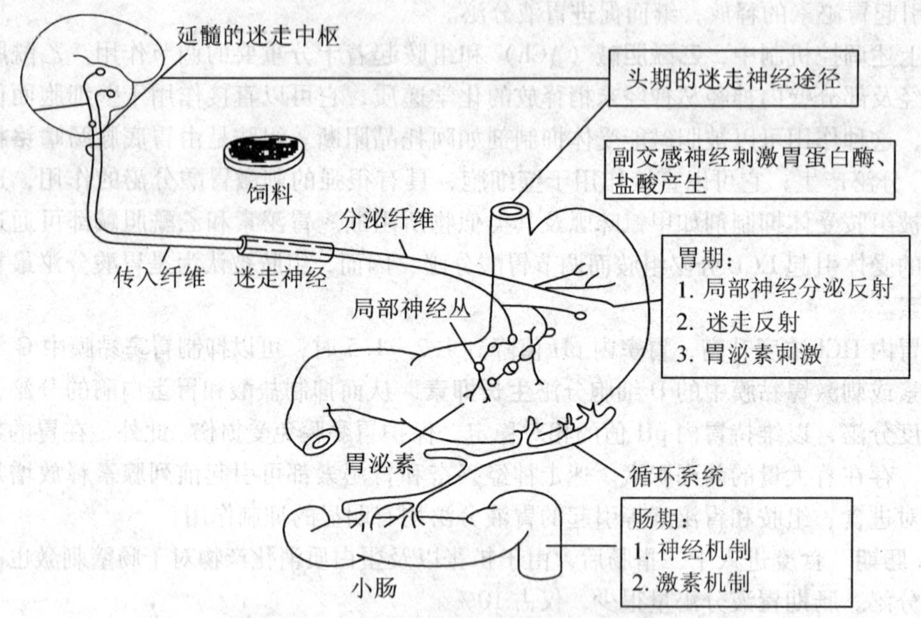

图6-8　胃分泌的时相及其调节

（二）胃运动形式

胃运动主要有容受性舒张、紧张性收缩、蠕动3种形式。

1. 容受性舒张　当动物咀嚼和吞咽时，刺激口腔、咽、食道等部位的感受器，反射性引起胃壁平滑肌的舒张，胃的容量增加，称为**容受性舒张**。这种运动形式使胃能够容纳、贮存大量的食物，而胃内压力不会有大幅度的改变。容受性舒张是一种反射活动，其传入神经和传出神经均为迷走神经，切断双侧迷走神经，反射即消失，故称此反射为**迷走-迷走反射**，其传出神经为抑制性神经纤维，神经递质可能为多肽或一氧化氮。

2. 紧张性收缩　胃平滑肌经常处于微弱的地收缩状态称为**紧张性收缩**。紧张性收缩的生理意义在于使胃保持一定的形状和位置，维持一定的胃内压，利于食物与胃液混合，并压迫食物向幽门方向移动。

3. 蠕动　由胃平滑肌交替收缩和舒张引起的波形运动称为**蠕动**。胃蠕动起始于胃中部，向幽门方向波浪式推进并逐渐增快加强。动物采食后开始出现蠕动，约每分钟3次，每个蠕动波经1min到达幽门，所以通常是一波未平，一波又起。此外，随着胃窦的强力收缩，除部分食糜经幽门排入十二指肠外，大部分食糜受到幽门阻挡而返回胃体（图6-9）。胃蠕动生理意义在于一方面磨碎食团并与胃液充分混合，形成食糜，利于化学性消化；另一方面使胃内容物向幽门移动并排入十二指肠。

（三）胃的排空

胃内食糜由胃排入十二指肠的过程称为**胃排空**。

胃的收缩是胃排空的动力，静息时，幽门括约肌呈紧张性收缩，以使幽门处的压力高于胃窦和十二指肠5mmHg，形成功能性括约肌作用，从而可以限制食物过早的进入十二指肠，保证食物在胃内充分被研磨，同时亦可以防止十二指肠的内容物向胃逆流。胃的蠕动使胃内压不断升高，当胃内压超过十二指肠内压并足以克服幽门阻力时，即可将食糜排入

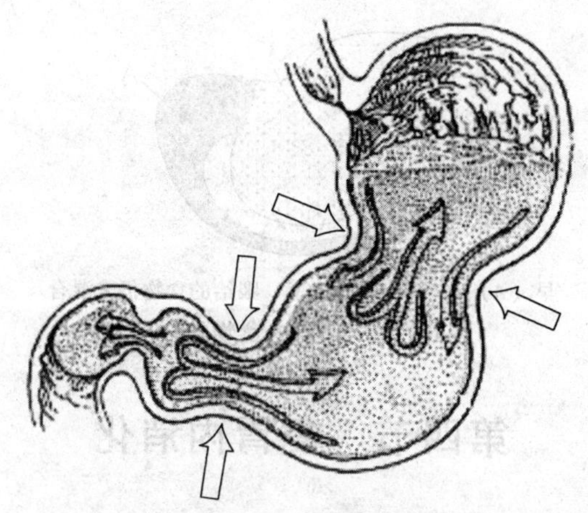

小部分液体食糜被推挤过幽门进入十二指肠，大部分食糜则被强力推回到胃体进一步磨碎及混匀

图6－9　胃的蠕动

十二指肠。

1．胃的排空速度　胃的排空速度受食物理化特性的影响。一般流体的食物比固体的排空快；颗粒小的比大块食物排空快，等渗溶液的排空速度比非等渗溶液的快，在三种主要营养物质中，糖类排空最快，蛋白质次之，脂肪排空最慢。

2．胃排空的调节　胃的排空速度受多种因素的控制。

①胃内容物的扩张刺激通过壁内神经丛和迷走－迷走长反射引起胃运动加强，促进胃的排空。一般胃排空速度与摄食量的平方根成正比。

②胃内容物的扩张刺激和食物的化学成分，主要是蛋白质消化产物引起胃窦黏膜G细胞释放胃泌素。胃泌素能使幽门舒张，促进胃的排空。

③当酸性食糜进入十二指肠，盐酸、脂肪、渗透压及机械扩张刺激肠壁上相应的感受器，**可反射性抑制胃的运动**，抑制胃的排空。

④当盐酸或脂肪等进入十二指肠后，刺激十二指肠黏膜的内分泌细胞，引起小肠黏膜释放多种激素，如胰泌素、抑胃肽、胆囊收缩素、胰高血糖素、血管活动肠肽等统称**肠抑胃肽**。这些胃肠激素能抑制胃的运动，延缓胃的排空。

三、饲料在胃内的消化过程

饲料进入胃内后，在一段时间内分层排列，并紧贴胃壁，先进入的在外周，后进入的在中央，酸性胃液由外向内逐渐渗透（图6－10）。食物在没有被胃液浸透而成为酸性之前（pH值低于4.5），唾液淀粉酶继续发挥作用，将淀粉分解为麦芽糖、糊精等，随饲料进入的微生物进行发酵分解，将糖类分解为VFA、乳酸等，同时少量分解蛋白质。

随胃酸不断渗透和有机酸产生，胃内酸度不断升高，淀粉酶和微生物作用被抑制，胃蛋白酶开始发挥作用，将蛋白质分解为蛋白际和蛋白胨，产生少量多肽和氨基酸。

幼畜的胃液中盐酸含量很少，故消化蛋白质和消灭细菌的能力很低，这是幼畜易发消化道疾病的主要原因之一。

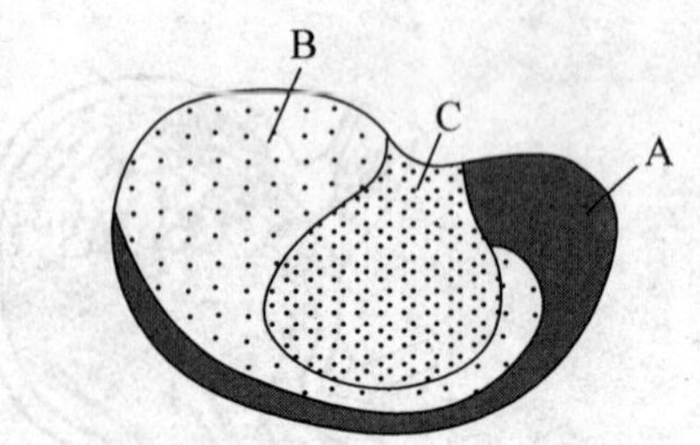

早（A）、午（B）、晚（C）喂给的食物仍未混合

图6－10　猪胃内食物的分层

第四节　复胃内消化

反刍动物的复胃包括瘤胃、网胃、瓣胃和皱胃。其中，皱胃有腺上皮，是真正有胃腺的胃，称为**真胃**，主要进行化学性消化。瘤胃、网胃、瓣胃黏膜无腺体，不分泌胃液，合称前胃，主要进行微生物学消化。前胃的消化在反刍动物消化过程中起着非常重要的作用。

一、瘤胃和网胃的消化

饲料进入瘤胃后，在瘤胃微生物的作用下，可消化饲料中70%～85%的干物质和50%的粗纤维中并产生挥发性脂肪酸（VFA）、CO_2、NH_3以及合成蛋白质、B族维生素，因此，瘤胃和网胃的消化在反刍动物整个消化过程中起着非常重要的作用。

（一）瘤胃内环境特点

瘤胃内容物含水量较高，为84%～94%，且具有明显的分层现象，其中，精料较重，大部分沉入瘤胃底部（流体），粗饲料较轻，主要分布于背囊，最上方为气体（图6－11）。

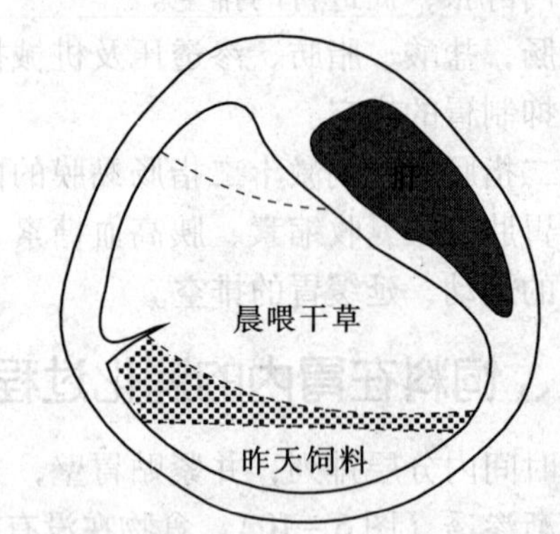

图6－11　瘤胃内容物的层次性（最后胸椎处横切面）

瘤胃相当于一个连续接种的高效率的活体发酵罐，它为厌氧微生物的生长和繁殖创造了适宜的环境。

1．水分和营养丰富　食物和水分相对稳定地进入瘤胃，为微生物生长繁殖提供了所需的营养物质。

2．瘤胃的节律性运动，将内容物混合与后排，维持内环境的相对稳定　瘤胃内容物每小时离开瘤胃的量占瘤胃总容量的百分比称为**瘤胃稀释率**，它与瘤胃功能密切相关，随着瘤胃稀释率的提高，瘤胃 pH 值提高，NH_3 和挥发性脂肪酸（VFA）浓度下降。微生物蛋白（MCP）产量和微生物生长效率显著提高，VFA 摩尔比例发生改变，乙酸、丁酸比例下降，丙酸比例升高。例如当瘤胃外排速度由 6.8%/h 增至 13.6%/h，MCP 产量提高 32%。瘤胃稀释率受日粮组成、摄食水平、环境因素的影响。如在冷应激条件下，绵羊瘤胃稀释率提高；阉牛从全精料日粮变为 14% 粗料日粮时，瘤胃稀释率从 3%/h 提高至 8%/h。

3. 内容物含水稳定，使渗透压接近血液水平　瘤胃内容物含水量 84% ~94%，且相对稳定，使渗透压接近血液水平，利于微生物生长繁殖。瘤胃内水分主要来自饲料、饮水、唾液及瘤胃壁血管。瘤胃内水分主要经瘤胃吸收和排入后段消化器官，正常情况下，进入瘤胃的水分与从瘤胃转移的水分维持动态平衡。

4. 温度相对较高　由于瘤胃微生物发酵产热，使瘤胃内温度略高于体温，一般在 38.5 ~40℃，且温度比较稳定，适于微生物生长繁殖。

5. pH 值维持相对稳定　瘤胃内容物 pH 值 5.5 ~7.5，且比较稳定。pH 值对瘤胃微生物活动影响较大，不同微生物所需的适宜 pH 值不同，但大多数瘤胃有益微生物耐酸性较差。例如，当 pH 值低于 6.5 时，纤维素分解菌的活动明显下降；pH 值低于 5.5 时，纤毛虫数量显著减少，pH 值低于 5.0 时，纤毛虫则完全消失。但乳酸菌耐酸性较强，当 pH 值低于 6.0 时，乳酸菌数量明显增加，进而引起乳酸产生过多而导致瘤胃酸中毒。瘤胃 pH 值稳定主要靠唾液中的碳酸氢盐来中和微生物产生的酸。唾液分泌量与反刍时间密切相关，而反刍时间主要受日粮中粗饲料比例影响，当粗饲料比例下降时，反刍时间明显减少，因此，在当前奶牛饲养实践中，为追求高产奶量而大量增加精料比例，影响瘤胃内环境的相对稳定，使奶牛发病率明显提高。

6. 内容物高度乏氧　瘤胃微生物多是高度厌氧微生物，瘤胃内充满大量 CO_2，有利于厌氧微生物的生长繁殖。

（二）瘤胃微生物的种类与作用

瘤胃内微生物主要是细菌、原虫和真菌。瘤胃微生物种类复杂，数量很多，并易受饲料种类、饲喂制度、动物年龄等因素影响。1g 瘤胃内容物含纤毛虫 60 万 ~180 万，含细菌 150 亿 ~250 亿个，总体积约占瘤胃液的 3.6%。

1. 细菌　细菌是瘤胃内最主要的微生物，数量大，种类多，作用广泛，它们黏附于饲料颗粒及瘤胃黏膜上皮表面或存在于瘤胃液中。瘤胃内细菌的主要有纤维素分解菌、蛋白质分解菌、蛋白质合成菌、维生素合成菌等。其中以纤维素分解菌数量最多，约占瘤胃活菌总量的 1/4。这类细菌能分泌纤维素酶，可分解纤维素、半纤维素、果胶、纤维二糖等产生乙酸、丙酸、丁酸、CO_2、CH_4。蛋白质分解菌能分泌蛋白酶，将蛋白质分解为肽、氨基酸和 NH_3。蛋白质合成菌能利用肽、氨基酸和 NH_3 合成菌体蛋白。维生素合成菌能合成 B 族维生素和维生素 K。

2. 原虫　瘤胃内的原虫主要是纤毛虫和鞭毛虫，鞭毛虫数量较少。纤毛虫分贫毛虫和全毛虫两类，都严格厌氧。它们以可溶性糖（淀粉）为主要营养。全毛虫主要分解淀粉等可溶性糖满足自身需要，并将大部分可溶性糖（82%）转变为支链淀粉贮藏于体内，这一过程速度快（摄食后 2 ~4h 达到高峰），数量大，并在虫体内发酵产生 VFA、CO_2 和 H_2O，从而防止可溶性糖被细菌利用产生乳酸，这对于稳定瘤胃 pH 值，防止瘤胃酸中毒具有十分重要的作用。此外，纤毛虫在蛋白质分解、纤维素分解、脂肪分解及脂肪酸氢化等过程中也具有一定的作用。

3. 瘤胃厌氧真菌 瘤胃厌氧真菌是20世纪70年代才被证实的一类瘤胃微生物，其数量占瘤胃微生物总数的8%。瘤胃真菌含纤维素酶、木聚糖酶和蛋白酶等，能够破坏分解细胞壁，对纤维素有强大的分解能力。

4. 瘤胃微生态体系 在正常生理状态下，瘤胃内各种微生物维持相对稳定，即各种微生物之间、微生物与机体之间保持动态平衡，构成瘤胃微生物的生态体系。瘤胃微生物的生态体系的相对稳定，对于反刍动物维持正常的生命活动，防止疾病具有非常重要的意义。

瘤胃各种微生物之间以及微生物与宿主之间存在共生关系。如宿主为微生物提供适宜的生存环境和营养，微生物则帮助宿主消化粗纤维等营养物质。又比如，纤毛虫以细菌蛋白为主要蛋白来源，同时，也为细菌生长创造条件。以瘤胃纤维素分解菌为例，体外实验表明，单独培养纤毛虫和细菌，对纤维素的消化率分别为6.9%和38.1%，而混合培养纤毛虫和细菌，纤维素消化率则为65.2%，即使再杀灭纤毛虫后，纤维素消化率仍然可以达到55.6%，表明纤毛虫含有耐高温的促进纤维素分解菌生长的因子。

（三）瘤胃内营养物质的消化代谢

1. 碳水化合物的分解与利用 饲料中的各种碳水化合物（包括纤维素、半纤维素、淀粉等）都可以在瘤胃微生物作用下，彻底分解为VFA、CO_2、CH_4等代谢终产物。其分解过程见图6－12。

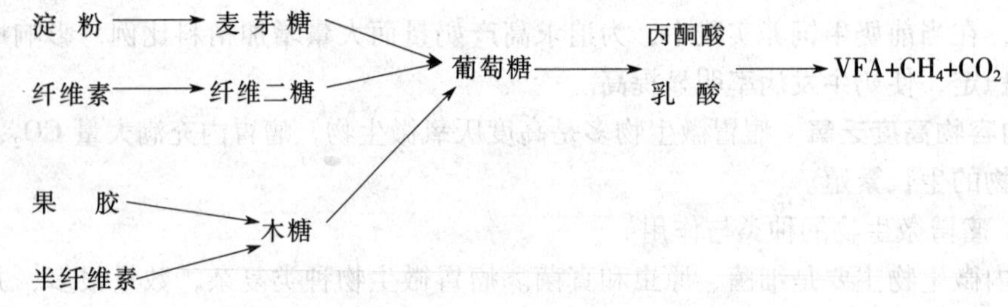

图6－12 瘤胃内碳水化合物消化代谢

饲料中纤维素是最难消化的营养成分，其消化率因饲料组成和纤维素的木质化程度不同而有很大差异。随着木质素含量的提高和日粮中精料比例的增加，瘤胃纤维素消化率显著下降。研究影响瘤胃纤维素消化率的因素以提高其利用率，具有十分重要的理论意义和实践意义。

瘤胃中碳水化合物消化代谢的代谢终产物中，以VFA最重要。瘤胃中VFA主要是乙酸、丙酸和丁酸，此外还有少量戊酸、异丁酸、异戊酸等。瘤胃中的VFA大部分被吸收利用，是反刍动物最主要的能量来源，占机体所需能量的60%～70%。瘤胃中各种有机酸吸收后在体内的代谢途径和生理功能各不相同。乙酸和丁酸吸收后，可转变为乙酰辅酶A，直接参与三羧酸循环，也可用来合成脂肪，是泌乳期合成乳脂的主要原料。丙酸吸收后，主要转化为葡萄糖，分解供能，主要用来合成牛乳。因此，乙酸、丙酸、丁酸的比例变化不但影响能量利用效率，而且与生产性能密切相关，因而将乙酸/丙酸或乙酸＋丁酸/丙酸称为**瘤胃发酵类型**。在一定日粮条件下，各种有机酸含量保持一定比例，并随日粮改变而变化（表6－3），一般为乙酸70%、丙酸20%、丁酸10%。

表 6－3　乳牛瘤胃内挥发性脂肪酸含量

日粮 \ VFA	乙酸	丙酸	丁酸
精料	59.60	16.60	23.80
多汁料	58.90	24.85	16.25
干草	66.55	28.00	5.45

此外，瘤胃微生物也可利用单糖和双糖合成糖原，贮存于体内，等进入小肠后，糖元被动物消化利用，成为反刍动物葡萄糖的主要来源之一。

乳酸是瘤胃糖代谢的中间代谢产物，一般情况下乳酸的产生和分解维持相对平衡，当乳酸产生过多、过快，超过乳酸分解利用速度时，就会引起乳酸在胃内蓄积而发生瘤胃酸中毒。如由于饲养不当，特别是精料饲喂过多，导致淀粉等快速分解产生大量乳酸；或使瘤胃 pH 值下降至 5.0 以下时，纤毛虫数量减少，乳酸菌数量增加，乳酸生产增多等，都可引起乳酸蓄积而引起瘤胃酸中毒。

2. 粗蛋白质的消化和代谢　饲料进入瘤胃后，50% ~70% 粗蛋白质在微生物蛋白酶作用下逐步被分解为肽、氨基酸和 NH_3 其余 30% ~50% 进入真胃和小肠进行消化。同时，瘤胃微生物利用肽、氨基酸和 NH_3 合成自身的蛋白质，这些微生物蛋白（MCP）进入真胃和小肠后，被机体消化、吸收利用。瘤胃内的 NH_3 除被微生物利用外，一部分被吸收运输到肝脏，在肝脏内经鸟氨酸循环生成尿素，其中一部分经血液分泌到唾液中，随唾液重新进入瘤胃；一部分经瘤胃壁扩散进入瘤胃，进入瘤胃的尿素又可被微生物利用，这个过程称为**尿素再循环**。尿素再循环可以大大提高氮的利用率，这对于反刍动物在低蛋白日粮条件下获得充足的氮源具有十分重要的意义。瘤胃内粗蛋白质消化代谢过程见图 6－13。

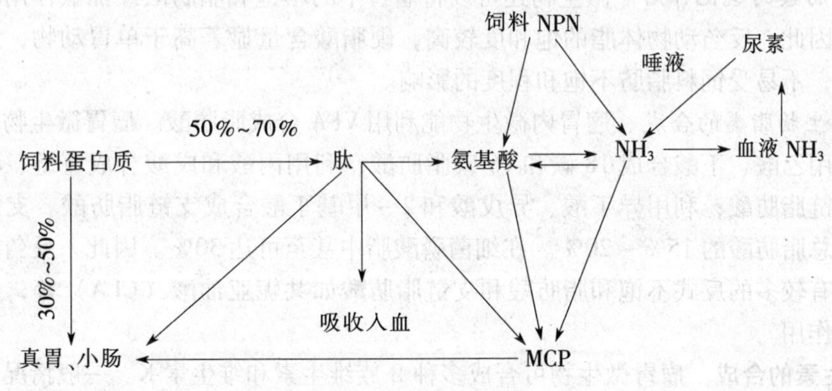

图 6－13　瘤胃内粗蛋白质消化代谢过程

日粮蛋白质水平是衡量日粮营养水平和决定饲料价格的主要因素，因此，研究瘤胃蛋白质消化代谢过程，提高蛋白质的利用率具有十分重要的理论意义和实践意义。

①由于瘤胃微生物能将饲料中的非蛋白氮（NPN）分解产生氨，一部分氨又被微生物利用合成微生物蛋白。因此，实践中可以用部分非蛋白氮来代替饲料蛋白质，从而大大降低饲料成本，提高养殖的经济效益。实践中多用尿素代替 30% 蛋白质。但是尿素在脲酶作

用下迅速分解，是微生物利用氨的4倍，大量的氨气被吸收即可引起动物中毒。因此，合理使用尿素，防止氨中毒是畜牧工作者的重要课题之一。实践中已有使用脲酶抑制剂、制成尿素衍生物、制成营养添砖等措施，取得了较好效果。此外，瘤胃微生物合成蛋白质除需要充足的含氮物质外，还需要一定数量的碳链和能量。糖、VFA、CO_2是蛋白质合成的主要碳链来源，有机物发酵，特别是易发酵糖类（淀粉、可溶性糖）是蛋白质合成的主要能量来源。因此，适当补充易消化的糖类饲料可以提高微生物蛋白合成数量，提高饲料氮的利用率。

②微生物将饲料蛋白质分解产生氨气，且在一般条件下，蛋白质分解产生氨的速度要超过氨的利用速度，因此，微生物将蛋白质发酵分解在一定程度上造成了饲料蛋白质特别是优质饲料蛋白浪费，降低了饲料氮的利用率。因此，如何调控瘤胃蛋白质降解率，保护优质蛋白过瘤胃是反刍动物营养研究的热点。生产中的应用加热、包被等措施预先处理饲料蛋白质、可显著降低饲料蛋白质被微生物的分解量，提高日粮蛋白质的利用率。但是，瘤胃微生物蛋白的营养价值较高，高于一般植物性蛋白的营养价值。如纤毛虫的真消化率为86.2%，生物学价值为68%，细菌的真消化率为55%，生物学价值为66%。因此，一般植物性蛋白经瘤胃微生物发酵分解利用后，可以提高其营养价值，提高饲料氮的利用率。

3. 脂肪的消化和代谢 长期以来，由于饲料中的脂类含量较低，反刍动物瘤胃脂类代谢并未引起足够的重视。随着草食家畜生产的发展，特别是奶牛业的快速发展，由于其生产性能和产品品质的特殊要求，奶牛瘤胃脂类营养研究越来越受到国内外学者的重视，并取得了重要进展。

反刍动物瘤胃中脂类代谢主要有以下特点。

（1）脂类水解 饲料中的脂类大部分被瘤胃微生物水解，生成甘油和脂肪酸。甘油可进一步分解生成VFA。

（2）脂肪酸的氢化作用 微生物还可以将瘤胃中的不饱和脂肪酸经加氢作用转变为饱和脂肪酸，因此，反刍动物体脂的饱和度较高，硬脂酸含量显著高于单胃动物，且体脂成分比较稳定，不易受饲料脂肪不饱和程度的影响。

（3）微生物脂类的合成 瘤胃内微生物能利用VFA合成脂肪酸。瘤胃微生物合成的脂肪酸主要利用乙酸、丁酸合成18碳和16碳脂肪酸；利用丙酸和戊酸合成直链、具有奇数碳原子的长链脂肪酸；利用异丁酸、异戊酸和2－甲基丁酸合成支链脂肪酸。支链脂肪酸可占到细菌总脂肪酸的15%～20%。在细菌磷酸脂中甚至可达30%。因此，反刍动物体脂和乳脂中含有较多的反式不饱和脂肪酸和支链脂肪酸如共轭亚油酸（CLA）等，对人类健康有特殊的作用。

4. 维生素的合成 瘤胃微生物可合成多种B族维生素和维生素K。一般情况下，即使日粮特别缺少这类维生素，也不会影响反刍动物的健康。幼年反刍动物由于瘤胃发育不完善，微生物区系尚未建立，有可能患B族维生素缺乏症。

二、前胃运动

（一）前胃运动

前胃各部的运动是相互联系，相互制约。其运动过程为：

①首先网胃发生双相收缩，即连续收缩两次。第一次收缩只收缩一半即行舒张，此时

瘤胃处于舒张状态，可将网胃内部分漂浮的粗硬饲料赶回瘤胃，紧接着进行第二次完全的收缩，使网胃容积显著减小，可把网胃下部稀软饲料推进到瓣胃内。这种双相收缩每隔断30～60s重复一次。反刍时，在双相收缩前还增加一次收缩，称为**附加收缩**。由于网胃体积较小，如果网胃内存在铁钉、铁丝等各种尖锐的异物，当网胃发生强烈收缩时，极易引起创伤性网胃炎，进而继发创伤性网胃－腹膜炎、创伤性网胃－心包炎，因此，饲喂反刍动物时必须仔细，去除饲料中的尖锐异物，防止创伤性网胃疾病的发生。

②紧接着网胃的双相收缩，瘤胃发生A波收缩，收缩由瘤胃前庭开始，向上向后至背囊，沿背囊由前向后，再向下至腹囊，沿腹囊由后向前，再向上回到前庭，食物随瘤胃运动发现不断移动、混合，将经过瘤胃消化的饲料送入网胃。此外，在嗳气时，瘤胃还发生一次附加收缩，称为**B波收缩**。其运动方向与A波相反，起于后腹盲囊，向上向前经后背盲囊、前背盲囊至前腹盲囊。

瘤胃运动机能是反映前胃机能的重要指标，因此，瘤胃运动检查是兽医临床检查的重要内容，一般可以在左肷部通过听诊、触诊来检查瘤胃运动的频率及运动强度。一般情况下，瘤胃运动频率为：休息时1.8次/min，进食时2.8次/min，反刍时约2.3次/min。每次收缩15～25s。

③瓣胃运动与网胃运动亦密切相关。网胃第二次收缩到顶点时，网瓣孔开放，同时瓣胃管舒张，食糜进入瓣胃。首先是瓣胃管收缩，将粗大的食糜送入瓣胃体叶片之间。之后，瓣胃体收缩，将稀薄的食糜排入皱胃，将截留于叶片之间的较大食糜颗粒研磨、粉碎。因此，瓣胃内容物比较干燥，当瓣胃运动机能减弱时，极易发生瓣胃阻塞（百叶干）。

（二）前胃运动调节

前胃运动受神经调节。其初级中枢在延髓，高级中枢在大脑皮层。感受器几乎遍布整个消化道。其传出神经是迷走神经和交感神经。迷走神经兴奋时，前胃运动增强；交感神经兴奋时，前胃运动减弱。一般来讲，刺激头部感受器可反射性引起前胃运动增强，而刺激真胃和肠道感受器则反射性引起前胃运动减弱。

三、食管沟反射

食管沟起于贲门，沿瘤胃前庭和网胃右侧壁到达网瓣孔。

当动物吸吮时，反射性引起食管沟唇收缩，使食管沟闭合成管状，使液体食物直接进入皱胃，称为**食管沟反射**。食管沟反射的感受器在唇、舌，口腔和咽部，传入神经为三叉神经、舌咽神经和舌神经，传出神经是迷走神经。基本中枢在延髓。并于吸吮中枢紧密联系，因此，当动物吸吮刺激不足时（如用桶、盆等喂奶时），使食管沟闭合不完全，容易将乳汁漏入瘤胃和网胃引起腹泻。

食管沟反射具有明显的年龄特征，哺乳仔畜食管沟反射较发达，食管沟能完全闭合，随着年龄增长，食管沟反射逐渐减弱，食管沟闭合不全。但某些化学物质如NaCl、$NaHCO_3$、$CuSO_4$等能引起食管沟闭合，临床上可用于第四胃投药灭肠虫。

四、反刍

反刍动物将吞入瘤胃的饲料经浸泡软化一定时间后，再返回到口腔仔细咀嚼的特殊消化活动称为**反刍**。反刍是反刍动物的一种特殊的生理现象，由于反刍动物采食时，往往不经过充分咀嚼而匆匆吞咽入胃，通过反刍，可以将饲料充分咀嚼，利于消化，且咀嚼过程中混以大量唾液，这对于维持瘤胃 pH 值相对稳定具有十分重要的意义。

犊牛一般出生后第 3 周开始反刍，给犊牛提前采食粗饲料或喂以成年牛逆呕出来的草团，则犊牛的反刍可提前出现。成年牛一般采食后 0.5～1.0h 开始反刍，每次反刍 40～50min，一天进行 6～8 次。牛每天累计 6～8h 之多。需要说明的是，反刍主要发生在动物休息时间，因此，饲养反刍动物时，必须给牛提供充足的休息时间，以保证反刍的正常进行。

反刍是一个复杂的反射活动，它包括逆呕、再咀嚼、再混唾、再吞咽四个阶段。瘤（网）胃内存在大颗粒性饲料时，刺激瘤胃前庭、网胃感受器，反射性引起逆呕（中枢在延髓）：首先网胃发生附加收缩，使胃内容物上升至贲门口，然后，声门关闭，吸气，使胸内压急剧下降，使食管扩张，将食团送入食管，通过食管逆蠕动将食团返回口腔，刺激口腔感受器，反射性引起咀嚼、唾液分泌和吞咽。经过反刍使粗大饲料变为细碎食糜时，一方面对瘤胃、网胃黏膜的刺激减弱，另一方面，细碎食糜转入瓣胃和皱胃可反射性抑制网胃收缩，使逆呕和反刍停止，进入反刍间歇期。在间歇期，瓣胃和皱胃转入肠道，对网胃的抑制作用减弱，以及新的粗大饲料进入，刺激瘤胃、网胃黏膜反射性引起下一周期的反刍。

五、嗳气

嗳气是瘤胃微生物发酵产生的气体经食道、口腔向外排出的过程。瘤胃内微生物的强烈发酵作用产生大量气体。据计算，牛在饲喂后瘤胃产气量可达 25～35L/h，每天产气量达 600～1 300L，其中，CO_2 占 50%～70%，甲烷占 20%～45%，及少量 H_2、O_2、N_2、H_2S 等，这些气体主要有 3 个去路：一部分气体（约 1/4）被吸收入血液，由呼吸道排出体外；一部分气体被微生物利用；一部分气体通过嗳气排出体外。

嗳气是一种反射动作，基本中枢在延髓。当瘤胃内的气体增多时，刺激瘤胃背囊、贲门周围及食管沟附近的感受器，反射性引起瘤胃发生 B 波收缩，压迫气体移至瘤胃前庭和贲门，同时，瘤网褶收缩，防止食糜前涌，网胃舒张，贲门部液面下降，贲门口舒张，压迫气体进入食道，食道收缩，使气体大部分（75%）经口腔排出，一部分进入呼吸系统被吸收入血液。牛嗳气平均 17～20 次/min。

嗳气对于维持瘤胃正常机能具有非常重要的意义。正常情况下，瘤胃内气体的产生和排出维持相对平衡，当瘤胃内气体产生过多如春季大量采食幼嫩青绿饲料而迅速发酵、分解或气体排出机能障碍如瘤胃运动迟缓、麻醉等，都可导致气体在瘤胃内大量积聚而发生瘤胃鼓气。

六、瓣胃消化

瓣胃主要是将来自瘤网胃的食糜滤去水分，通过瓣胃强有力的收缩，将粗大饲料在瓣胃叶片之间进行研磨、粉碎，并将食糜送入皱胃。

经瓣胃机械性消化后，食糜变的细而干，干物质含量达 22.6%，明显高于瘤胃和网胃的干物质含量（瘤胃内干物质含量约 17%，网胃内干物质含量约 13%）。食糜中直径小于 1mm 的颗粒占 67.67% 以上，大于 3mm 颗粒不到 1%。

瓣胃内容物 pH 值为 5.5 左右，微生物活动被抑制，吸附在纤维上的纤维素酶可以继续作用分解纤维素，将纤维素分解为糖。瓣胃内约消化 20% 的纤维素。此外，瓣胃具有很强的吸收机能，可以吸收水分、VFA 和无机物等。

七、皱胃消化

皱胃的结构和功能与单胃动物的胃大致相似。

（一）胃液分泌

1. 胃液　皱胃黏膜为有腺黏膜，其功能与单胃动物的胃相似，可分泌胃液，胃液中也主要含有盐酸、胃蛋白酶、凝乳酶等。牛胃液 pH 值 2.0～4.1，绵羊 1.0～1.3。与单胃动物的胃液相比较，皱胃胃液 HCl 含量明显较低，而凝乳酶含量较高，特别是哺乳期含量更高。

2. 胃液分泌调节　因食糜不断进入皱胃，其胃液分泌是连续的。胃液分泌受神经、体液调控。迷走神经兴奋可以促进其分泌，VFA 可能是主要的刺激因子。此外还受十二指肠的反射性调节，十二指肠扩张和酸性食糜刺激均可反射性引起胃液分泌减少。胃泌素是促进胃液分泌的主要体液调节因素，而皱胃食糜的 pH 值是影响胃泌素分泌的主要因素。当皱胃食糜 pH 值升高时，促进胃泌素的分泌，而皱胃食糜 pH 值降低时，则抑制胃泌素的分泌。

（二）皱胃运动

一般情况下，胃体部处于静止状态，幽门部出现强烈的收缩时，将食糜送入十二指肠，即胃的排空。

胃的排空受神经、体液调节。迷走神经兴奋时，皱胃运动增强。当皱胃充满时，刺激皱胃感受器，反射性促进皱胃运动，促进胃的排空；而食糜进入十二指肠后刺激十二指肠感受器，则反射性抑制皱胃运动，抑制胃的排空。CCK、胰泌素、胃泌素等胃肠激素是主要体液调节因素。CCK、胰泌素抑制胃皱胃运动，抑制胃的排空；胃泌素则促进皱胃运动，促进胃的排空。

临床上，皱胃移位发病率较高，目前认为，主要是高精料饲喂条件下，大量 VFA 和乳酸进入皱胃，导致皱胃运动抑制的结果。

（三）皱胃内饲料的消化过程

前胃食糜进入皱胃后，瘤胃微生物不断被盐酸杀死，这些微生物蛋白及未被瘤胃微生物消化的饲料蛋白质等被胃蛋白酶初步分解后排入十二指肠。

第五节　小肠内消化

小肠是机体消化吸收的主要部位，在小肠内，饲料中的营养物质在胰液、胆汁、小肠液消化酶的作用下以及小肠运动的作用下，绝大部分被分解成可吸收的小分子物质并被吸收。因而小肠消化在整个消化过程中具有非常重要的作用。

一、胰液

胰液是由胰腺外分泌部分泌的混合物。

（一）胰液的性质、成分和作用

1. 胰液的性质、成分 胰液是一种无色、透明的碱性液体，pH 值 7.8 ~ 8.4。其主要成分是水（90%）、无机物（Na^+、K^+、Cl^-、HCO_3^-、Ca^{2+}、Mg^{2+}等，其中，Na^+、K^+含量比较稳定，HCO_3^- 随分泌增加而增加、Cl^- 随分泌减少而减少）、有机物（消化酶）等。其中消化酶是由胰腺外分泌部腺泡细胞分泌产生，而无机物和水主要有胰腺导管上皮细胞分泌产生。

2. 胰液的作用主要有 胰液的作用主要有以下方面。

①中和胃酸，保护肠黏膜免受胃酸侵蚀。

②中和胃酸，为消化酶提供适宜的碱性环境。

③消化饲料中的碳水化合物、蛋白质、脂肪。

④为大肠微生物提供适宜的环境（相当于反刍动物唾液）。

（二）胰液中的消化酶及作用

胰液中含有大量的消化酶，能彻底分解饲料中的碳水化合物、蛋白质、脂肪，是体内消化作用最强、消化食物最全面的消化液。当胰腺分泌机能障碍时，机体消化机能明显减退，特别是蛋白质、脂肪消化发生严重的消化障碍。胰液中主要有以下消化酶。

1. 胰蛋白分解酶 胰蛋白分解酶主要包括胰蛋白酶、糜蛋白酶、羧肽酶等。它们都以酶原的形式存在于胰腺或被分泌到胰液中。首先胰蛋白酶被肠致活酶所激活，已被激活的胰蛋白酶、胃酸等也能激活糜蛋白酶原和胰蛋白酶原本身。胰蛋白分解酶可将蛋白质分解为脲和胨、肽及氨基酸。其中，胰蛋白酶、糜蛋白酶等将蛋白质初步分解为脲和胨、肽。而羧肽酶可以将多肽分解为氨基酸。

2. 胰淀粉酶 胰淀粉酶最适 pH 值 6.7 ~ 7.0。可将淀粉、糖原分解为糊精、麦芽糖和麦芽寡糖。

3. 胰脂肪酶 胰脂肪酶最适 pH 值 7.5 ~ 8.5，在胆盐和辅脂酶共同存在的条件下，可分解脂肪为脂肪酸、甘油一酯和甘油等。

4. 其他酶 胰液中还含有麦芽糖酶、蔗糖酶、乳糖酶等双糖酶，可以将双糖分解为单糖。含有核糖核酸酶、脱氧核糖核酸酶将核糖核酸、脱氧核糖核酸分解为核苷酸。

5. 胰蛋白酶抑制物 由于胰蛋白酶原具有自然激活机制，被激活的胰蛋白分解酶可对胰腺本身自我消化，以致损伤胰腺。为免受胰蛋白酶的自我损害，胰腺具有一定的自我保护机制，其中胰蛋白酶抑制物（PSTI）是最主要的保护机制。PSTI 可以与胰蛋白酶结合，使胰蛋白酶失活，保护胰腺本身免受胰蛋白酶分解。

（三）胰液分泌及调节

不同动物胰液分泌特点不同，猪、马、反刍动物胰液是连续分泌，猪、马的胰液分泌量很大。狗只在消化期间分泌。不同动物一昼夜胰液分泌量不同：马 7L、牛 6 ~ 7L、猪7 ~ 10L、绵羊 0.5 ~ 1.0L、犬 0.2 ~ 0.3L。

1. 胰液分泌的调节 胰液分泌受神经、体液双重调节，但以体液调节为主（图 6 - 14）。

（1）神经调节 胰液分泌的反射性调节包括条件反射和非条件反射，其传出神经是迷走神经和交感神经。

① 迷走神经 迷走神经是支配胰液分泌的主要神经。迷走神经可直接作用于胰腺腺

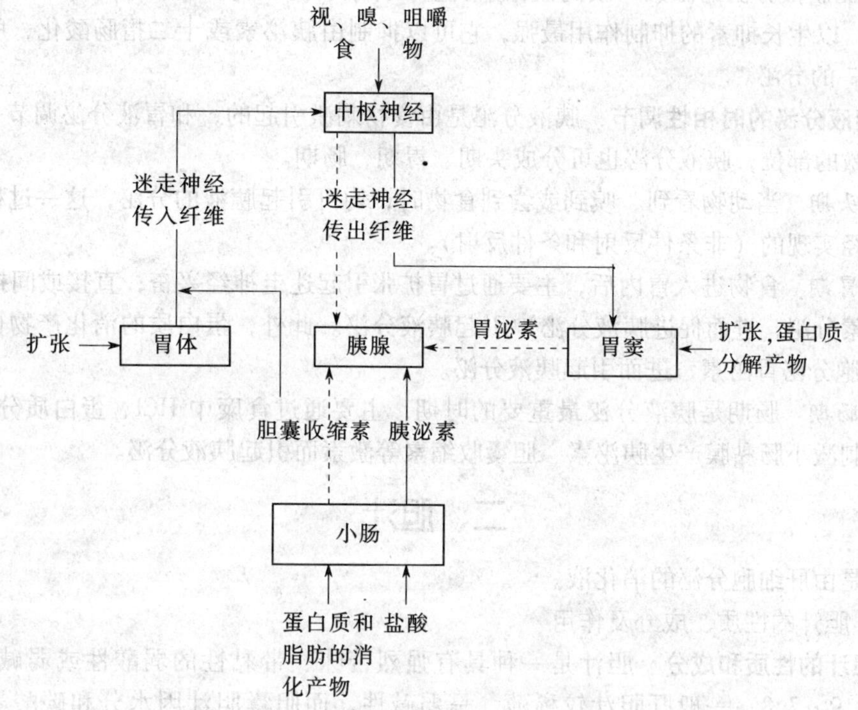

实线代表水样分泌；虚线代表酶的分泌

图6-14　胰液分泌的神经体液调节

泡，促进胰液的分泌；也可通过刺激胃泌素分泌，间接引起胰腺泡分泌，得到含水和 HCO_3^- 少，而消化酶丰富的胰液。支配胰液分泌迷走神经都是胆碱能神经纤维，其作用可被阿托品类药物所阻断。

② 内脏大神经（交感神经）　支配胰腺的交感神经有两种神经纤维：肾上腺素能神经纤维，兴奋时能使胰腺血管收缩，而抑制胰液的分泌，明显抑制由迷走神经兴奋而引起的胰酶和 HCO_3^- 的分泌；胆碱能神经纤维，兴奋时可增加胰液的分泌，但效应比迷走神经小。

（2）体液调节　体液调节是胰腺分泌调节的主要方式，其主要激素有：

① 胰泌素　胰泌素是促进胰液分泌的主要激素，由小肠黏膜中的S细胞分泌产生。胰泌素主要作用于胰腺导管的上皮细胞，得到含酶量少，含水及 HCO_3^- 多的胰液。引起胰泌素分泌最强的刺激因素是HCl，实验证明，用甲氰咪胍等 H_2 受体阻断剂抑制胃酸分泌后，进食引起的胰泌素分泌明显减少。引起胰泌素分泌的其他刺激因素还有食糜中的蛋白质分解产物和脂肪酸等。

② 胆囊收缩素（CCK）　由小肠黏膜I细胞释放。主要作用于胰腺腺泡，得到含酶多、含水和 HCO_3^- 少的胰液，因而胆囊收缩素也叫促胰酶素；CCK还可作用于迷走神经传入纤维，通过迷走—迷走反射刺激胰酶分泌。引起CCK分泌的主要刺激因素由强至弱依次为：蛋白质分解产物、脂肪酸、HCl、脂肪，糖类没有作用。

③ 胃泌素　由胃和十二指肠黏膜G细胞分泌产生。胃泌素可作用于胰腺泡，得到含水和 HCO_3^- 少，而消化酶丰富的胰液。

④ 抑制胰液分泌的激素　胰高血糖素、生长抑素、抗胆囊收缩肽等均可抑制胰液的分泌。其中，以生长抑素的抑制作用最强，它可以抑制由胰泌素或十二指肠酸化，所引起的水和 HCO_3^- 的分泌。

2. 胰液分泌的时相性调节　胰液分泌是由食物刺激引起的，和胃液分泌调节一样，根据食物刺激的部位，胰液分泌也可分成头期、胃期、肠期。

（1）头期　当动物看到、嗅到或尝到食物时，均可引起胰液的分泌，这一过程主要通过迷走神经实现的（非条件反射和条件反射）。

（2）胃期　食物进入胃内后，主要通过胃扩张引起迷走神经兴奋，直接或间接（通过促进胃泌素分泌，进而促进胰液分泌）引起胰液分泌。此外，蛋白质的消化产物也可刺激胃窦 G 细胞分泌胃泌素，进而引起胰液分泌。

（3）肠期　肠期是胰液分泌最重要的时期，主要通过食糜中 HCl、蛋白质分解产物、脂肪酸等刺激小肠黏膜产生胰泌素、胆囊收缩素等激素而引起胰液分泌。

二、胆汁

胆汁是由肝细胞分泌的消化液。

（一）胆汁的性质、成分及作用

1. 胆汁的性质和成分　胆汁是一种具有强烈苦味、带黏性的弱酸性或弱碱性液体，pH 值为 5.9 ~ 7.8，一般肝胆汁较稀薄，呈弱碱性，而胆囊胆汁因水分和碳酸氢盐被吸收而较黏稠，呈弱酸性。不同动物胆汁颜色不同：肉食动物和人的胆汁呈红褐色（因含有较多胆红素）；草食动物的胆汁呈暗绿色（因含有较多胆绿素）；猪的胆汁一般呈橙黄色。

胆汁主要成分为水、无机物和有机物。无机物主要是 Na^+、K^+、Ca^{2+}、Mg^{2+}、Cl^-、HCO_3^- 等无机离子，其中以 Na^+、Cl^-、HCO_3^- 含量较高。有机物主要是胆汁酸、胆固醇、胆色素、卵磷脂等。胆汁酸与甘氨酸或牛磺酸结合形成的钠盐或钾盐称为**胆盐**。胆盐是胆汁参与消化和吸收的主要成分。

2. 胆汁的作用　胆汁对于脂肪的消化和吸收具有十分重要的意义，其主要功能有以下几个方面。

①胆盐、胆固醇、卵磷脂等都可作乳化剂降低脂肪的表面张力，使脂肪乳化成微滴，增加与胰脂肪酶的接触面积，使其分解脂肪的作用加快。

②胆盐是胰脂肪酶的辅酶，可以增强胰脂肪酶的活性。

③胆汁可以中和胃酸，为胰脂肪酶提供适宜的 pH 值。这对于绵羊最为重要，因为绵羊胆汁中 HCO_3^- 浓度是胰液的 3 ~ 5 倍。

④胆盐可与脂肪酸、甘油一酯及脂溶性维生素（A、D、E、K）形成水溶性复合物，促进其吸收。因此，胆盐是不溶于水的脂肪分解产物及脂溶性维生素到达肠黏膜表面所必需的运载工具。

⑤胆盐在小肠被吸收后还可促进胆汁的自身分泌。

⑥调节胆固醇代谢，肝脏能合成胆固醇，其中约一半转化为胆汁酸，其余的一半随胆汁排入小肠，因此，胆汁是胆固醇排出的主要途径。

⑦排泄胆红素等代谢废物。

（二）胆汁分泌和排出的调节

各种动物胆汁分泌都是连续分泌的。在消化间期，肝脏分泌的胆汁大部分进入胆囊。在胆囊内，胆汁中的水和无机盐大量被吸收而浓缩 15～30 倍，从而增加胆囊贮存的效能。在消化期间，肝脏分泌的胆汁及胆囊贮存的胆汁大量排出至十二指肠。一昼夜动物排出的胆汁总量：马、牛约 6L，绵羊 300～600ml，猪（体重 20～30kg）1.7～2L。

胆汁分泌和排出受神经和体液调节（图 6－15）。

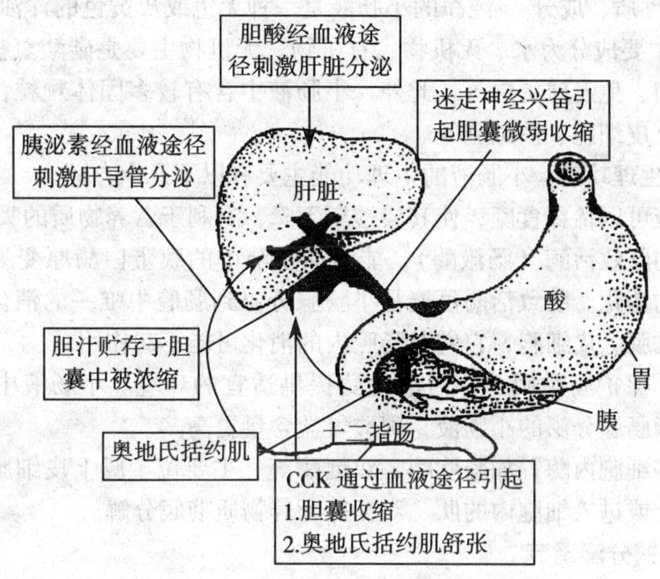

图 6－15 胆汁分泌与排出的调控

1. 神经调节 神经对胆汁的分泌及排出的作用均很弱。进食动作及食物对胃、小肠的刺激可反射性引起肝脏分泌胆汁少量增加，胆囊轻度收缩加强。反射的传出神经是迷走神经，切断两侧迷走神经或使用胆碱能受体阻断剂，均可阻断这种反应。迷走神经可直接作用于肝细胞和胆囊平滑肌外，引起胆汁分泌和排出增加，还可通过引起胃泌素的释放间接引起肝胆汁的分泌和胆囊收缩。

2. 体液调节 食物是促进胃肠激素分泌，进而引起胆汁分泌和排出的自然刺激物，高蛋白食物的刺激作用最强，其次是高脂肪或混合食物，糖类的刺激作用最小。

（1）*胃泌素* 胃泌素可通过血液循环作用于肝细胞和胆囊，促进肝胆汁的分泌和胆囊收缩；胃泌素也可通过刺激胃酸分泌，胃酸刺激十二指肠黏膜分泌胰泌素进而引起肝胆汁的分泌。

（2）*胰泌素* 胰泌素主要作用于肝胆管上皮细胞，促进其分泌大量水和碳酸氢盐。

（3）*胆囊收缩素* 胆囊收缩素主要经血液循环作用于胆囊平滑肌，引起胆囊强烈收缩，同时降低奥地氏括约肌的紧张性，从而促进胆囊胆汁大量排出；胆囊收缩素也可肝胆管上皮细胞，促进其分泌水和碳酸氢盐轻度增加。

（4）*胆盐* 胆盐进入小肠后，90% 以上在回肠末端被肠黏膜吸收入血，经门静脉回到肝脏，在组成胆汁分泌到小肠，这一过程称为**胆盐的肠肝循环**。返回肝脏的胆汁有促进胆汁分泌的作用，但对胆囊收缩无明显影响。

此外，血管活性肠肽和胰高血糖素也可使胆汁分泌增加。P 物质则抑制胆囊收缩素和血管活性肠肽的促胆汁分泌效应。生长抑素亦使水及碳酸氢盐的分泌减少 。

三、小肠液

小肠液是由小肠黏膜中各种腺体分泌的混合物。

（一）小肠液的性质、成分及生理功能

1. 小肠液的性质、成分 纯净的小肠液是一种无色或灰黄色的浑浊碱性液体，其 pH 值为 8.2～8.7。主要成分为水、无机物、有机物。无机物主要是碳酸氢盐；有机物主要包括黏蛋白、消化酶、免疫球蛋白等。此外，小肠液中含有较多固体颗粒，这些固体颗粒主要是脱落的黏膜上皮细胞、白细胞等。

2. 小肠液的生理功能 小肠液的生理功能主要有以下几个方面。

①大量小肠液可以稀释食糜，使其渗透压下降，有利于营养物质的吸收。

②小肠液中的肠致活酶（肠激酶），能激活胰液中的胰蛋白酶原变为有活性的胰蛋白酶，有利蛋白质的消化。肠致活酶可能是小肠腺分泌到肠腔中唯一的消化酶。其他消化酶主要来自脱落的黏膜上皮细胞，它们对肠腔内的消化可能不起作用。

③中和胃酸，保护肠黏膜，并为消化酶提供适宜的环境。小肠液中含有大量碳酸氢盐，特别是十二指肠腺分泌的小肠液，碳酸氢盐含量更高。

④小肠有许多细胞内酶，如肠肽酶、双糖酶等，主要位于肠上皮细胞的刷状缘上或细胞内，将刷状缘上或进入细胞内的肽、双糖等营养物质彻底分解。

（二）小肠液的分泌调节

小肠液的分泌是经常性的，在不同条件下其分泌的变化较大。

1. 神经调节 肠壁内在神经系统在肠液分泌调节中很重要。食糜进入小肠后，刺激肠黏膜的机械、化学感受器（尤其是机械扩张刺激最为敏感），通过肠壁内在神经系统反射性引起小肠液分泌增加。外来神经对小肠液的分泌影响较小。

2. 体液调节 小肠液的分泌同样受胃肠激素的调节。胰泌素、胆囊收缩素、胃泌素、血管活性肠肽等都能够刺激小肠液的分泌。

四、小肠运动

除小肠各种消化液的化学性消化作用外，小肠运动的机械性消化在小肠消化中也起着非常重要的作用。

（一）小肠运动的作用

小肠运动主要有以下生理功能。

①使消化液与食糜充分混合，利于消化。

②使食糜和肠壁紧密接触，利于消化和吸收。

③推动食糜向大肠方向移行。

（二）小肠运动的类型

1. 紧张性收缩 小肠平滑肌总是处于一定程度的收缩状态称为**紧张性收缩**。紧张性收缩是其他运动形式的基础，它可以提高肠内压，使食糜和肠壁紧密接触，便于消化和吸收。

2. 分节运动 分节运动是一种以环行肌为主的节律性收缩和舒张活动，是小肠特有的运动形式。当食糜进入一段肠道后，首先出现分节运动，环形肌在多点同时收缩，把食糜分成许多节段，之后，原来舒张的部位收缩，原来收缩的部位舒张，使原来的节段分为两半，而相邻的两半则又合拢成一个新的节段；如此反复，食糜得以不断地分开，又不断地混合（图6-16）。分节运动的作用在于使消化液与食糜充分混合，利于消化；使食糜和肠壁紧密接触，利于吸收。

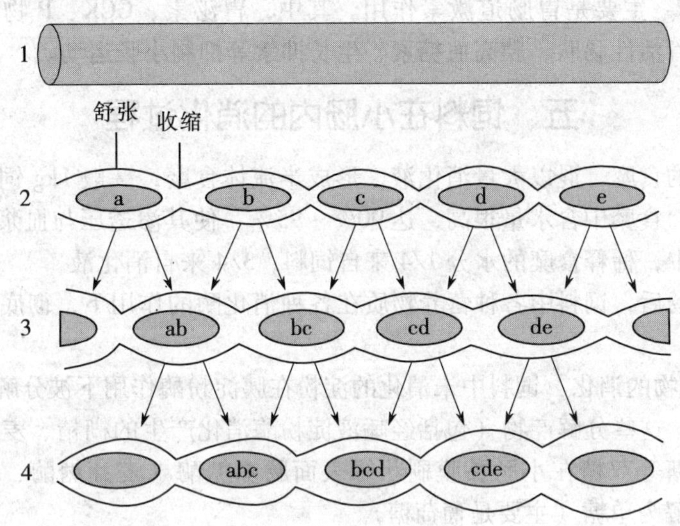

1. 肠管表面观；2. 3. 4. 分别表示肠管纵切面不同阶段的食糜节段分割与合拢情况

图6-16 小肠分节运动示意图

空腹时分节运动几乎不出现，进食后开始逐渐加强。小肠各段分节运动的频率不同，一般十二指肠频率最高，向后依次减慢，到回肠末端最慢。

3. 蠕动 蠕动是由相邻环行肌交替收缩和舒张产生的波状运动。蠕动可发生在小肠任何部位，但蠕动波较弱，通常只进行一段短距离（约数厘米）后即消失。蠕动速度较慢，一般为1~2cm/s，且前段小肠蠕动的速度比后段快。蠕动的生理意义在于将经过分节运动消化的食糜向后大肠方向推进。

此外，小肠还可以发生一种进行速度较快（5~25cm/s）、推进距离较长（小肠起始至末端）的蠕动，称为**蠕动冲**。它可以将食糜快速向后远距离推进，甚至推入大肠。

此外，小肠还可以发生与蠕动方向相反的蠕动，称为**逆蠕动**。蠕动和逆蠕动相配合，使消化液与食物充分混合，并延长食糜停留时间，便于消化和吸收。逆蠕动在十二指肠发生的较为频繁。

小肠运动机能是反映小肠机能的重要指标，因此，小肠运动检查是兽医临床检查的重要内容，一般可以在左肷部（马、驴等）或右肷部（牛、羊等）通过听诊小肠音来检查小肠运动的频率及运动强度。正常般情况下，小肠运动如流水音或含漱口音。

（三）小肠运动的调节

小肠运动受神经、体液因素的调节。

1. 神经调节

(1) 肠道内在神经丛的调节 食糜进入小肠后，刺激小肠黏膜机械、化学性感受器，通过内在神经丛，反射性引起该段及其后段小肠运动增强，同时，抑制其前段小肠运动减弱。这种调节作用在回盲括约肌部分表现最为明显。

（2）外来神经的调节　一般来说，迷走神经兴奋，小肠运动增强；交感神经兴奋，小肠运动减弱。但外来神经的作用还与肠管平滑肌所处状态有关，如肠管平滑肌的紧张性很高，则无论迷走神经兴奋还是交感神经兴奋，肠管运动都减弱；反之，如果肠管平滑肌的紧张性很低，则无论迷走神经兴奋还是交感神经兴奋，肠管运动都增强。

2. 体液调节　主要是胃肠道激素作用。其中，胃泌素、CCK、P 物质等促进小肠运动，胰泌素、血管活性肠肽、胰高血糖素、生长抑素等抑制小肠运动。

五、饲料在小肠内的消化过程

进入小肠内的食糜，混以大量消化液，形成半流体食糜，一般 1kg 饲料干物质可以形成 14～15L 食糜，食糜中含水量很高，达 90%～95%，使其渗透压与血浆接近，利于营养物质的吸收。其中，稀释食糜的水分 1/4 来自饲料，3/4 来自消化液。

食糜进入小肠后，饲料中各种营养物质在各种消化酶的作用下，彻底分解成可被吸收的小分子物质。

1. 碳水化合物的消化　饲料中未消化的淀粉在胰淀粉酶作用下被分解产生糊精、麦芽糖、麦芽寡糖等，这些分解产物（包括经唾液淀粉酶消化产生的糊精、麦芽糖等）以及饲料中的蔗糖、乳糖等双糖在小肠黏膜刷状缘表面肠寡糖酶（麦芽糖酶、糊精酶、双糖酶等）的作用下分解为单糖（主要是葡萄糖）。

2. 蛋白质的消化　饲料中的蛋白质在胃内初步消化后，在胰蛋白分解酶的作用下分解为多肽、小肽、氨基酸，肽在羧肽酶、肠肽酶（在小肠黏膜刷状缘表面或上皮细胞内进行）作用下分解为小肽和氨基酸。

3. 脂肪的消化　饲料中的脂肪在胰脂肪酶和胆汁的作用下分解为甘油、脂肪酸和甘油一酯。

第六节　大肠内消化

饲料进入大肠后主要是进行生物性消化，将饲料中粗纤维及其他未消化的营养物质消化分解，并吸收水分、无机盐、VFA 等营养物质，并形成粪便，排出体外。

不同动物的大肠消化在整个消化过程中的地位有很大不同，草食动物特别是单胃草食动物的大肠消化在整个消化过程中占有非常重要的地位，如马大肠可以消化 40%～50% 的纤维素、39% 的蛋白质、24% 的糖。肉食动物的大肠消化作用则很差，杂食动物的大肠消化介于二者之间。

一、大肠液

大肠液是大肠黏膜腺体分泌的黏稠的、碱性液体，pH 值为 7.5～8.0。主要成分是水分、黏液、碳酸氢盐、磷酸盐（犬、猫大肠液中含量丰富）等。大肠液中不含消化酶，因而没有化学性消化作用，其主要作用是中和酸性发酵产物，为微生物提供适宜的环境。

食糜刺激大肠机械感受器反射性引起大肠液分泌增加，迷走神经兴奋，大肠液分泌增加；交感神经兴奋，大肠液分泌减少。

二、大肠内的消化过程

不同动物大肠内的消化过程不同。

1. 肉食动物 肉食动物大肠很不发达，因而大肠消化的作用较差。在肉食动物大肠内主要发生的是蛋白质的腐败发酵，产生吲哚、粪臭素、酚等有毒物质，这些腐败发酵产物一部分吸收入血，经肝脏解毒后通过尿液排除体外，一部分经粪便排出体外。未消化的脂肪、糖类被细菌降解产生脂肪酸、单糖、有机酸等。

肉食动物大肠消化的主要生理意义在于水和无机盐的吸收或分泌排泄，形成粪便。

2. 草食动物 草食动物特别是单胃草食动物的大肠特别发达，食糜在大肠内停留时间很长，因而在整个消化过程中占有非常重要的地位，是机体能量的主要来源之一（提供所需能量的1/2）。牛、羊等反刍动物虽然有发达的瘤胃，但大肠阶段仍有活跃的微生物发酵，能消化饲料中15%～20%的纤维素。

大肠中的微生物将饲料中纤维素、糖分解为VFA、CO_2、CH_4等，其中，VFA被吸收利用。蛋白质、氨基酸等分解产生NH_3，NH_3、氨基酸被吸收或被微生物利用合成蛋白质，但合成的微生物蛋白质是否能吸收利用尚不清楚。此外，微生物也能合成维生素B族和维生素K。兔有吞食软粪习性，有助于微生物蛋白的利用。

3. 杂食动物 杂食动物的大肠消化介于草食动物和肉食动物之间。以植物性饲料为主时，其大肠消化与草食动物相似；以精料为主时，其大肠消化与肉食动物相似。

三、大肠运动

大肠运动与小肠运动大致相似，但运动缓慢、强度较弱。其主要有以下运动形式。

1. 袋状往返运动 由环形肌不规律收缩引起的一种运动形式，多见于空腹时。这种运动使肠袋内容物向两个方向短距离移动，但并不向后段推进。其主要作用在于使内容物充分混合和与肠壁紧密接触，利于吸收。

2. 蠕动 由环形肌交替收缩和舒张产生的运动形式，其主要作用在于将食糜缓慢向后段肠管推进。此外，大肠也可产生逆蠕动。

3. 集团蠕动 大肠内发生的一种收缩力强，推进速度快、推进距离远的运动形式。

大肠运动音如雷鸣音、远炮音。听诊大肠音来判断大肠运动强度和运动频率是兽医临床上检查大肠机能的主要手段。

四、粪便形成及排粪

食糜经大肠消化吸收后，未被消化、吸收的食物残渣以及消化管代谢产物（黏液、脱落的上皮、胆色素衍生物、胆固醇等）、大量微生物及发酵产物等进入大肠后段形成粪便。

排粪是一种反射动作。

当直肠内粪便达到一定程度的时候，刺激肠壁感受器，经盆神经和腹下神经传入荐段脊髓的初级排粪中枢并上传至大脑皮层高级排便中枢，产生便意，如果条件允许，则大脑皮层解除对脊髓初级排粪中枢的抑制，引起脊髓初级排粪中枢兴奋，兴奋经盆神经传至直肠，使直肠收缩，肛门内括约肌舒张，同时，抑制阴部神经，使肛门外括约肌舒张，将粪便排出体外。此外，排粪时，支配腹肌和膈肌的神经兴奋，引起腹肌和膈肌明显收缩，使腹内压升高，进一步促进粪便排出体外。若条件不允许，则大脑皮层继续抑制脊髓初级排粪中枢，抑制排便。

排粪反射受大脑皮层控制，因而可以有意识的控制排便。临床上由于炎症使直肠压力感受器升高时，直肠内只要有少量粪便或黏液即可引起便意和排便反射，排便次数明显增加，但数量不多，且总有便而未尽的感觉，临床上称为**里急后重**。如果直肠压力感受器降低，则粪便在肠道内停留时间过长，水分被吸收而使粪便变得干硬，不易排出体外，则为便秘。如果初级排便中枢和大脑皮层高级排便中枢联系障碍，使大脑皮层失去对排便反射的控制，称为**大便失禁**。

此外，由于排粪反射受大脑皮层控制，因而可以形成条件反射，在生产实践中，可以训练动物养成定点排便的习惯，利于维持圈舍卫生和防止疾病传播。

第七节　吸收

饲料经消化后，其分解产物通过消化道黏膜上皮细胞进入血液或淋巴的过程称为**吸收**。

一、吸收的部位

消化道各段对营养物质的消化能力有很大差异。各段消化道对营养物质的吸收主要取决于消化管的组织结构、食物在该段消化道被消化的程度及食物停留的时间。

口腔、食管内由于食物尚未消化和停留时间过短而吸收很有限，胃内由于消化不完全，主要吸收少量水分、无机盐、酒精及某些药物；瘤胃及瓣胃内还可以吸收大量 VFA。小肠是吸收的主要部位，可以吸收大部分水分、无机盐及绝大部分葡萄糖、氨基酸、脂肪酸、维生素等营养物质。肉食动物大肠主要吸收部分水和无机盐；草食动物和杂食动物大肠内还可以吸收大量 VFA。

小肠之所以是吸收的主要部位，主要由于小肠具有以下利于吸收的因素。

1. 结构

①小肠黏膜表面有大量环状皱壁，每个皱壁上有大量伸向肠腔的绒毛，构成每个绒毛的柱状上皮细胞表面还有大量微绒毛（刷状缘），这些结构使小肠表面积增加约 600 倍（图 6－17），有利于营养物质的吸收。

②黏膜绒毛内含有丰富的毛细血管和毛细淋巴管，有利于营养物质的吸收。

③黏膜绒毛内含有丰富的平滑肌纤维和神经纤维，可使绒毛发生节律性伸缩和摆动，促进毛细血管内的血液和毛细淋巴管内的淋巴液回流，有利于吸收。

2. 消化程度高　食糜进入小肠，经化学性消化和机械性消化后，饲料中的碳水化合物、蛋白质、脂肪绝大部分已经被彻底分解为可吸收的小分子物质，这为营养物质的吸收提供了保证。

3. 停留时间长　小肠特别长，是整个消化管中最长的一段，这使食糜在小肠停留时间较长，有充足的时间进行吸收；且增加了吸收的面积，有利于营养物质的吸收。

二、吸收的机制

营养物质和水分的吸收可以通过两条途径进入血液或淋巴，一条是跨细胞途径，即通

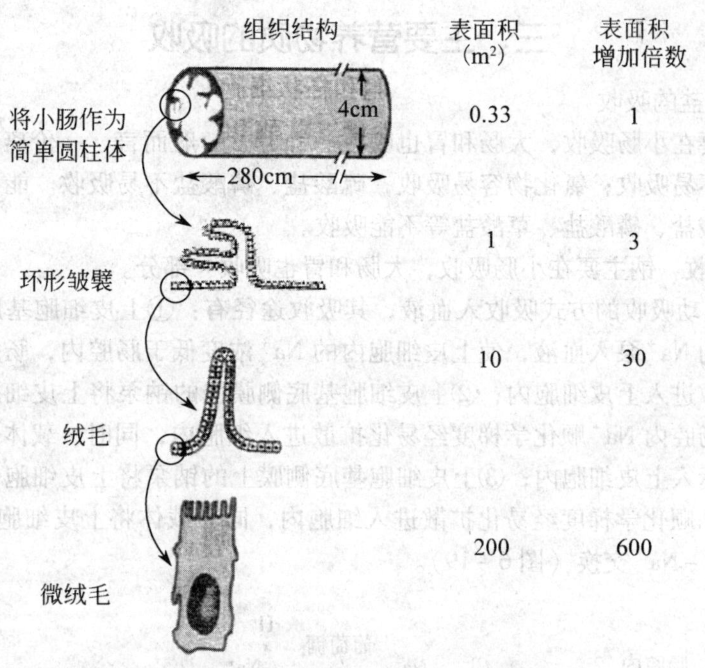

图6－17 小肠皱襞、绒毛和微绒毛的模式图

过肠黏膜上皮细胞的腔面膜进入上皮细胞内，再通过上皮细胞基底面膜或细胞侧膜进入组织液，再进入血液或淋巴。另一条是旁细胞途径（细胞旁路），即营养物质和水分通过细胞间的紧密连接进入细胞间隙，再进入血液或淋巴（图6－18）。营养物质通过细胞膜的机制包括扩散、易化扩散等被动转运和主动运输、胞吞作用等主动转运等，其过程可参看第二章“细胞膜的物质转运功能”部分。

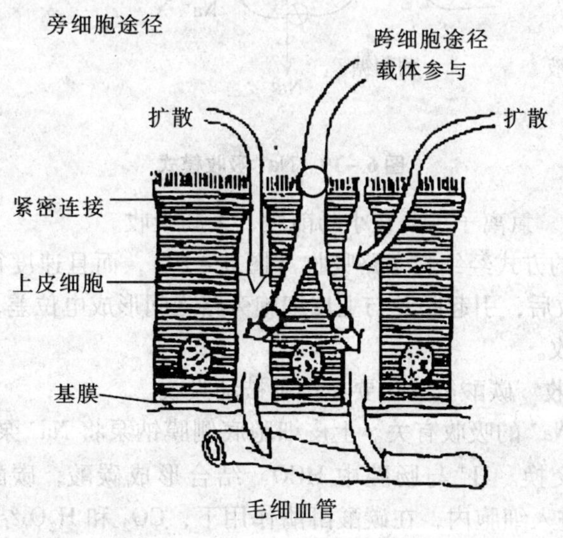

图6－18 小肠黏膜吸收水和小溶质的两条途径

三、主要营养物质的吸收

（一）无机盐的吸收

无机盐主要在小肠吸收，大肠和胃也吸收一部分。一般而言，一价离子容易吸收，二价及多价离子不易吸收；氯化物容易吸收，硫酸盐、磷酸盐不易吸收。能与钙结合而形成沉淀的盐如硫酸盐、磷酸盐、草酸盐等不能吸收。

1. 钠的吸收 钠主要在小肠吸收，大肠和胃也吸收一部分。

Na^+通过主动吸收的方式吸收入血液，其吸收途径有：①上皮细胞基底侧膜上的钠泵将上皮细胞内的 Na^+泵入血液，使上皮细胞内的 Na^+浓度低于肠腔内，肠腔内 Na^+顺化学梯度经易化扩散进入上皮细胞内；②上皮细胞基底侧膜上的钠泵将上皮细胞内的 Na^+泵入血液，而后，肠腔内 Na^+顺化学梯度经易化扩散进入细胞内，同时，载体也将单糖、氨基酸等物质一同运入上皮细胞内；③上皮细胞基底侧膜上的钠泵将上皮细胞内的 Na^+泵入血液，肠腔内 Na^+顺化学梯度经易化扩散进入细胞内，同时载体将上皮细胞内的 H^+运到肠腔内，实现 H^+-Na^+交换（图 6－19）。

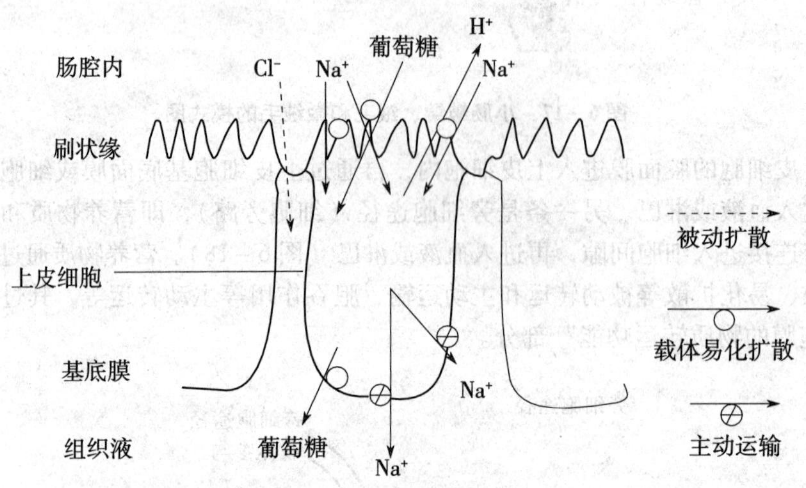

图 6－19 Na^+吸收模式

2. 氯离子的吸收 氯离子主要在小肠前段、大肠吸收。

主要以被动扩散的方式经细胞旁路吸收（图 6－19），而且速度很快。Cl^-吸收与 Na^+的吸收有关，Na^+吸收后，引起肠腔与上皮细胞旁路之间形成电位差，Cl^-顺电化学梯度经细胞旁路被动扩散吸收。

3. 碳酸氢盐的吸收 碳酸氢盐主要在小肠被动吸收。

HCO_3^- 的吸收与 Na^+的吸收有关。上皮细胞底侧膜钠泵将 Na^+泵入血液，肠腔内 Na^+与细胞内的 H^+进行交换。H^+与肠腔中 HCO_3^- 结合形成碳酸，碳酸可以分解为 CO_2 和 H_2O，CO_2 被动扩散进入细胞内，在碳酸酐酶作用下，CO_2 和 H_2O 结合形成碳酸，碳酸解离成 H^+和 HCO_3^-，HCO_3^- 被动扩散进入血液，H^+再和 Na^+进行交换。

4. 钙的吸收 钙主要在十二指肠和空肠前段吸收。

Ca^{2+}有跨膜主动吸收和经细胞旁路被动吸收两种方式。这两种方式的发生主要取决于肠道内Ca^{2+}的浓度。主动吸收过程与Na^{+}相似，首先是上皮细胞基底侧膜钙泵（$Ca^{2+}-Mg^{2+}-ATP$）将Ca^{2+}泵入血液，使上皮细胞内的Ca^{2+}浓度低于肠腔内的Ca^{2+}浓度，肠腔内Ca^{2+}扩散进入细胞内，但Ca^{2+}进入上皮细胞的机制不详。钙泵活动受甲状旁腺素和维生素D的控制。当肠腔内超过一定范围时，主动吸收机制处于饱和，肠腔内的Ca^{2+}可以经细胞旁路继续被动吸收。

Ca^{2+}和Mg^{2+}吸收机制相同，因而它们的吸收存在竞争性。

此外，Ca^{2+}和Mg^{2+}必须保持溶解状态才能被吸收，离子状态的钙最容易吸收。弱酸性环境是维持其溶解状态的重要条件，因而，胃酸、脂肪酸等可以促进Ca^{2+}的吸收。Ca^{2+}和硫酸盐、磷酸盐等结合小肠沉淀后则不能被吸收。

5. 磷的吸收　主要在小肠吸收。

磷的吸收有主动吸收和被动吸收两种方式，主动吸收受维生素D的控制。

磷的吸收受pH值和磷的状态影响，pH值较低时容易吸收，植酸磷不能吸收。饲料中的磷多数以植酸磷的形式存在，因而利用率很低。生产中在饲料中添加植酸酶，可以提高磷的利用率。

6. 铁的吸收　铁主要在十二指肠和空肠吸收。

铁以主动吸收方式吸收。铁的吸收与转铁蛋白有关（图6－20）。肠黏膜细胞释放转铁蛋白进入肠腔，与Fe^{2+}结合形成复合物，经受体介导进入细胞内，复合物在细胞内释放出Fe^{2+}，一部分Fe^{2+}经主动方式进入血液，一部分Fe^{2+}与铁蛋白结合贮存在细胞内，因而，肠黏膜是铁的贮存库。

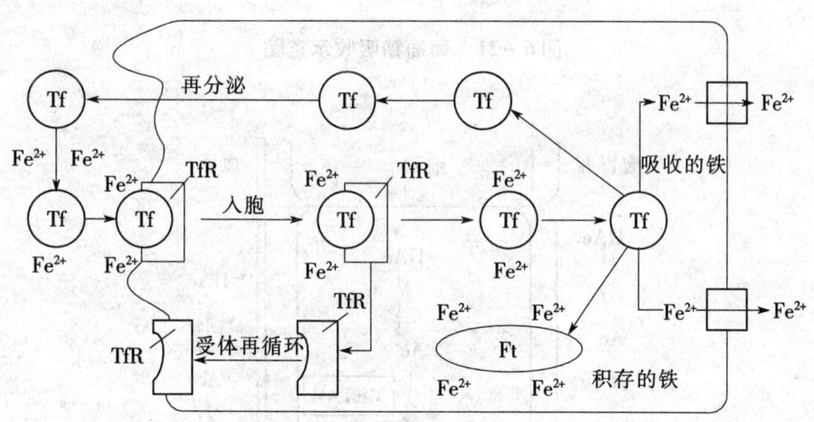

Tf. 转铁蛋白　TfR. 转铁蛋白受体　Ft. 铁蛋白

图6－20　铁的吸收过程

铁在酸性环境下易溶解而吸收，因此，胃酸能促进铁的吸收。

饲料中的铁多为高价铁，必须还原成Fe^{2+}后才能被吸收，因此，维生素C等还原剂能使Fe^{3+}还原为Fe^{2+}而促进铁的吸收。

（二）有机物的吸收

1. 糖类的吸收　饲料中的糖类都是以单糖的形式在小肠被吸收入血，其中，主要是葡萄糖。

糖主要经继发性主动吸收方式吸收入血。吸收过程与 Na^+ 吸收有关（图 6－21）。上皮细胞基底侧膜上的钠泵将上皮细胞内的 Na^+ 泵入血液，使上皮细胞内的 Na^+ 浓度低于肠腔内，肠腔内 Na^+ 和单糖在同向转运体的帮助下顺化学梯度扩散进入上皮细胞内。之后，上皮细胞内的糖经易化扩散进入血液。由于与载体的亲和力不同，各种单糖吸收速度不同，己糖的吸收速度较快，戊糖的吸收速度较慢。己糖中，半乳糖、葡萄糖吸收速度最快，果糖次之，甘露糖吸收速度最慢。

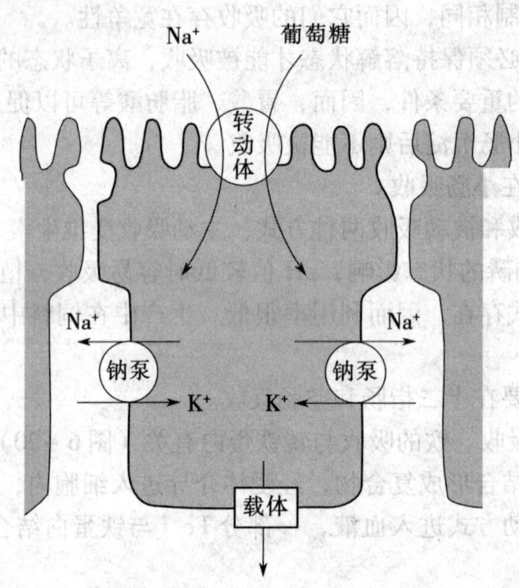

图 6－21　葡萄糖吸收示意图

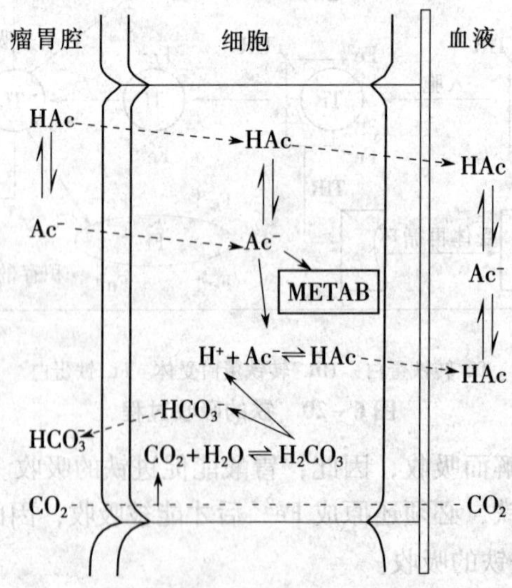

图 6－22　瘤胃中 VFA 的吸收

2. VFA的吸收 VFA主要在瘤胃、瓣胃和大肠吸收入血。

VFA有离子状态和分子状态两种存在形式，分子状态容易吸收，离子状态不容易吸收，因此，离子状态的VFA必须在细胞内转变为分子状态吸收。VFA由离子状态转变为分子状态其所需要的H^+由$CO_2 + H_2O \rightarrow H_2CO_3 \rightarrow H^+ + HCO_3^-$提供，这样每吸收1分子VFA，瘤胃内就多一个$HCO_3^-$。VFA吸收与其分子质量有关，分子质量越小，吸收速度越慢，因此，丁酸的吸收速度最快，丙酸次之，乙酸吸收速度最慢。

VFA吸收是通过被动扩散吸收方式吸收的。进入上皮细胞内的VFA与H^+分离参与代谢或直接进入血液（图6-22）。

3. 蛋白质吸收 饲料中的蛋白质主要在小肠内以氨基酸或小肽的形式吸收入血。氨基酸或小肽的是以继发性主动运输的方式吸收的，其吸收过程与单糖相似，与Na^+吸收有关。在小肠上皮细胞刷状缘存在不同类型的氨基酸转运系统，能分别选择性地转运中性、酸性和碱性氨基酸进入上皮细胞内。

过去人们一直认为，饲料蛋白质只能分解为氨基酸后才能吸收，但近年来实验已经证明，在小肠上皮细胞刷状缘存在着二肽、三肽转运体，它们能将肠腔内的二肽、三肽转运到上皮细胞内，而且二肽、三肽的吸收效率比氨基酸还高。二肽、三肽进入上皮细胞后被细胞内的二肽酶和三肽酶分解为氨基酸后，再扩散进入血液。

此外，在胎儿时期和新生仔畜，初乳中的抗体蛋白质可以完整的经胞吞胞吐作用进入血液，从而将母体免疫力传递给仔畜，提高仔畜的抗病能力。随着年龄增长，完整蛋白质的吸收能力越来越少，但在某些情况下，少量饲料蛋白质也可完整进入血液，引起机体的过敏反应。如采食某种食物引起机体过敏反应可能就是通过这种途径引起的。

4. 脂类的吸收 饲料中脂类主要在小肠以甘油、脂肪酸、甘油一酯、胆固醇等形式吸收入淋巴管或血液。

脂类分解产物（脂肪酸、甘油一酯、胆固醇等）不溶于水，它们必须和胆盐结合形成水溶性的微胶粒才能通过覆盖在小肠绒毛表面的非流动水层到达微绒毛表面，在这里，脂肪酸、甘油一酯等又从混合微胶粒中释放出来，通过单纯扩散进入上皮细胞内，胆盐留在肠腔继续转运其他脂肪酸、甘油一酯等，在回肠吸收入血。

脂肪酸、甘油一酯等扩散进入上皮细胞后，短链、中链脂肪酸（含10~12个碳原子的脂肪酸）及其甘油一酯可以扩散进入组织液，进而进入血液。长链脂肪酸及其甘油一酯进入上皮细胞后，大部分重新合成甘油三酯，并于细胞中合成的载脂蛋白结合形成乳糜微粒，经胞吐作用进入组织液，进而进入毛细淋巴管中（图6-23）。由于食物中的动植物油中主要是长链脂肪酸，故脂肪的吸收主要是经淋巴途径吸收的。

5. 维生素的吸收 维生素主要在小肠（十二指肠和空肠）吸收入淋巴管或血液。

脂溶性维生素（维生素A、维生素D、维生素E、维生素K）吸收与脂肪酸吸收相同，需借助胆盐帮助吸收进入血液或淋巴。

水溶性维生素（B族维生素和维生素C）主要通过被动扩散吸收入血，其中，维生素B_{12}需要内因子参与才能被吸收。

（三）水的吸收

水主要在小肠、大肠以渗透形式被动吸收入血。随着无机盐、营养物质的吸收，使细胞内及组织液中渗透压升高，使水经细胞旁路或跨细胞途径被吸收入血。

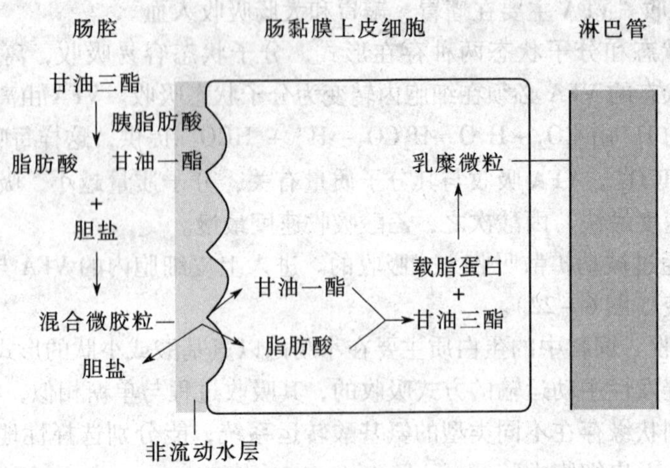

图 6-23 脂肪吸收示意图

各种营养物质的吸收情况见表 6-4。

表 6-4 各种营养物质的吸收情况

营养物质		吸收部位	吸收机理	吸收特点及其他
无	Na^+	小肠、大肠	主动	上皮细胞底侧膜钠泵
机	Fe^{2+}	十二指肠	主动	$Fe^{3+} \rightarrow Fe^{2+}$ 酸性环境易吸收
盐	Ca^{2+}	小肠前段	主动	需要维生素 D 和 PHT、离子化状态易吸收，易形成沉淀而不能被吸收
	负离子	小肠	被动为主	随 Na^+ 吸收而吸收
水		胃、小肠、大肠	渗透	回肠净吸收
糖类		小肠前中段	继发主动	单糖为主，葡、半乳 > 果 > 甘露糖
VFA		瘤胃、大肠	被动	分子状态 VFA 易吸收，乙酸 < 丙酸 < 丁酸
脂肪		十二指肠	被动为主	淋巴吸收为主，胆盐促进，上皮细胞内重新合成中性脂肪
蛋白质		小肠中段	继发主动	aa 、二肽、三肽吸收，特异转运系统
水溶性维生素		小肠	单纯扩散	维生素 B_{12} + 内因子，叶酸主动
脂溶性维生素		十二指肠、空肠	单纯扩散	维生素 A 主动；借助脂肪吸收，淋巴途径

第八节 家禽的消化吸收特点

家禽的消化吸收与哺乳动物的消化吸收过程基本相似，但由于家禽的消化器官与家畜有所不同，故其消化吸收也有自己的特点。

一、口腔的消化

家禽口腔内没有牙齿，消化比较简单。饲料经喙啄入口腔后，被唾液稍湿润，不经咀嚼，迅速吞咽入嗉囊或胃。

家禽唾液由口腔壁和咽壁的唾液腺分泌产生。鸭、鹅唾液腺不发达，仅分泌少量唾液；鸡唾液腺较发达，可分泌较多唾液。鸡的唾液呈弱酸性，pH 值平均为 6.75。采食时，唾液分泌增加。唾液中含有唾液淀粉酶，可分解淀粉。唾液分泌主要受神经调节。

二、嗉囊消化

嗉囊是家禽特有的消化器官，家禽采食的饲料大部分进入嗉囊内贮存数小时，经嗉囊液、嗉囊内栖居的微生物和嗉囊运动的作用，将饲料进行预消化和排入胃内。

1. 嗉囊液 嗉囊液是由嗉囊腺分泌的黏液与唾液的混合物，pH 值为 6.0 ~ 7.0。嗉囊腺不产生消化酶，其主要作用在于软化食物，利于消化和为微生物提供适宜环境，促进消化。

鸽嗉囊腺分泌的嗉囊液呈乳状叫嗉囊乳，也叫鸽乳，含有丰富的蛋白质脂肪、无机盐、淀粉酶及蔗糖酶，用来哺育幼鸽。

2. 嗉囊内的微生物消化 嗉囊的内环境适于微生物的栖居和活动。成年鸡嗉囊内微生物数量大、种类多，而且形成一定的微生物区系。在嗉囊微生物区系中，以乳酸菌占明显优势，据测定，每克嗉囊内容物中，乳酸菌含量达 10^9 个。其次是肠球菌和产气大肠杆菌，每克嗉囊内容物中数量均达 10^5 个。嗉囊微生物的作用是将饲料中的糖类进行发酵并产生有机酸，其中主要是乳酸，还有少量挥发性脂肪酸。

3. 嗉囊运动 嗉囊运动有蠕动和排空运动两种运动形式。蠕动起自上段食管，进而扩展至嗉囊和胃。蠕动波通常成群出现，每群 2 ~ 15 个波，波群间隔 1 ~ 40min。饥饿时，波群节律和每个波群的蠕动波数量均明显增加，而嗉囊和肌胃充满时，嗉囊的蠕动则明显减少。嗉囊的排空运动发生在即将排空时，嗉囊发生明显的收缩，使嗉囊内饲料排入胃内。

三、胃内消化

禽类的胃由腺胃（前胃）和肌胃（砂囊）构成。

1. 腺胃消化 腺胃能分泌含盐酸与胃蛋白酶的消化液，其酸度略低于哺乳动物，pH 值 3.0 ~ 4.5。

禽类的胃液分泌为连续分泌，采食时，胃液分泌增加，饥饿时分泌减少。

禽类的胃液分泌受神经、体液调控，迷走神经是主要的支配神经，兴奋时，胃液分泌明显增加。此外，胃泌素、胆囊收缩素、组织胺可明显促进胃液分泌，胰泌素等则抑制胃液分泌。

腺胃虽然分泌消化液，但由于其体积很小，停留时间很短，故饲料在腺胃内消化作用不大，胃液主要在肌胃为进行消化，将饲料中的蛋白质初步分解。

2. 肌胃消化 肌胃的胃壁由发达的肌肉构成，内层附着一层坚韧、光滑而富有弹性的黄色角质膜。饲料进入肌胃后，主要借助于肌胃强有力的收缩和内容物中的沙石，将饲料进行机械性磨碎，并在来自腺胃的消化液作用下，将食物进行化学性消化。

肌胃运动不论在采食时还是在饥饿时都进行，平均每分钟 2 ~ 3 次。收缩频率与年龄、生理状态等有关。随年龄增长，肌胃收缩频率逐渐减少；采食时，收缩频率明显增加。

肌胃运动受神经调节。迷走神经兴奋，肌胃运动增强；交感神经兴奋，肌胃运动减弱。

四、小肠消化

小肠是家禽消化吸收的主要部位，其消化过程与哺乳动物基本相似。主要靠胰液、胆汁、小肠液的化学性消化和小肠运动的机械性消化将食物彻底分解。

五、大肠消化

禽类的大肠由一对盲肠和一条短的直肠，盲肠较发达，适于微生物的生长繁殖。与哺乳动物相似，大肠消化主要靠盲肠微生物进行生物性消化，可以将饲料中粗纤维等营养物质发酵分解产生挥发性脂肪酸等被机体利用。草食家禽（鹅）的大肠消化在整个消化过程中占有十分重要的地位。

六、吸收

嗉囊、盲肠可以吸收少量水、无机盐和有机酸，直肠和泄殖腔可以吸收少量水、无机盐。大量营养物质的吸收在小肠进行。

复习思考题

1. 试述饲料中营养物质在消化道内消化分解的过程。
2. 试述神经、体液因素对机体各种消化腺分泌及消化管运动的功能整合。
3. 为什么说小肠是消化和吸收的主要部位?
4. 试述反刍动物瘤（网）胃消化的特点。
5. 试述各种营养物质的吸收部位和吸收过程。
6. 简述唾液、胃液、胰液、胆汁及小肠液的生理作用。

第七章

体　　温

动物进化到鸟类和哺乳类，建立起一套复杂的体温调节机制，通过调节产热和散热过程，不仅能维持较高的体温平衡点（如37℃），而且还可以使其不受环境温度的过分影响，因而它们属于恒温动物。

体温恒定是机体新陈代谢和一切生命活动正常进行的必要条件。因为，细胞的生化反应速度受温度的影响，参与生化反应的酶类必须在适宜的条件下才能充分发挥作用，体温过低，可使酶活性降低，细胞代谢受到抑制。当体温低于34℃时，意识将丧失，低于25℃时则呼吸、心跳停止。体温过高，可引起酶和蛋白质变性，导致细胞实质损害。当体温持续高于41℃时，可出现神经系统功能障碍，甚至永久性脑损伤，超过43℃时将危及生命。此外，体温的恒定反映了动物的进化程度，也赋予了动物对外界环境更强的适应能力。因此，体温是机体健康状况的重要指标。

一、动物的正常体温及其生理变动

机体各部位的温度不同，可分为体表温度和体核温度。体表温度是指身体表层的温度，体表温度较低，变动范围大，易受周围环境温度影响而变动。体核温度是指身体深层组织的温度，体核温度较高且相对稳定，不易受周围环境温度的影响。

生理学所说的体温是指机体深部的平均温度温度。机体深部各器官因代谢水平差异而温度略有不同，如肝、脑等器官温度较高，肾、胰腺、肠道等温度较低。由于血液不断循环，可使深部各器官趋于一致，因此，血液温度能较好的反应机体深部的平均温度。但是，血液温度不便测定，临床上多以直肠深部温度代表体温，这是由于直肠深部温度比较接近机体深部温度且比较稳定，不易受外界环境温度的影响。

动物体温因动物种类、性别、年龄、生理状态、环境等因素变化而不同。表7－1列出了成年动物在安静状态下的直肠温度。

一般而言，家禽体温高于家畜；幼畜体温略高于成年家畜；雄性动物体温略高于雌性动物；雌性动物排卵前体温下降，妊娠期和发情期体温上升。动物运动时体温上升，采食后一般体温升高。家畜体温一天中也有周期性变化，一般白天较夜晚为高，并以午后1～6时体温最高，清晨2～6时体温最低。环境温度过高或过低时，体温略有升高或降低。

表 7－1　各种常见动物的直肠温度

动物种类	平均温度（℃）	变动范围（℃）
黄牛、牦牛、肉牛	38.3	36.7～39.7
水牛	37.8	36.1～38.5
乳牛	38.6	38.0～39.3
骆驼	37.5	34.2～40.7
猪	39.2	38.7～39.8
马	37.6	37.2～38.1
驴	37.4	36.4～38.4
绵羊	39.1	38.3～39.9
山羊	39.1	38.5～39.7
犬	38.9	37.9～39.9
猫	38.6	38.1～39.2
兔	39.5	38.6～40.1
鸡	41.7	40.6～43.0
鸭	42.1	41.0～42.5
鹅	41.0	40.0～41.3

二、机体的产热与散热

体温恒定维持依赖于产热和散热过程的相对平衡。

（一）产热

1. 主要产热器官　机体的热量来自体内各组织器官进行的氧化分解反应，因而，机体所有组织器官均可产生热量，代谢越强的器官，产热量越多。其中，**肝脏，骨骼肌，腺体**产热最多，是机体的主要产热器官。**安静时，内脏器官，特别是肝脏产热量最多，因为肝脏是机体代谢最旺盛的器官，运动和劳役时，骨骼肌代谢明显增加，产热量**增加40～60倍以上，占机体产热量90%以上（表7－2），成为机体主要的产热器官。草食动物的瘤胃发酵产热也是机体主要的热量来源。

表 7－2　几种组织器官的产热百分比

组织、器官	占体重百分比（%）	产热量（%）	
		安静状态	劳动或运动状态
脑	2.5	16	1
内脏	34.0	56	8
骨骼肌	56.0	18	90
其他	7.5	10	1

2. 产热形式　寒战产热（shivering thermogenesis）：**寒战（战栗）**是骨骼肌发生不随意的节律性收缩。战栗时，屈肌和伸肌同时收缩，骨骼肌不作功，收缩的能量全部转化为

热量，因而产热量很大，这有利于机体在寒冷的环境中维持体温恒定。

非寒战产热：又称代谢产热，是指机体通过增强代谢而产热。其中，以褐色脂肪组织产热量最大，约占代谢性产热的70%。褐色脂肪组织是一种特殊的脂肪组织，其氧化分解过程产生的能量几乎全部转化为热能，而很少转化为ATP。

3. 等热范围或代谢稳定区 环境温度改变会影响动物新陈代谢强度和体温。当环境温度显著降低时，机体散热量明显增加，机体必须通过增强新陈代谢以产生更多的热来维持体温相对稳定，试验表明，环境温度每下降1℃，机体代谢率就会提高2%～5%；当环境温度显著升高时，机体由于散热困难而使体温升高，从而使体内酶活性增强，新陈代谢加快而产热量增加，机体必须通过进一步增加散热来维持体温相对稳定。由此可见，环境温度过高或过低均可导致机体代谢增强，产热增加。当环境温度既不太高，也不太低时，机体代谢强度最低产热量最少。可以使动物机体代谢强度和产热量保持在生理最低水平而体温仍维持相对恒定时的环境温度范围称为**等热范围或代谢稳定区**。等热范围的下限温度称为**临界温度**，高限温度为过高温度。各种动物的等热范围如表7-3。

表7-3 各种成年动物的等热范围

动物种类	等热范围（℃）	动物种类	等热范围（℃）
牛	16～24	犬	15～25
羊	10～20	兔	15～25
猪	20～23	鸡	16～26

等热范围因动物种类、品种、年龄等因素不同而不同。一般被毛密集，皮下脂肪发达的动物如牛、羊等临界温度较低，耐寒性较好。从年龄上看，幼龄动物由于皮毛较薄，散热较多，临界温度显著高于成年动物。

在动物生产实践中，在等热范围内饲养动物，经济上最有利。因为在等热范围内，动物产热量最少，饲料利用率最高，因而动物生产力最高，饲养的经济效益最好。因此，在动物生产中，冬季必须做好防寒保温工作，夏季必须做好防暑降温工作，为动物提供适宜的环境温度，才能养殖的经济效益。

（二）散热

机体一方面通过代谢不断产热，同时机体也在不断散热，以维持体温相对稳定。

1. 主要散热途径 主要散热途径是经体表皮肤散热，经皮肤散发的热占机体全部散热量的75%～85%。此外，机体还可以通过呼吸器官、消化器官、泌尿器官等途径散热。

2. 散热方式

（1）辐射散热 机体以**热射线（红外线）**的形式向外界散发热量的方式称为**辐射散热**。辐射散热是机体在常温和安静状态下最主要的散热方式，约占机体全部散热量的60%。

辐射散热量的多少主要取决于机体与周围环境的温差及有效辐射面积。如环境温度低于皮肤温度，其温差越大，辐射散热越多；如环境温度高于皮肤温度，动物不仅不能辐射散热，而且会吸收热量，使体温升高。有效辐射面积越大，辐射散热越多，如冬季动物尽可能蜷缩身体以减少散热量，而夏季则尽可能伸展肢体以增加散热量。

(2) 传导散热　机体的热量直接传递给同它接触的较冷物体的散热方式称为**传导散热**。传导散热的多少取决于机体与所接触物体的温差、接触面积、所接触物体的导热性。所接触物体的温度越低，接触面积越大，所接触物体的导热性越好则散热越多；反之则散热减少。因此，冬天应保持畜舍地面干燥并铺设垫草以保温，夏季使用冷水浴、湿帘等措施防暑。

(3) 对流散热　通过同皮肤接触的空气流动将机体热量传给外界的散热方式称为**对流散热**。当机体热量传给同皮肤接触的一薄层空气后，该空气因温度升高、密度变小（变轻）而离开皮肤，新的未加热的空气又有进来与皮肤接触，由于空气不断流动而将体热不断散发，可见，对流散热是一种特殊的传导散热。对流散热的多少主要取决于空气对流的速度（风速）。风速越大，散热量越多，风速越小，散热量越小。因此，冬天应防风保温，夏季应通风防暑。

(4) 蒸发散热　通过体表水分的蒸发来散失体热的散热方式称为**蒸发散热**。蒸发散热是机体在环境温度等于或高于体温时的唯一散热方式，因为当环境温度等于或高于体温时，辐射、传导、对流散热都会停止，甚至会使机体吸收热量。**蒸发散热**可分为不显汗蒸发和显汗蒸发两种方式。

不显汗蒸发：机体的水分直接渗透到皮肤和黏膜表面，在未聚集成汗滴前被蒸发。不显汗蒸发持续进行，即使在寒冷的冬季也在进行，它与汗腺活动无关，且不受生理性体温调节机制的控制，是机体重要的散热途径。

显汗蒸发：以汗腺分泌汗液蒸发的形式带走热量。在高温环境和剧烈运动或使役时，汗液分泌增加而带走大量的热。汗液分泌与体温调节密切相关。汗液必须在体表蒸发才能散热，如被擦掉则不能散热。

蒸发散热的多少主要与环境温度、湿度、空气对流速度有关，一般温度越高，风速越大，蒸发散热越多，而湿度越大，则散热越少，因此，动物在高温高湿的闷热环境中最容易发生中暑。

三、体温恒定的调节

恒温动物体内产热和散热两个生理过程之间的动态平衡，是在环境温度和机体代谢水平变化的情况下，保持体温相对稳定的关键。而这一动态平衡是机体通过行为性体温调节和自主性体温调节实现的。行为性体温调节是在大脑皮层控制下，通过一定行为来维持体温相对恒定，如蜷缩身体保暖，伸展身体散热，寻找阴凉场所散热等。自主性体温调节是在神经系统特别是下丘脑控制下，通过控制与产热和散热有关的反应如寒战、发汗、皮肤血管舒缩等进行体温调节。行为性体温调节是以自主性体温调节为基础的，是对自主性体温调节的补充。生理学上主要讨论自主性体温调节原理。

自主性体温调节属于典型的**负反馈自动控制系统**。如图 7－1 所示，体温调节由温度感受器，体温调节中枢，效应器共同完成。下丘脑体温调节中枢属于控制系统，它的传出指令经植物性神经、躯体神经和激素控制受控系统即产热装置（肝脏、骨骼肌、褐色脂肪等）和散热装置（汗腺、皮肤血管等）的活动，使受控系统产生一个稳定的变量—体温。当内外环境因素的干扰引起体温变化（升高或降低）时，温度检测器即外周和中枢的深部温度感受器便将变化的信息反馈到下丘脑体温调节中枢，使之传出指令发生相应的改变，从而改变机体的产热和散热过程，使升高或降低的体温又恢复到正常体温水平。此外，皮肤温度感受器可作为环境干扰因素的监视装置，其产生的传入信息比环境温度引起体温改变后经深部温度感受器产生的反馈信息更快地作用于控制系统，属于前馈信息。前馈信息使得控制系统能够在环境温度改变而体温尚未明显改变时，及早发出指令调节受控系统，从而大大减少负反馈调节时体温变化的滞后和波动。这种由前馈信息引起的调控方式叫**前馈调节**。下面分别讨论自动控制系统中的主要环节。

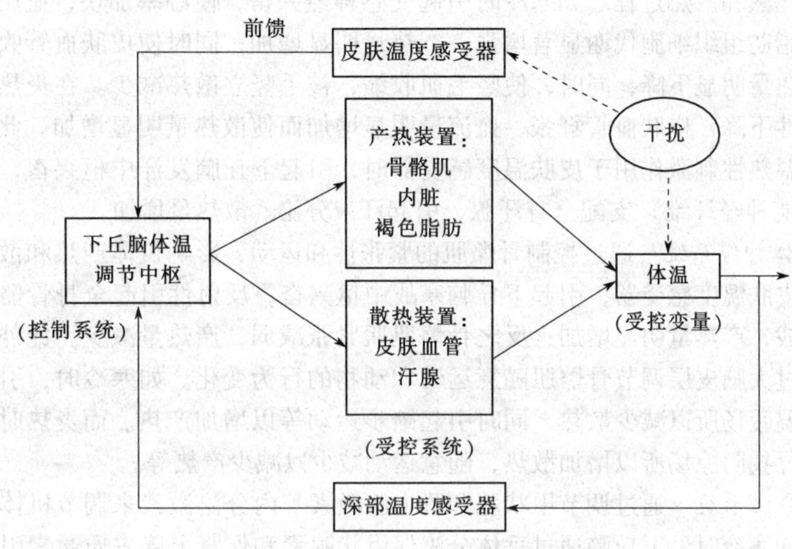

图7-1　自主性体温调节的自动控制系统

1. 温度感受器　温度感受器是感受机体各部温度变化的特殊结构。按照感受器分布位置的不同可分为外周温度感受器和中枢温度感受器。

(1) 外周温度感受器　分布于皮肤、黏膜和内脏等外周器官中的温度感受器。外周温度感受器包括冷感受器和热感受器两种，它们分别对局部温度的降低或升高敏感，对机体外周的温度起着监测作用。实验证明，皮肤中冷感受器数量是热感受器数量的4~10倍，提示皮肤温度感受器主要是感受外界环境的冷刺激，防止体温下降。外周温度感受器的传入信息除到达体温调节中枢引起体温调节效应外，还可传到大脑皮层，引起温度觉。

(2) 中枢温度感受器　分布于脊髓、延髓、脑干网状结构及下丘脑等中枢神经系统内的对温度变化敏感的神经元。中枢温度感受器包括热敏神经元（温度升高时神经冲动的发放频率增加）和冷敏神经元（温度降低时神经冲动的发放频率增加）两类神经元，其中在视前区-下丘脑前部（PO/AH）中，**热敏神经元**数量明显多于**冷敏神经元**，提示下丘脑温度感受器主要是感受温度升高刺激。

2. 体温调节中枢　实验证明，只要保持下丘脑及其以下结构的完整性，恒温动物就能维持体温的相对稳定；破坏下丘脑或在下丘脑以下横断脑干后，动物便不能维持体温的相对稳定。这表明下丘脑是体温调节的基本中枢。实验进一步证明：①下丘脑的PO/AH的温度敏感神经元不仅具有中枢温度感受器的作用，而且还能对下丘脑以外各部位包括外周温度感受器传入的温度变化信息发生反应，这表明PO/AH是体温调节中枢中实现整合作用的核心部位；②下丘脑后部存在寒战中枢，来自皮肤和脊髓的冷信号可使之兴奋，引起寒战反应；③下丘脑后部还有发汗中枢和引起皮肤血管活动改变的交感中枢。体温调节的高级中枢在大脑皮层，对下丘脑活动及骨骼肌运动和行为改变起调节作用。

3. 信号传出途径与效应器 由下丘脑发出的传出信号可通过**植物性神经系统**、**躯体运动神经系统和内分泌系统** 3 种途径调节产热器官和散热器官的活动，以维持体温稳定。

（1）植物性神经系统 通过对心血管系统、呼吸系统、皮肤等器官活动和代谢的影响调节机体的产热和散热过程。如寒冷时引起交感神经兴奋，使心率加快，血压升高，细胞特别是褐色脂肪组织细胞代谢显著增强，产热量明显增加；同时使皮肤血管收缩，体表温度降低，散热量明显下降，同时，使竖毛肌收缩，被毛竖立散热减少。在炎热环境时，交感神经兴奋性下降，皮肤血管舒张，血流量明显增加而使散热量明显增加。此外，体温升高或较强的温热性刺激作用于皮肤温度感受器时，引起下丘脑发汗中枢兴奋，并通过交感神经（胆碱能神经纤维）支配全身汗腺，引起汗液分泌。散热量增加。

（2）躯体神经系统 通过控制骨骼肌的紧张性和运动，影响机体产热和散热。环境寒冷时，刺激皮肤温度感受器，引起下丘脑寒战中枢兴奋，反射性引起全身骨骼肌肌紧张增强，发生寒战，产热量明显增加；反之骨骼肌肌紧张减弱，产热量减少。此外，环境温度刺激还可通过大脑皮层调节骨骼肌随意运动和动物的行为变化。如寒冷时，引起动物蜷缩身体，寻找温暖场所以减少散热，同时引起踏步运动等以增加产热。而炎热时，引起动物身体舒展，寻找阴凉场所以增加散热，随意运动减少以减少产热等。

（3）内分泌系统 通过调节甲状腺和肾上腺激素等内分泌激素来调节机体代谢而调节机体产热。如寒冷时，下丘脑通过垂体分泌促甲状腺素和促肾上腺皮质激素引起甲状腺素和肾上腺激素的分泌增加，甲状腺素、肾上腺素激素等可促进细胞代谢，增加产热。此外，寒冷引起交感神经兴奋，也可引起儿茶酚胺类激素分泌增加而使褐色脂肪组织细胞等代谢显著增强，产热量明显增加。

4. 体温调定点学说 关于体温恒定的调节原理可以用**体温调定点学说**来解释，该学说认为，下丘脑 PO/AH 中的温度敏感神经元起着体温调定点的作用。其中，热敏神经元随体温升高而活动增强，并引起机体发动产热反应；冷敏神经元随体温降低而活动增强，并引起机体发动散热反应。当机体体温处于某一数值（如37℃）时，热敏神经元活动引起的散热和冷敏神经元引起的产热正好保持平衡，这一温度值就是体温调节系统的调定点。正常情况下，机体调定点在37℃左右，这时，散热较少，产热也较少，产热和散热保持平衡且十分稳定。当体温超过调定点时，热敏神经元的活动显著增强，散热明显增加，而冷敏神经元的活动明显减弱，产热明显减少，从而使散热大于产热，体温逐渐降低，直至降到调定点为止；反之，冷敏神经元活动增强，而热敏神经元活动减弱，产热大于散热，使体温逐渐升高，直至升高到调定点为止。

临床上由致热源引起的发热就是体温调定点上移的结果。致病菌或吞噬细胞等释放的致热源使体温调定点上移，即下丘脑 PO/AH 中热敏神经元温度阈值升高，冷敏神经元的温度阈值下降。体温调定点的上移使机体正常体温低于新的体温调定点，从而使冷敏神经元活动明显增强，热敏神经元的活动显著减弱，引起机体产热增加，散热减少，直至体温达到新的体温调定点为止，使机体在新的体温调定点上维持产热和散热的相对平衡（图7-2）。因此，临床上在发热初期表现为身体发冷、恶寒、寒战等症状。当引起发热的因素去除后，升高的体温调定点又恢复到正常水平，则实际体温高于体温调定点，热敏神经元的活动显著增强，散热明显增加，而冷敏神经元的活动明显减弱，产热明显减少，从而使散热大于产热，体温逐渐降低，直至降至正常水平。因此，临床上在退热过程中，机体表现为皮肤血管舒张、大汗等散热反应症状。

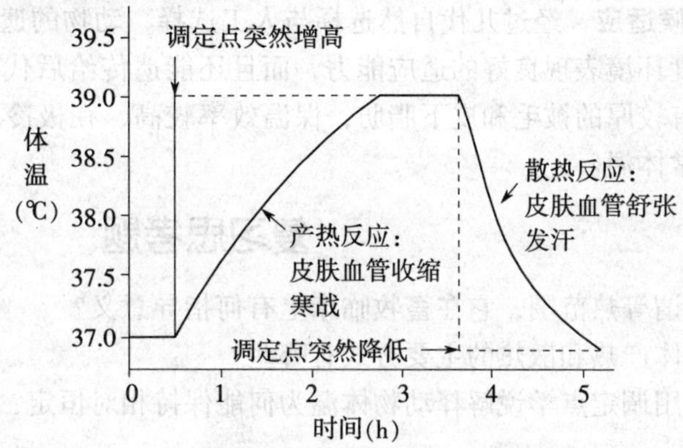

虚线：调定点变化 实线：实际体温变化

图 7-2 调定点的变化对机体产热和散热的影响

四、家畜对高温与低温的耐受能力和适应

（一）家畜的耐热与耐寒

动物因种类、品种、年龄等不同，耐热与耐寒性能也不同。

1. 家畜的耐热性能 多数动物耐热性较差。骆驼耐热能力最强，在供应充足饮水情况下，可长期耐受炎热而干燥的环境。它主要通过增强体表蒸发散热和使体温升高来进行调节。绵羊也有较强的耐热能力，其主要调节方式是热性喘息，通过呼吸道蒸发散热。马属动物因汗腺发达也有较强的耐热能力，它主要通过分泌汗液进行散热。牛耐热性较差，特别是奶牛耐热性更低，当环境温度超过 26℃时，即可引起明显的热应激反应，采食量明显降低，生产性能明显下降。水牛因汗腺不发达，耐热性较差，主要通过水浴而散热。猪因汗腺不发达、皮脂较厚等而耐热性较弱，当环境温度超过 30～32℃时即可引起体温升高。

2. 家畜的耐寒性能 大多数家畜耐寒性能较强，一般比耐热能力大得多。牛、马、绵羊在 -18℃时仍能维持体温正常，乳牛在 -15℃时仍维持正常产奶。猪的耐寒性较弱，成年猪在 0℃的环境中难以持久维持体温正常。幼龄动物耐寒性能一般都显著低于成年动物。如仔猪在 0℃的环境中 2h 就将陷入昏睡。

（二）家畜对高温与低温的适应

动物较长期处于寒冷或炎热环境中，一年中季节性温度变化，动物由寒带（或热带）迁入热带（或寒带）时，初期可通过各种调节机制维持体温稳定，随后发生不同程度的适应现象。

1. 习服 动物短期（通常数周到数月）生活在超常温度环境（寒冷或炎热）中所发生的适应性反应。如冷习服时，动物产热由寒战性产热为主转为非寒战性产热为主。肾上腺素、甲状腺素等激素含量明显增加，代谢增强，产热量明显增加。热习服时，机体发汗速率明显增加，皮肤血管舒张，机体散热量明显增加。

2. 风土驯化 机体随季节性变化发生的对环境温度的适应。如动物由夏季经秋季到冬季的过程中，其代谢率改变不大，产热并未明显增加，甚至产热量降低，而是通过改变被毛（脱去粗、短、稀、直的夏毛，换成细、密、长的夏毛）、增加皮下脂肪厚度、收缩皮肤血管等方式，降低机体散热量而维持正常体温。

3. 气候适应 经过几代自然选择与人工选择，动物的遗传特性发生变化，不仅本身对当地的温度环境表现良好的适应能力，而且还能遗传给后代，成为该种或品种的特点。如寒带动物有较厚的被毛和皮下脂肪，保温效率较高，在极冷的条件下，不必提高代谢率即可维持正常体温。

复习思考题

1. 何谓等热范围，它在畜牧临床上有何指导意义？
2. 机体产热和散热的主要方式有哪些？
3. 试用调定点学说解释动物体温为何能保持相对恒定？

第八章

泌　　尿

动物机体在新陈代谢过程中，不断产生对自己无用或有害的代谢终产物，如果它们在体内聚集，就会妨碍正常的生理机能，甚至危及生命。因此，机体必须通过排泄活动将它们及时排出体外。排泄是指机体内物质代谢的终产物和进入体内的各种异物（包括药物等），经血液循环，由排泄器官排出体外的过程。生理学认为只有通过血液循环把排泄物排出体外的过程才属于排泄，至于由大肠排出的饲料残渣，因并未进入血液，所以不属于生理排泄物。

机体的排泄途径有4种。

（1）由呼吸器官排出　排泄物主要是二氧化碳、少量水和一些挥发性物质。

（2）由消化道排出　排泄物混合于粪便中，如经肝脏排入肠腔的胆色素以及经大肠黏膜排出的一些无机盐类（钙、镁、铁等）。

（3）由皮肤排出　皮肤依靠汗腺分泌排出一部分水、少量尿素和盐类。马的汗液中还含有血浆蛋白。

（4）由肾脏排出　以尿的形式排泄代谢产物，这是机体最重要的排泄途径，因为尿中所含的排泄物种类最多，数量最大。体内大部分代谢产物及进入体内的异物、药物等都可随尿排出体外。

另外，肾脏还通过尿液的生成调节细胞外液容量和渗透压的相对稳定以及参与酸碱平衡的调节，因而对维持机体内环境的相对恒定起着十分重要的作用。

第一节　肾脏的结构和血液循环特点

一、肾脏的组织结构特点

肾脏的结构与功能的基本单位是肾单位。肾单位与集合管共同完成泌尿功能。集合管不包括在肾单位内，但在功能上与肾单位密切相关。

（一）肾单位

肾单位由肾小体和肾小管两部分组成（图8－1）。

1. 肾小体　肾小体由肾小球和肾小囊组成，散在于皮质部。肾小球为一团盘曲的毛细血管网，其两端分别与入球小动脉和出球小动脉相连。整个肾小球是一种超过滤装置，它能够控制血浆滤出的成分和数量。肾小球外的包囊称为**肾小囊**，是由肾小管盲端膨大凹陷而构成的杯状囊，包在肾小球的周围。囊壁分为两层：内层（脏层）和外层（壁层），两层之间有一间隙，即肾囊腔，与肾小管管腔相通，可收容从肾小球滤出的滤液（图8－2）。

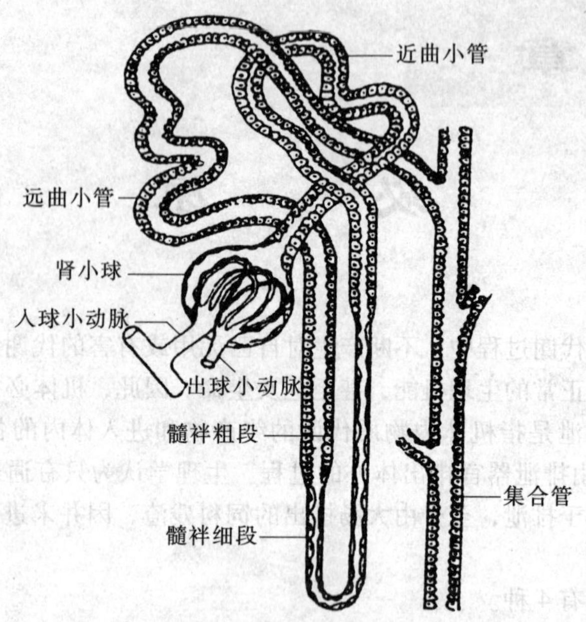

图 8-1　肾单位示意图

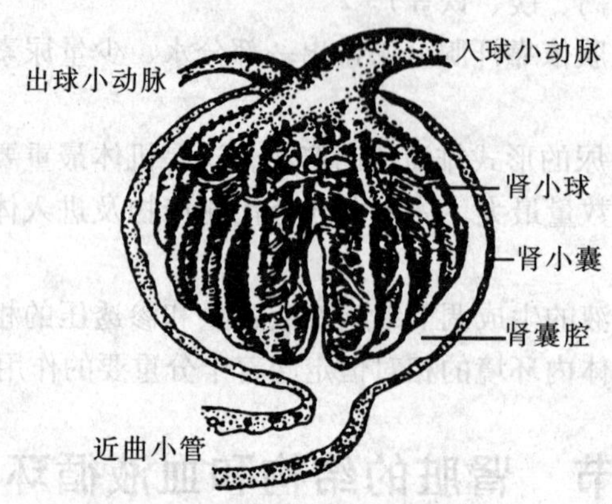

图 8-2　肾小体模式图

2. 肾小管　肾小管是一条细长、弯曲的微细管道，分布于肾皮质部和髓质部，始于肾囊腔，止于集合管，由近球小管（包括近曲小管和髓袢降支粗段）、髓袢细段（包括髓袢降支细段和髓袢升支细段）和远球小管（包括髓袢升支粗段和远曲小管）3 部分组成。远曲小管的末端与集合管相通连。

肾单位的组成可归结如下。

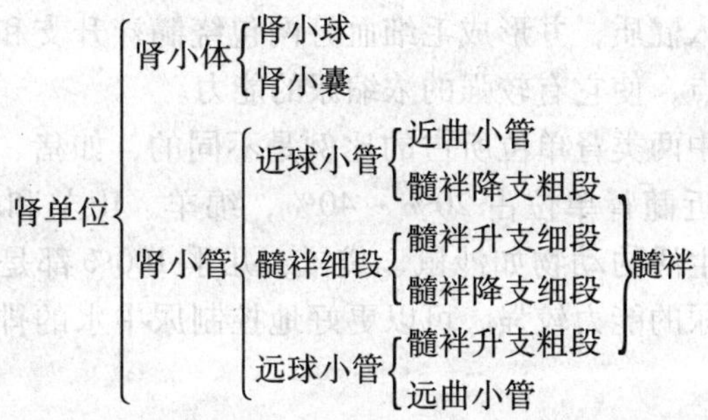

肾单位数量因动物的种类不同而各异，牛约为800万个，猪220万个，犬80万个，猫40万个，鸡80万个。

3. 集合管 集合管虽然不包括在肾单位内，但功能上却和肾单位密切相关，它在尿的生成过程中，特别是尿浓缩过程中起重要作用。集合管由数条远曲小管汇合而成，许多集合管又汇入乳头管并开口于肾盂乳头，最后尿液经肾盏、肾盂、输尿管而进入膀胱，再由膀胱排出体外。

（二）皮质肾单位和近髓肾单位

根据肾小体所在部位不同，肾单位可分为皮质肾单位和近髓肾单位两类（图8－3）。

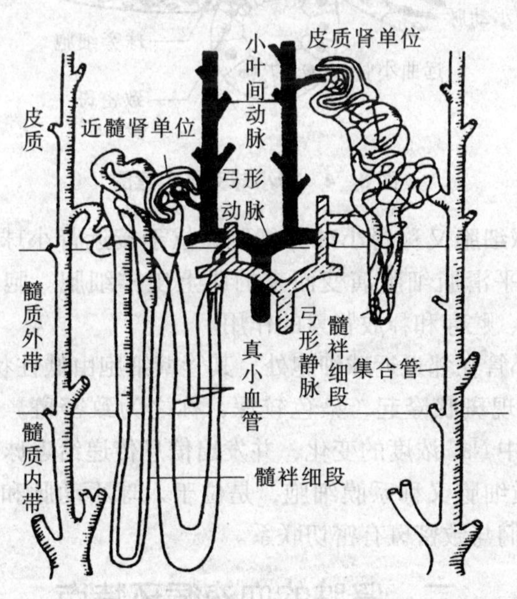

图8－3 两类肾单位和肾血管示意图

1. 皮质肾单位 皮质肾单位位置较浅表，肾小体和肾小管几乎都在肾皮质。髓袢很短，一般只伸入髓质外带，甚至达不到髓质。故又称短袢肾单位。皮质肾单位肾小球体积小，入球小动脉的口径比出球小动脉粗，其口径比约2：1，出球小动脉再分成毛细血管后几乎全部分布到皮质部分的肾小管周围。

2. 近髓肾单位 近髓肾单位位置较深，肾小体和肾小管都靠近髓质部，肾小球体积较大，髓袢很长，可深入到髓质内带，甚至可达肾盂乳头，故又称长袢肾单位。出球小动脉不仅形成缠绕邻近的近曲小管和远曲小管的毛细血管网，而且还形成细而长的“U”字形直小血管。直小血管深入髓质，并形成毛细血管网包绕髓袢升支和集合管。近髓肾单位和直小血管的这些结构特点，使它有较强的浓缩尿的能力。

不同种类的动物肾中两类肾单位所占的比例是不同的，如猪、鹿和象，几乎全是皮质肾单位，马、牛和驴的近髓肾单位占20% ~40%，绵羊、山羊和骆驼的近髓肾单位可达40% ~80%，而在沙漠生活的动物如沙鼠、袋鼠，几乎100%都是近髓肾单位。近髓肾单位较多的动物，其浓缩尿的能力较强，可以更好地控制尿中水的排出，这也许是它们能够耐旱的一个原因。

（三）肾小球旁器

肾小球旁器（JGA）又称近球小体，由近球细胞、致密斑和间质细胞所组成（图8-4）。

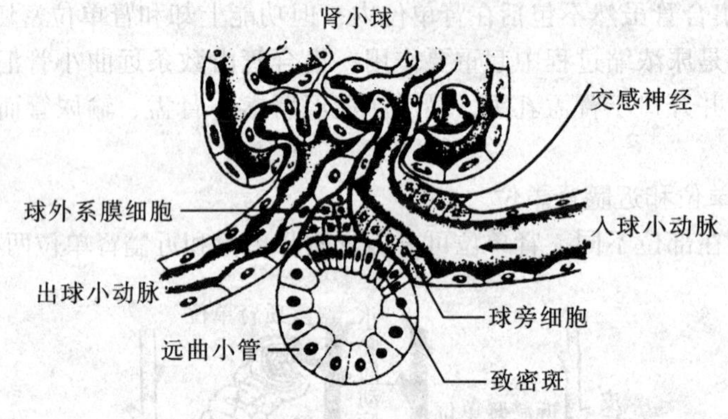

图8-4　肾小球旁器示意图

1. 近球细胞　**近球细胞**又称**肾小球旁细胞**，位于接近肾小球的入球小动脉的血管壁内，是由管壁中膜内的平滑肌细胞演变而来的肌上皮样细胞。胞质内含有肾素的分泌颗粒，近球细胞具有生成、贮存和释放肾素的作用。

2. 致密斑　远曲小管在邻近近球细胞处，其管壁细胞由低柱状转变为细而长的高柱状细胞，细胞核密集，呈现斑状隆起，染色较深，称之为致密斑。致密斑是一种化学感受器，能感受远球小管液中Na^+浓度的变化，并发出信息传递给近球细胞，调节肾素的释放。

3. 间质细胞　间质细胞又称系膜细胞，是位于入球小动脉和出球小动脉之间的细胞群，具有吞噬功能，它们与致密斑有密切联系。

二、肾脏的血液循环特点

（一）肾脏的血液循环特点

1. 血压高，血流量大，分布不均匀　由于肾动脉直接来自腹主动脉，管径粗短，因此，肾血流量大，血压高。据测定，肾血流量占心输出量的20% ~30%，其中，94%的血液供应皮质部，4%供应外髓部，仅1%供应内髓部。

2. 形成二次毛细血管网　肾脏血管循环过程中形成肾小球毛细血管网和肾小管毛细血管网二次毛细血管网。

①肾小球毛细血管介于入球小动脉和出球小动脉之间。皮质肾单位的入球小动脉粗而短，阻力小；出球小动脉细而长，阻力大，致使肾小球毛细血管血压维持在较高的水平，

这有利于肾小球的滤过作用。

②皮质肾单位的出球小动脉在离开肾小球后再次分支形成毛细血管网，围绕在肾小管周围。由于肾小球滤过作用，使这套毛细血管中血压较低，而血浆胶体渗透压却较高，这为肾小管发挥重吸收作用创造了条件。近髓肾单位的出球小动脉在离开肾小球后，再分支形成两种小血管：一种是毛细血管网，缠绕在肾小管周围，与肾小管的重吸收作用有关；另一种是U形直小血管，与髓袢并行伸入肾髓质部，它对于维持髓质组织间液的渗透梯度有一定作用，与尿液浓缩有关（图8－3）。

（二）肾血流量的调节

1. 肾血流量的自身调节 肾脏血管有很强的自身调节能力，在没有外来神经支配的条件下，当动脉血压在80～100mmHg（10.7～24.1kPa）范围内波动时，肾血流量仍能保持相对恒定。

关于肾血流量的自身调节机制，有人提出肌源学说和管－球反馈来解释。肌源学说认为，在一定范围内，肾小球入球小动脉平滑肌的紧张性，能随着肾动脉血压的变化而发生相应的舒缩反应。当肾动脉血压升高时，入球小动脉平滑肌的紧张性增强，血管收缩，血流量并不增多；而当肾动脉血压降低时，入球小动脉平滑肌的紧张性下降，血管舒张，血流量不致减少。当血压变动过大时，超过自身的调节范围，肾血流量也会随着全身血压的变化而变化。

管－球反馈是指肾血流量和肾小球滤过率增加或减少时，到达远曲小管致密斑的小管液的流量随之增减，致密斑能感受小管液中NaCl含量的改变，发出信息，使肾血流量和肾小球滤过率减少或增加。小管液流量变化影响肾血流量和滤过率的现象称**管－球反馈**。

2. 肾血流量的神经和体液调节 肾脏血管受交感神经支配，肾交感神经活动加强时，肾血管主要是入球和出球小动脉收缩，肾血流量减少。肾上腺素、去甲肾上腺素、血管升压素和血管紧张素都能使肾血管收缩，前列腺素可使肾血管舒张。

在紧急情况下，机体通过神经和体液调节减少肾血流量，全身血液将重新分配，使分配到脑、心等重要器官的血流量增加，这对维持脑和心脏的生理机能有重要意义。

第二节 尿的生成

一、尿的理化性质及组成

尿是血浆通过肾单位的作用生成的。因此，尿的理化特性和化学组成的变化不仅能反映泌尿系统的机能状态，而且在一定程度上也代表着全身机能活动状态，故在兽医临床诊断中常以尿液检查作为诊断一些疾病的主要辅助手段，在畜牧生产上也以分析尿液作为家畜代谢平衡试验和制定家畜饲料标准的重要参考依据。

（一）尿的理化特性

1. 颜色 各种家畜尿的颜色不同，与其中所含色素（尿色素、尿胆素）的数量多少有关。马尿一般呈黄白色，黄牛尿为淡黄色，水牛和猪尿色淡如水样。尿经放置后，因其中的尿色素原被氧化，颜色变深。

2. 透明度 多数家畜新排出的尿都是清亮透明，但马、驴、骡的尿因含有大量碳酸钙、不溶性磷酸盐及黏蛋白而混浊，当静置时，尿的表面可形成一层明亮的碳酸钙薄膜，其底层出现黄色沉淀。

3. 密度 正常家畜尿的密度与尿量及溶解于尿中的固体物的量有关。若家畜饮水过多，尿量增加，固体成分就减少，尿密度降低；相反，饮水过少或大量出汗，尿量减少，固体成分增多，尿密度升高。各种家畜正常尿的相对密度见表8－1。

表8－1 正常动物尿的相对密度

动物	尿的相对密度	动物	尿的相对密度
马	1.025～1.055	骆驼	1.030～1.060
牛	1.025～1.055	犬	1.025～1.050
绵羊	1.025～1.070	猫	1.025～1.040
山羊	1.015～1.070	兔	1.010～1.015
猪	1.018～1.050		

4. 酸碱度 各种动物尿的酸碱度不同，主要与食物性质有关。草食动物采食的植物性饲料中含有大量的柠檬酸、苹果酸、乙酸等的钾盐，这些物质在体内氧化时，生成碳酸氢钾随尿排出，所以，尿呈碱性反应。肉食动物采食的蛋白质饲料，在体内代谢生成硫酸、磷酸等，这些酸一部分随尿排出，使尿呈酸性反应。杂食动物的尿有时呈酸性，有时呈碱性，这主要取决于饲料的性质。健康动物尿的酸碱度见表8－2。

表8－2 健康动物尿的酸碱度

动物	pH值	动物	pH值
马	7.2～8.7	狗	5.7～7.0
牛	7.7～8.7	兔	8.0
猪	6.5～7.8	母鸡	5.0
山羊	8.0～8.5	鸭	6.8

（二）尿的化学组成

尿中的水分占96%～97%，固体物占3%～4%。固体物中包括有机物（占60%）和无机物（占40%）。尿中的无机物主要是钾、钠、钙、镁的氯化物、硫酸盐、磷酸盐和碳酸氢盐；尿中的有机物大部分是蛋白质和核酸的代谢终产物，如尿素、尿酸、肌酸酐、马尿酸、嘌呤碱等。此外，尿中还含有少量的其他有机物，如色素、草酸、乳酸、低级脂肪酸（乙酸、丁酸）、某些激素、维生素和酶等。

尿液的理化性质及组成常因动物的种类、品种和个体差异而稍有差异，同一个体也可因饲料性质、饮水量、气候等条件而使尿的性质有所变动。因此，在做尿液检查时应考虑这些因素。

二、尿的生成过程

尿液来自血液，但两者成分有很大差异。如血浆中有蛋白质和葡萄糖，而尿中没有；尿中的盐类、尿素、尿酸、肌酸酐等物质的浓度要比血浆大几倍甚至几十倍。这些差别的原因是由于尿液是血浆经过肾单位和集合管的协同作用所形成的。尿液生成的过程包括两个过程：通过肾小球的滤过作用形成原尿以及通过肾小管、集合管的重吸收、分泌和排泄作用形成终尿。

（一）肾小球的滤过作用

当血液流经肾小球时，除血细胞和大分子蛋白质外，血浆中的其他成分，如水、无机盐、葡萄糖等，包括少量小分子蛋白质，都能通过肾小球滤过膜而进入肾囊腔内，这种滤过液称为**原尿**。原尿和血浆的成分相比，除原尿中的蛋白质含量为0.03%，而血浆中的含量为8%外，其他离子和晶体物的浓度、酸碱度、渗透压等基本是一致的。因此，就原尿本身而言，它是一种基本上不含蛋白质的血浆滤过液（表8－3）。

表8－3 血浆、原尿和尿成分比较表

成分	血浆（%）	原尿（%）	尿（%）	尿中浓缩倍数
水	90	98	96	—
蛋白质	8	0.03	0	—
葡萄糖	0.1	0.1	0	—
Na^+	0.33	0.33	0.35	1.1
K^+	0.02	0.02	0.15	7.5
Cl^-	0.37	0.37	0.6	1.6
$H_2PO_4^-$、HPO_4^{2-}	0.004	0.004	0.15	37.5
尿素	0.03	0.03	1.8	60.0
尿酸	0.004	0.004	0.05	12.5
肌酐	0.001	0.001	0.1	100.0
氨	0.000 1	0.000 1	0.04	400.0

1. 肾小球滤过膜及其通透性 肾小球滤过膜及其通透性是肾小球滤过作用的结构基础。

肾小球滤过膜是介于肾小球毛细血管腔和肾囊腔之间的结构总称。在电镜下可见此膜有3层结构：肾小球毛细血管内皮细胞、紧贴在内皮细胞之外的基膜和肾小囊脏层上皮细胞。3层膜上均存在小孔或裂隙，大小由4～8nm至50～100nm不等，因而，具有较大的通透性。其中，以基膜上的微孔最小，是构成肾小球滤过作用的机械屏障。此外，滤过膜各层都覆盖着一层带负电荷的物质（主要是糖蛋白），能限制带负电荷的物质滤出，形成肾小球滤过的电学屏障，所以，同样大小的分子，带正电荷者容易通过，中性者次之，而带负电荷者难于通过。

血浆中的物质能否通过滤过膜，取决于物质的有效半径及其所带的电荷。研究表明，凡分子量小于6 000，有效半径小于1.8nm的带正电荷或呈电中性的物质，如水、Na^+、尿素、葡萄糖等均可自由通过；分子量大于6 900，有效半径大于或等于3.6nm的大分子物质，即使带正电荷，也难以通过。虽然血浆蛋白的分子量为6 900，有效半径为3.5nm，但由于其带负电荷，也不能通过。进一步研究发现，机械屏障的作用要大于电学屏障的作用，故Cl^-、$H_2PO_4^-$、HCO_3^-、SO_4^{2-}等带负电荷的微小物质也能通过。

2. 肾小球的有效滤过压 肾小球滤过的动力量是滤过膜两侧的压力差，这种压力差称为**肾小球有效滤过压**，作用于肾小球滤过膜两侧的力主要由4部分组成，即肾小球毛细血管压、滤过液的胶体渗透压、血浆的胶体渗透压和肾小囊内压。前两者是推动肾小球滤出的力量，后两者是阻止肾小球滤出的力量。由于滤过膜对血浆蛋白质几乎不通透，故滤过液的胶体渗透压可忽略不计（图8－5）。因此，肾小球有效滤过压＝肾小球毛细血管血压－（血浆胶体渗透压＋囊内压）

微穿刺法测定发现，慕尼黑大鼠入球小动脉和出球小动脉的血压几乎相等，为45mmHg（6.00kPa），囊内压较为恒定，为10mmHg（1.33kPa）。因此，有效滤过压主要取决于血浆胶体渗透压的大小。由于血液流向出球小动脉的过程中，水分和晶体物质不断被滤出，使血浆中的蛋白质浓度相对增加，血浆胶体渗透压逐渐升高，有效滤过压逐渐下降。在入球小动脉端，肾小球毛细血管内的血浆胶体渗透压为25mmHg（3.33kPa），则入球小动脉端有效滤过压＝45－（10＋25）＝10mmHg，当血浆胶体渗透压升高至35mmHg（4.67kPa）时，有效滤过压下降至零，肾小球滤过停止，即达到了**滤过平衡**。

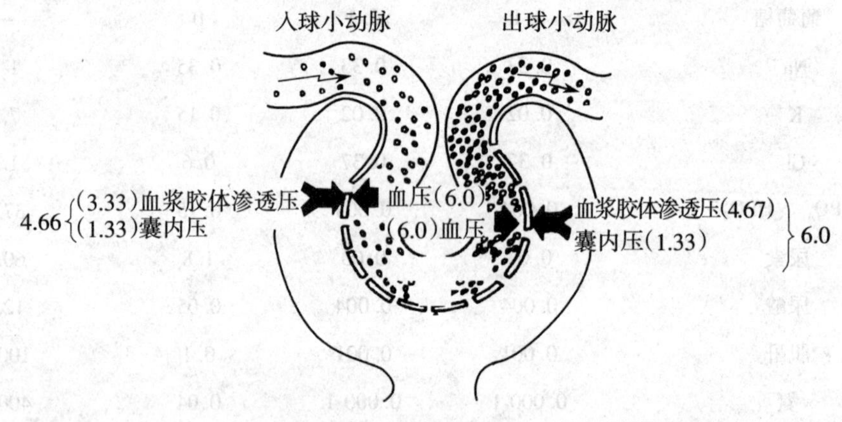

图8－5 肾小球有效滤过压示意图（单位：kPa）

由此可见，并非肾小球毛细血管全段都有滤过作用，只有当有效滤过压为正值的血管段才发生滤过作用。滤过平衡越靠近出球小动脉，有效滤过的毛细血管越长，滤过面积越大，滤过率越高。

3. 肾小球滤过率和滤过分数 单位时间（每分钟）内两侧肾脏生成的原尿量称为**肾小球滤过率（GFR）**，两侧肾脏形成的原尿量与同一时间流经两侧肾小球的血浆量之比称为**滤过分数**。虽然动物的滤过分数约1/6～1/4，但由于肾脏血流量大，一昼夜生成的原尿量还是很大的。据测定，牛一昼夜原尿生成量约450L，绵羊约120L，山羊约110L，猪约144L，马约550L，犬约105L。

肾小球滤过率和滤过分数是衡量肾小球滤过功能的重要指标。

4. 影响肾小球滤过的因素 肾小球滤过率的大小主要受滤过膜的面积及其通透性、有效滤过压的影响。

(1) 肾小球滤过膜的通透性和滤过面积 在正常情况下，肾小球滤过膜的通透性和滤过面积相对稳定，对滤过影响不大。但在病理情况下，如急性肾小球肾炎时，滤过膜增厚，孔径变小，机械屏障作用增强，肾小球毛细血管管腔变窄或阻塞，有效滤过面积明显减少，通透性下降，造成肾小球滤过率下降，出现少尿或无尿。而在缺氧、中毒等病理条件下，由于毛细血管内皮细胞坏死、脱落及滤过膜中的糖蛋白减少，电学屏障作用减弱，原来不能滤出的血浆蛋白或红细胞也可进入囊腔，出现蛋白尿或血尿。

(2) 肾小球有效滤过压 在构成肾小球有效滤过压的 3 个因素中，任何一个因素发生变化，都会使有效滤过压改变，从而影响肾小球的滤过作用。

①肾小球毛细血管血压 当动物因创伤、失血、烧伤等原因而引起全身血压下降，或者在入球小动脉收缩、阻力加大时，肾小球毛细血管血压降低，致使有效滤过压减小，于是滤过率降低，原尿生成减少，终尿也减少。

②血浆胶体渗透压 在正常情况下，血浆胶体渗透压一般变化不大。快速静脉注射大量生理盐水时，可使血浆胶体渗透压减小，肾小球滤过率增大，尿量增多。

③肾小囊内压 在正常情况下，囊内压较稳定。当出现肾结石、肿瘤或其他原因引起输尿管阻塞时，尿液积聚，囊内压升高，致使有效滤过压下降，肾小球滤过率降低。

(3) 肾血浆流量 肾血浆流量主要影响滤过平衡的位置。当肾血浆流量加大时，血浆胶体渗透压上升速度减慢，滤过平衡位置靠近出球小动脉端，有效滤过压和滤过面积增加，滤过率随之增加；反之，则出现相反的结果。在临床上，当静脉输入大量生理盐水或5%葡萄糖溶液时，肾血浆流量增加，肾小球毛细血管内血浆胶体渗透压升高的速度和有效滤过压下降的速度均减慢，产生滤过作用的毛细血管长度增加，肾小球滤过率增多。相反，当机体严重缺氧、中毒性休克时，交感神经兴奋，肾血浆流量显著减少，滤过率也减小。

(二) 肾小管和集合管的重吸收、分泌和排泄作用

原尿生成后，进入肾小管，称为**小管液**。小管液在流经肾小管和集合管时，其中的水分和有用物质将全部或部分地被管壁上皮细胞重吸收回血液，称为**肾小管和集合管的重吸收作用**。与此同时，管壁上皮细胞也将本身产生的物质或血液中的物质分泌或排泄至管腔中，称为**肾小管和集合管分泌和排泄作用**。经过上述两个环节后，小管液的量和成分发生改变，从而变成终尿。从量上来看，终尿的量只是原尿量的1/150～1/100；从质上来看，小管液中有的物质全部被重吸收（如葡萄糖），有的物质部分被重吸收（如水、Na^+和K^+等），有的则完全不被重吸收（如肌酐），所以常称为**选择性重吸收作用**。

1. 肾小管和集合管的重吸收作用 肾小管和集合管上皮细胞具有强大的重吸收能力，原尿流经肾小管和集合管时，选择性地将大部分水、无机盐和有用的物质重吸收回血液。

(1) 重吸收方式 肾小管和集合管的重吸收方式分为：主动重吸收和被动重吸收，主动重吸收根据能量提供情况，又分为原发性和继发性主动重吸收两种，继发性主动重吸收根据转运体不同又可分为同向转运和逆向转运（详见第二章）。

(2) 各段肾小管和集合管的重吸收

1) 近球小管 是大部分物质的主要重吸收部位，滤过液中约67%Na^+、Cl^-、K^+和水

在这里被重吸收，还有 85% 的 HCO_3^- 以及全部的葡萄糖、氨基酸都在此被重吸收。

①Na^+ 和 Cl^-　Na^+ 和 Cl^- 在流经近球小管时重吸收 65% ~70%，有主动吸收（2/3）和被动吸收（1/3）两种方式。主动方式常用**泵 – 漏模式**来解释（图 8 – 6）：细胞基底侧细胞膜上的 Na^+ 泵将 Na^+ 泵入细胞间隙，使细胞内 Na^+ 浓度下降，小管液中的 Na^+ 顺电化学梯度进入细胞内。Na^+ 进入细胞间隙，渗透压升高，水分进入，静水压升高，促使 Na^+ 进入血液，并使部分 Na^+ "漏" 回小管液。同时，伴随葡萄糖、氨基酸的吸收，或者进行 $Na^+ - H^+$ 交换（同小肠吸收）。

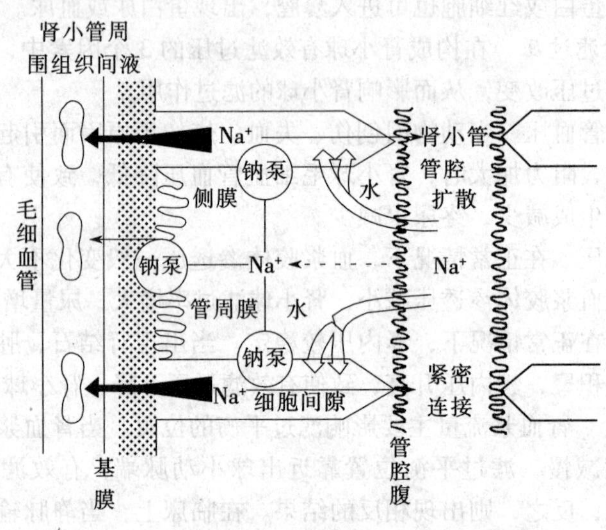

图 8 – 6　Na^+ 重吸收的泵 – 漏模式示意图

在近球小管 Cl^- 的重吸收伴随 Na^+ 的主动重吸收而被动重吸收。但在近球小管前段，Cl^- 的重吸收速度比 HCO_3^- 慢，因而在近球小管后段，Cl^- 浓度比细胞间隙中高 20% ~40%，使 Cl^- 沿细胞旁路进入细胞间隙，并吸引 Na^+ 沿细胞旁路进入细胞间隙。

②水　67% 左右的水在近球小管被重吸收。水的重吸收是在渗透压差作用下而被动吸收。属于等渗重吸收，与体水是否缺乏无关。

③HCO_3^-　肾小球滤出的 HCO_3^-，80% ~85% 在近球小管重吸收。HCO_3^- 的重吸收是与 H^+ 的分泌和 Na^+ 的主动重吸收密切相关（图 8 – 7）。HCO_3^- 的吸收过程同小肠吸收过程基本相似。小管液中的 HCO_3^- 是以 Na^+ 盐的形式存在的，通常解离成 HCO_3^- 和 Na^+。HCO_3^- 不能通过上皮细胞管腔膜进入细胞内，它必须先与 H^+ 结合成 H_2CO_3，H_2CO_3 再解离成 CO_2 和 H_2O。CO_2 是脂溶性物质，可迅速扩散进入上皮细胞内，在碳酸酐酶的催化下再与水结合形成 H_2CO_3，H_2CO_3 再解离成 HCO_3^- 和 H^+，H^+ 与 Na^+ 与细胞膜上的逆向转运体结合，经 $Na^+ - H^+$ 交换再进入小管液，而 HCO_3^- 与 Na^+ 则进入血液生成 $NaHCO_3$。每分泌一个 H^+，就重吸收一个 Na^+ 和 HCO_3^-，而 $NaHCO_3$ 是体内重要的碱储备物质，因而肾小管有排酸保碱作用，它对于维持体内酸碱平衡具有十分重要的意义。

④K^+　绝大部分的 K^+ 在近球小管被重吸收。近球小管 K^+ 的重吸收是逆浓度差和电位差而进行的主动重吸收，但具体机制不详。

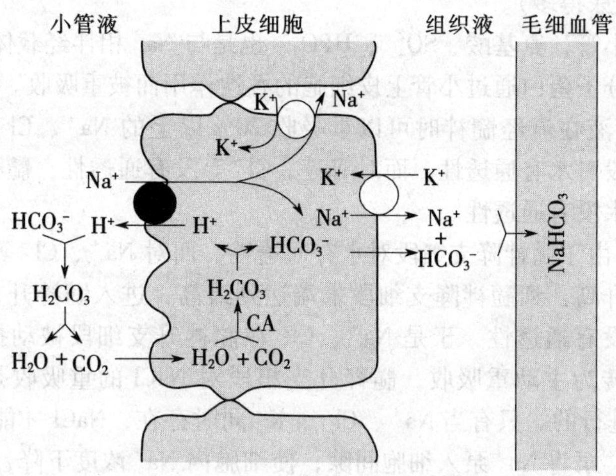

CA：碳酸酐酶 实心圆表示转运体，空心圆表示钠泵

图 8-7 HCO_3^- 重吸收示意图

⑤葡萄糖 葡萄糖重吸收的部位仅限于**近球小管**。正常情况下，小管液中的葡萄糖可以 100% 被重吸收回血液。葡萄糖的重吸收是与 Na^+ 耦联的继发性主动转运过程（图 8-8）。小管液中的葡萄糖和 Na^+ 与上皮细胞的同向转运体结合，Na^+ 易化扩散入细胞内，葡萄糖亦伴随进入细胞内，而后 Na^+ 被泵入组织液，葡萄糖则和管周膜上的载体结合，易化扩散至管周组织液再进入血液。

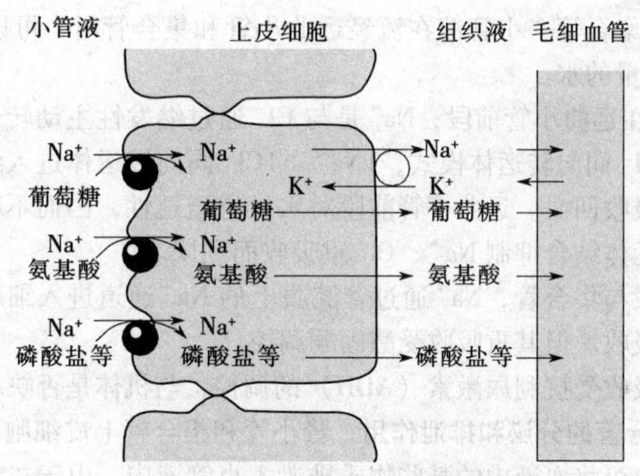

实心圆表示转运体，空心圆表示钠泵

图 8-8 葡萄糖、氨基酸等物质重吸收示意图

但是，肾小管对葡萄糖的重吸收能力是有一定限度（160～180mg/100ml）的，这可能是由于上皮细胞上同向转运体的数量是有限的，当所有同向转运体的结合位点都被结合而达到饱和时，葡萄糖的重吸收能力就达到极限。肾小管对葡萄糖的重吸收能力的最大限度称为**肾糖阈**，它是不出现糖尿的最高血糖浓度值。当血糖浓度超过肾糖阈时，多余的葡萄糖将不能被重吸收而留在小管液中，出现糖尿，同时，由于葡萄糖不能被全部重吸收，使小管液的渗透压升高，水的重吸收减少而尿量增加，因此，糖尿病患者临床特征为三多症

（吃得多，喝得多，尿得多）。

此外，在近球小管，氨基酸、SO_4^{2-}、HPO_3^{2-} 也是与 Na^+ 相伴经载体同向转运吸收。正常时滤过的少量小分子蛋白通过小管上皮细胞的吞饮作用而被重吸收。

2）髓袢　小管液在流经髓袢时可以重吸收 20% 以上的 Na^+、Cl^-、K^+ 和 10% 的水。其中，髓袢降支细段对水有通透性，而对 Na^+、Cl^- 等没有通透性；髓袢升支对 Na^+、Cl^- 等有通透性，而对水没有通透性。

①Na^+ 和 Cl^-　由于髓袢降支细段对水有通透性，而对 Na^+、Cl^- 等没有通透性，使小管液的渗透压逐渐升高，到髓袢降支细段末端达到最高，进入髓袢升支后对 Na^+、Cl^- 等有通透性，而对水没有通透性，于是 Na^+、Cl^- 在髓袢升支细段被动扩散进入组织间隙，到髓袢升支粗段时转为主动重吸收，髓袢升支粗段对 NaCl 的重吸收是以 $1Na^+ : 2Cl^- : 1K^+$ 同向转运模式进行的。只有当 Na^+、Cl^-、K^+ 同时存在，NaCl 才能被重吸收。细胞基底侧细胞膜上的 Na^+ 泵将 Na^+ 泵入细胞间隙，使细胞内 Na^+ 浓度下降，小管液中的 Na^+ 与管腔膜上的同向转运体结合，形成 $1Na^+ : 2Cl^- : 1K^+$ 同向转运体复合物，同向转运体复合物顺电化学梯度进入细胞内。之后，$2Cl^-$ 进入细胞间隙，K^+ 返回小管液，Na^+ 经细胞旁路被动重吸收进入细胞间隙，这样通过钠泵活动，继发性主动重吸收 2 个 Cl^-，同时，伴随 $2Na^+$ 重吸收，其中，$1Na^+$ 主动重吸收、$1Na^+$ 经细胞旁路被动重吸收，因而节约 50% 能量。髓袢升支粗段对水没有通透性，因而不吸收水分。速尿、利尿酸等利尿剂可以与同向转运体结合而抑制盐的吸收而利尿。

②水　髓袢降支不能吸收 Na^+ 和 Cl^-，但能够吸收水分。10% 的水在髓袢降支细段被重吸收。

3）远曲小管和集合管　小管液在流经远曲小管和集合管时，可以重吸收 10% ~12% 的 Na^+、Cl^- 和一定量的水。

①Na^+、Cl^-　在远曲小管前段，Na^+ 是与 Cl^- 通过继发性主动转运被重吸收。其重吸收模式是 $1Na^+ : 1Cl^-$ 同向转运体模式，$1Na^+ : 1Cl^-$ 同向转运体进入细胞内，然后由钠泵泵出细胞而主动重吸收回血。远曲小管前段对水没有通透性，因而不吸收水分。噻嗪类利尿剂可以与同向转运体结合抑制 Na^+、Cl^- 重吸收而利尿。

在远曲小管后段与集合管，Na^+ 通过管腔膜上的 Na^+ 通道进入细胞，然后再由 Na^+ 泵泵至组织间液被重吸收。但其重吸收受醛固酮调控。

②水　水的重吸收受抗利尿激素（ADH）的调控，与机体是否缺水有关。

2. 肾小管和集合管的分泌和排泄作用　肾小管和集合管上皮细胞可将自身的代谢产物分泌至小管液中，也可将血液中的某些物质排泄入小管液中。由于二者都是将物质排入管腔，所以通常不严格区分，统称为**分泌**。进入体内的青霉素、酚红以及大部分利尿药，因与血浆蛋白结合在一起而不能通过肾小球滤出，主要由近球小管排入小管液。

①H^+ 的分泌　H^+ 的分泌由两种细胞完成。近球小管细胞通过 $Na^+ - H^+$ 交换分泌 H^+（参见 HCO_3^- 的重吸收）；远曲小管和集合管的闰细胞也可分泌 H^+，在此，H^+ 的分泌是一个逆电化学梯度进行的主动转运过程。细胞内 CO_2 和 H_2O 在碳酸酐酶催化下生成 H_2CO_3，H_2CO_3 进而解离成 HCO_3^- 和 H^+，H^+ 由管腔膜上的 H^+ 泵泵至小管液，HCO_3^- 则通过管侧膜进入血液中。这一过程也与体内酸碱平衡的调节有关。

②NH_3 的分泌　NH_3 主要由远曲小管和集合管上皮细胞在代谢过程中产生和分泌的。

如果机体发生酸中毒，近端小管也可以分泌 NH_3。小管上皮细胞中有谷氨酰胺酶和转氨酶，可使由血液进入上皮细胞中的谷氨酰胺和一些氨基酸脱氨而产生 NH_3，NH_3 是脂溶性物质，容易通过细胞膜扩散进入管腔，并与管腔中的 H^+ 结合成 NH_4^+，再与小管中的强酸盐（如 NaCl 等）的负离子结合生成酸性铵盐（NH_4Cl 等）随尿排出，强酸盐的正离子（如 Na^+）则与 H^+ 交换进入上皮细胞内，和 HCO_3^- 一起转运进入血液。因此，肾小管细胞分泌 NH_3，不仅有利于排 H^+，而且也促进了 $NaHCO_3$ 的重吸收（图 8－9）。

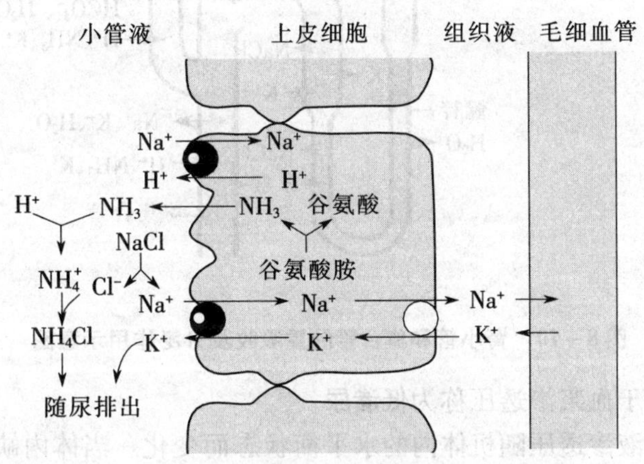

图 8－9　NH_3 分泌示意图

③K^+ 的分泌　K^+ 的分泌与 Na^+ 的重吸收密切相关。一方面，Na^+ 的主动重吸收是生电性的，使管腔内带负电位，这为 K^+ 的顺电位梯度分泌提供了动力（这种关系称为 **Na^+－K^+ 交换**），同时，Na^+ 的主动重吸收也提高了细胞内 K^+ 的浓度；另一方面，远曲小管和集合管的主细胞内 K^+ 浓度明显高于小管液，K^+ 可顺浓度梯度通过管腔膜上 K^+ 通道扩散入小管液。

④其他物质的排泄　血液中某些代谢产物如肌酐、对氨基马尿酸等，可以经肾小球滤过进入原尿，也可以由肾小管排泄进入小管液。肌酐是由肌肉中肌酸脱水或磷酸肌酸脱磷酸而来。血肌酐水平是衡量肾功能的一个重要指标。当肾小球滤过率降低或肾小管功能受损时，血肌酐含量增多。此外，进入体内某些物质如青霉素、酚红、速尿等在血液中大多与血浆蛋白结合进行运输，因而很少经肾小球滤过而排出，主要经近球小管主动排泄进入小管液中。

肾小管和集合管对各类物质的重吸收、分泌和排泄情况，可归纳如图 8－10。

第三节　尿液的浓缩与稀释

一、尿液的浓缩与稀释的意义

在生理学中，尿液的浓缩与稀释是根据尿液的渗透压与血浆渗透压相比较而确定的。尿液的渗透压与血浆渗透压相等或相近，称为**等渗尿**；尿液渗透压高于血浆渗透压称为**高**

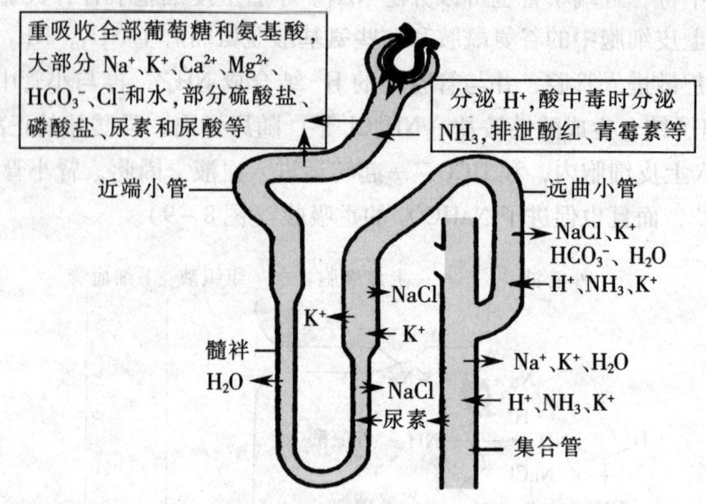

图 8-10　肾小管和集合管的重吸收及分泌作用示意图

渗尿；尿液渗透压低于血浆渗透压称为**低渗尿**。

正常情况下，尿液渗透压随机体内的水平衡状态而变化。当体内缺水时，肾小管和集合管对水的重吸收增加而对盐的重吸收减少，使尿液渗透压高于血浆渗透压称为**尿液被浓缩**；当体内水过多时，肾小管和集合管对盐的重吸收增加而对水的重吸收减少，尿液渗透压低于血浆渗透压称为**尿液被稀释**。可见尿液的浓缩与稀释是维持体内体液平衡及渗透压恒定的重要保证。

二、尿液的稀释

当小管液流经髓袢升支粗段时，大量 NaCl 以 $1Na^+ : 2Cl^- : 1K^+$ 同向转运体模式被重吸收，而对水没有通透性，因而不吸收水分，从而使小管液变成低渗液。低渗液流经远曲小管和集合管时，水的重吸收受抗利尿激素（ADH）控制，当体内水分增多时，ADH 分泌减少，使远曲小管和集合管对水的通透性很低，使水分重吸收减少，而 NaCl 继续被吸收，进而引起小管液渗透压进一步下降，使尿液被稀释。

三、尿液的浓缩

当低渗的小管液经远曲小管和集合管时，如果水分的重吸收明显增加，而盐的重吸收减少，则低渗的小管液逐渐变为高渗状态，尿液被浓缩。但小管液经远曲小管和集合管时，水分能否被大量重吸收，主要取决于两个因素：一个是有大量的抗利尿激素（ADH），一个是远曲小管和集合管外的组织液呈高渗状态。当机体缺水时，会刺激下丘脑的渗透压感受器，反射性引起抗利尿激素的大量分泌，使远曲小管和集合管对水的重吸收明显增大，因而尿液是否被浓缩就取决于远曲小管和集合管外的组织液是否呈高渗状态。20 世纪 50 年代，冰点降低法测定大鼠肾脏组织切片的渗透浓度，观察到髓质部组织液与血浆的渗透浓度之比，从外髓部向乳头部依次递增，分别为 2.0、3.0、4.0。具有明显的渗透浓度梯度（图 8-11）。

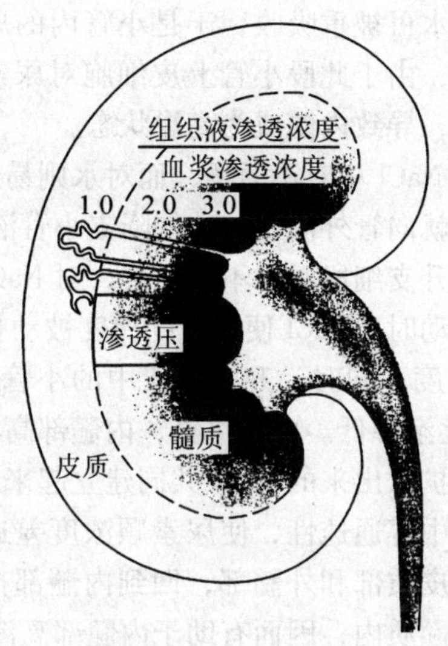

髓质颜色越深，表示渗透压越高

图 8-11　肾髓质渗透压梯度示意图

（一）肾髓质渗透压梯度的形成

1. 外髓部高渗梯度的形成　外髓部高渗梯度的形成主要是位于肾脏外髓部的髓袢升支粗段对 NaCl 主动重吸收所致（图 8-12 中 A）。由于该段对水不通透，故随着 NaCl 的主动重吸收，管内 NaCl 浓度逐渐降低，渗透压随之下降，而管周组织液的渗透压则升高。于是从皮质到近内髓部的组织间液形成了一个逐渐增高的渗透压梯度。

2. 内髓部高渗梯度的形成　在内髓部，渗透压梯度是由 NaCl 和尿素转运的双重因素产生的（图 8-12 中 A）。

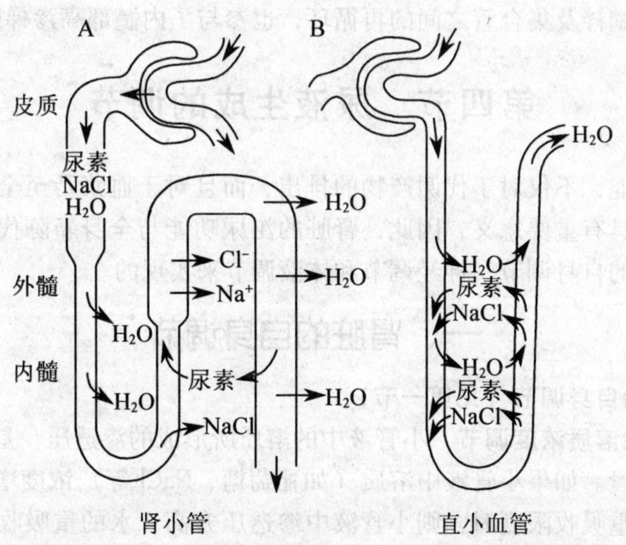

A：髓质渗透压梯度的形成　B：直小血管在渗透压梯度保持中的作用

图 8-12　尿浓缩机制示意图

①远曲小管及皮质部和外髓部的集合管对尿素不通透，当小管液流经该段时，在抗利

尿激素的作用下，小管液中的水可被重吸收，于是小管内的尿素被浓缩。当含有高浓度尿素的小管液流经内髓集合管时，由于此段小管上皮细胞对尿素有较大的通透性，尿素就顺浓度梯度向内髓组织间液扩散，导致内髓成为高渗状态。

②髓袢降支细段对尿素和 NaCl 相对不通透，而对水则易通透。由于整个髓部间质具有高的渗透压，则降支中的水分就向管外渗出，致使降支小管液中 NaCl 浓度越来越高，到髓袢转折处达最高值。由于髓袢升支细段对水不易通透，对 NaCl 的通透性则很高，所以小管液沿着升支细段向皮质方向流动时，NaCl 便顺浓度梯度被动扩散到内髓部组织间液，从而进一步增强了内髓质的渗透梯度。同时，升支细段中的小管液由内髓向外髓方向流动时，其中的 NaCl 浓度及渗透压会逐渐降低。由此可见，内髓部高渗梯度是由内髓部集合管扩散出来的尿素以及髓袢降支细段扩散出来的 NaCl 共同建立起来的。

③髓袢升支细段对尿素有中等通透性，使尿素顺浓度差进入髓袢升支细段，经髓袢升支粗段、远曲小管、集合管的皮质部和外髓部，回到内髓部扩散入组织中，形成了尿素再循环。这有利于将尿素滞留在髓质内，因而有助于内髓部高渗梯度的形成与维持。

（二）肾髓质渗透压梯度的维持

肾髓质依靠直小血管的逆流交换作用，保持高渗透梯度。直小血管与髓袢并行，当血液沿降支下行时，由于髓质组织间液中 NaCl 和尿素的浓度较高，于是 NaCl 和尿素便扩散进入血管降支，而降支血液中的水分则渗入髓质组织间液，所以，直小血管降支内的渗透压越来越高，到折返部达最高值。随后当血液流经直小血管的升支时，由于血液中 NaCl 和尿素的浓度大于组织液，于是 NaCl 和尿素又不断扩散进入髓质组织液，而周围组织液中的水则进入血液。这样，进入直小血管降支的 NaCl 和尿素，在直小血管的升支又返回组织间液中。通过这种逆流交换，肾髓质中的溶质被保留，当直小血管升支离开外髓部时，带走的只是过剩部分的溶质和水，从而使髓质高渗梯度得到了保持（图 8－12 中 B）。

另外，尿素在髓袢及集合管之间的再循环，也参与了内髓部高渗梯度的维持。

第四节　尿液生成的调节

肾脏的泌尿功能，不仅对于代谢产物的排出，而且对于血浆乃至全身体液平衡、水盐平衡及酸碱平衡都具有重要意义，因此，肾脏的泌尿功能与全身新陈代谢强度相适应，这种适应是通过肾脏的自身调节、神经调节和体液调节来实现的。

一、肾脏的自身调节

1. 肾血流量的自身调节（见第一节）

2. 小管液中的溶质浓度调节　小管液中的溶质所形成的渗透压，是阻碍肾小管和集合管重吸收水分的力量。如果小管液中溶质（如葡萄糖、NaCl 等）浓度增加，并超过肾小管和集合管对溶质的重吸收限度时，则小管液中渗透压升高，水的重吸收减少，于是尿量增加，这种现象叫做渗透性利尿。例如，糖尿病患者，由于小管液中葡萄糖浓度升高，超过了肾小管的重吸收限度，致使小管液渗透压升高，阻碍了水的重吸收，导致尿量增多。临床上有时使用能被肾小球滤出但不易被肾小管重吸收的药物，如静脉注射 20% 甘露醇溶液等，以增加小管液中溶质的浓度及渗透压，妨碍水分的吸收，借以达到利尿和消除水肿的目的。

3. 球－管平衡 不论肾小球滤过率多少，近球小管重吸收率始终保持一定比例，这种现象称为**球－管平衡**。一般重吸收率为65%～70%。其意义在于使尿中排出的水和溶质量不会因滤过率的变化而有较大波动。

球管平衡机理可能与肾脏血流量调节有关。当肾小球滤过率增加时，出球小动脉及其分支毛细血管的血流量减少，血浆胶渗压升高，从而加快重吸收的速度，吸收量增加，反之则吸收速度减慢。

球－管平衡在某些情况下也可被打破。如渗透性利尿时，近球小管重吸收率减少，而肾小球滤过率不受影响，重吸收率小于肾小球滤过率的65%～70%，排出的NaCl和尿量都会明显增多。

二、神经调节

肾血管主要受交感神经支配。肾交感神经兴奋时，肾血管收缩，肾血流量减少，尿量减少。其主要的作用机制有：

①引起入球小动脉与出球小动脉收缩，特别是入球小动脉收缩更强烈，从而使肾小球血流量下降，血压下降，有效滤过压降低。

②刺激近球小体中的颗粒细胞释放肾素，导致循环中的血管紧张素Ⅱ和醛固酮含量增多，增加肾小管对NaCl和水的重吸收。

③增加近球小管和髓袢对Na^+、Cl^-和水的重吸收。

三、体液调节

对尿液形成起主要调节作用的因素有：

1. 抗利尿激素（ADH） ADH又称血管升压素（AVP），由下丘脑视上核和室旁核神经元分泌，经下丘脑－垂体束被运到神经垂体释放入血液。ADH是调节尿液生成特别是尿液浓缩和稀释的关键性调节激素。其主要作用是：

①增加远曲小管和集合管对水的通透性，使水重吸收量增加，尿量减少。

②促进内髓部集合管对尿素的通透和促进髓袢升支粗段对NaCl主动重吸收，使内髓部渗透压提高，利于水分吸收。

引起ADH分泌的主要因素是血浆晶体渗透压、循环血量和动脉血压。

当血浆晶体渗透压升高时，刺激下丘脑的渗透压感受器，引起ADH分泌增加。如大量出汗、腹泻、呕吐时，导致机体脱水，使血浆晶体渗透压升高时，晶体渗透压感受器受刺激而兴奋，反射性地引起视上核和室旁核神经细胞分泌、神经垂体释放抗利尿激素增多，促进远曲小管和集合管对水的重吸收，尿液浓缩，水分排出减少，有利于血浆晶体渗透压恢复到正常范围。反之，若机体大量饮清水，则血液被稀释，血浆晶体渗透压降低，抗利尿激素分泌和释放减少，使远曲小管和集合管对水的重吸收作用减弱，于是大量水随尿排出。这种因大量饮用清水而引起的尿量增加，称为**水利尿**。

体内循环血量的变动也影响抗利尿激素的分泌和释放。在心房（特别是左心房）和胸腔大静脉壁上存在容量感受器，它们对循环血量的变动较敏感。当循环血量增多，并使心房和腔静脉扩张时，容量感受器受到刺激而兴奋，冲动沿迷走神经传到中枢，抑制抗利尿激素的分泌和释放，从而使排尿量增加。当循环血量减少时，发生相反的变化（图8－13）。如临床上静脉大量输入生理盐水等液体时，使循环血量增加，反射性引起ADH分泌减少，导致尿量增加；反之，机体严重脱水、大失血时，则引起ADH分泌增加，导致尿量减少。

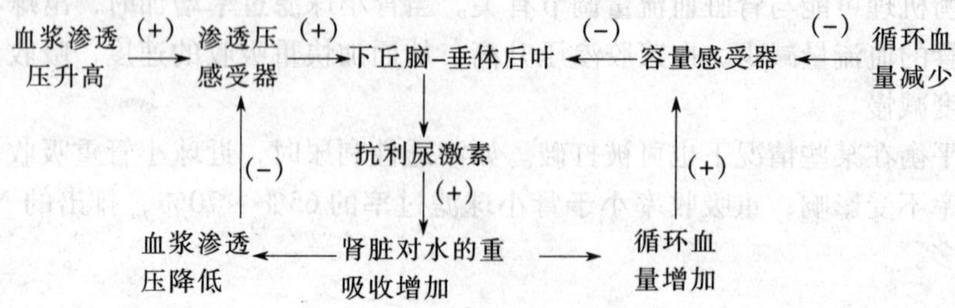

（＋）：兴奋作用　（－）：抑制作用

图8－13　抗利尿激素分泌调节示意图

动脉血压升高时，刺激颈动脉窦压力感受器，可反射性地抑制抗利尿激素的分泌和释放。此外，心房钠尿肽可抑制抗利尿激素的分泌和释放，血管紧张素Ⅱ则可刺激抗利尿激素的分泌和释放；疼痛、发怒、紧张等刺激都可增加抗利尿激素的释放量。

2. 肾素－血管紧张素－醛固酮系统（RAAS）　肾素是由近球细胞分泌的一种蛋白水解酶，能催化血浆中的血管紧张素原水解生成血管紧张素Ⅰ，血管紧张素Ⅰ在血液和组织中转换酶的作用下，分解成血管紧张素Ⅱ，血管紧张素Ⅱ被氨基肽酶水解为血管紧张素Ⅲ。其中，以血管紧张素Ⅱ的作用最强。和血管紧张素Ⅲ都具有刺激醛固酮分泌的作用，血管紧张素Ⅱ还可刺激垂体后叶释放抗利尿激素，从而增加水的重吸收。

血管紧张素Ⅱ对尿液的调节主要体现在：

①血管紧张素Ⅱ可以刺激肾上腺皮质部球状带的细胞合成、分泌醛固酮，间接起到保钠、保水、排钾的作用。

②刺激近球小管对NaCl重吸收。

③促进ADH释放。

引起肾素分泌的主要因素是动脉血压下降、循环血量减少，此外，交感神经兴奋、肾上腺素和去甲肾上腺素也可以促进肾素释放（图8－14）。

醛固酮对尿液的调节主要在于促进远曲小管和集合管对Na^+的重吸收和K^+的排出，即所谓的Na^+－K^+交换，因此醛固酮具有保Na^+排K^+作用。在Na^+重吸收增加的同时，对Cl^-和水的重吸收也增加。

醛固酮分泌主要受血管紧张素Ⅱ、血钾、血钠浓度影响。血K^+浓度升高和血Na^+浓度降低时，可直接作用于肾上腺皮质球状带，使醛固酮分泌增加，导致保Na^+排K^+，从而维持了血K^+和血Na^+浓度的平衡。醛固酮的分泌对血K^+浓度升高十分敏感，血K^+浓度仅增加0.5～1.0mmol/L即可刺激醛固酮分泌增加。

3. 心房钠尿肽（ANP）　心房钠尿肽由心房肌细胞合成和释放，具有明显的促进NaCl和水排出的作用。其作用机制是：

①抑制集合管对NaCl的重吸引。

②引起入球小动脉与出球小动脉舒张，特别是入球小动脉舒张更强烈，从而使肾小球

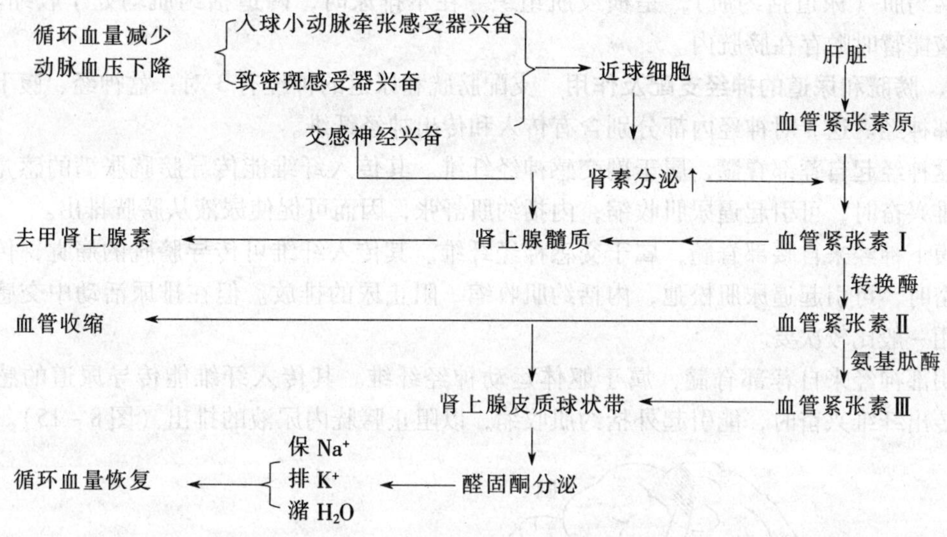

图8－14　肾素－血管紧张素－醛固酮系统示意图

血流量增加，肾小球滤过率增加。

③抑制肾素分泌。

④抑制醛固酮分泌。

⑤抑制 ADH 分泌。

综上所述，肾脏在生成尿液的过程中，通过肾单位和集合管的特殊生理活动规律，以及神经、体液因素对其活动的调控作用，完成排泄代谢废物以及调节机体内的水平衡、电解质平衡和酸碱平衡等功能，对维持机体内环境的相对稳定，起着极为重要的作用。因此，如果动物的肾脏功能发生异常或丧失，必然会导致动物体内环境的紊乱，甚至危及生命。

第五节　排尿

尿在肾脏内生成后，沿集合管进入肾盂，再流入输尿管，然后借助输尿管蠕动，流入膀胱暂时贮存。当膀胱中尿液积聚达一定数量时，就会反射性地引起排尿动作，使膀胱中的尿液经尿道排出体外。

1. 输尿管和膀胱的结构与机能　输尿管是把尿液由肾脏导入膀胱贮存的一对细长管道。其管壁具有丰富的平滑肌纤维，能发生蠕动。输尿管在进入膀胱处没有括约肌，而是斜穿膀胱壁开口于膀胱三角外侧角的黏膜。输尿管在膀胱壁内的一段在中型家畜中可达几厘米，平时保持关闭状态。当输尿管蠕动波到达末端时，其中的压力超过膀胱，驱使这一段输尿管开放，使尿液流进膀胱。排尿时，虽然膀胱内压明显超过输尿管，但由于膀胱三角肌收缩，使膀胱壁内的一段输尿管被压扁，故膀胱内的尿液不会逆向流入输尿管。

膀胱是贮尿器官，其肌层由多层平滑肌组成，合称逼尿肌。在膀胱和尿道相连处有两道括约肌。与膀胱口紧相邻的为内括约肌（膀胱括约肌），是平滑肌组织；接近尿道口的为外括约肌（尿道括约肌），是横纹肌组织。在不排尿时，两道括约肌均处于收缩状态，使尿液能暂时贮存在膀胱内。

2. 膀胱和尿道的神经支配及作用 支配膀胱和尿道的神经有3对：盆神经、腹下神经和阴部神经。这3对神经内都分别含有传入和传出神经纤维。

盆神经起自荐部脊髓，属于副交感神经纤维。其传入纤维能传导膀胱胀满的感觉，传出纤维兴奋时，可引起逼尿肌收缩，内括约肌舒张，因而可促使尿液从膀胱排出。

腹下神经来自腰部脊髓，属于交感神经纤维。其传入纤维可传导膀胱的痛觉，传出纤维兴奋时，可引起逼尿肌松弛，内括约肌收缩，阻止尿的排放。但在排尿活动中交感神经的作用一般比较次要。

阴部神经来自荐部脊髓，属于躯体运动神经纤维。其传入纤维能传导尿道的感觉冲动，传出纤维兴奋时，能引起外括约肌收缩，以阻止膀胱内尿液的排出（图8－15）。

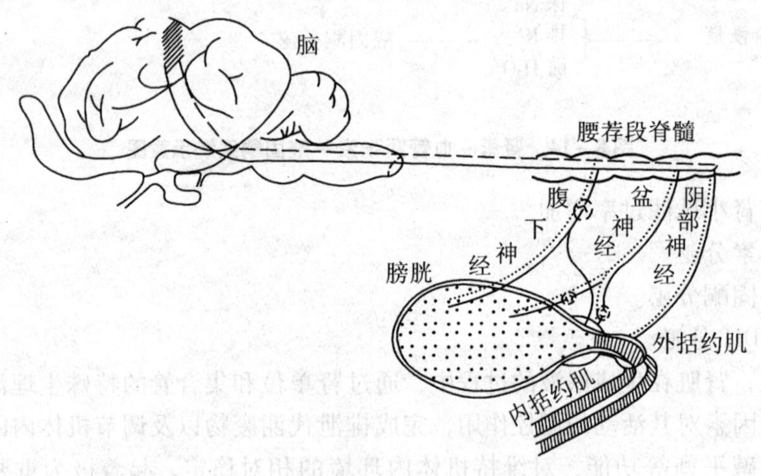

图8－15 膀胱和尿道的神经支配

3. 排尿反射 排尿过程是一种复杂的反射性活动。其初级中枢位于腰荐部脊髓，它接受来自膀胱和尿道的传入冲动，同时又接受高位中枢的控制。排尿的高位中枢位于脑干、下丘脑和大脑皮层中，在这些神经部位存在有排尿活动的易化区和抑制区。

当膀胱贮尿达到一定数量时，膀胱内压升高，膀胱壁牵张感受器受到刺激而兴奋，冲动沿盆神经传入，到达腰荐部脊髓初级排尿中枢，再由脊髓前行经脑干、下丘脑直至大脑皮层，产生尿意。如条件不许可，则大脑皮层抑制区起作用，排尿暂时被抑制，膀胱进一步舒张，继续贮存尿液。如果条件许可，易化区兴奋，大脑皮层发出兴奋性冲动，后传至脊髓，引起初级排尿中枢兴奋，冲动沿兴奋盆神经传出，引起膀胱逼尿肌收缩，内括约肌舒张，使尿液排入尿道；当尿液流经尿道时，又刺激尿道壁的感受器，冲动沿阴部神经的传入纤维传至脊髓排尿中枢，加强排尿中枢的活动，使尿道外括约肌舒张，尿液即排出。尿液对尿道刺激进一步反射性加强排尿中枢的活动，这是一种正反馈调控，它使排尿反射一再加强，直至膀胱内的尿液排完为止。此外，在排尿时，腹肌和膈肌的强力收缩可使腹压升高，有助于尿液的排出。

由于排尿反射受大脑皮层控制，故可以有意识地控制排尿或启动排尿。

由于排尿反射受大脑皮层的控制，所以，可以建立排尿条件反射。在家畜饲养管理中，利用这个原理，可训练动物建立定时、定地点的排尿习惯，以保持畜舍卫生。

排尿或贮尿任何一个环节发生障碍，均可出现排尿异常。临床上常见的有尿频、尿潴留、尿失禁。排尿次数过多称为**尿频**，多由于膀胱炎症或膀胱结石等引起。膀胱中尿液充盈而不能排出称为**尿潴留**，多由于腰荐段脊髓受损，使低级排尿中枢活动发生障碍所致。此外尿液排出受阻也可引起尿潴留。当脊髓受损时，由于排尿初级中枢与大脑皮层失去功能联系，可出现**尿失禁**。

第六节 家禽的泌尿特征

禽类的泌尿器官由一对肾脏和两条输尿管组成，没有膀胱和肾盂。因此，尿在肾脏中生成后，经输尿管直接输送到泄殖腔，与粪便一同排出体外。

一、尿生成的特点

禽类肾小球体积小，入球小动脉和出球小动脉口径大小相近，有效滤过压比哺乳动物低，为1~2kPa，因此，滤过率低。长髓袢肾单位很少，无髓袢肾单位占多数，肾小管和集合管重吸收水分的能力很差，尿流进泄殖腔后，一部分水分可在泄殖腔内重吸收。另外，尿液在泄殖腔的粪道中积聚后，能通过逆蠕动反流进结肠，并重吸收部分水分。禽类肾小管的分泌机能旺盛。禽类蛋白质代谢的主要终产物是尿酸，而不是尿素，而且90%的尿酸是通过肾小管的分泌作用进入小管腔的。

二、尿的理化特性和组成

禽尿一般为淡黄色、浓稠状的半流体，pH值变动范围为5.4~8.0。在产卵期，钙沉积形成蛋壳时，尿呈碱性，pH值为7.6。一般情况下，鸡尿呈弱酸性，pH值为6.2~6.7，相对密度为1.002 5。因禽类尿中的水分可在泄殖腔内重吸收，所以渗透压较高。与哺乳动物相比，禽尿中尿酸多于尿素，肌酸多于肌酸酐。

三、鼻腺的排盐机能

鸡、鸽和一些其他禽类对氯化钠的排出全靠肾脏泌尿来完成。但鸭、鹅和一些海鸟有特殊的鼻腺，能分泌大量氯化钠，故又称盐腺。鼻腺的作用是补充肾脏的排盐机能，以维持体内盐含量和渗透压的平衡。这类禽类的鼻腺并非都位于鼻内，多数海鸟位于头顶或眼眶上方，故又名眶上腺。在正常情况下，盐是鼻腺分泌的重要刺激物，如给鸭饮海水比给饮淡水鼻腺排盐和水的比例显著增加。鼻腺分泌也受神经和体液因素的调节，刺激副交感神经或注射乙酰胆碱可使鼻腺分泌增加。

复习思考题

1. 尿的生成包括哪几个基本过程？
2. 何谓水利尿和渗透利尿，其产生机制有何不同？
3. 试述肾脏在维持机体稳态方面起什么作用？
4. 试述影响尿液生成的神经、体液机制？

第九章

神经系统

神经调节在动物机体生理功能调节中起主导作用。也就是说，体内各系统和器官都在神经系统的直接或间接调控下，协调地完成各自的生理功能，并能对体内外各种环境变化作出迅速而完善的适应性功能活动调节，共同维持整体的正常生命活动。

神经系统通常可分为中枢神经系统和周围神经系统两大部分，前者是指脑和脊髓部分，主要由神经细胞和神经胶质细胞构成；后者则为脑和脊髓以外的部分，包括神经干和神经节。本章着重介绍中枢神经系统的生理功能。

第一节　神经元与神经胶质细胞的功能

尽管神经系统的功能繁多、复杂，组成神经系统的基本元件只有两个，即神经细胞（神经元）和神经胶质细胞。

一、神经元与神经纤维

（一）神经元的一般结构与功能

神经元是神经系统结构和功能的基本单位，动物体中枢神经系统中神经元数量达上千亿，其形态和大小差别很大，但大多数神经元与典型的脊髓运动神经元相似，由**胞体**和**突起**两部分组成（图 9 - 1）。胞体的结构与一般细胞大体相似，由细胞核和细胞浆组成，直径在 4 ~ 150μm。突起分为两种，一种是树状的短突起，称为**树突**，一个神经元可有一个、几个、几十个树突；另一种为细长的突起，称为**轴突**，一个神经元一般只有一个轴突，它由胞体的轴丘分出，长短不一，从数 10μm 到 1m 以上不等，分支少，直径均匀。轴突起始的部分称为**始段**，没有髓鞘，是动作电位产生的部位；轴突的末端分成许多分支，每个分支末梢的膨大部分称为**突触小体**，它与另一个神经元相接触而形成突触。轴突和感觉神经元的长树突二者统称为**轴索**，轴索外面包有髓鞘或神经膜，成为神经纤维。神经纤维根据有无髓鞘可分为有髓神经纤维和无髓神经纤维。神经纤维末端称为**神经末梢**。

神经元具有接受信息、整合信息和传递信息的功能，即感受内外环境变化的刺激信息和接受其他神经元传来的信息，并将接受的各种刺激信息进行分析、综合和储存，再通过传出通路把信息传递给其他神经元或效应器，产生调节和控制效应。其中胞体和树突主要是接受信息和整合信息；轴突则主要是传递信息。此外，有些神经元还能分泌激素，将中枢神经其他部位传来的神经信息转变为体液信息。

（二）神经纤维的功能

神经纤维的主要功能是传导兴奋。在神经纤维上传导的兴奋或动作电位称为**神经冲**

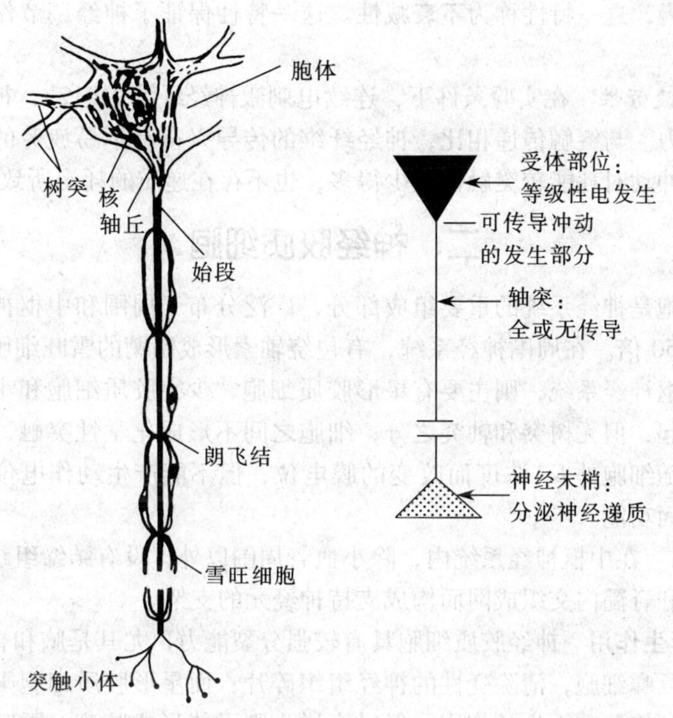

图 9－1　运动神经元及功能模式图

动。不同类型的神经纤维传导兴奋的速度差别很大，这与神经纤维直径的大小、有无髓鞘、髓鞘的厚度以及温度的高低等因素有关。一般神经纤维直径越大，传导速度越快；有髓鞘神经纤维传导速度比无髓鞘神经纤维快；温度升高，在一定范围内，也可加快传导速度。测定神经传导速度有助于诊断神经纤维的疾患和估计神经损伤的程度和预后。

神经纤维传导兴奋的一般特征

（1）生理完整性　神经纤维只有在结构和功能上完整时，才具有正常的传导冲动的能力。如果神经纤维受压迫、损伤或被切断或因局部受麻醉药、神经毒、冷冻等因素的作用，丧失了功能的完整性，均可使冲动传导受阻。这是因为受损会使局部膜电位发生改变、切断则破坏了结构的连续性、麻醉则使局部离子跨膜运动发生障碍，这些因素都将影响局部电位通过这些区域，影响兴奋的正常传导。

（2）绝缘性　一条神经干有许多条神经纤维组成，但在各条纤维上传导的冲动，表现为各条神经纤维传导兴奋时彼此隔绝、互不干扰的特性。这是由于神经纤维间没有细胞质的沟通，局部电流主要在一条纤维上构成回路，加之每条纤维上都有一层髓鞘起绝缘作用。绝缘性保证了神经传导的精确性。

（3）双向传导　在实验条件下，刺激神经纤维的任何一点引发动作电位时，由于刺激点的两侧均能发生局部电流，故动作电位可沿神经纤维同时向两侧传导。但在整体条件下，兴奋发生于轴突起始部，因此，轴突总是将神经冲动由胞体传向末梢，因而表现为传导的单向性，所以，在整体情况下的单向传导是突触的极性决定的。

（4）不衰减性　神经纤维传导冲动时，动作电位的幅度、传导速度不会因传导距离的增大而变小或减慢，这一特性称为**不衰减性**。这一特性保证了神经调节作用的及时、迅速和准确性。

（5）相对不疲劳性　在实验条件下，连续电刺激神经纤维 9～12h，神经纤维仍然保持其传导兴奋的能力。与突触传递相比，神经纤维的传导兴奋有不易疲劳的特点。这是因为神经纤维在传导冲动时耗能较突触传递少得多，也不存在递质的耗竭所致。

二、神经胶质细胞

神经胶质细胞是神经系统的重要组成部分，广泛分布于周围和中枢神经系统，其数量为神经元的 10～50 倍。在周围神经系统，有包绕轴索形成髓鞘的雪旺细胞和脊神经节中的卫星细胞；在中枢神经系统，则主要有星形胶质细胞、少突胶质细胞和小胶质细胞。神经胶质细胞也有突起，但无树突和轴突之分；细胞之间不形成化学性突触，但普遍存在缝隙连接。它们也有随细胞外 K^+ 浓度而改变的膜电位，但不能产生动作电位。神经胶质细胞主要有以下几方面功能。

1. 支持作用　在中枢神经系统内，除小血管周围以外，没有结缔组织。星形胶质细胞以其长突起在脑和脊髓内交织成网而构成支持神经元的支架。

2. 修复和再生作用　神经胶质细胞具有较强分裂能力，尤其是脑和脊髓受伤时，小胶质细胞能转变成巨噬细胞，清除变性的神经组织碎片；而星形胶质细胞则能依靠增生来充填缺损，从而起到修复和再生的作用。但过度增生则可能形成脑瘤。雪旺细胞在外周神经再生中起着重要作用。

3. 免疫保护作用　神经胶质细胞中的小胶质细胞能转变成巨噬细胞而具有强大的吞噬能力，可以吞噬坏死的神经组织及进入神经系统内的病原微生物、异物等。星形胶质细胞可作为中枢的抗原呈递细胞，其细胞膜上存在特异性的主要组织相容性复合物Ⅱ类蛋白分子，后者能与处理过的外来抗原结合，将其呈递给 T 淋巴细胞。

4. 物质代谢和营养性作用　星形胶质细胞一方面通过血管周足和突起连接毛细血管与神经元，对神经元起运输营养物质和排除代谢产物的作用；另一方面还能产生神经营养因子，以维持神经元的生长、发育和功能的完整性。

5. 绝缘和屏障作用　中枢神经系统内的少突胶质细胞和周围神经系统内的雪旺细胞可形成神经纤维髓鞘，起一定的绝缘作用。星形胶质细胞的血管周足是构成血－脑屏障的重要组成部分。

6. 稳定细胞外的 K^+ 浓度　星形胶质细胞膜上的钠泵活动可将细胞外过多的 K^+ 泵入胞内，并通过缝隙连接将其分散到其他神经胶质细胞，以维持细胞外合适的 K^+ 浓度，有助于神经元电活动的正常进行。

7. 参与某些递质及生物活性物质的代谢　星形神经胶质细胞能摄取神经元释放的谷氨酸和 γ－氨基丁酸，再转变为谷氨酰胺而转运到神经元内，从而消除氨基酸递质对神经元的持续作用，同时也为神经元合成氨基酸类递质提供前体物质。星形胶质细胞还能合成和分泌多种生物活性物质，如血管紧张素原、前列腺素、白细胞介素，以及多种神经营养因子等。

第二节　神经元之间的功能联系和反射

神经系统的功能不可能通过一个神经元的活动来完成，必须由多个神经元共同作用才能完成各种反射调节活动。但是，神经元之间在结构上存在一定间隙，并没有原生质的直接连续，只是彼此靠近而发生接触。一个神经元的轴突末梢与其他神经元的胞体或突起相接触处所形成的特殊结构，称为**突触**。神经元之间以及传出神经元与效应器细胞之间的兴奋传递，都是通过突触传递完成的。传出神经元与效应器细胞之间的突触也称为**接头**，如神经－肌肉接头。

一、突触传递

神经元与神经元之间通过突触进行信息传递的方式主要包括经典的突触传递、非定向突触传递和电突触传递3种方式。

（一）经典的突触传递

1．突触的结构　经典的突触由**突触前膜**、**突触间隙**和**突触后膜**三部分组成。突触前神经元的轴突末梢膨大成球状，称为**突触小体**。突触小体与突触后神经元相对的轴突膜称为**突触前膜**。与突触前膜相对的突触后神经元的细胞膜称为**突触后膜**。二者之间的间隙称为**突触间隙**。在电镜下，突触前膜和突触后膜较一般神经元膜稍增厚，约7.5nm，突触间隙宽20～40nm。在突触前膜内侧的轴浆内，含有较多的线粒体和大量囊泡，后者称为**突触小泡**，其直径为20～80nm，内含高浓度的神经递质。不同的突触内所含突触小泡的大小和形态不完全相同（图9－2）。

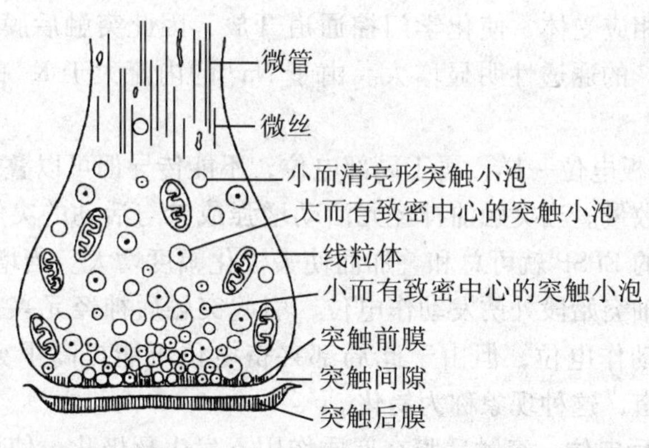

图9－2　突触微细结构模拟图

2．突触的分类　根据神经元互相接触的部位，通常将经典的突触分为轴突－树突式突触、轴突－胞体式突触、轴突－轴突式突触三类（图9－3）。此外，还存在树突－树突式、树突－胞体式、树突－轴突式、胞体－树突式、胞体－胞体式、胞体－轴突式突触等突触类型。

根据传递的效应不同可将突触分为兴奋性突触和抑制性突触两类。

3．突触传递的过程　当突触前神经元的兴奋传到神经末梢时，突触前膜发生去极化，当去极化达一定水平时，前膜上电压门控 Ca^{2+} 通道开放，细胞外 Ca^{2+} 进入突触小体内。进

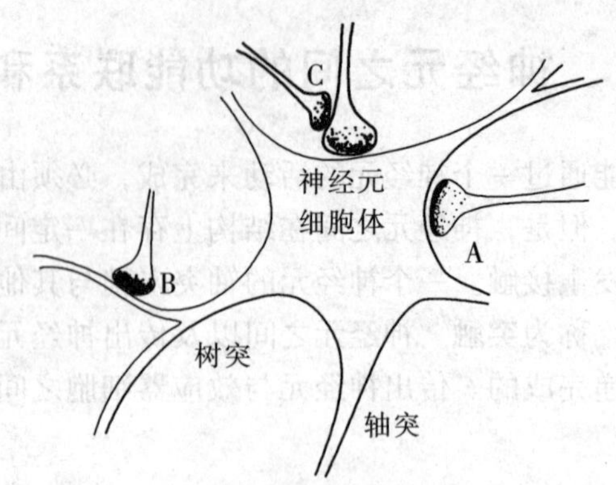

A. 轴－体型突触　B. 轴－树型突触　C. 轴－轴型突触

图 9－3　突触类型

入的 Ca^{2+} 使突触小泡前移并与前膜接触、融合和胞裂，使突触小泡内递质以量子形式释放入突触间隙。递质的释放量与进入神经末梢内的 Ca^{2+} 量呈正相关。递质释放入突触间隙后，经扩散抵达突触后膜，作用于后膜上特异性受体或化学门控通道，引起后膜对某些离子通透性的改变，使某些带电离子进出后膜，突触后膜即发生一定程度的去极化或超极化。这种发生在突触后膜上的电位变化称为**突触后电位**。

4. 突触后电位　根据突触后膜发生去极化或超极化，可将突触后电位分为兴奋性突触后电位和抑制性突触后电位两种。

(1) *兴奋性突触后电位*　突触后膜在递质作用下发生去极化，使该突触后神经元的兴奋性升高，这种电位变化称为**兴奋性突触后电位（EPSP）**。EPSP 的形成机制是兴奋性递质作用于突触后膜的相应受体，使化学门控通道开放，因此突触后膜对 Na^+ 和 K^+ 的通透性增大，尤其是对 Na^+ 的通透性明显增大。由于 Na^+ 的内流大于 K^+ 的外流，导致细胞膜的局部去极化。

EPSP 和骨骼肌终板电位一样，属于局部电位，不能传导但可以叠加。它的大小取决于突触前膜释放的递质数量。当突触前神经元活动增强或参与活动的突触数目增多时，递质释放量也多，所形成的 EPSP 就可总和叠加而使去极化幅度增大。当增大到阈电位水平时，便可在突触后神经元轴突始段处诱发动作电位，引起突触后神经元兴奋。如果未能达阈电位水平，虽不能产生动作电位，但由于此局部兴奋电位可能提高了突触后神经元的兴奋性，使之容易发生兴奋，这种现象称为**易化**。

(2) 抑制性突触后电位　突触后膜在递质作用下发生超极化，使该突触后神经元的兴奋性下降，这种电位变化称为**抑制性突触后电位（IPSP）**。其产生机制为抑制性递质与突触后膜受体结合后，可提高后膜对 Cl^- 和 K^+ 的通透性，尤其是对 Cl^- 的通透性明显增大，引起 Cl^- 的内流和 K^+ 的外流，使突触后膜发生局部超极化。

IPSP 与 EPSP 一样，属于局部电位，电位变化相似，但极性相反，故可降低突触后神经元的兴奋性，使动作电位难以产生，从而发挥其抑制效应。

5. 突触后神经元的兴奋和抑制　由于一个突触后神经元常与多个突触前神经末梢构成突触，而产生的突触后电位既有 EPSP，也有 IPSP，因此，突触后神经元胞体就好比是个整合器，突触后膜上电位改变的总趋势取决于同时产生的 EPSP 和 IPSP 的代数和。当总趋势为超极化时，突触后神经元表现为抑制；而当突触后膜去极化时，则神经元的兴奋性升高，如去极化达阈电位，即可在轴突始段爆发动作电位。此动作电位可沿轴突扩布至末梢而完成兴奋传导；也可逆向传到胞体，其意义可能在于消除此次兴奋前不同程度的去极化或超极化，使其状态得到一次刷新。

6. 突触传递的可塑性 突触的可塑性是指突触传递的功能可发生较长时程的增强或减弱。这些改变在中枢神经系统神经元的活动中，尤其是脑的学习和记忆等高级功能中具有重要的意义。突触的可塑性有以下几种形式：强直后增强、习惯化和敏感化、长时程增强和长时程抑制。

（二）非定向突触传递

非定向突触传递首先是在研究交感神经对平滑肌和心肌的支配方式时发现的。交感肾上腺素能神经元的轴突末梢有许多分支，在分支上形成串珠状的膨大结构，称为**曲张体**。曲张体外无雪旺细胞包裹，内含有大量装有神经递质的囊泡，但曲张体并不与突触后细胞形成经典的突触联系，而是沿着末梢分支分布于突触后细胞近旁（图 9－4）。当神经冲动到达曲张体时，递质从曲张体释放出来，以扩散方式到达突触后细胞的受体，使突触后细胞发生反应。这种模式也称为**非突触性化学传递**。

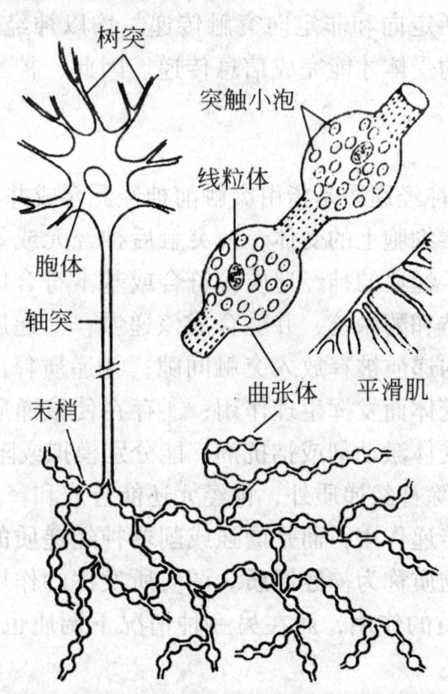

右上部分示放大的曲张体和平滑肌

图 9－4 非定向突触传递结构模式图

非定向突触传递也存在于中枢神经系统中。例如，大脑皮层内直径很细的无髓去甲肾上腺素能纤维、黑质多巴胺能纤维、中枢 5－羟色胺能纤维等以这种模式进行传递。由此看来，单胺类神经纤维都能进行非定向突触传递。此外，非定向突触传递还能在轴突末梢以外的部位进行，如有的轴突膜能释放乙酰胆碱，有的树突膜能释放多巴胺等。

与定向突触传递相比，非定向突触传递具有以下几个特点：①突触前细胞和突触后细胞并非一一对应，且无特化的突触前膜和后膜结构；②曲张体与突触后细胞之间的距离一般大于20nm，有的可超过400nm；③递质扩散的距离较远，且远近不等，因此突触传递时间较长，且长短不一；④释放的递质能否产生信息传递效应，取决于突触后细胞上有无相应的受体。

（三）电突触传递

电突触传递的结构基础是缝隙连接。在两个神经元紧密接触部位的细胞膜并不增厚，两层膜间隔2～4nm，临近膜两侧的轴浆内不存在突触小泡，两侧膜上有沟通两细胞胞质的水相通道蛋白，允许带电小离子和直径小于1.0nm的小分子物质通过。局部电流和EPSP也可以电紧张扩布的形式从一个细胞传递给另一个细胞。电突触无突触前膜和后膜之分，一般为双向性传递；又由于其低电阻性，因而传递速度快，几乎不存在潜伏期。电突触传递在中枢神经系统内和视网膜上广泛存在，主要发生在同类神经元之间，具有促进神经元同步化活动的功能。

二、神经递质和受体

化学性突触传递，包括定向和非定向突触传递，均以神经递质为信息传递的媒介物，但神经递质须作用于相应的受体才能完成信息传递。因此，神经递质和受体是化学性突触传递最重要的物质基础。

（一）神经递质

1. 神经递质的概念 神经递质是指由突触前神经元合成并在末梢处释放，能特异性作用于突触后神经元或效应器细胞上的受体，使突触后神经元或效应器细胞产生一定效应的信息传递物质。一般认为，经典的神经递质应符合或基本符合以下几个条件：①突触前神经元应具有合成递质的前体和酶系统，并能合成该递质；②递质储存于突触小泡内，当兴奋冲动抵达末梢时，小泡内递质被释放入突触间隙；③递质释出后，在突触间隙扩散，作用于突触后膜上的特异性受体而发挥生理作用；④存在使该递质失活的酶或其他失活方式（如重摄取）；⑤有特异的受体激动剂或拮抗剂，能分别模拟或阻断该递质的突触传递效应。

2. 神经调质的概念 除神经递质外，神经元还能合成和释放一些化学物质，它们并不在神经元之间直接起信息传递作用，而是增强或削弱神经递质的信息传递效应，这类对递质信息传递起调节作用的物质称为**神经调质**。调质所发挥的作用则称为**调制作用**。但由于递质在有些情况下可起调质的作用，而在另一种情况下调质也可发挥递质的作用，因此，两者之间并无明确界限。

3. 递质和调质的分类 现已了解的递质和调质已达100多种，根据其化学结构，可将递质和调质大致分成若干个大类（表9－1）。根据递质存在部位的不同，又可分为外周与中枢神经递质。外周神经递质包括自主神经和躯体运动神经末梢所释放的递质，主要有乙酰胆碱、去甲肾上腺素和肽类递质3类。而中枢神经递质比较复杂，种类很多。脑内可作为中枢神经递质的化学物质有几十种，大致可归纳为乙酰胆碱、生物胺类、氨基酸类与肽类四大类。此外，近年来还发现，作为脑内的气体分子，一氧化氮（NO）、一氧化碳（CO）也可能作为脑内递质。

表 9-1　哺乳动物神经递质和神经调质分类

分类	家族成员
胆碱类	乙酰胆碱
胺类	多巴胺、去甲肾上腺素、肾上腺素、5-羟色胺、组胺
氨基酸类	谷氨酸、天门冬氨酸、γ-氨基丁酸、甘氨酸
肽类	下丘脑调节肽、催产素，血管升压素，阿片肽、血管紧张素Ⅱ、脑-肠肽，P-物质、心房钠尿肽
嘌呤类	腺苷、ATP
气体	一氧化氮、一氧化碳
脂类	花生四烯酸及其衍生物（前列腺素）

4. 递质的共存　戴尔原则认为，一个神经元内只存在一种递质，其全部末梢只释放同一种递质。近年来的研究已发现同一神经元内可有两种或两种以上的递质（包括调质）共存，这种现象称为**递质共存**。递质共存的意义在于协调某些生理过程。

5. 递质的代谢　**递质的代谢**包括递质的合成、储存、释放、降解、再摄取和再合成等步骤。乙酰胆碱和胺类递质都在有关合成酶的催化下，且多在胞质中合成，然后被摄取入突触小泡内储存。肽类递质则在基因调控下，通过核糖体的翻译等过程而形成。递质作用于受体并产生效应后，很快即被消除。消除的方式主要有酶促降解和被突触前末梢重摄取等。乙酰胆碱的消除依靠突触间隙中的胆碱酯酶，后者能迅速水解乙酰胆碱为胆碱和乙酸，胆碱则被重摄取回末梢内，重新用于合成新递质；去甲肾上腺素主要通过末梢的重摄取及少量通过酶解失活而被消除；肽类递质的消除主要依靠酶促降解。

（二）受体

受体是指细胞膜或细胞内能与某些化学物质（如递质、调质、激素等）发生特异性结合并诱发生物效应的特殊生物分子。能和受体发生特异性结合的化学物质统称为**配体**。能与受体发生特异性结合并产生相应生理效应的化学物质称为**受体激动剂**。而只发生特异结合，不产生生理效应的化学物质则称为**受体拮抗剂**。两者统称为**配体**。拮抗剂与受体结合后，或占据受体或改变受体的分子空间构型，使受体不能再与其他递质结合，从而阻断了递质的生理效应。

受体与配体的结合一般具有以下 3 个特性：①特异性 特定的受体只能与特定的配体结合；②饱和性 分布于细胞膜上的受体数目是有限的，因此能与之结合的配体数量也是有限的；③可逆性 配体与受体的结合是可逆的，可以结合，也可以解离，但不同配体的解离常数是不同的，有些拮抗剂与受体结合后很难解离，几乎为不可逆结合。

受体一般存在于突触后膜，但也可分布于突触前膜，分布于前膜的受体称为**突触前受体**。突触前受体激活后，多数起负反馈调节突触前递质释放的作用。例如，去甲肾上腺素作用于突触前 α_2 受体，可抑制突触前膜对去甲肾上腺素的进一步释放。

（三）主要的递质和受体系统

1. 乙酰胆碱及其受体　乙酰胆碱是胆碱的乙酰酯，由胆碱和乙酰辅酶 A 在胆碱乙酰转移酶的催化下合成。合成在胞质中进行，然后被输送到末梢储存于突触小泡内。以 ACh 为递质的神经元称为**胆碱能神经元**，在中枢分布极为广泛。以 ACh 为递质的神经纤维称为

胆碱能神经纤维。支配骨骼肌的躯体运动神经纤维、所有自主神经的节前纤维、大多数副交感神经的节后纤维（少数释放肽类或嘌呤类递质的纤维除外）、少数交感神经的节后纤维（即支配多数小汗腺引起温热性发汗和支配骨骼肌血管引起防御反应性舒血管效应的纤维），都属于胆碱能纤维。

能与 ACh 特异性结合的受体称为**胆碱能受体**。根据其药理特性，胆碱能受体可分为毒蕈碱受体（M 受体）和烟碱受体（N 受体）两类，它们因分别能与天然植物中的毒蕈碱和烟碱相结合并产生两类不同生物效应而得名。两类受体广泛分布于中枢和周围神经系统。N 受体分为 N_1、N_2 两个受体亚型，N_1 受体分布于中枢神经系统和周围神经系统的自主神经节突触后膜上，称为**神经元型烟碱受体**；N_2 受体位于神经－骨骼肌接头的终板膜，称为**肌肉型烟碱受体**。

在外周神经中，M 受体分布于大多数副交感神经节后纤维所支配的效应器细胞、交感神经节后纤维所支配的汗腺，以及骨骼肌血管的平滑肌细胞膜上。当 ACh 与 M 受体结合后产生一系列自主神经效应，包括心脏活动抑制，支气管和胃肠平滑肌、膀胱逼尿肌、虹膜环行肌收缩，消化腺、汗腺分泌增加和骨骼肌血管舒张等，这些作用称为**毒蕈碱样作用（M 样作用）**。M 样作用可被阿托品阻断。N 受体存在于自主神经节的突触后膜和神经－骨骼肌接头的终板膜上。ACh 与 N 受体结合后，引起节后神经元或骨骼肌兴奋的效应，称为**烟碱样作用（N 样作用）**。N 样作用不能被阿托品阻断，但能被筒箭毒碱阻断。N_1 受体可被六烃季铵特异性阻断；N_2 受体可被十烃季铵特异性阻断。

2. 去甲肾上腺素和肾上腺素及其受体　去甲肾上腺素（NE 或 NA）和肾上腺素（E 或 A）都属于儿茶酚胺。

在中枢，以 NE 为递质的神经元称为**去甲肾上腺素能神经元**，其功能主要涉及心血管活动、情绪、体温、摄食和觉醒等方面的调节；以 E 为递质的神经元称为**肾上腺素能神经元**，可能在心血管活动的调节中参与作用。在外周，除支配汗腺和骨骼肌血管的交感胆碱能纤维外，多数交感节后纤维释放的递质是 NE，尚未发现以 E 为递质的神经纤维。以 NE 为递质的神经纤维称为**肾上腺素能神经纤维**。

能与 NE 结合的受体称为**肾上腺素能受体**，主要分为 α 型和 β 型两种。α 受体又分为 α_1 和 α_2 两个受体亚型，β 受体则能分为 β_1、β_2 和 β_3 三个受体亚型。

分布有肾上腺素能受体的神经元称为**肾上腺素能敏感神经元**。在外周，多数交感神经节后纤维末梢支配的效应器细胞膜上都有肾上腺素能受体，但在某一效应器官上不一定都有 α 和 β 受体，有的仅有 α 受体，有的仅有 β 受体。也有的兼有两种受体（表 9－2）。NE 对 α 受体的作用较强，对 β 受体的作用较弱；E 对 α 和 β 受体的作用都很强；异丙肾上腺素主要对 β 受体有强烈作用。一般而言，NE 或 E 与 α 受体（主要是 α_1 受体）结合后产生的平滑肌效应主要是兴奋性的；NE 或 E 与 β 受体（主要是 β_2 受体）结合后产生的平滑肌效应是抑制性的，但与心肌 β_1 受体结合产生的效应却是兴奋性的；β_3 受体主要分布于脂肪组织，与脂肪分解有关。

表 9－2　肾上腺素能受体的分布及效应

效应器		受体	效应
眼	虹膜辐射状肌	α_1	收缩（扩瞳）
	睫状体肌	β_2	舒张
心	窦房结	β_1	心率加快
	传导系统	β_1	传导加快
	心肌	α_1、β_1	收缩力加强
血管	冠状血管	α_1	收缩
		β_2（主要）	舒张
	皮肤黏膜血管	α_1	收缩
	骨骼肌血管	α_1	收缩
	脑血管	β_2（主要）	舒张
		α_1	收缩
	腹腔内脏血管	α_1（主要）	收缩
		β_2	舒张
	唾液腺血管	α_1	收缩
支气管平滑肌		β_2	舒张
胃肠	胃平滑肌	β_2	舒张
	小肠平滑肌	α_2	舒张（可能是胆碱能纤维的突触前受体调节乙酰胆碱的释放）
		β_2	舒张
膀胱	括约肌	α_1	收缩
	逼尿肌	β_2	舒张
	三角区和括约肌	α_1	收缩
子宫平滑肌		α_1	收缩（有孕子宫）
		β_2	舒张（无孕子宫）
竖毛肌		α_1	收缩
糖酵解代谢		β_2	增加
脂肪分解代谢		β_3	增加

肾上腺素能受体的激动剂和阻断剂已有许多，例如，哌唑嗪为选择性 α_1 的受体阻断剂，可阻断 α_1 受体的兴奋效应产生降压作用；育亨宾能选择性阻断 α_2 受体；而酚妥拉明可阻断 α_1 与 α_2 两种受体的作用；可乐定是 α_2 受体激动剂；阿替洛尔为选择性 β_1 受体阻断剂；普奈洛尔是临床上常用的非选择性 β 受体阻断剂，对 β_1 和 β_2 两种受体均有阻断作用。

三、反射及反射中枢的活动规律

反射是实现神经系统功能的最基本方式。在中枢兴奋和中枢抑制过程的相互配合下，反射活动相互协调，是神经活动遵循一定规律而进行的前提。

（一）反射与反射弧

1. 反射的概念　反射是指在中枢神经系统的参与下，机体对内、外环境变化所做出的规律性应答。从最简单的眨眼反射到复杂的行为表现，都是反射活动。

2. 反射弧的组成 反射的结构基础和基本单位是反射弧。反射弧包括感受器、传入神经、反射中枢、传出神经和效应器5个组成部分（图9-5）。感受器一般是神经末梢的特殊结构，是一种换能装置，可将所感受到的各种刺激的信息转变为神经冲动，详细内容将在下一节介绍。效应器是指产生效应的器官，如骨骼肌、平滑肌、心肌和腺体等。反射中枢通常是指中枢神经系统内调节某一特定生理功能的神经元群。反射中枢的范围可以相差很大。一般来说，较简单的反射活动，参与的中枢范围比较狭窄；而较复杂的反射活动，中枢分布区域广泛。传入神经由传入神经元的突起（包括周围突和中枢突）所构成，这些神经元的胞体位于背根神经节或脑神经节内，它们的周围突与感受器相连，感受器接受刺激转变为神经冲动，冲动沿周围突传向胞体，再沿其中枢突传向中枢。传出神经是指中枢传出神经元的轴突构成的神经纤维。

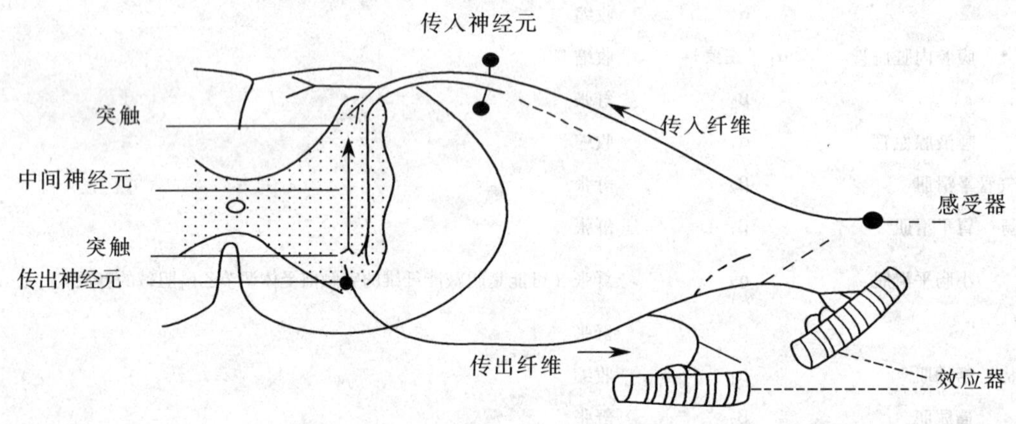

图9-5 反射弧

3. 反射的基本过程 感受器接受刺激并将刺激信息转变为神经冲动，经传入神经传递到神经中枢，由中枢进行分析处理，然后再经传出神经将指令传到效应器，产生相应的效应。

在整体情况下，传入冲动进入脊髓或脑干后，除在同一水平与传出部分发生联系并发出传出冲动外，还有上行冲动传导到更高级的中枢部位，进行进一步的整合；高级中枢再发出下行冲动来调整反射的传出冲动。因此，反射活动具有复杂性和适应性。

中枢的活动除可通过传出神经直接控制效应器外，有时传出神经还能作用于内分泌腺，使其释放激素间接影响效应器活动，使内分泌调节成为神经调节的延伸部分。例如，强烈的疼痛刺激可以通过交感神经反射性地引起肾上腺髓质激素分泌增加，从而产生广泛的反应。

一个最简单的反射只通过一个突触，如腱反射，这种反射称为**单突触反射**，其反射时最短。但大多数反射，则经过两个以上的突触，称多突触反射，其反射时间较长，反射也较复杂。多突触反射的典型例子是屈肌反射。

（二）中枢神经元的联系方式

中枢神经系统神经元数量巨大，它们之间通过突触联系，构成非常复杂多样的联系方式。归纳起来主要有以下几种方式（图9-6）。

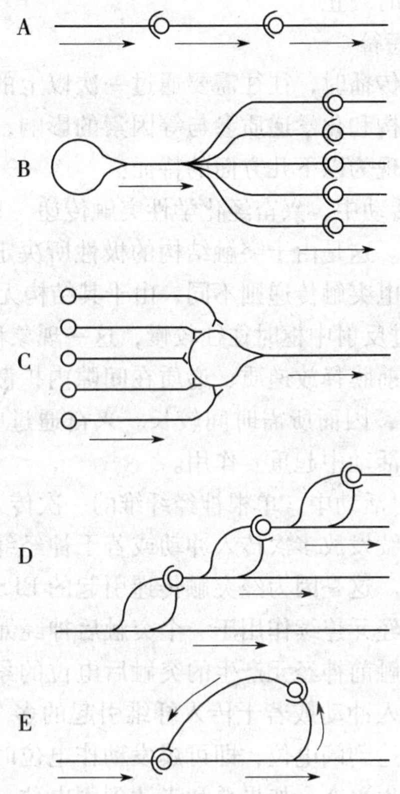

A. 单线式联系　B. 辐散式联系　C. 聚合式联系　D. 链锁式联系　E. 环式联系

图 9－6　中枢神经元的联系方式

1. 单线式联系　单线式联系是指一个突触前神经元仅与一个突触后神经元发生突触联系。例如，视网膜中央凹处的一个视锥细胞常只与一个双极细胞形成突触联系，而该双极细胞也可只与一个神经节细胞形成突触联系，这种联系方式可使视锥系统具有较高的分辨能力。实际上，真正的单线式联系很少见，会聚程度较低的突触联系通常可被视为单线式联系。

2. 辐散式　一个神经元的轴突通过其分支分别与许多神经元建立突触联系的方式称为**辐散式联系**。这种联系方式能使一个神经元的兴奋引发许多其他神经元同时兴奋或抑制，从而扩大了神经元活动的影响范围。机体内传入神经元与其他神经元发生突触联系时主要取此种方式。

3. 聚合式　一个神经元的胞体和树突接受来自许多神经元的突触联系的联系方式，称为**聚合式联系**。它使许多神经元的作用集中到同一神经元上，从而发生总和或整合作用。传出神经元接受的不同轴突来源的突触联系，主要表现为聚合式的联系。

4. 链锁式与环式　在中间神经元之间的联系形式中，由于辐散与聚合式联系同时存在而形成链锁式或环式的联系方式。神经元一个接一个依次连接，构成链锁式联系，兴奋通过链锁式联系，可以在空间上加强或扩大作用范围。一个神经元通过其轴突侧支与多个神经元建立突触联系，而后继神经元通过其轴突，又回返性的与原来的神经元建立突触联系，形成一个闭合环路，称环式联系。兴奋通过环式联系可能引起正、负两种反馈。相应地产生后放效应或使兴奋及时终止。

(三) 中枢兴奋传播的特征

兴奋在反射弧中枢部分传播时，往往需要通过一次以上的突触接替。当兴奋通过化学性突触传递时，由于突触结构和化学递质参与等因素的影响，其兴奋传递明显不同于神经纤维上的冲动传导，主要表现为以下几方面的特征：

1. 单向传递 在反射活动中，兴奋经化学性突触传递，只能向一个方向传递，即从突触前末梢传向突触后神经元。这是由于突触结构的极性所决定的，神经递质通常由突触前膜释放，作用于后膜受体。电突触传递则不同，由于其结构无极性，因而兴奋可双向传播。

2. 中枢延搁 兴奋通过反射中枢时往往较慢，这一现象称为**中枢延搁**。这是由于兴奋经化学性突触传递时需经历前膜释放递质、递质在间隙内扩散并作用于后膜受体，以及后膜离子通道开放等多个环节，因而所需时间较长。兴奋通过电突触传递时则无时间延搁，因而可在多个神经元的同步活动中起重要作用。

3. 兴奋的总和 在反射活动中，单根神经纤维的一次传入冲动一般不能使中枢发出传出效应；而一根神经纤维连续发放多次传入冲动或若干神经纤维的传入冲动同时到达同一中枢，才可能产生传出效应。这是因为经突触传递引起的EPSP或IPSP是局部电位，它具有累加作用。一个突触前神经元连续作用于一个突触后神经元产生的突触后电位的累加作用，称为**时间总和**。多个突触前神经元产生的突触后电位的累加作用称为**空间总和**。当一根神经纤维连续发放多次传入冲动或若干传入纤维引起的多个EPSP通过时间总和与空间总和作用使突触后膜去极化达到阈电位，即可爆发动作电位时，即可引起突触后神经元产生可扩布的动作电位，即发生兴奋；如果总和未达到阈电位，此时突触后神经元虽未出现兴奋，但其兴奋性有所提高，即表现为易化。

4. 兴奋节律的改变 如果测定某一反射弧的传入神经和传出神经在兴奋传递过程中的放电频率，两者往往不同。这是因为突触后神经元常同时接受多个突触前神经元的信号传递，突触后神经元自身的功能状态也可能不同，并且，反射中枢常经过多个中间神经元接替，因此，最后传出冲动的节律取决于各种影响因素的综合效应。

5. 后放作用 在中间神经元的环式联系中，即使最初的刺激已经停止，传出通路上冲动发放仍能继续一段时间，这种现象称为**后放作用**。此外，在各种神经反馈活动中，如随意运动时中枢发出的冲动到达骨骼肌引起肌肉收缩后，骨骼肌内的肌梭不断发出传入冲动，将肌肉的运动状态和被牵拉的信息传入中枢。这些反馈信息用于纠正和维持原先的反射活动，并且也是产生后放作用的原因之一。

6. 对内环境变化敏感和容易发生疲劳 因为突触间隙与细胞外液相通，因此，内环境理化因素的变化，如缺氧、CO_2过多、麻醉剂以及某些药物等均可影响突触传递。另外，用高频电脉冲连续刺激突触前神经元，突触后神经元的放电频率会逐渐降低；而将同样的刺激施加于神经纤维，则神经纤维的放电频率在较长时间内不会降低。说明突触传递相对容易发生疲劳，其原因可能与递质的耗竭有关。

(四) 中枢抑制

和中枢兴奋一样，中枢抑制也是主动的过程。在任何反射活动中，反射中枢总是既有兴奋又有抑制，正因为如此，反射活动才得以协调进行。中枢抑制可分为突触后抑制和突触前抑制两类。

1. 突触后抑制　哺乳类动物的突触后抑制都是由抑制性中间神经元释放抑制性递质，使突触后神经元产生 IPSP，从而使突触后神经元发生抑制的。突触后抑制有传入侧支性抑制和回返性抑制两种形式。

（1）传入侧支性抑制　传入纤维进入中枢后，一方面通过突触联系兴奋某一中枢神经元；另一方面通过侧支兴奋抑制性中间神经元，再通过后者的活动抑制另一中枢神经元。这种抑制称为**传入侧支性抑制**。例如，伸肌肌梭的传入纤维进入脊髓后，直接兴奋伸肌运动神经元，同时发出侧支兴奋一个抑制性中间神经元，转而抑制屈肌运动神经元，导致伸肌收缩而屈肌舒张（图 9－7 中 B）。这种抑制能使不同中枢之间的活动得到协调。

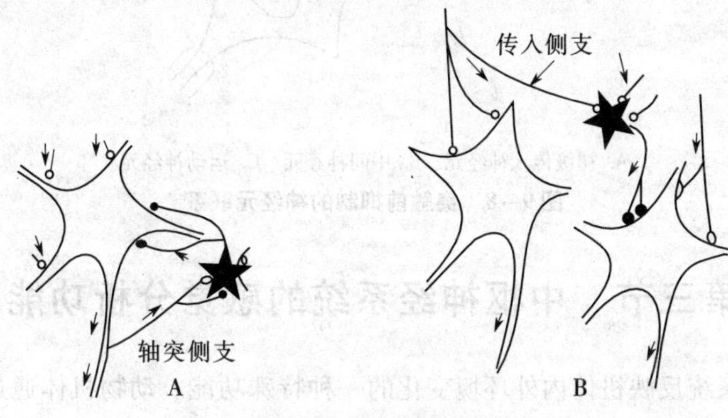

A. 回返性抑制　B. 传入侧支性抑制（黑色神经元代表抑制性神经元）

图 9－7　两类突触后抑制

（2）回返性抑制　中枢神经元兴奋时，传出冲动沿轴突外传，同时又经轴突侧支兴奋一个抑制性中间神经元，后者释放抑制性递质，反过来抑制原先发生兴奋的神经元及同一中枢的其他神经元。这种抑制称为**回返性抑制**。例如，脊髓前角运动神经元的轴突支配骨骼肌并发动运动，同时其轴突发出侧支与闰绍细胞构成突触联系；闰绍细胞兴奋时释放甘氨酸，回返性抑制原先发生兴奋的运动神经元和同类的其他运动神经元（图 9－7 中 A）。其意义在于及时终止运动神经元的活动或使同一中枢内许多神经元活动同步化。

2. 突触前抑制　突触前抑制的结构基础是具有轴突－轴突式突触与轴突－胞体式突触的联合存在（图 9－8）。轴突末梢 A 与运动神经元构成轴突－胞体式突触；轴突末梢 B 与末梢 A 构成轴突－轴突式突触，但与运动神经元不直接形成突触。若仅兴奋末梢 A，则引起运动神经元产生一定大小的 EPSP；若仅兴奋末梢 B，则运动神经元不发生反应；若末梢 B 先兴奋，一定时间后末梢 A 兴奋，则运动神经元产生的 EPSP 将明显减小。突触前抑制在中枢内广泛存在，尤其多见于感觉传入通路中，对调节感觉传入活动具有重要意义。

（五）中枢易化

中枢易化也可分为突触后易化和突触前易化。突触后易化表现为 EPSP 的总和。由于突触后膜的去极化，使膜电位靠近阈电位水平，如果在此基础上再出现一个刺激，就较容易达到阈电位而爆发动作电位。突触前易化与突触前抑制具有同样的结构基础。

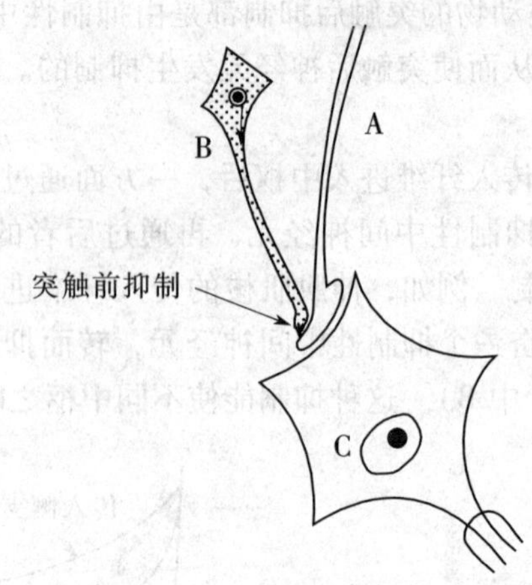

A. 初级传入神经元　B. 中间神经元　C. 运动神经元

图9-8　突触前抑制的神经元联系

第三节　中枢神经系统的感觉分析功能

感觉是神经系统反映机体内外环境变化的一种特殊功能。动物机体通过各种感受器或感觉器官感受体内外环境变化的刺激，并转化为神经冲动，沿着感觉神经传入中枢神经系统，经中枢分析综合后，到达大脑皮层的特定区域形成感觉。因此，感觉是由感受器、传入系统和大脑皮层感觉中枢3部分共同活动而产生的。

一、感受器

（一）感受器的定义和分类

感受器是指分布在体表或组织内部的专门感受机体内、外环境变化的结构或装置。感受器的功能是接受机体内、外环境中的某些特殊刺激（适宜刺激），并把这些刺激的能量转化为一连串具有信息意义的神经冲动，因此，感受器有能量转换器的作用。

感受器的结构形式多样：最简单的感受器如痛觉感受器，只是一种游离的传入神经末梢；较复杂的感受器如触觉、压觉和冷热觉等，则在裸露的神经末梢外有结缔组织包囊；更复杂的感受器，有特殊的感觉上皮和各种各样的附属装置构成感觉器官，如视觉、听觉、平衡觉。

感受器种类繁多，根据感受器的分布位置和所接受刺激的来源，可分为**外感受器**和**内感受器**两大类。外感受器分布于皮肤和体表，接受来自外界环境的刺激；**内感受器**分布于内脏和躯体深部，接受来自机体内部的刺激。外感受器又可分为**距离感受器**（如视觉、听觉和嗅觉）和**接触感受器**（如触觉、压觉、味觉和温度觉等）。内感受器又可分为本体感受器（位于肌肉、肌腱、关节、迷路等处的感受器）和**内脏感受器**（位于内脏和血管上的感受器等）。若根据感受器所接受的刺激的性质，可分为**机械感受器**、**温度感受器**、**光感受器**和**化学感受器**等。

（二）感受器的一般生理特性

1. 适宜刺激和感觉阈　一种感受器通常只对一种特定能量形式的刺激最敏感，这种形式的刺激就称为**该感受器的适宜刺激**。如一定频率的机械振动是内耳耳蜗毛细胞的适宜刺激；一定波长的电磁波是视网膜感光细胞的适宜刺激。但痛觉无适宜刺激，任一刺激能量只要强度足够，均可引起疼痛。

能引起感受器发生反应的最小刺激强度成为**感觉阈**。

2. 感受器的换能作用　各种感受器活动的一个共同特点，是把作用于它们的各种形式的刺激能量最后转换为相应的传入纤维上的动作电位，这种能量转换称为**感受器的换能作用**。

3. 感受器编码作用　感受器在换能过程中，在把外界刺激转换成神经动作电位时，不仅发生了能量形式的转换，更重要的是把刺激所包含的环境变化的信息也转移到了动作电位的序列之中，这一过程称为**感受器的编码功能**。不同感受器所产生的传入神经冲动，都是一些在产生原理和波形十分相似的动作电位，而动作电位具有“全或无”的特性，因此，不同性质的外界刺激及其强度不可能是通过动作电位的幅度大小或波形特征来完成编码的。研究表明，感觉的种类和性质取决于传入冲动所到达的高级中枢的部位，而高级中枢的兴奋部位则取决于被兴奋的感受器的种类及其传入神经的类型，因此，刺激的性质是通过特定感受器和特异性传导通路传导至大脑皮层的特定感觉区域来实现的；而刺激的强度是通过单一神经纤维上冲动的频率高低和参加这一信息传输的神经纤维的数目多少来编码的。刺激强度越大，传入神经纤维的数量越多，单个神经纤维神经冲动发放的频率越高。例如，给人手皮肤的触压感受器施加触压刺激时，随着触压力量的增大，传入纤维上的动作电位频率逐渐增高，产生动作电位的传入纤维的数目也逐渐增多，产生的压觉越强烈。

4. 感受器的适应现象　感受器接受一个恒定强度的持续刺激时，其冲动发放频率将逐渐下降的现象称为**感受器的适应现象**。适应是所有感受器的一个功能特点，但适应的快慢可因感受器类型的不同而有很大的差别，通常可把它们分为**快适应感受器**和**慢适应感受器**两类。前者如皮肤触觉、视觉和嗅觉感受器等，其生理意义在于能够不断接受新刺激，以更快适应新环境；后者如肌梭、颈动脉窦压力感受器和痛觉感受器等，其意义在于稳态机体的某些生理功能，如正常机体姿势的维持、血压持久的稳定等。适应并不是疲劳，在对某种刺激产生适应后，如再增加刺激的强度，又可以引起传入冲动的增加。

5. 对比现象和后作用　在接受某种刺激之前或同时又受到另一种性质相反的刺激时，感受器的敏感性提高的现象，称为**对比现象**。例如在黑暗的背景上看到白色物体或白色背景上看到黑色物体，都会产生黑白分明的感觉。

当引起感觉的刺激消失后，感觉一般会持续存在若干时间，然后才逐渐消失，这种现象称为**感觉的后作用**。刺激越强，感觉的后作用也越长。例如，当光源发出的闪光频率达到一定值时，在视觉中产生的是不间断的光觉，电影就是根据这一原理发明的。

二、感觉传导通路

来自各感受器的神经冲动，除通过脑神经传入中枢以外，大部分经脊神经背根进入脊髓，然后分别经由各自的前行传导路径传至丘脑，再经换元抵达大脑皮层感觉区。

（一）脊髓和脑干的感觉传导通路

1. 浅感觉（痛觉、温觉与轻触觉）传导路径　其传入纤维由背根的外侧部进入脊髓，在背角更换神经元后，再发出神经纤维在中央管前交叉到对侧，分别经**脊髓－丘脑侧束**

（传导痛、温觉）和**脊髓－丘脑腹束**（传导轻触觉）前行抵达丘脑。浅感觉传导路径的特点是先交叉后前行，因此，脊髓半断离后，浅感觉障碍发生在断离的对侧。

2. 深感觉（肌肉本体感觉和深部压觉）传导路径 其传入纤维由背根内侧部进入脊髓后，沿同侧背索前行至延髓下部薄束核与楔束核更换神经元，换元后其纤维交叉到对侧，经**内侧丘系**至丘脑。可见，深感觉传导路径的特点是先前行后交叉。因此，当脊髓半断离时，深感觉障碍发生在断离的同侧。

3. 来自头面部的感觉传导路径 来自头面部的痛觉、温度觉冲动主要在三叉神经脊束核更换神经元，而触觉与肌肉本体感觉主要由三叉神经的主核和中脑核更换神经元，自三叉神经脊束核和主核发出的二级纤维交叉至对侧组成三叉丘系，它与脊髓丘脑束毗邻前行，终止于丘脑的后内侧腹核。

（二）丘脑及其感觉投射系统

在大脑皮层不发达的动物中，丘脑是感觉的最高级中枢；在大脑皮层发达的动物，丘脑接受除嗅觉以外的所有感觉的投射，是最重要的感觉接替站，可进行感觉的粗糙分析与综合。丘脑与下丘脑、纹状体之间有纤维彼此联系，三者成为许多复杂的非条件反射的皮层下中枢。丘脑与大脑皮质之间的联系所构成的**丘脑－皮质投射**，决定大脑皮质的觉醒状态与感觉功能。故丘脑的病变可能导致感觉异常，如感觉减退或感觉过敏等。

1. 丘脑的核团 根据神经联系和感觉功能特点，丘脑的核团大致可分为三大类（图9－9）。

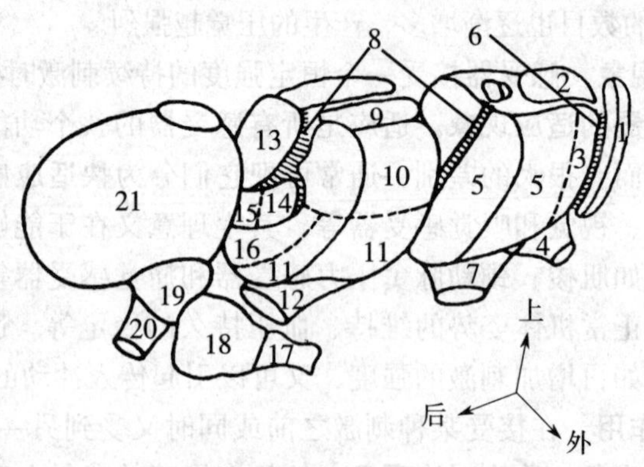

1. 网状核（大部分已切去，只显示前面一部分） 2. 前核 3. 前腹核 4. 苍白球传来纤维
5. 外侧腹核 6. 外髓板 7. 小脑传来纤维 8. 内髓板及髓板内核群 9. 背外侧核
10. 后外侧核 11. 后外侧腹核 12. 内侧丘系 13. 背内核 14. 中央中核 15. 束旁核
16. 后内侧腹核 17. 视束 18. 外侧膝状体 19. 内侧膝状体 20. 外侧丘系 21. 丘脑枕

图9－9 右侧丘脑主要核团示意图

（1）第一类细胞群（感觉接替核） 这类核团主要有后腹核和内、外侧膝状体。它们接受第二级感觉投射纤维，并经换元后进一步投射到大脑皮层感觉区。

（2）第二类细胞群（联络核） 主要包括丘脑枕核、外侧腹核与丘脑前核等。这类核团并不直接接受感觉的纤维投射，但接受来自丘脑感觉接替核和其他皮质下中枢的纤维，换元后投射到大脑皮质的特定区域，其功能与各种感觉在丘脑和大脑皮质水平的联系协调有关，故称联络核。

（3）第三类细胞群（髓板内核群）　是靠近中线的内髓板以内的各种结构，主要有中央中核、束旁核和中央外侧核等，是丘脑的古老部分。一般认为，这类核团没有直接投射到大脑皮层的纤维，但它们接受脑干网状结构的上行纤维，经多突触接替换元后，弥散地投射到整个大脑皮层，起着维持和改变大脑皮层兴奋状态的重要作用。

2. 丘脑的感觉投射系统　根据丘脑核团向大脑皮层投射特征的不同，可将感觉投射系统分为两类，即**特异投射系统**与**非特异投射系统**（图9-10）。

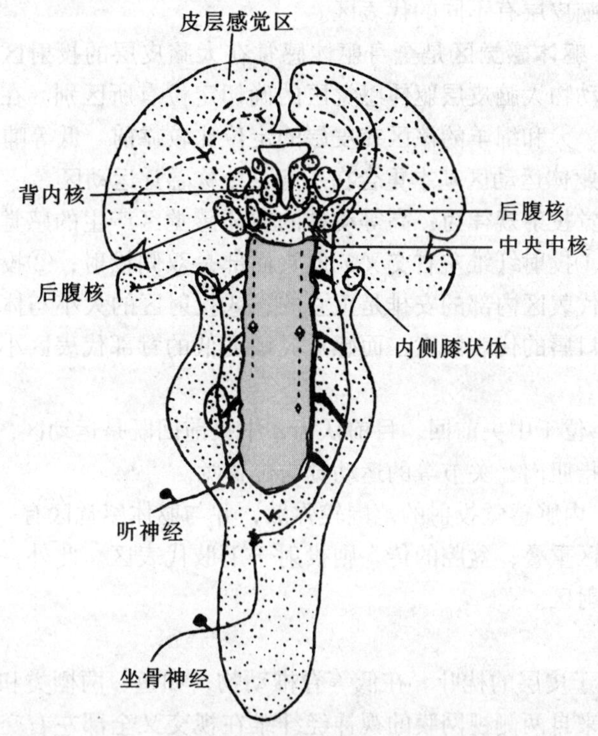

黑色区代表脑干网状结构，实线代表特异投射系统，虚线代表非特异投射系统

图9-10　感觉投射系统示意图

（1）特异投射系统　是指丘脑感觉接替核发出的纤维投射到大脑皮层特定区域，具有点对点投射关系的感觉投射系统。丘脑的联络核在结构上大部分也与大脑皮层有特定的投射关系，投射到皮层的特定区域，所以也归属于这一系统。一般认为，经典的感觉传导通路是由三级神经元的接替完成的。第一级神经元位于脊神经节或有关脑神经感觉神经节内，第二级神经元位于脊髓背角或脑干有关的神经核内，第三级神经元就在丘脑感觉接替核内。但特殊感觉（视觉、听觉、嗅觉）例外。如视觉传导需要四级神经元接替完成，而嗅觉传导则不经过丘脑感觉接替核内。

（2）非特异投射系统　是指由丘脑的髓板内核群弥散地投射到大脑皮层广泛区域的，非专一性感觉投射系统。上述经典感觉传导通路中第二级神经元的轴突在经过脑干时，发出侧支与脑干网状结构的神经元发生突触联系，在网状结构内反复换元前行，抵达丘脑髓板内核群，然后进一步弥散地投射到大脑皮层广泛区域。因此，这一感觉投射系统虽不产生特定感觉，但可以普遍提高大脑皮层的兴奋性，维持觉醒状态，是产生特定感觉不可缺少的基础。

正常情况下，这两类感觉投射系统之间的相互作用与配合使大脑皮层既能处于觉醒状态，又能产生各种特定感觉。

三、大脑皮层的感觉分析功能

各种感觉传入冲动最后到达大脑皮层，通过精细的分析、综合而产生相应的感觉。因此，大脑皮层是感觉分析的最高级中枢。大脑皮层的不同区域在感觉功能上具有不同的分工，不同的感觉在大脑皮层有不同的代表区。

1. 躯体感觉区 **躯体感觉区**是全身躯体感觉在大脑皮层的投射区，位于大脑皮层顶叶。不同进化程度的动物大脑皮层躯体感觉区的确切定位有所区别。在灵长类动物一般位于中央后回，而在猫、犬和绵羊的该区在皮层的定位比较靠前。低等哺乳动物（如兔和鼠等）的躯体感觉区和躯体运动区基本重合在一起，统称感觉运动区。

躯体感觉区的感觉投射规律为：高等动物的躯体感觉区产生的感觉定位明确，性质清晰，表现以下特征：①投射纤维左右交叉，但头面部是双侧投射；②投射区域的空间排列是倒置的，但头面部代表区内部的安排是正立的；③投射区的大小与体表感觉的灵敏度有关，感觉灵敏度高的口唇的代表区大，而感觉灵敏度低的背部代表区小。且存在明显的种属差异。

2. 感觉运动区 位于中央前回。目前认为，中央前回既是运动区，也是肌肉本体感觉投射区。本体感觉是指肌肉、关节等的运动觉与位置觉。

3. 内脏感觉区 内脏感觉投射的范围较弥散，并与躯体感觉区有一定的重叠。如上腹部内脏的传入与躯干区重叠；盆腔的传入则投射于下肢代表区。此外，边缘系统的皮层部位也是内脏感觉的投射区。

4. 特殊感觉区

（1）视觉区 位于皮层的枕叶。在低等脊椎动物，如鱼、两栖类和鸟类，它们的双眼分别位于头的两侧，来自两侧视网膜的视神经纤维在视交叉全部左右交叉，而后投射到视皮层。而在高等哺乳动物，这种交叉是不完全的：马和兔大约有10%的纤维不交叉；猫和犬大约有20%不交叉；灵长类动物大约只有50%的纤维交叉到对侧。所以，一侧枕叶皮层受损可造成两眼对侧偏盲，双侧枕叶损伤时可导致全盲。

（2）听觉区 位于皮层的颞叶。听觉投射是双侧性的，即一侧皮层代表区接受来自双侧耳蜗感受器的传入投射，故一侧代表区受损不会引起全聋。

（3）嗅觉区与味觉区 嗅觉在大脑皮层的投射区域随着进化而缩小，在高等动物位于边缘皮层的前底部区域，包括梨状区皮层的前部、杏仁核的一部分。味觉投射区在中央后回头面部感觉投射区的下方。味觉的投射是同侧的，破坏大鼠双侧味觉皮层导致味觉识别障碍。

四、痛觉

疼痛是指动物体对伤害性或潜在伤害性刺激的感觉。疼痛发生时常伴有植物性的反应，如肾上腺素的分泌，血压上升、血糖升高等。疼痛可作为机体受损害时的一种报警系统，对机体起保护作用。但疼痛特别是慢性疼痛或剧痛，往往使动物深受折磨，导致机体功能失调，甚至发生休克。

（一）皮肤痛觉

伤害性刺激作用皮肤时，可先后出现**快痛与慢痛**两种性质的痛觉。快痛又称第一痛或急性痛，是一种尖锐的刺痛，由较粗的、传导速度较快的 A_{δ} 纤维传导，其特点是产生与消失迅速，感觉清楚，定位明确，常引起时相性快速的防卫反射。快痛一般属生理性疼痛。慢痛又称第二痛，由无髓鞘、传导速度较慢的 C 类纤维传导，一般在刺激作用后 0.5～1.0s 才能感觉到，特点是定位不太明确，持续时间较长，为一种强烈而难以忍受的烧灼痛，通常伴有情绪反应及心血管与呼吸等方面的反应。慢痛一般属病理性疼痛。

（二）内脏痛与牵涉痛

1. 内脏痛　**内脏痛**是伤害性刺激作用于内脏器官引起的疼痛。可分为两类：一类是体腔壁的浆膜痛，如胸膜、腹膜、心包膜等受到炎症、压力、摩擦或牵拉等伤害性刺激时所产生的疼痛。这种痛的传入纤维是混在躯体神经内，痛的性质类似于深部躯体痛觉，较为弥散和持久。另一类是**脏器痛**，它是因内脏受到伤害性刺激，或者内脏本身被急性扩张、缺血、痉挛所引起。内脏痛觉通过自主神经内的传入纤维传入脊髓，沿着躯体感觉的同一通路前行，也经脊髓丘脑束和感觉投射系统到达皮层。

内脏痛有两个明显的特征：①表现为缓慢、持续、定位不精确和对刺激的分辨能力差的钝痛，常伴有明显的自主神经活动变化，情绪反应强烈；②能引起皮肤痛的刺激如切割、烧灼等一般不引起内脏痛，而机械性牵拉、缺血、痉挛、炎症与化学刺激作用于内脏，则能产生疼痛。

2. 牵涉痛　某些内脏疾病往往可引起体表一定部位发生疼痛或痛觉过敏，这种现象称为**牵涉痛**。每一内脏有特定的牵涉痛区，如人心肌缺血时，出现心前区、左肩、左上臂疼痛；胆囊炎、胆结石时，出现又肩胛部痛；阑尾炎时，出现脐周及左上腹部痛；肾结石时，出现腹股沟区痛等。了解牵涉痛的部位对诊断某些内脏疾病具有重要的参考价值。

五、视觉

视觉是由眼、视神经和视觉中枢的共同活动实现的。眼是视觉感受器，波长 400～750nm 的可见光是视觉的适宜刺激。光线通过眼的折光系统到达视网膜成像，兴奋沿视神经传入中枢，经丘脑的外侧膝状体换元后投射到大脑皮层枕叶的视觉区，产生视觉。

1. 折光系统的功能　眼的折光原理类似凸透镜，它的光心在晶状体内。按照凸透镜的成像原理，从物体上反射出来的光线，经过角膜、房水、晶状体和玻璃体等折光系统，在睫状肌、虹膜肌等的精细配合下，调整瞳孔大小与晶状体的曲率半径，使光线亮度恰当并聚焦于视网膜上，在视网膜上形成真实的倒像。这种倒置的映像经大脑皮层整合后就还原为正立的形象。

2. 视网膜的功能　视网膜上有两种感光细胞，在光的作用下发生光化学反应，产生感光细胞电位，进而激发神经冲动，传至大脑皮层视觉区，最后产生视觉。视网膜中的感光细胞是视杆细胞和视锥细胞，它们都含有感光色素。视杆细胞含视紫红质，对光的敏感性强，可感受弱光，它只有光暗与黑白的感觉，不能辨别颜色；视锥细胞含有 3 种吸收光谱特性不同的视色素，可感受较强的光和不同波长的光，因而可以辨别颜色。

不同动物的视网膜上，视杆细胞和视锥细胞的比例不同。大多数鸟类是昼行性动物，它们的视网膜中全部是视锥细胞，有色觉；而夜行性动物（如大鼠、蝙蝠）的视网膜中只有视杆细胞，因而只有光暗与黑白的感觉。

视杆细胞所含的视紫红质是一种结合蛋白质。在光照射下，视紫红质迅速分解为视蛋白和全反型视黄醛，经过复杂信息传递系统的活动，诱发视杆细胞出现感受器电位。视紫红质的光化学反应是可逆的，它在光照下分解，在暗处又重新合成。在视紫红质的分解和合成过程中，有一部分视黄醛被消耗，必须靠血液中的维生素 A 来补充。因此，当维生素 A 缺乏时，视杆细胞功能减弱而出现夜盲症。

视锥细胞功能的重要特点是具有辨别颜色的能力。视锥细胞外段具有特殊的视色素。视网膜上有 3 种不同的视锥细胞，分别含有对红、绿、蓝 3 种光敏感的感光色素。当某一波长的光线作用于视网膜时，以一定的比例使 3 种不同的视锥细胞产生不同程度的兴奋，这样的信息经处理后转化为不同组合的神经冲动，传到大脑皮层就产生不同的色觉。当某一类视锥细胞缺乏时，即可引起机体发生色盲。

3. 双眼视觉 两眼同时看一物体时所产生的视觉，称为**双眼视觉**。当物体成像在两眼视野互相重叠的范围内，而且来自物体同一部分的光线，成像在两眼视网膜的相称点上，这样在主观视觉印象上就产生单一的像，称为**单视**。两眼视网膜的中央凹是相称点，中央凹之外，一眼的颞侧视网膜和另一眼的鼻侧视网膜互相对称，而鼻侧视网膜则与另一眼的颞侧视网膜互相对称。若物像不落在视网膜的相称点上，则将产生复视。

双眼视觉的优点：①扩大单眼视觉的视野；②弥补单眼视野中的盲点缺陷；③增强判断物体大小和距离的准确性；④形成立体视觉。

六、听觉

听觉对动物适应环境和人类认识自然有着重要的意义。家畜一般都具有很发达的听觉。耳的最适宜刺激因畜种不同差异很大。一般哺乳动物的可听声频范围为 20 ~ 20 000 Hz；犬为 16 ~ 36 000Hz；大鼠能听到的最高音频为 40 000Hz；家禽的听力范围为 125 ~ 10 000Hz。

1. 外耳和中耳的功能 外耳包括耳廓和外耳道。中耳由鼓膜、听小骨、鼓室和咽鼓管等结构组成。耳廓的形状有利于接受外界的声波，有“集音”作用，对判断声源方向也有一定作用。外耳道是声波传导的通路。中耳的主要功能是将空气中的声波振动的能量高效率地传递到内耳淋巴液，其中，鼓膜和听骨链在声音传递过程中起着重要的作用。

声波经外耳道引起鼓膜振动，再经听骨链和卵圆窗膜进入耳蜗，这条声音的传导途径称为**气传导**，是声波传导的主要途径。声波直接引起颅骨的振动，再引起位于颞骨骨质中的耳蜗内淋巴的振动，这种传导途径称为**骨传导**。骨传导比气传导的敏感性低得多，因此在正常听觉的引起中其作用甚微。

2. 内耳的功能 内耳又称**迷路**，由耳蜗和前庭器官组成。前者为听觉感受器官，后者属平衡感觉器官。耳蜗是一个螺旋形骨质管腔，其横断面上有两个分界膜：一为斜行的前庭膜，一为横行的基底膜，此二膜将管道分为 3 个腔，即充以外淋巴的前庭阶和鼓阶以及充满内淋巴的蜗管（图 9 – 11）。

螺旋器是位于基底膜上有声音感受器，由毛细胞及支持细胞等组成。毛细胞是听感受器，其顶部都有上百条排列整齐的听毛，并浸浴在蜗管的内淋巴中，其基部则与外淋巴相接触，其底部有丰富的听神经末梢。

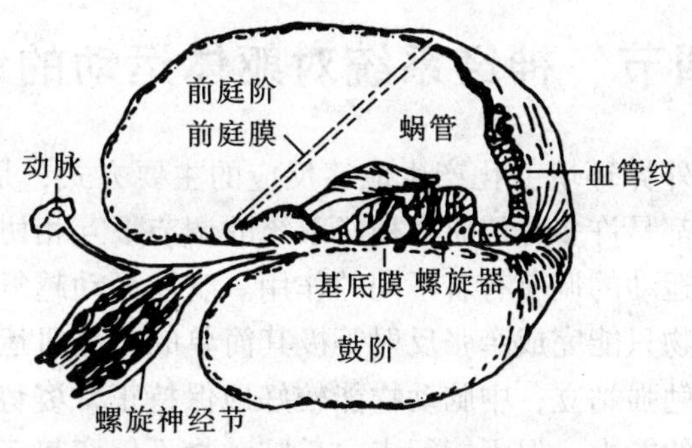

图 9－11　耳蜗管的横断面

声波传到内耳，振动内、外淋巴，引起基底膜振动，使排列其上的螺旋器发生相应振动，刺激毛细胞的听纤毛，进而激发毛细胞兴奋，使振动能转化为电能而产生感受器电位（微音器电位），进而刺激毛细胞底部的神经末梢，触发动作电位，经耳蜗的传入神经传至脊髓同侧的耳蜗背核和耳蜗腹核。换元后，耳蜗发出的大部分上行纤维交叉到对侧，延伸至后丘与对侧上行纤维相连接，经内侧膝状体到达大脑皮层的听区，产生听觉。

七、嗅觉和味觉

嗅觉与味觉的感受器都是特殊分化了的外部感受器。嗅觉是由气体状态的化学物质刺激鼻黏膜嗅细胞所引起的感觉。而味觉是由溶解状态的化学物质刺激味蕾所引起的感觉。这两种感觉在鉴别化学物质上，既相互影响又互相联系，对于选择食物和防止有害物质侵入体内有重要作用。

（一）嗅觉

根据嗅觉发达程度的不同，将动物分为 3 类：①敏嗅觉类，即嗅觉高度发达的动物，如牛、猪、马、羊、犬等大多数家畜；②钝嗅觉类，即嗅觉很不发达的动物，如鸟类（包括家禽）；③无嗅觉类，即某些没有嗅觉的动物，如某些水栖哺乳动物（鲸、海豚）。

嗅觉感受器为嗅细胞，位于上鼻道及鼻中隔后上部的嗅上皮中。嗅细胞是双极细胞，它的轴突穿过筛板，进入嗅球与嗅球内的第二级感觉细胞发生突触联系。后者的轴突组成嗅神经，在杏仁核及梨状区等部位换元后，再传到边缘系统的一些部位，产生嗅觉。

（二）味觉

味觉的感受器是味蕾，味蕾由味细胞、支持细胞和基底细胞组成。味细胞的顶部有纤毛，称味毛，是味觉感受的关键部位。味细胞的更新率很高，平均约 10d 更换 1 次。味蕾主要分布在舌背部表面和舌缘，口腔和咽部黏膜表面也有散在分布。味蕾的数量、分布情况及舌表面不同部位对不同味刺激的敏感程度不一样，并有种别差异。一般是舌尖部对甜味比较敏感，舌两侧对酸味比较敏感。而舌两侧的前部则对咸味比较敏感，软腭和舌根部对苦味比较敏感。

味感受器细胞没有轴突，它产生的感受器电位通过突触传递引起感觉神经末梢产生动作电位，动作电位通过专用神经通路将四种基本味觉信号传向味觉中枢。中枢可根据专用通路上四种基本味觉的神经信号的不同组合来认知各种味觉。

第四节　神经系统对躯体运动的调节

躯体运动是家畜对外界环境变化产生应答反应的主要方式，是各种复杂行为的基础。任何形式的躯体运动，都是许多骨骼肌在神经系统的调节下互相协调和配合完成的。但神经系统不同部位对躯体运动的调节有着不同的作用。躯体运动越复杂，越需要高水平的神经系统参与。如脊髓动物只能完成牵张反射等极其简单的骨骼肌运动；延髓动物不能很好地保持正常姿势，只能勉强站立；中脑动物能较好地保持正常姿势，而且还有翻身、卧倒或站立等动态姿势反射的能力，但不能行走；丘脑动物不但姿势正常，而且能跑、跳和完成其他复杂动作；大脑皮层完整的动物能极其完善地适应环境和完成高度精细复杂的躯体运动。

一、脊髓对躯体运动的调节

（一）脊髓腹角运动神经元

在脊髓腹角存在大量的运动神经元，它们的轴突经腹根离开脊髓后直达所支配的肌肉。这些神经元可分为α、β、γ 3 种类型。

1. α运动神经元与运动单位　α运动神经元既接受来自皮肤、肌肉和关节等外周的传入信息，也接受从脑干到大脑皮层各上位中枢下传的信息，产生一定的反射传出冲动，引起骨骼肌收缩。因此，α运动神经元可称为**脊髓反射的最后公路**。

2. γ运动神经元　γ运动神经元的胞体较小，分散在α运动神经元之间。它发出传出纤维分布于肌梭的两端，支配骨骼肌的梭内肌纤维。当γ运动神经元兴奋时，梭内肌纤维收缩，从而增加了肌梭感受器的敏感性。在一般情况下，当α运动神经元活动增强时，γ运动神经元的作用也相应增加，从而调节肌梭对牵张刺激的敏感性。

3. β运动神经元　这是一种较大的运动神经元，其传出纤维可支配骨骼肌的梭内肌与梭外肌纤维。

（二）脊髓反射

脊髓是调节躯体运动最基本的反射中枢，通过脊髓仅能完成一些比较简单的躯体运动反射。包括牵张反射、屈肌反射和对侧伸肌反射、节间反射等。但在机体内，脊髓反射在整体内受高位中枢控制，如果将脊髓和脑分离则出现脊休克。

1. 牵张反射　**牵张反射**是指骨骼肌在受到外力牵拉而伸长时，能引起受牵拉的肌肉收缩的反射活动（图9-12）。牵张反射有两种类型，即腱反射和肌紧张。

（1）腱反射　又称**位相性牵张反射**，是在快速牵拉肌腱时发生的牵张反射，表现为被牵拉肌肉迅速而明显的缩短。如快速叩击股四头肌肌腱，可使股四头肌受到牵拉而发生一次快速收缩，引起膝关节伸直，称膝反射。叩击跟腱时，可引起腓肠肌发生一次快速收缩称为**跟腱反射**。腱反射的潜伏期很短（0.7ms），仅够一次突触传递的时间延搁，所以腱反射是一种单突触反射。临床上常通过检查腱反射来神经系统的某些功能状态。

（2）肌紧张　又称**紧张性牵张反射**，是指缓慢而持续地牵拉肌腱所引起的牵张反射，表现为受牵拉肌肉持续发生紧张性收缩，致使肌肉经常处于轻度收缩状态。肌紧张反射弧的中枢为多突触接替，属于多突触反射。肌紧张是维持躯体姿势最基本的反射活动，是姿

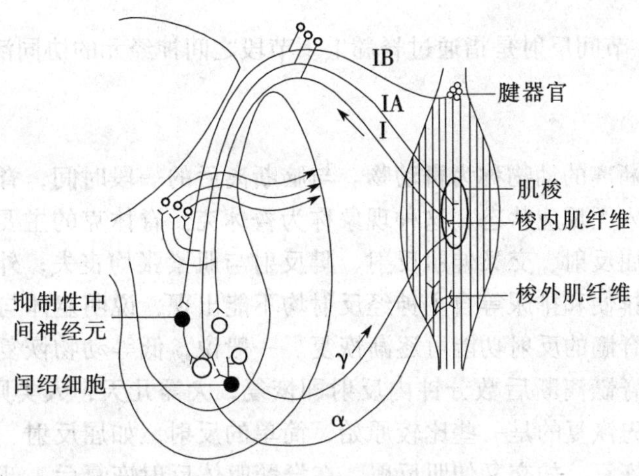

图 9－12 肌牵张反射示意图

势反射的基础，尤其对于维持站立姿势。因为站立时，由于重力的影响，支持体重的关节趋向于被重力所弯曲，弯曲的关节势必使伸肌肌腱受到牵拉，从而产生牵张反射使伸肌的肌紧张增强，以对抗关节的屈曲来维持站立姿势。

腱反射与肌紧张的感受器主要是**肌梭**和**腱器官**。

肌梭是一种感受机械牵拉刺激或肌肉长度变化的特殊感受装置，属本体感受器。肌梭呈梭形，其外层为一结缔组织囊，囊内含有 2～12 条特殊肌纤维，称为**梭内肌纤维**；而囊外为一般骨骼肌纤维，称为**梭外肌纤维**。梭内肌纤维与梭外肌纤维平行排列，呈并联关系。梭内肌纤维的收缩成分位于纤维的两端。中间部是肌梭的感受装置，两者呈串联关系。

当肌肉受到外力牵拉时，梭内肌感受装置被拉长，使肌梭内的初级末梢受到牵拉刺激而发放传入冲动，冲动的频率与肌梭被牵拉的程度成正比。肌梭的传入冲动传至脊髓，引起支配同一肌肉的 α 运动神经元活动，进而引起梭外肌收缩，从而完成一次牵张反射。

腱器官是分布于肌腱胶原纤维之间的牵张感受装置，与梭外肌呈串联关系。腱器官是一种感受肌肉张力变化的感受器，对肌肉主动收缩所产生的牵拉异常敏感。在牵张反射活动中，肌肉收缩达到一定强度时，则使腱器官兴奋，反射性地抑制同一肌肉收缩，使肌肉收缩停止，转而出现舒张，这种肌肉受到强烈牵拉时所产生的舒张反应，称为**反牵张反射**。其生理意义在于缓解由肌梭传入所引起的肌肉收缩及其所产生的张力，防止过分收缩对肌肉的损伤。

2. 屈肌反射与对侧伸肌反射 肢体皮肤受到伤害刺激时，常引起受刺激侧肢体的屈肌收缩、伸肌舒张，使肢体屈曲，称为**屈肌反射**。如火烫、针刺皮肤时，该侧肢体立即缩回，其目的在于避开有害刺激，对机体有保护意义。屈肌反射是一种多突触反射，其反射弧的传出部分可支配多个关节的肌肉活动。该反射的强弱与刺激强度有关，其反射的范围可随刺激强度的增加而扩大。如足趾受到较弱的刺激时，只引起趾关节屈曲，随着刺激的增强，膝关节和髋关节也可以发生屈曲。当肢体皮肤受到很强的伤害性刺激时，除引起该肢体屈曲外，还同时引起对侧肢体伸直，这种反射称为**对侧伸肌反射**。该反射是一种姿势反射，当一侧肢体屈曲造成身体平衡失调时，对侧肢体伸直以支持体重，从而维持身体的姿势平衡。

3. 节间反射 节间反射是指通过脊髓上下节段之间神经元的协同活动所实现的反射活动，如搔扒反射等。

（三）脊休克

脊髓与脑完全断离的动物称为**脊动物**。与脑断离后的一段时间，脊髓暂时丧失一切反射活动的能力，进入无反应状态，这种现象称为**脊休克**。脊休克的主要表现有：在横断面以下脊髓所整合的屈反射、交叉伸肌反射、腱反射与肌紧张均丧失；外周血管扩张，动脉血压下降，发汗、排便和排尿等自主神经反射均不能出现，说明躯体与内脏反射活动均减弱或消失。随后，脊髓的反射功能可逐渐恢复。一般说，低等动物恢复较快，动物越高等恢复越慢。如蛙在脊髓离断后数分钟内反射即恢复，犬需几天，人类则需数周乃至数月。在恢复过程中，首先恢复的是一些比较原始、简单的反射，如屈反射、腱反射，而后是比较复杂的反射逐渐恢复，如交叉伸肌反射。在脊髓躯体反射恢复后，部分内脏反射活动也随之恢复，如血压逐渐上升达一定水平，并出现一定的排便、排尿反射。由此可见，脊髓本身可完成一些简单的反射，脊髓内存在着低级的躯体反射与内脏反射中枢。但脊髓横断后，由于脊髓内上行与下行的神经束均被中断，因此，断面以下的各种感觉和随意运动很难恢复，甚至永远丧失。临床上称为**截瘫**。

二、脑干对肌紧张和姿势的调节

脑干包括延髓、脑桥和中脑。脑干除了有神经核以及与它相联系的前行和后行神经传导束外，还有纵贯脑干中心的网状结构。**脑干网状结构**是由散在分布的神经元群和纵横交错的神经网络构成的神经结构，是中枢神经系统中最重要的皮层下整合调节机构。其主体在脑干的中央部，起自延髓后缘，穿过延髓、桥脑、中脑、下丘脑直到丘脑的腹部。

脑干网状结构的易化区和抑制区协调作用，通过调节肌紧张以保持一定的姿势，并参与躯体运动的协调。

（一）脑干对肌紧张的调节

脑干网状结构后行易化区与抑制区

（1）易化区及其作用 脑干网状结构中加强肌紧张和肌肉运动的区域，称为**脑干网状结构后行易化区**。易化区较大，包括延髓网状结构的背外侧部分、脑桥被盖、中脑的中央灰质与被盖等脑干中央区域。此外，下丘脑和丘脑中线核群等部位也具有对肌紧张和肌肉运动的易化作用，因此也包括在易化区之中。易化区的作用主要是通过网状脊髓束的后行通路，并与脊髓 γ 运动神经元建立兴奋性突触联系来完成的。此外，易化区对 α 运动神经元也有一定的易化作用。

除脑干网状结构易化区外，还有脑干外神经结构，如前庭核、小脑前叶两侧部等部位也存在肌紧张易化区，其易化功能是通过网状结构易化区的活动来完成的。

（2）抑制区及其作用 脑干网状结构中还有抑制肌紧张和肌肉运动的区域，称为**抑制区**。该区较小，位于延髓网状结构的腹内侧部分。其作用主要是通过网状脊髓束的后行抑制性纤维与 γ 运动神经元形成抑制性突触而完成的。

除网状结构抑制区外，大脑皮层运动区、纹状体与小脑前叶蚓部等脑干外神经结构，也存在肌紧张抑制功能。这些脑干外神经结构不仅可通过网状结构抑制区的活动抑制肌紧张，而且能控制网状结构易化区的活动，使其受到抑制。

正常情况下，网状结构易化区一般具有持续的自发放电活动，而网状结构抑制区本身无自发活动，它在接受上述各高位中枢传入的始动作用时，才能发挥后行抑制作用。如果在中脑上、下丘之间横断脑干的去大脑动物，会立即出现全身肌紧张，特别是伸肌紧张过度亢进，表现为四肢伸直、头尾昂起、脊柱挺硬的角弓反张现象，称为**去大脑僵直**（图9－13）。这是由于切断了大脑皮层运动区和纹状体等神经结构与脑干网状结构的功能联系，使抑制区失去了高位中枢的始动作用，削弱了抑制区的活动；而与网状结构易化区有功能联系的神经结构虽也有部分被切除，但因易化区本身存在自发活动，而且前庭核的易化作用依然保留，所以，易化区的活动仍继续存在。因此，易化系统与抑制系统的活动失去平衡，使易化系统的活动占有显著优势。由于这些易化作用主要影响抗重力肌的作用，故主要导致伸肌肌紧张加强，而出现去大脑僵直现象。

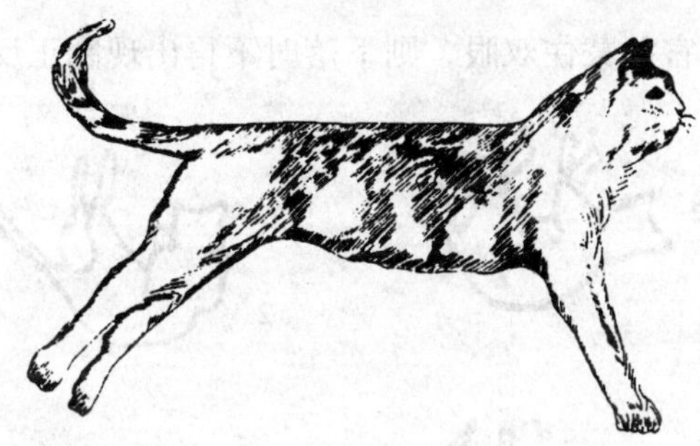

图9－13　去大脑僵直现象

（二）脑干对姿势的调节

中枢神经系统调节骨骼肌的肌紧张或产生相应运动，以保持或改正动物躯体在空间的姿势，称为**姿势反射**。不同的姿势反射与不同的中枢水平相关联。上述由脊髓整合的牵张反射和对侧伸肌反射是最简单的姿势反射。由脑干整合而完成的姿势反射有状态反射、翻正反射等。

1. 状态反射　状态反射是指因头部与躯干的相对位置或头部在空间的位置改变，引起的躯体肌肉紧张性改变的反射活动。前者称为**颈紧张反射**，是由于头部扭曲刺激了颈部肌肉、关节或韧带的本体感受器后，对四肢肌肉紧张性的反射性调节，其反射中枢位于颈部脊髓，如头前俯时，后肢伸肌紧张性增强，前肢伸肌紧张性减弱（图9－14）；后者称为**迷路紧张反射**，是指由内耳迷路椭圆囊、球囊的传入冲动对躯体伸肌紧性的反射性调节，其反射中枢主要是前庭核。如动物仰卧时，耳石膜受到的刺激最大，四肢伸肌紧张性最高；俯卧时，受到的刺激最弱，则伸肌紧张性最低。

状态反射是在低位脑干整合下完成的，但在完整动物因低位脑干处于高位中枢的控制下，状态反射不易表现出来，所以只在去大脑动物才明显可见。

2. 翻正反射　当动物被推倒或使它从空中仰面下落时，它能迅速翻身、起立或改变为四肢朝下的姿势着地，这种复杂的姿势反射称为**翻正反射**（图9－15）。翻正反射包括一系列的反射活动：当视觉感知身体位置的不正常时，由迷路感受器以及体轴（主要是颈项）深浅感受器传入信息，在中脑水平整合作用下，先引起头部翻正，随后躯干的位置也翻

A. 头俯下时　B. 头上仰时　C. 头弯向右侧时　D. 头弯向左侧时

图 9-14　状态反射

正。如果毁坏双侧迷路器官并蒙住双眼，则下落时不再出现翻正反射。

图 9-15　猫从空中坠落时的翻正反射

三、小脑对躯体运动的调节

小脑是躯体运动调节的重要中枢，它对于维持身体平衡、调节肌紧张、协调与控制躯体的随意运动都具有重要作用。

1. 维持身体平衡　维持身体平衡是前庭小脑的主要功能。前庭小脑主要由绒球小结叶构成。绒球小结叶通过前庭核转而经脊髓后行纤维的作用，调节脊髓运动神经元的兴奋与肌肉的收缩活动，以维持躯体运动的平衡。其反射途径为：前庭器官→前庭核→绒球小结叶→前庭核→脊髓运动神经原→肌肉。

2. 调节肌紧张　小脑调节肌紧张与协调随意运动的功能，主要是由脊髓小脑完成的。脊髓小脑由小脑前叶（包括单小叶）和后叶的中间带（包括旁中央小叶）组成。其中，小脑前叶的功能是调节肌紧张，小脑后叶中间带的功能主要是协调随意运动，但也有调节肌紧张的作用。

小脑前叶主要接受来自肌肉、关节等本体感受器的传入冲动，也少量接受视、听觉与前庭的传入信息；其传出冲动分别通过网状脊髓束、前庭脊髓束以及腹侧皮层脊髓束的后行系统，调节脊髓 γ 运动神经元的活动，进而调节肌紧张。小脑前叶对肌紧张具有抑制和易化的双重调节作用。

3. 协调随意运动 协调随意运动是小脑后叶中间带的重要功能。由于后叶中间带还接受脑桥纤维的投射，并与大脑皮层运动区有环路联系，因此，在执行大脑皮层发动的随意运动方面起重要协调作用。当小脑后叶中间带受到损伤时，可出现随意运动协调的障碍，称为**小脑性共济失调**，表现为随意运动的力量、方向及限度等将发生很大的紊乱，动作摇摆不定，指物不准，不能进行快速的交替运动。

4. 参与运动计划的形成和运动程序的编制 这是小脑皮层（小脑后叶外侧部）的主要功能。它接受大脑皮层广大区域（大脑皮层感觉区、运动区、联络区）传来的信息，并与大脑皮层形成反馈环路，借此参与运动计划的形成和运动程序的编制。

机体进行的各种精巧运动，都是通过大脑皮层和小脑不断进行联合活动、反复协调而逐步熟练起来的。骨骼肌完成一个新动作时，最初往往是粗糙而不协调，这是由于小脑尚未发挥其协调功能。经过反复练习后，通过大脑皮层和小脑不断进行环路联系过程，小脑针对传入的运动信息，及时纠正运动过程中出现的偏差，从而贮存了一套运动程序。当大脑皮层要发动某项精巧运动时，可通过环路联系，从小脑中提取贮存的程序，再通过皮质脊髓束和皮质核束发动这项精巧运动，使骨骼肌活动协调，动作平稳、准确、熟练，而且完成迅速，几乎不经过思考。

四、基底神经节对躯体运动的调节

1. 基底神经节的组成与神经联系 大脑皮层下一些主要在运动调节中起重要作用的神经核群，称为**基底神经节**。主要包括尾核、壳核和苍白球，三者合称**纹状体**。其中尾核与壳核进化较新，称新纹状体；而苍白球则是较古老的部分，称旧纹状体。此外，底丘脑核、中脑的黑质与红核以及被盖网状结构等有关神经结构在功能上与纹状体密切相关，故也归属于基底神经节系统。

基底神经节各个核之间以及它们与大脑皮层、各有关结构之间存在着广泛而复杂的纤维联系，这些纤维联系构成了基底神经节控制运动的重要环路。新纹状体可看作是基底神经节的传入部（输入核），它可接受来源于大脑皮层、黑质、丘脑髓板内核群和中缝核等结构的传入。而苍白球则可看作是传出部分（输出核），其传出纤维可投射至丘脑与脑干。经丘脑的纤维抵达大脑皮层，然后再经锥体系与锥体外系到达脊髓；后行到脑干的则可经网状脊髓束抵达脊髓。苍白球发出的信息，还可经底丘脑核或黑质，最后进入网状结构，通过网状脊髓束抵达脊髓，以控制躯体运动。

2. 基底神经节的功能 基底神经节的功能相当复杂，其主要作用是调节运动，它与随意运动的产生和稳定、肌紧张的控制以及本体感觉传入冲动的处理等均有密切关系。在人类，基底神经节损伤可引起一系列运动功能障碍，其临床表现主要分两大类：一类表现为运动过少而肌紧张亢进的，如震颤麻痹（帕金森病）等；另一类表现为运动过多而肌紧张低下的，如舞蹈病和手足徐动症等。

五、大脑皮层对躯体运动的调节

大脑皮层是中枢神经系统控制和调节躯体运动的最高级中枢，它通过锥体系统和锥体外系统这两条运动传导通路实现对躯体运动的调节。

1. 大脑皮层的运动区 大脑皮层中与躯体运动有密切关系的区域，称为**大脑皮层运动区**。主要位于中央前回和运动前区。它对躯体运动的调节具有下列功能特征：① 交叉支配，即一侧皮层主要支配对侧躯体的运动，但头面部肌肉的运动是双侧支配；② 具有精细的功能定位，即皮层的一定区域支配一定部位的肌肉，其定位安排与感觉区类似，呈倒置分布；③ 功能代表区的大小与运动的精细、复杂程度有关，即运动越精细、复杂，皮层相应运动区的面积越大。主要运动区与运动的执行以及运动所产生的肌力大小有关。

此外，在大脑皮层的内侧面（两半球纵裂内侧壁）、运动区之前以及中央前回与脑岛之间也有躯体运动的调节区，刺激这些区域，可以引起一定的躯体运动，反应一般为双侧性。

2. 运动传导通路 大脑皮层对躯体运动的调节是通过锥体系与锥体外系两大传出系统的协调活动完成的。

（1）锥体系及其功能 **锥体系**是由大脑皮层运动区发出，控制躯体运动的后行系统，包括**皮层脊髓束（锥体束）与皮层脑干束**。锥体系一般是指由皮层发出、经内囊和延髓锥体后行到达脊髓腹角的传导束；而由皮层发出、经内囊抵达脑干各脑神经运动神经元的皮层脑干束，虽不通过锥体，但在功能上与皮层脊髓束相同，所以也包括在锥体系的概念之中。皮层脊髓束通过脊髓腹角运动神经元支配四肢和躯干的肌肉。其中，约80%的神经纤维在延髓锥体交叉到对侧，沿脊髓外侧索下行到脊髓腹角，这条传导束称为**皮质脊髓侧束**，主要控制四肢远端肌肉，与精细性、技巧性的运动有关。其余20%沿同侧脊髓腹索下行，大部分逐节段交叉至对侧，终止于对侧腹角运动神经元，这条传导束称为**皮质脊髓腹束**，主要控制躯干及四肢近端的肌肉，与姿势的维持和粗大运动有关。皮层脑干束则通过脑神经运动神经元支配头面部的肌肉。

（2）锥体外系及其功能 锥体外系是指锥体系以外的调节躯体运动的后传系统。它可分为经典的锥体外系、皮层起源的锥体外系与旁锥体外系（图9－16）。经典的锥体外系起源于皮层下的某些核团，如尾状核、壳核等，经某些后行通路控制脊髓的运动神经元。皮层起源的锥体外系是指由大脑皮层后行、并通过皮层下核团接替，转而控制脊髓运动神经元的传导系统。旁锥体外系是指由锥体束侧支进入皮层下核团，转而控制脊髓运动神经元的传导系统。锥体外系的主要功能是调节肌紧张，维持身体姿势和协调肌群的运动。

锥体系与锥体外系对于肌紧张有相互拮抗的作用，前者易化脊髓运动神经元，倾向于使肌紧张增强；后者则通过基底神经节和脑干网状结构等神经结构传递抑制性信息，使肌紧张倾向于减弱，二者保持相对平衡。实际上，大脑皮层的运动功能都是通过锥体系与锥体外系的协同活动实现的，在锥体外系保持肢体稳定、适宜的肌张力和姿势协调的情况下，锥体系执行精细的运动。

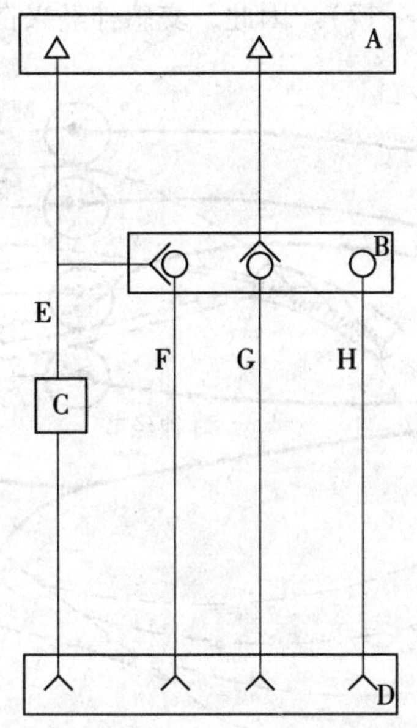

A. 大脑皮层　B. 皮层下核图　C. 延髓锥体　D. 脊髓　E. 锥体束
F. 旁锥体外系　G. 皮层起源的锥体外系　H. 经典的锥体外系

图 9－16　锥体系与锥体外系示意图

第五节　神经系统对内脏活动的调节

调节内脏活动的神经结构由于通常不受主观意识的控制而有一定的自律性，故称之为自主神经系统。相对于躯体的随意运动，自主神经系统所支配的内脏器官不能随意改变其空间位置，因此，自主神经系统又被称为**植物性神经系统**。自主神经系统的一个最显著特征是能够在很短时间内使内脏功能发生剧烈的改变。如在 3～5s，可以使心跳增加 1 倍；10～15s 内可使动脉血压上升 1 倍，或者在 4～5s 使血压下降以至昏迷。

自主神经系统分为中枢和外周两部分。中枢部分包括脊髓、脑干、下丘脑以及大脑皮层，尤其是大脑边缘皮层等有关的神经结构。外周部分包括传入神经和传出神经，但习惯上仅指支配内脏器官的传出神经，并将其分为交感神经和副交感神经两部分。

（一）交感和副交感神经的结构特征

与躯体运动神经相比，一个重要的差别是交感和副交感神经系统从中枢发出以后，在到达效应器之前都要在神经节中更换一次神经元。由脑和脊髓发出到神经节的纤维称为**节前纤维**，为有髓鞘的 B 类纤维。由节内神经元发出终止于效应器的纤维称节后纤维，属无髓鞘的 C 类纤维（表 9－3）。

1. 交感神经　交感神经的节前纤维起源于胸、腰段脊髓（T_1-L_3）灰质侧角细胞，它们分别在椎旁或椎下神经节换元。其节后纤维分布极为广泛，几乎所有内脏器官、血管、汗腺等都受其支配（图 9－17），但肾上腺髓质例外，肾上腺髓质本身相当于一个交感神经节，直接受交感神经节前纤维的支配。交感神经的节前纤维较短而节后纤维相对较长。一根交感神经节前纤维可以和许多节后神经元发生突触联系。例如，猫颈上交感神经节中的节前与节后纤维之比为1∶(11～17)。因此，交感神经兴奋时其影响的范围就比较广泛。

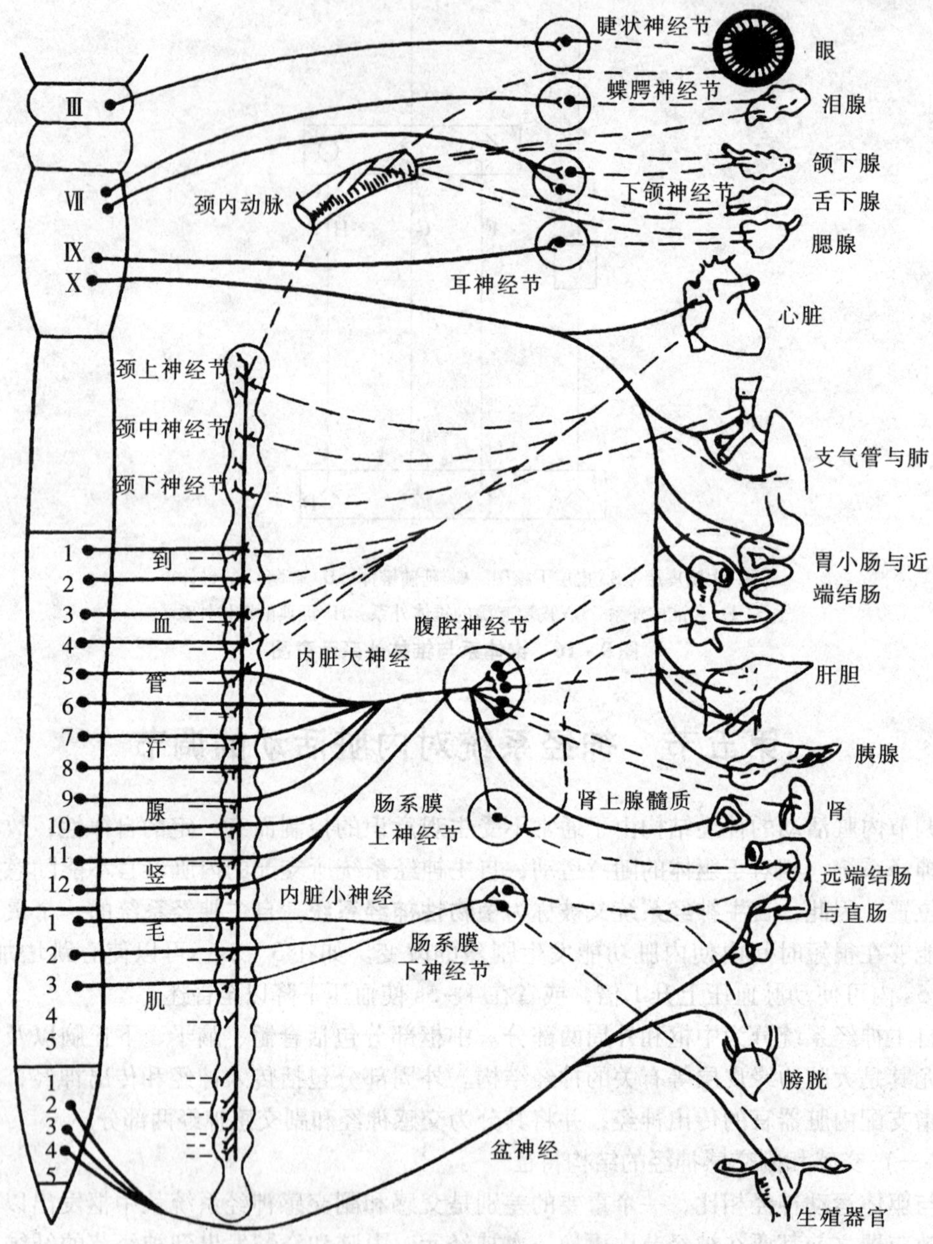

细线：交感神经；粗线：副交感神经；实线：节前纤维；虚线：节后纤维

图9－17　自主神经分布示意图

表 9-3 交感和副交感神经的结构特征

	交感神经	副交感神经
起源	脊髓胸（$T_1 \sim T_{12}$）、前腰段（$L_1 \sim L_3$）侧角 “胸腰植物性神经系统”	脑神经Ⅲ（动眼）、Ⅶ（面）、Ⅸ（舌咽）、Ⅹ（迷走）副交感核；脊髓荐段（荐椎 S2-4） “脑荐植物性神经系统”
外周神经节	椎旁神经节（交感链） 椎下神经节（腹腔、肠系膜神经节等）	副交感神经节（靠近或在靶器官内）
节前纤维	较短	较长
节后纤维	较长	较短
后应范围	广泛（交感神经链）	局限（突触联系少）
分布范围	广泛（支配所有内脏器官）	局限（皮肤、肌肉内血管、肾上腺髓质、汗腺 竖毛肌等缺乏）
作用时间	潜伏期长，持续时间长	潜伏期短，持续时间短
神经递质	节前释放 ACh（N_1 受体） 节后释放 NE（α、β 受体） 汗腺、交感舒血管纤维节后释放 ACh（M 受体）	节前释放 ACh（N_1 受体） 节后释放 ACh（M 受体）

2. 副交感神经 副交感神经发源于脑干的第Ⅲ、Ⅶ、Ⅸ、Ⅹ对脑神经核和荐段脊髓（$S_2 \sim S_4$）灰质相当于侧角的部位。副交感神经的分布比较局限，某些器官没有副交感神经的支配，例如皮肤和肌肉的血管、汗腺、竖毛肌、肾上腺髓质和肾等，只有交感神经支配。约有 75% 的副交感纤维在迷走神经内，支配胸腔和腹腔内的内脏器官。发源于荐段脊髓的副交感神经分布于盆腔内一些器官和血管。副交感神经的节前纤维较长而节后纤维较短，靠近所支配的器官。一根副交感神经的节前纤维只与几个节内神经元形成突触，例如，睫状神经节内的副交感节前与节后纤维之比仅为 1∶2。所以副交感神经兴奋时，影响范围较为局限。

（二）交感和副交感神经系统的功能特点

自主神经系统的功能在于调节心肌、平滑肌和腺体（消化腺、汗腺和部分内分泌腺）的活动。从总体上看，交感和副交感神经系统的活动具有以下几方面的特点。

1. 对同一效应器的双重支配 除少数器官外，一般组织器官都接受交感和副交感神经的双重支配，而交感和副交感神经的作用往往又是相互拮抗的（表 9-4）。有时交感和副交感神经也表现为协同的作用。例如，支配唾液腺的交感和副交感神经对唾液分泌均有促进作用，但前者引起的唾液分泌量少而黏稠，而后者引起的唾液分泌多而稀薄。因此，交感神经和副交感神经一张一弛，既相互矛盾又协调统一，共同维持机体在不同条件下内环境的稳态。

2. 紧张性作用 在静息状态下自主神经经常发放低频的神经冲动支配效应器的活动，这种作用称为**紧张性作用**。例如，切断心交感神经后，心脏功能显著减弱；切断心迷走神经后，心脏功能显著增强，表明，正常状态下，心交感神经和心迷走神经都有一定的紧张性活动，使心脏功能维持相对稳定。

表 9-4 交感和副交感神经的功能特征

	交感神经	副交感神经
眼	瞳孔放大	瞳孔缩小
皮肤	竖毛肌收缩，汗腺分泌	—
心脏	心率加快，收缩力加强	心率减慢，收缩力减弱
呼吸	支气管扩张，肺通气量增加	支气管平滑肌收缩
脏器血管	收缩	舒张
肌肉血管	收缩或舒张	—
消化功能	抑制	兴奋
内分泌功能	交感-肾上腺系统	迷走-胰岛素系统
总体反应	"Fight or Flight" 一般作用为"应急"：动员机体储备力量、适应环境紧急变化	"Relaxation and Restoration" 一般作用为"同化"：休整机能、促进消化、储蓄能量、加强排泄和生殖机能等

3. 受效应器所处功能状态的影响 自主神经的外周性作用与效应器本身的功能状态有关。例如，刺激交感神经可引起未孕动物子宫的运动受到抑制，却可加强已孕子宫的运动。

4. 对整体生理功能调节的意义不同 交感神经的作用比较广泛，当动物遇到各种紧急情况，例如剧烈运动、失血、紧张、窒息、恐惧、寒冷时，交感神经系统的活动明显增强(同时肾上腺髓质分泌也增加)，表现为一系列交感-肾上腺髓质系统活动亢进的现象，例如心率增快、动脉血压升高、瞳孔扩大、支气管扩张、肺通气量增加、胃肠道活动抑制、血糖浓度升高等反应，其主要作用是增加机体的分解代谢和能量消耗，动员体内许多器官的潜在能力，帮助机体度过紧急情况，以提高机体对环境急变的适应能力。

相比之下，副交感神经系统活动的范围比较局限，往往在安静时活动较强。它的活动常伴有胰岛素的分泌，故称之为迷走-胰岛素系统。这个系统的作用主要是保护机体、休整恢复、促进消化、积聚能量以及加强排泄和生殖等方面的功能。

(三) 内脏活动的中枢调节

1. 脊髓对内脏活动的调节 交感神经和部分副交感神经发源于脊髓灰质侧角或相当于侧角的部位，说明脊髓是内脏反射活动的初级中枢。脊动物在脊休克过去后，血压可以上升到一定水平，证明脊髓中枢可以完成基本的血管张力反射，能维持血管的紧张性，保持一定的外周阻力。此外，脊髓还能完成其他一些最基本的内脏反射，例如，排粪反射、排尿反射、性反射、出汗与竖毛肌反射等。在正常生理状态下，脊髓的自主性神经功能是在上位脑高级中枢调节下完成的。

2. 低位脑干对内脏活动的调节 由延髓发出的副交感神经传出纤维，支配头面部所有的腺体、心脏、支气管、喉、食管、胃、胰腺、肝和小肠等。循环、呼吸等许多基本生命现象的反射调节在延髓水平已能初步完成，咳嗽、喷嚏、吞咽、唾液分泌、吸吮、呕吐等，都需要有延髓的参与。延髓有"生命中枢"之称，一旦延髓受损，可立即致死。脑干网状结构中也存在许多与心血管、呼吸和消化等内脏活动有关的神经元，其后行纤维支配脊髓，调节脊髓的自主神经功能。脑桥有角膜反射中枢、呼吸调整中枢。中脑存在瞳孔对光反射中枢和视听探究反射中枢，也是防御性心血管反应的主要中枢部位。

3. 下丘脑对内脏活动的调节　下丘脑由第三脑室底部及其周围的一群核团构成，大致可分为前区、内侧区、外侧区与后区四个区。前区包括视前核、视上核、视交叉上核、室旁核和下丘脑前核等；内侧区又称结节区，包括腹内侧核、背内侧核、结节核和灰白结节，还有弓状核与结节乳头核；外侧区包括有分散的下丘脑外侧核；后区主要有下丘脑后核和乳头体核群。

下丘脑与边缘前脑和脑干网状结构有密切的形态和功能联系，共同调节机体内脏活动。此外，下丘脑还可通过垂体门脉系统和下丘脑－垂体束调节腺垂体与神经垂体的活动。

下丘脑是皮层下最高级的内脏活动调节中枢。它把内脏活动与其他生理活动联系起来，调节体温、营养摄取、水平衡、内分泌、情绪反应、生物节律等生理过程。

4. 大脑皮层对内脏活动的调节

（1）*新皮层*　新皮层是指在系统发生上出现较晚、分化程度最高的大脑半球外侧面结构。新皮层与内脏活动密切相关，而且有区域分布特征，如电刺激动物的新皮层，除引起躯体运动外，还可引起内脏活动的改变。

（2）*边缘系统*　边缘系统是大脑皮层内侧面，环绕脑干背面的一个弓形皮层以及皮层下，在功能上密切联系的神经结构的总称。这部分结构包括边缘叶（海马、弯窿、扣带回、海马回等），大脑皮层的岛叶、颞极、眶回等，皮层下的杏仁核、隔区、下丘脑、丘脑前核等，以及中脑的中央灰质、被盖等。边缘系统是调节内脏活动的高级中枢，它对内脏活动有广泛的影响，故有“内脏脑”之称。刺激边缘系统的不同部位，可引起复杂的内脏活动反应。例如，电刺激扣带回前部，可引起呼吸抑制或减慢、心跳变慢、血压上升或下降、瞳孔扩大或缩小等。边缘系统对机体的本能性的行为与情绪反应也有明显的影响。

第六节　条件反射

反射活动是中枢神经系统的基本活动形式。巴甫洛夫把反射活动分为非条件反射和条件反射。条件反射比非条件反射复杂得多，是脑的高级活动的基本形式。

（一）非条件反射和条件反射的区别

非条件反射是通过遗传获得的先天性反射活动，是动物生下来就有的反射。非条件反射有固定的反射途径，反射比较恒定，不易受外界环境的影响，反射中枢一般位于皮层下。非条件反射的数量有限，只能保证动物的各种基本生命活动的正常进行，很难适应复杂的环境变化。非条件反射一般可以终生保持，且同种动物具有基本相同的非条件反射。非条件反射一般需要固定的刺激才能出现。

条件反射是动物在出生后的生活过程中，适应于个体所处的生活环境而逐渐建立起来的反射。条件反射没有固定的反射途径，容易受环境影响而发生改变或消失，反射中枢位于大脑皮层。条件反射的数量是无限的，可以随着环境条件的改变而建立许多反射。在一定的条件下，条件反射可以建立，也可以消失，且同种动物不同个体因生活环境的不同而具有不同的条件反射。条件反射的刺激不是固定的，任何无关刺激一旦成为条件刺激都能引起条件反射，保证动物与外界环境变化保持高度平衡的高级神经活动。

（二）条件反射的形成

1. 经典条件反射 当给犬喂食物时能引起狗分泌唾液，这是非条件反射，食物是非条件刺激。而给犬以铃声刺激则不会引起唾液分泌，因为铃声与食物无关，因此，铃声称为**无关刺激**。但是，如果每次给犬喂食物之前先给以铃声刺激，然后再给以食物，这样多次结合后，当铃声一出现，动物就会出现唾液分泌。铃声本身是无关刺激，现在已成为进食的信号，因此又称为**信号刺激或条件刺激**。这种通过无关刺激和非条件刺激在时间上反复多次的结合而建立的条件反射称为**经典条件反射**，这个反复结合的过程称为**强化**。

经典条件反射形成的条件是：①条件反射必须建立在非条件反射基础上；②无关刺激必须与非条件刺激多次结合，而且无关刺激要提前或同时与非条件刺激出现。这种结合称为**条件刺激的强化**，这是条件反射建立并巩固的需要；③ 非条件刺激所引起的兴奋，必须强于条件刺激所引起的兴奋；④需要有大脑皮层的参加，因此动物必须是健康、清醒的；⑤要避免其他无关刺激的干扰。如要建立以声音刺激为主的条件反射时，环境必须要安静，避免各种噪音的干扰。

2. 操作式条件反射 将大鼠放入实验笼内，当它在走动中偶尔踩在杠杆上时，即有食物出现。强化这一操作，如此重复多次，大鼠就学会了自动踩杠杆而得到食物。然后，在此基础上进一步训练动物只有在出现某一特定的信号（如灯光）后踩杠杆，才能得到食物的强化。训练完成后，动物见到特定的信号，就去踩杠杆而得食。这类条件反射的特点是，动物必须通过自己完成某种动作或操作后才能得到强化，所以称为**操作式条件反射**。操作式条件反射是一种很复杂的行为，更能代表动物日常生活的习得性行为。

（三）条件反射的形成机理

任何反射都有它特定的反射弧。反射弧不但要有一定的结构基础，而且要有相应的功能联系。实质上，条件反射也是在一定条件下，中枢神经系统内部的有关神经元之间建立了新的功能性联系（暂时性功能联系）后形成的。

1. 暂时性联系的接通定位 大量的实验结果表明，暂时的联系有可能在皮层及皮层下结构之间接通。脑干网状结构、边缘系统的海马、基底神经节的纹状体和苍白球系统，都能在条件反射形成过程中起重要作用。

2. 暂时性联系的接通机理 暂时联系接通的整合假说指出，整合作用是中枢各部神经元的普通功能。暂时联系的接通不是由于强兴奋吸引弱兴奋，而是强兴奋沿皮层扩散使两种刺激的兴奋在某些神经元内会聚并发生相互作用，最后在这些神经元内进行广泛的皮层－皮层下整合过程。现在关于暂时联系的分子机理主要有两种假说：一种是突触结构的适应性改建假说，认为暂时联系时可引起神经元内某些基因活动的改变；另一种是突触结构化学假说，认为形成暂时联系时，特异性中间神经元合成新的活性肽，并渗入到突触膜的蛋白质中，起着固定中枢神经系统痕迹的作用。

（四）条件反射的消退

条件反射建立以后，如果接连单独应用条件刺激而不用非条件刺激强化，那么条件反射越来越弱，最后完全不出现，这叫条件反射的消退。条件反射消退并不是这种条件反射已经丧失，而是由于原来会引起中枢兴奋的条件刺激，转化成引起中枢抑制的刺激。所以，条件反射消退又称作阴性条件反射。

（五）条件反射的分化

新建立条件反射的初期，对类似条件刺激的其他刺激也发生程度不同的反应（即处于泛化阶段）。如果条件反射多次重复，只强化条件刺激，而对类似条件刺激的其他刺激不予强化，条件反射就由泛化逐渐进入分化的过程，这时动物只对条件刺激本身发生兴奋性反应，而对类似条件刺激的其他刺激发生抑制性反应，这种现象叫条件反射的分化，或叫分化抑制。分化抑制的建立对动物的正常活动具有重要意义。动物可借助它把内外环境中无数类似的刺激区别开来，对某些有信号意义的刺激发生兴奋性反应，而对其余类似刺激发生抑制性反应。

（六）条件反射的生物学意义

机体对内外环境的适应，都是通过非条件反射和条件反射来实现的。条件反射与非条件反射相比，无论在数量上及质量上都有很大的不同。数量上，非条件反射很有限。而形成条件反射几乎是无限的。质量上，非条件反射比较恒定，而条件反射具有很大的可塑性，既可以建立，也可以消退。因此，条件反射具有较广泛、精确而完善的高度适应性。此外，条件刺激作为非条件刺激的信号，以代替非条件刺激而引起的特有反应，使机体具有预见性，能更有效地适应环境。例如，依靠食物条件反射，家畜不再是消极地等待食物进入口腔，而是根据食物的形状和气味去主动寻找；也不再是等食物进入口腔才开始消化活动，而是在这之前就做好消化的准备。

（七）动力定型

家畜在一系列有规律的条件刺激与非条件刺激结合的作用下，经过反复、多次的强化，神经系统能够相当巩固地建立起一整套与刺激相适应的功能活动，表现出一整套有规律的条件反射活动。在这种情况下所形成的整套条件反射，叫做动力定型。家畜在长期生活过程中所形成的“习惯”，实际上就是动力定型的表现。

动力定型建立后，神经系统通过调节和整合活动，会使畜体内全部活动十分迅速和高度精确地适应于环境。如果动力定型建立得十分巩固，只要动力定型中的一个刺激开始作用，就可使整套反射系统有序地、自动化地发生。但家畜的生活环境总是在不断变化和不断发展，它在生活中所建立起来的动力定型不论怎样巩固，也总不是一成不变的，而是永远在变化发展的。

动力定型的原理对畜牧业实践有重要指导意义。正确的饲养管理常强调要建立一定的制度，要尽量做到有规律，就是为了有利于家畜建立和巩固动力定型。从而减轻皮层及皮层下高级中枢调节、整合活动的负担，并使家畜的各种生理活动最大限度地适应于其生活环境，达到提高家畜的生产性能的目的。

复习思考题

1. 神经纤维传导兴奋的特征有哪些？
2. 简述神经胶质细胞的功能？
3. 试述突触传递的分类及过程？
4. 试比较兴奋性突触和抑制性突触传递原理的异同？
5. 经典的神经递质应符合哪些条件？
6. 何谓胆碱能纤维？哪些神经纤维属于这类纤维？

7. 何谓突触后抑制？请简述其分类及生理意义？
8. 叙述特异投射系统与非特异投射系统的概念、特点及功能。
9. 简述脊休克及其产生机制。脊休克的产生和恢复说明了什么？
10. 试述牵张反射的概念、产生机制及类型。
11. 何谓去大脑僵直？其产生机制如何？
12. 小脑对躯体运动有哪些调节功能？
13. 自主神经系统有哪些功能特征？
14. 条件反射和非条件反射有哪些主要区别？

第十章

内分泌

第一节　概述

动物体内的腺体可分为两类；一类是有管腺，也叫外分泌腺，如消化腺、汗腺、乳腺等，它们的分泌物是通过导管输送到体内的管腔之中或体表的皮肤之外而发挥作用的；另一类是无管腺，也叫内分泌腺，如脑垂体、甲状腺、甲状旁腺、肾上腺、胰岛腺及性腺等，内分泌腺是没有排泄管的腺体，它们的分泌物随血液循环或其他体液到达机体各组织、器官的细胞而发挥调节作用。血液或淋巴内激素过多或过少，都会引起疾病。

内分泌系统是由内分泌腺、内分泌组织和分散在其他器官内的内分泌细胞组成的一个信息传递系统。和神经系统一样，内分泌系统也是体内重要的调节系统，特别是新陈代谢、生殖、生长与发育的调节及维持内环境稳态等方面起着重要的作用。在整体情况下，许多内分泌腺都直接或间接地受神经系统的控制，因此，内分泌系统在功能上与神经系统密切联系，相辅相成，共同调节着机体的功能活动，使机体更好地适应内、外环境的变化。

一、激素及其传递方式

由内分泌腺或散在的内分泌细胞所分泌的高效能的生物活性物质称为**激素**。激素是细胞与细胞之间传递信息的化学信号物质，受到某一激素作用的器官或组织细胞称为**靶器官或靶组织**、靶细胞。不同的激素，在细胞之间传递信息的方式不同，目前认为，激素在细胞之间传递信息的方式主要有以下几种（图 10－1）。

1. 内分泌　内分泌也叫远距离分泌，是指激素经血液或淋巴运输至远距离的靶组织而发挥作用的方式。体内大多数激素都是采用这种方式进行传递的，如生长激素、甲状腺素、胰岛素等。

2. 旁分泌　旁分泌是指些激素组织液扩散而作用于邻近的靶细胞的方式。如消化道分泌的胃肠激素多采用这种方式。

3. 自分泌　自分泌是指内分泌细胞所分泌的激素在局部扩散后又返回作用于该内分泌细胞而发挥反馈作用的方式。

4. 神经内分泌　神经内分泌是指神经细胞分泌的神经激素通过轴浆运输至末梢释放、经血液运输再作用于靶细胞的方式。下丘脑内许多神经细胞具有内分泌功能，称为**神经内分泌细胞**，它们产生的激素称为**神经激素**。

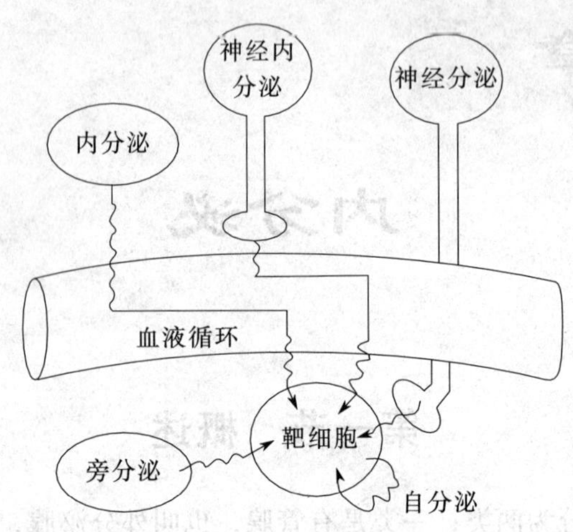

图 10－1　细胞间的信息传递方式

二、激素的分类

激素的种类繁多，来源复杂，按其化学本质可分为以下几类。

1. 含氮激素　体内多数激素都属于含氮激素，包括肽类激素、蛋白质激素和胺类激素。

（1）*肽类激素*　包括下丘脑分泌的各种神经激素、降钙素、胰高血糖素、胃肠激素等。

（2）*蛋白质激素*　包括腺垂体分泌的各种激素、胰岛素、甲状旁腺素等。

（3）*胺类激素*　包括肾上腺素、去甲肾上腺素、甲状腺素、褪黑素等。

2. 类固醇（甾体）激素　类固醇激素是由肾上腺皮质和性腺分泌的激素，如皮质醇、醛固酮、雌激素、孕激素、雄激素等。此外，胆固醇的衍生物－1，25－二羟维生素 D_3 也看作类固醇激素。

除上述两种激素外，有人主张将不饱和脂肪酸的衍生物——前列腺素列为第三种激素。

三、激素作用的一般特征

激素虽然种类繁多，作用复杂，但它们作用于靶组织发挥调节作用的过程中，具有某些共同的特点。

1. 激素信息传递作用　激素是在细胞与细胞之间进行信息传递的物质，它作用于靶细胞，既不添加新的物质成分，也不提供能量，仅起“信使”的作用，将生物信息传递给靶细胞，加速或减慢体内原有反应的速度（调节作用），而不能发动新的反应。

2. 激素作用的相对特异性　某种激素有选择性地作用于某些靶器官、靶细胞的特性称为激素的特异性。虽然激素经体液运输后，与全身许多器官、细胞广泛接触，但激素仅能对具有相应受体的器官或细胞发挥调节作用。因为只有靶器官、靶细胞上具有相应的受体，激素才能与之结合而发挥调节作用。与肽类和蛋白质类激素作用的受体位于细胞膜上，而与类固醇激素作用的受体位于胞浆或细胞核内。有些激素作用的特异性很强，如甲状腺素仅能作用于甲状腺；而有些作用比较广泛，如生长激素、甲状腺素等，它们受体几乎遍布全身各组织细胞。

3. 激素的高效能生物放大作用 激素在血液中的浓度都很低，一般在纳摩尔（nmol/L）甚至皮摩尔（pmol/L）数量级。虽然激素的含量甚微，但作用显著，这是由于激素与受体结合后，在细胞内发生一系列酶促放大效应，逐级放大，形成一个效能极高的生物放大系统。如0.1μg促肾上腺皮质激素释放激素（CRH）可引起腺垂体分泌1μg肾上腺皮质激素（ACTH），后者能引起肾上腺皮质分泌40μg糖皮质激素（GC），放大了400倍。

4. 激素间的相互作用 当多种激素共同参与某一生理活动调节时，激素之间存在协同作用和拮抗作用。这对维持其功能活动的相对稳定起着重要作用。如生长激素、胰高血糖素、肾上腺素、糖皮质激素均可升高血糖，在升糖效应上有协同效应，而胰岛素则降低血糖，与上述激素的升糖效应有拮抗作用。

另外，有的激素本身对某些组织细胞无直接调节作用，但可增强其他激素的调节作用，这种现象称为**允许作用**。如糖皮质激素本身对心肌和血管平滑肌并无收缩作用，但必须有其存在，儿茶酚胺才能很好地发挥对心血管的调节作用。

5. 激素作用的时效性 激素本身存在产生、释放、作用、灭活、排出等变化过程，因而激素作用也有一定的时效性。激素的时效性可以用半衰期来表示，血浆中激素的原有活性下降到一半所需的时间，称为**激素的半衰期**，其倒数也可以反应激素在血液中更新的速度。不同激素的半衰期差异很大，如肾上腺素仅有数秒钟，而糖皮质激素和甲状腺素可达数小时甚至数天。

四、激素的生理作用

激素的主要作用在于调节新陈代谢、生长、发育、生殖、适应以及维持内环境的相对稳定两大方面。

①调节物质代谢和水盐代谢，维持代谢的稳定性。

②促进细胞的增殖与分化，使各种组织、器管正常发育、生长及成熟，并影响衰老过程。

③促进生殖过程，包括生殖器管的发育和卵子、精子的成熟、排出以及受精、着床、妊娠、泌乳等过程。

④增强机体对有害刺激的抵抗和适应能力。包括很广泛的反应，简单的如低等脊椎动物的防护性皮肤变色反应，复杂的有对寒冷的惯习和驯化，对感染和毒物的抵抗力等。

五、激素作用的机制

（一）激素受体

激素受体是指靶细胞上能识辨并能专一性结合某种激素，继而引起各种生物效应的功能蛋白质，即细胞接受激素信息的结构。

1. 激素受体的种类 根据激素受体在靶细胞上的位置不同，受体分为两种。

（1）细胞膜受体 又称膜受体，其成分一般为糖蛋白，广泛存在于含氮激素所作用的靶细胞膜上（除甲状腺激素以外）。

（2）细胞内受体 广泛存在于类固醇激素所作用的靶细胞的细胞内，又可分为胞浆受体与核受体。**胞浆受体**是存在于靶细胞胞浆中的特殊的可溶性蛋白质，能特异性地与相应的类固醇激素结合，形成激素受体复合物，然后才使激素由胞浆转移到核内发挥作用；**核受体**是存在于靶细胞胞核内的一条多肽链，它能特异性地与相应的类固醇激素结合，并对转录过程起调节作用。一般认为，糖皮质激素受体主要存在于胞浆中，而雌激素、孕激素、雄激素既存在于胞浆中，也存在于核内，但以核内为主；甲状腺激素与1，25－二羟维生素 D_3 的受体存在于核内。

2. 受体调节 受体也和其他蛋白质一样，处于不断合成与降解之中，它受多种生理和病理因素的影响。**受体调节**是指对受体数量和亲和力的调控和影响。激素和受体的结合力称为**亲和力**。实验证明，受体的数量和亲和力可以随机体内激素的水平而变化。某一激素与受体结合时，使其受体数量增加，亲和力增强的现象称为**增量调节**，简称上调；反之称为**减量调节**，简称下调。例如，糖皮质激素能使血管平滑肌细胞上的β受体数量增加，亲和力增强就属于上调；而长期使用大剂量胰岛素，则淋巴细胞膜上胰岛素受体数量会出现减少就属于下调。

（二）含氮激素的作用机制——第二信使学说

第二信使学说是 Sutherland 等在 1965 年提出来的。该学说认为，激素是第一信使，它可以与靶细胞的细胞膜受体相结合，形成激素受体复合物，后者再激活靶细胞膜内的腺苷酸环化酶（AC），在 Mg^{2+} 存在的条件下，腺苷酸环化酶促进靶细胞浆中的三磷酸腺苷（ATP）降解、环化为环磷酸腺苷（cAMP）。而环磷酸腺苷（cAMP）作为第二信使，激活靶细胞内的蛋白激酶 A（PKA），进而催化靶细胞内各种底物（蛋白质）的磷酸化反应，引起靶细胞的各种生物效应，如腺细胞的分泌，肌细胞收缩，细胞膜通透性改变以及细胞内的各种酶促反应（图 10－2）。cAMP 发挥作用后，迅速被细胞内的磷酸二酯酶（PDE）降解为 5′－磷酸腺苷（5′－AMP），而失去活性。

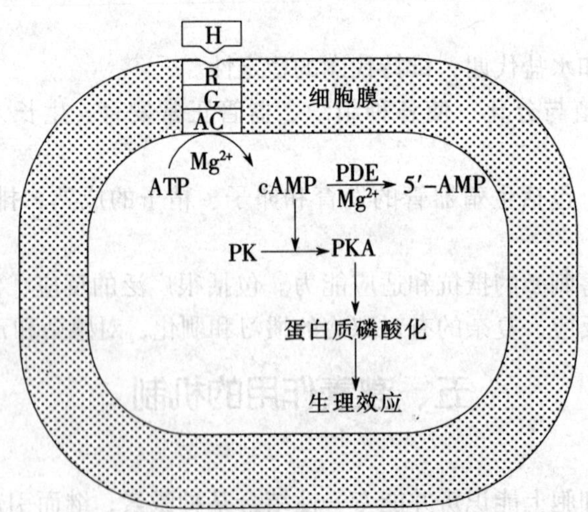

H. 激素　R. 受体　AC. 腺苷酸环化酶　PDE. 磷酸二酯酶　PKA. 活化蛋白激酶
cAMP. 环一磷酸腺苷　G. 鸟苷酸调节

图 10－2　含氮激素的作用机制示意图

第二信使学说提出后，受到了广泛重视，尤其是近年来，随着分子生物学技术的应用，使第二信使学说不断得到进一步发展和完善，其中主要包括：

1. G 蛋白在跨膜信息传递中的作用 受体与激素结合的部位位于细胞的外表面，而腺苷酸环化酶位于细胞的内表面，它们之间存在着一种起耦联作用的调节蛋白——鸟苷酸结合蛋白，简称 G 蛋白（详见第二章）。

2. 膜效应器酶及第二信使的种类 近年来研究发现，细胞膜上的膜效应器酶不仅是腺苷酸环化酶，还有磷脂酶 C（PLC）、磷酸二酯酶（PDE）、鸟苷酸环化酶等；cAMP 也不是唯一的第二信使，环一磷酸鸟苷（cGMP）、三磷酸肌醇（IP_3）、二酰甘油（DG）、Ca^{2+} 等都可以作为第二信使。此外，细胞内的蛋白激酶也还有蛋白激酶 C（PKC）、蛋白激酶 G（PKG）等。

此外，胰岛素等激素虽为含氮激素，但他们对靶细胞进行调控过程中并没有第二信使等产生，而是通过与细胞膜上酪氨酸激酶受体来实现的（详见第二章）。甲状腺激素虽属含氮激素，但其作用机制却与类固醇激素相似，它进入细胞内，直接与核受体结合调节转录过程。

（三）类固醇激素的作用机制——基因表达（调节）学说

基因表达（调节）学说认为，类固醇激素的分子较小，呈脂溶性，可以直接透过靶细胞膜而进入细胞浆中。类固醇激素在进入细胞后，有些激素（如糖皮质激素）先与细胞浆受体结合，形成激素胞浆受体复合物，这种复合物经构型改造后获得了能通过靶细胞核膜的能力，而进入了核内，再与核受体结合，转变为激素核受体复合物，从而调控 DNA 转录过程，生成新的信息核糖核酸（mRNA），mRNA 又透出核膜进入胞浆，诱导特定蛋白质或酶的合成，从而引起相应的生理效应。另有一些类固醇激素（如雌激素、孕激素、雄激素）进入靶细胞后，可直接穿越核膜，与相应的核受体结合，调节基因表达（图 10－3）。

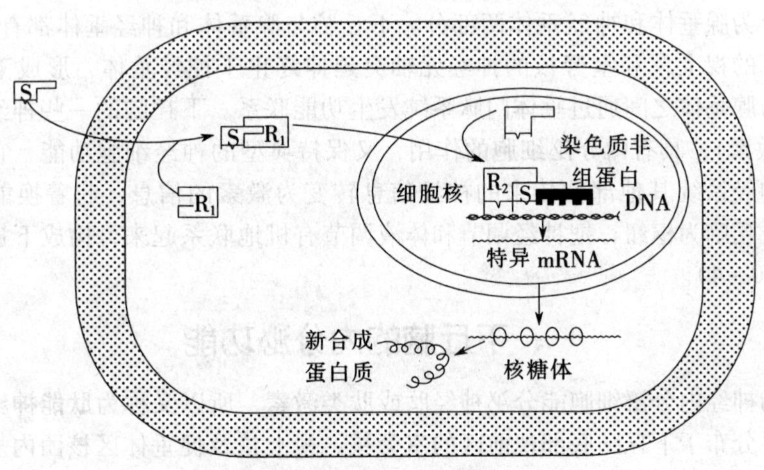

S. 激素 R_1. 胞质受体 R_2. 胞核受体

图 10－3 类固醇激素的作用机制示意图

综上所述，含氮激素的作用主要是通过第二信使机制，而类固醇激素则主要通过调控基因表达而起作用。但近年来研究发现，某些含氮激素也可通过 cAMP 调节转录过程；而有些类固醇激素也可作用于细胞膜上受体发挥调节作用。

六、激素分泌的调控

激素分泌也和其他系统一样，受神经、体液因素的调控。

（一）神经调节

内外环境发生变化的信号传入中枢神经系统经整合后可直接或间接地影响和调节激素的分泌。例如，神经垂体、肾上腺髓质和某些胃肠道内分泌细胞激素的分泌，直接受神经控制；吮吸动作或扩张阴道可反射性引起神经垂体释放催产素；动物在紧急情况下引起儿茶酚胺类激素大量释放等。

（二）体液调节

1. 激素的反馈调节 当一种激素分泌后，经体液作用于靶细胞引起特异的生理效应时，几乎同时反馈控制该激素的分泌。引起激素分泌减少的称负反馈，引起分泌增加的称为**正反馈**，其中以负反馈最多见，从而形成激素分泌的自动控制的闭合回路。如下丘脑调节肽、腺垂体激素及其靶腺分泌的激素均可对下丘脑促垂体区分泌下丘脑调节肽产生负反馈调节作用。

2. 代谢物的反馈调节 某些激素引起体内代谢发生变化，而血液中代谢物的浓度对该激素的分泌产生负反馈或正反馈作用。例如，胰岛β细胞分泌胰岛素调节血糖浓度，而血糖浓度升高或降低则可促进或抑制胰岛素的分泌；甲状旁腺素和降钙素调节血钙浓度，血钙浓度降低或升高时则可分别促进甲状旁腺素和降钙素的分泌，以维持血钙浓度的相对稳定。

第二节 下丘脑与脑垂体的内分泌

脑垂体分为腺垂体和神经垂体两部分。下丘脑与腺垂体和神经垂体都有密切的联系。下丘脑视前区的视上核和室旁核的神经元轴突延伸终止于神经垂体，形成**下丘脑－垂体束**。下丘脑与腺垂体之间通过垂体门脉系统发生功能联系。下丘脑的一些神经元既能分泌激素（神经激素），具有内分泌细胞的作用，又保持典型的神经细胞功能。它们可以将从大脑或中枢神经系统其他部位传来的神经信息转变为激素的信息，起着换能神经元的作用，从而以下丘脑为枢纽，把神经调节和体液调节有机地联系起来，构成下丘脑－垂体功能单位（图10－4）。

一、下丘脑的内分泌功能

下丘脑的神经内分泌细胞能分泌神经肽或肽类激素，所以又称为**肽能神经元**，这些肽能神经元主要分布于下丘脑底部视前区的室旁核、视上核及促垂体区核团内。室旁核、视上核的神经元细胞体较大，细胞质丰富，故称为大细胞肽能神经元，其轴突形成下丘脑－垂体束，神经分泌物沿轴突的轴浆流动运送到神经垂体释放，其主要分泌血管升压素（抗利尿激素）和催产素。促垂体区核团的神经元细胞体较小，属于小细胞肽能神经元，其轴突组成结节－垂体束，在正中隆起或垂体柄部与垂体门脉的初级毛细血管网相接，神经分泌物从这里释放进入血液，再沿门脉血管到达腺垂体，形成次级毛细血管网，与腺垂体细胞相接。

促垂体区核团肽能神经元释放的激素都作用于腺垂体，引起（或抑制）腺垂体激素的分泌，故称为下丘脑调节肽。已知的下丘脑调节肽有九种，其中，已阐明化学结构的有5种，即促甲状腺激素释放激素（TRH）、促性腺激素释放激素（GnRH）、生长激素释放激

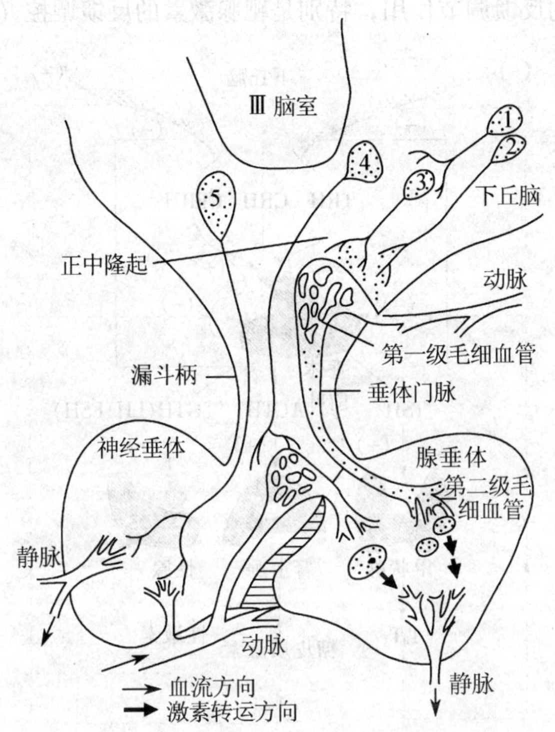

图 10－4　下丘脑－垂体功能单位模式图

素（GHRH）、生长抑素（生长激素释放抑制激素，GIH）、促肾上腺皮质激素释放激素（CRH）。此外，还有 4 种因未弄清其化学结构，故暂称为因子，即催乳素释放因子（PRF）、催乳素释放抑制因子（PIF）、促黑素细胞激素释放因子（MRF）、促黑素细胞激素释放抑制因子（MIF）。下丘脑调节肽的种类及功能见表 10－1。

表 10－1　下丘脑调节肽的种类及功能

种类	主要功能
促甲状腺激素释放激素（TRH）	促进腺垂体分泌促甲状腺激素（为主）和催乳素
促性腺激素释放激素（GnRH）	促进腺垂体分泌促卵泡激素和黄体生成素（为主）
生长激素释放激素（GHRH）	促进腺垂体分泌生长激素
生长抑素（生长激素释放抑制激素，GIH）	抑制腺垂体分泌生长激素
促肾上腺皮质激素释放激素（CRH）	促进腺垂体分泌促肾上腺皮质激素
催乳素释放因子（PRF）	促进腺垂体分泌催乳素
催乳素释放抑制因子（PIF）	抑制腺垂体分泌催乳素
促黑素细胞激素释放因子（MRF）	促进腺垂体分泌促黑素细胞激素
促黑素细胞激素释放抑制因子（MIF）	抑制腺垂体分泌促黑素细胞激素

下丘脑调节肽的分泌一方面受脑内其他部位（主要是中脑、边缘系统和大脑皮质）传来的神经纤维所释放的神经递质如脑啡肽、内啡肽和 P 物质等肽类物质，以及多巴胺、5－羟色胺和去甲肾上腺素等单胺物质的调节作用。另一方面，下丘脑调节肽的分泌受体液

中激素和代谢物浓度的反馈调节作用，特别是靶腺激素的反馈调控（图 10－5）。

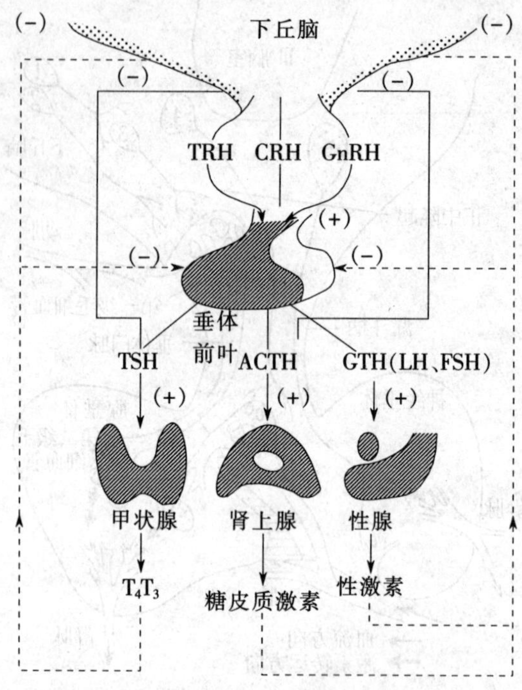

图 10－5　下丘脑－垂体三大功能轴示意图

二、腺垂体的内分泌作用

垂体分为腺垂体和神经垂体两部分。腺垂体是腺体组织，包括远侧部、中间部和结节部（又叫漏斗部）。神经垂体是神经组织，包括神经部、漏斗柄和灰白结节的正中隆起（或叫中隆部）。

（一）腺垂体分泌的激素种类及作用

腺垂体是体内最重要的内分泌腺。它由不同的腺细胞分泌以下几种激素。

1. 生长激素（GH）　GH 是一种蛋白质激素，其生理功能主要有以下几个方面。

（1）促进生长作用　机体的生长受多种激素的影响，但 GH 起着关键性作用。GH 能促进各种组织的生长，特别是对骨、软骨、肌肉以及内脏器官作用更为显著，因此，生长激素也被称为躯体刺激素。实验表明：幼年动物切除垂体后，生长即停止，如及时补充生长激素，仍可正常生长。

生长激素对机体生长过程并无直接作用，而是在营养充足的条件下，诱导靶细胞产生一种小分子多肽物质，称为生长素介质（SM），因其化学结构与胰岛素相似，故又称为胰岛素样生长因子（IGF）。SM 主要的作用是促进软骨增殖与骨化，使长骨加长。此外，SM 还能刺激多种组织细胞的有丝分裂，加强细胞增殖，如成纤维细胞、肌细胞、肝细胞、脂肪细胞等。但对脑组织生长发育无影响。饥饿或蛋白质缺乏时，生长激素不能促进 SM 生成，故幼龄动物营养不良时，生长发育明显迟缓。

（2）促进代谢作用　GH 可通过生长素介质促进氨基酸进入细胞，加速蛋白质合成，包括软骨、骨、肌肉、肝、肾、心、肺、肠、脑及皮肤等组织的蛋白质合成增强；GH 可以促进脂肪分解，增强脂肪酸氧化；GH 可以抑制糖类的利用，提高血糖水平。

2. 促甲状腺激素（TSH）　TSH 是一种糖蛋白，分子量约为 25 000。它能促进甲状腺细胞增生及其活动，促使甲状腺激素的合成和释放。

3. 促肾上腺皮质激素（ACTH）　ACTH 是一种多肽，分子量约为 4 500。主要作用是促进肾上腺皮质的发育以及糖皮质激素的合成和释放。在应激时，ACTH 分泌增加。

4. 促性腺激素（GTH）　GTH 是一种糖蛋白，分子量约为 30 000。GTH 可分为促卵泡激素（FSH）和黄体生长素（LH）两种。FSH 对卵巢的作用是促进卵泡细胞增殖和卵泡生长，并引起卵泡液分泌；对睾丸的作用是作用于曲精细管的生殖上皮，促进精子的生成，并在睾酮的协同作用下使精子成熟。LH 对卵泡有明显的促生长作用，并促进卵泡雌激素合成和卵泡成熟，并激发排卵。排卵后的卵泡在 LH 作用下转变成黄体。FSH 与 LH 之间存在协同作用。

5. 催乳素（PRL）　PRL 是一种蛋白质激素，分子量约为 22 000。其主要作用是促进乳腺生长发育，引起泌乳和维持泌乳；促进黄体生成并刺激黄体产生孕激素。此外，小剂量 PRL 还可以促进卵巢刺激素和孕激素的分泌，而大剂量则产生抑制作用。在有睾酮存在时，PRL 还可以促进前列腺及精囊生长，增强 LH 促进睾酮产生的作用。

6. 促黑素细胞激素（MSH）　MSH 是一种肽类激素，其主要作用是刺激黑素细胞生成黑色素，使皮肤和被毛颜色变暗、变黑。

腺垂体激素的种类、化学性质和作用见表 10－2。

表 10－2　腺垂体激素的化学性质和主要作用

种类	英文缩写	化学性质	主要作用
生长素	GH	多肽	1. 促进生长：促进骨、软骨、肌肉以及肾、肝等其他组织细胞分裂增殖 2. 促进代谢：促进蛋白质合成、减弱蛋白质分解；加速脂肪分解、氧化和供能；抑制糖分解利用，升高血糖
催乳素	PRL LTH	蛋白质	1. 促进乳腺发育生长并维持泌乳 2. 刺激 LH 受体生成 3. 促进黄体分泌孕激素（少数动物）
促甲状腺激素	TSH	糖蛋白	1. 促进甲状腺细胞的增殖及其活动 2. 促进甲状腺激素的合成和释放
促肾上腺皮质激素	ACTH	多肽	1. 促进肾上腺皮质（束状带和网状带）的生长发育 2. 促进糖皮质激素的合成和释放
促黑色素细胞激素	MSH	多肽	1. 促进黑色素的合成 2. 使皮肤的被毛颜色加深
促卵泡激素	FSH	糖蛋白	1. 促进卵巢生长发育，促进排卵 2. 促进曲精管发育，促进精子生长 3. 促进雌激素分泌
促黄体生成激素	LH	糖蛋白	1. 在 FSH 协同下，使卵巢分泌雌激素 2. 促进卵泡成熟并排卵 3. 使排卵后卵泡形成黄体，分泌孕酮 4. 刺激睾丸间质细胞发育并产生雄激素

（二）腺垂体激素分泌的调节

腺垂体的分泌功能一方面受中枢神经系统，特别是下丘脑的控制，另一方面也受外周靶腺所分泌的激素和代谢产物的反馈调节（图 10－4），在下丘脑－腺垂体－靶腺轴多激素间的相互作用下，使靶腺激素在血液中保持动态平衡。

1. 下丘脑对腺垂体激素分泌的调节 下丘脑对腺垂体激素分泌的调控表现在以下 3 方面。

（1）下丘脑促垂体区释放激素和释放抑制激素的作用 GTH、TSH、ACTH 的分泌直接受下丘脑分泌的相应的释放激素的控制；而 GH、PRL 和 MSH 则分别受下丘脑释放的释放激素和释放抑制激（因子）的双重控制。

（2）神经肽、神经递质和神经调制物的作用 升压素、神经降压肽、P 物质、阿片样肽、5－羟色胺等可促进 GH 分泌；肾上腺素、去甲肾上腺素、γ－氨基丁酸、5－羟色胺等对 MSH 和 ACTH 分泌有调节作用。

（3）其他中枢部位和外周感受器的作用 MSH 分泌还受下丘脑的直接控制，切除中间叶与脑的联系或用某种方法抑制下丘脑可见 MSH 分泌增加；吮吸刺激乳头可反射地引起 PRL 分泌增加。

2. 反馈调节 靶腺激素在血液中的浓度通过反馈途径可直接影响或间接通过下丘脑影响腺垂体激素的分泌。如血液中甲状腺激素和皮质醇浓度的下降既可直接作用于腺垂体，也可通过对下丘脑释放激素的改变间接作用于腺垂体，从而使 TSH 和 ACTH 分泌加强。相反，甲状腺激素或皮质醇升高可通过同样途径引起 TSH 或 ACTH 分泌减少。

此外，某些代谢物对腺垂体激素的分泌也有调节作用。如血中糖、氨基酸和脂肪酸水平均能影响 GH 的分泌，其中，以低血糖对 GH 分泌的促进作用最强。血糖降低时，GH 浓度显著升高，而血糖升高时，GH 浓度显著下降。

三、神经垂体激素

神经垂体不含腺体细胞，本身不合成激素。所谓神经垂体激素是由下丘脑视上核和室旁核神经元分泌的，经下丘脑—垂体束运输到神经垂体并贮存，当有适宜刺激时，就释放到血液中去。

神经垂体激素包括抗利尿激素和催产素两种激素。

1. 血管升压素（VP） 血管升压素又称抗利尿激素（ADH），它是一种肽类激素，分子量约 10 000，其主要生理作用是：① 抗利尿作用：增加肾远曲小管、集合管对水的重吸收，使尿量减少；② 升高血压作用：使除脑、肾以外的全身小动脉强烈收缩，使血压升高。在生理情况下，血浆中 ADH 浓度很低，抗利尿作用十分明显，而对血压几乎没有调节作用。但在大失血情况下，血液中 ADH 浓度显著提高，表现出明显的缩血管作用，对维持血压有一定意义。抗利尿激素分泌的调节参见第八章。

2. 催产素（OXT） 催产素也是一种肽类激素，其化学结构与抗利尿激素极为相似，故二者的生理作用有交叉现象。催产素的主要生理作用是：①对乳腺的作用 催产素可以促进乳腺腺泡周围的肌上皮细胞和导管平滑肌收缩引起排乳。哺乳时，吸吮乳头反射性引起催产素分泌，促进乳汁的排出，称为排乳反射；②对子宫的作用 催产素可以促进妊娠子宫，特别是妊娠晚期子宫强烈收缩。雌激素可以提高子宫对催产素的敏感性，而孕激素则降低子宫对催产素的敏感性。在分娩过程中，胎儿对子宫、子宫颈和阴道的牵拉刺激反射性引起催产素分泌大大增加，促使子宫收缩加强，利于分娩。

第三节　体内重要的内分泌腺及其分泌激素

一、甲状腺

（一）甲状腺的结构与分泌特点

甲状腺的表面包有一层结缔组织被膜。被膜结缔组织伸入腺体内，把腺体分隔成许多小叶。小叶内含有大小不等的滤泡（甲状腺腺泡），其周围有丰富的毛细血管和淋巴血管。滤泡由单层腺上皮细胞围绕而成，呈囊状，无开口。滤泡腔中充盈着含有甲状腺成分的胶状分泌物。

滤泡腺上皮细胞有两种：一种是滤泡细胞，数目较多，能分泌甲状腺激素。另一种是滤泡旁细胞（又称 C 细胞），数量较少，能分泌降钙素。由甲状腺腺泡分泌的甲状腺激素主要有两种：一种是甲状腺素，又称四碘甲腺原氨酸（T_4），另一种是三碘甲腺原氨酸（T_3），二者都是酪氨酸的碘化物。甲状腺分泌的激素主要是 T_4，约占 90%，T_3 含量很少，但活性却是 T_4 的 5 倍。T_4 在外周组织可转变为 T_3，进入血液后，99% 以上与血浆蛋白结合进行运输，游离的不到 1%，结合型和游离型之间可以互相转换，使游离型激素在血液中维持一定浓度。

（二）甲状腺激素的作用

甲状腺激素作用很广泛，几乎对全身各组织细胞均有影响，其主要作用是促进代谢和机体生长发育。

1. 对代谢的影响

（1）能量代谢　甲状腺激素能使绝大多数组织耗氧量和产热量显著增加，尤其以心、肝、肾和骨骼肌等组织最为显著。实验表明，1mgT_4 可以使机体产热量增加约 4 200kJ，提高基础代谢率 28%；T_3 的产热作用比 T_4 强 3～5 倍。

（2）物质代谢　甲状腺激素可以加速蛋白质及酶的合成，特别是肌肉、肝、肾的蛋白质合成明显增加，细胞数量增多，体积增大。但 T_4 和 T_3 分泌过多时，则加速蛋白质分解，特别是加速骨骼肌蛋白质的分解，并可促进骨的蛋白质分解，导致血钙升高和骨质疏松。甲状腺激素可以促进小肠对葡萄糖的吸收，增强糖原的分解，抑制糖原的合成，并加强肾上腺素、胰高血糖素、皮质醇及生长激素的升糖作用，因而，甲状腺激素有升高血糖的作用。但甲状腺激素又有加强外周组织对糖的利用，因而也有降低血糖的作用。总体来说，升糖作用为主，降糖作用较小。甲状腺激素促进脂肪分解和脂肪酸氧化，增强儿茶酚胺和胰高血糖素对脂肪的分解作用；甲状腺激素即可促进胆固醇合成，也可加速胆固醇降解，但促进分解作用要大于促进合成作用。

2. 对生长发育的影响　甲状腺激素能促进组织分化、生长、发育、成熟的作用，特别是对脑和骨骼的发育尤为重要。切除甲状腺的蝌蚪，生长发育停滞，且不能变态为青蛙，若给予甲状腺激素，则又可恢复生长发育。甲状腺激素的促生长作用主要与促进神经细胞的生长、长骨骨骺的发育及骨的生长有关。此外，甲状腺激素对生长激素有允许作用，缺乏甲状腺激素，生长激素便不能很好地发挥作用。

3. 对神经和心血管的影响 甲状腺激素可以提高神经兴奋性，使心率增加，心缩力增加，心输出量增加，组织耗氧量增多，小血管舒张，外周阻力下降，使收缩压升高，舒张压正常或稍低。

此外，甲状腺激素对生殖系统的发育及生殖机能和泌乳都有促进作用。

（三）甲状腺激素分泌的调节

甲状腺激素分泌主要受下丘脑－腺垂体－甲状腺轴的作用及甲状腺激素的反馈性调节及自身调节（图 10－6）。

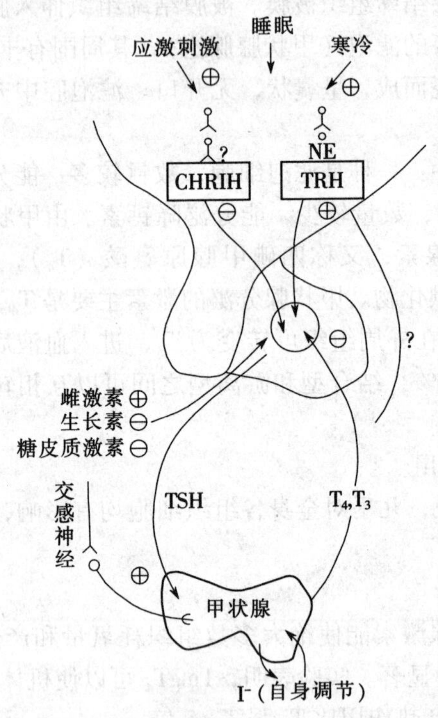

图 10－6 甲状腺激素分泌的调节示意图

1. 下丘脑－腺垂体对甲状腺的调节 环境因素变化（如寒冷等）可反射性引起下丘脑神经元分泌 TRH，TRH 可以促进腺垂体分泌 TSH，而 TSH 可以促进甲状腺细胞增生、腺体肥大和甲状腺激素的合成与释放。

2. 甲状腺激素的反馈调节 血液中游离的 T_4、T_3 浓度发生改变时，对腺垂体分泌 TSH 产生负反馈调节作用。当 T_4、T_3 浓度升高时，可反馈性引起腺垂体 TSH 分泌减少；反之，则引起 TSH 分泌增加。

当机体缺碘时，T_4、T_3 合成减少，对腺垂体 TSH 分泌的反馈性抑制作用减弱，使甲状腺组织代偿性增生肥大，称为地方性甲状腺肿或单纯性甲状腺肿。

3. 自身调节 在完全缺乏 TSH 或者 TSH 浓度基本不变的情况下发生的一种调节称自身调节。甲状腺腺泡内有机碘的含量决定着甲状腺转运碘的能力，当有机碘的含量升高，腺体摄取和浓缩碘的能力降低，反之，当腺细胞内缺乏有机碘时，摄取和浓缩碘的能力增强，这样以适应食物中碘供应量的增减。

此外，肾上腺素能神经纤维兴奋可促进甲状腺激素的合成与释放，胆碱能神经纤维兴奋则抑制甲状腺激素的分泌。

二、甲状旁腺及甲状旁腺素、降钙素和维生素 D_3

（一）甲状旁腺的结构与分泌特点

甲状旁腺的实质由排列成团或束状的腺上皮细胞构成。腺上皮细胞有两种：一种为主细胞，数量多，能分泌甲状旁腺激素（PTH）。另一种为嗜碱性或嗜酸性粒细胞，数量少，其功能意义不明。

（二）甲状旁腺激素的作用

甲状旁腺激素（PTH）是调节血钙血磷水平的最重要的激素，它与降钙素和维生素 D_3，共同起调节钙、磷代谢，控制血浆中钙和磷水平的作用。

1. 甲状旁腺激素的生理作用

①PTH 可以促进骨钙进入血液，使血钙升高。

②PTH 可以促进远球小管重吸收钙，使血钙升高，尿钙减少。同时，PTH 可以抑制近球小管重吸收磷，使血磷减少，尿磷增加，从而升高血钙，降低血磷，调节钙、磷平衡。

③PTH 可以激活肾内 1α－羟化酶，促进 25－（OH）－VD_3 转化为 1，25－$(OH)_2$－VD_3，1，25－$(OH)_2$－VD_3 可以促进小肠上皮细胞对钙、磷的吸收，使血钙升高；也可动员骨中钙、磷入血，提高血钙、血磷水平。

2. 甲状旁腺激素分泌的调节　血钙水平是调节甲状旁腺分泌最主要的因素。血钙水平轻微下降，1min 内即可增加 PTH 分泌，从而促进骨钙释放和肾小管对钙的重吸收，使血钙水平迅速回升。相反，血钙升高则引起 PTH 分泌减少。长时间低血钙可致使甲状旁腺增生，相反，长时间高血钙则导致甲状旁腺萎缩。

此外，血磷升高可使血钙降低，从而间接刺激 PTH 的分泌。血镁降低也可刺激 PTH 分泌，但血镁慢性降低则可减少 PTH 分泌。儿茶酚胺、组织胺、PGE_2 可促进 PTH 的分泌，而 $PGF_{2\alpha}$ 可使 PTH 的分泌减少。

（三）降钙素

降钙素（CT）是由甲状腺滤泡旁细胞（C 细胞）分泌的一种肽类激素。

1. 降钙素的生理作用

①抑制破骨细胞活动，减弱溶骨过程，增加成骨过程，促进骨钙化，降低血钙、血磷。

②抑制肾小管对钙、磷、钠、氯的重吸收，促使这些离子从尿排出。

2. 降钙素分泌的调节　降钙素的分泌主要受血钙浓度影响，血钙浓度升高，降钙素分泌增加。反之则分泌减少。CT 与 PTH 对血钙的作用相反，两者共同调节血钙浓度，维持血钙的稳态。与 PTH 相比，CT 对血钙的调节快速而短暂，启动较快，1h 内即可达到高峰；PTH 分泌达到高峰则慢得多。降钙素只对血钙水平产生短期调节作用，其作用很快被 PTH 的作用克服，而 PTH 对血钙水平发挥长期调节作用。由于 CT 的作用快速而短暂，故对高钙饮食引起血钙浓度升高后血钙水平的恢复起重要作用。

进食可刺激 CT 分泌，这可能与一些胃肠激素，如胃泌素、促胰液素、缩胆囊素和胰高血糖素的分泌有关。这些胃肠激素均可促进 CT 的分泌，其中以胃泌素的作用为最强。

此外，血 Mg^{2+} 浓度升高也可刺激 CT 分泌。

（四）维生素 D_3

维生素 D_3 是胆固醇的衍生物，也称胆钙化醇，可从饲料中摄取，也可在体内合成。在紫外线照射下，皮肤中的 7-脱氢胆固醇迅速转化成维生素 D_3 原，然后再转化为维生素 D_3。但维生素 D_3 需经羟化后才具有生物活性。首先，维生素 D_3 在肝内 25-羟化酶的作用下形成 25-羟维生素 D_3，然后在肾内 1α-羟化酶的催化下成为活性更高的 1，25-二羟维生素 D_3，此外，1，25 $(OH)_2D_3$ 也可在胎盘和巨噬细胞等组织细胞生成。

1. 1，25-二羟维生素 D_3 的生理作用

（1）1，25-二羟维生素 D_3 可促进小肠黏膜上皮细胞对钙的吸收。同时，1，25 $(OH)_2D_3$ 也能促进小肠黏膜细胞对磷的吸收。因此，它既能升高血钙，也能升高血磷。

（2）1，25 $(OH)_2D_3$ 对动员骨钙入血和促进钙在骨的沉积。一方面，1，25 $(OH)_2D_3$ 可通过增加破骨细胞的数量，增强骨的溶解，使骨钙、骨磷释放入血，从而升高血钙和血磷；另一方面，1，25 $(OH)_2D_3$ 又能刺激成骨细胞的活动，促进骨钙沉积和骨的形成。但总的效应是升高血钙。此外，1，25 $(OH)_2D_3$ 还可协同 PTH 的作用，如缺乏 1，25 $(OH)_2D_3$，则 PTH 对骨的作用明显减弱。

（3）1，25 $(OH)_2D_3$ 可促进肾小管对钙和磷的重吸收。缺乏维生素 D_3 的患者或动物，在给予 1，25 $(OH)_2D_3$ 后，肾小管对钙、磷的重吸收增加，尿中钙、磷的排出量减少。

2. 1，25-二羟维生素 D_3 生成的调节　维生素 D、血钙和血磷水平降低时，1，25 $(OH)_2D_3$ 的转化增加。PTH 通过刺激肾内 1α-羟化酶活性促进维生素 D 活化。1，25 $(OH)_2D_3$ 增多时，可抑制 1α-羟化酶活性使其自身合成减少。1，25 $(OH)_2D_3$ 的生成也受糖皮质激素、雌激素等激素水平的影响。

（五）钙、磷代谢的激素调节

甲状旁腺素、降钙素和维生素 D_3 组成的激素轴共同调节机体的钙磷代谢，维持血浆钙磷平衡（图 10-7）。

三、胰腺

（一）胰腺内分泌组织的结构与分泌特点

胰腺的实质可分为外分泌部和内分泌部。外分泌部由许多腺泡和导管组成。内分泌部位于外分泌部的腺泡群间，由大小不等的细胞群组成，形似小岛，故名胰岛。胰岛周围有胰内结缔组织，其中有血管和神经。胰岛中的数种细胞连接成索网，网眼中有窦状毛细血管，胰岛的分泌物很容易渗入毛细血管。

家畜的胰岛细胞依其形态和染色特点，可分为 5 类，即 A 细胞、B 细胞、D 细胞、PP 细胞和 D_1 细胞。其中，A 细胞占胰岛细胞总数的 20% 左右，它能分泌胰高血糖素；B 细胞占 70% 左右，它能分泌胰岛素；D 细胞分泌生长抑素（SS）。

（二）胰岛素和胰高血糖素的作用

胰岛素和胰高血糖素主要调节糖代谢。胰高血糖素是促进分解代谢、促进体内能量动员的激素，而胰岛素是促进合成代谢、促进能量贮存的激素。两者机能相反，共同调节血糖的相对稳定。

1. 胰岛素的生理作用　胰岛素是促进合成代谢，维持血糖相对稳定的重要激素，其生

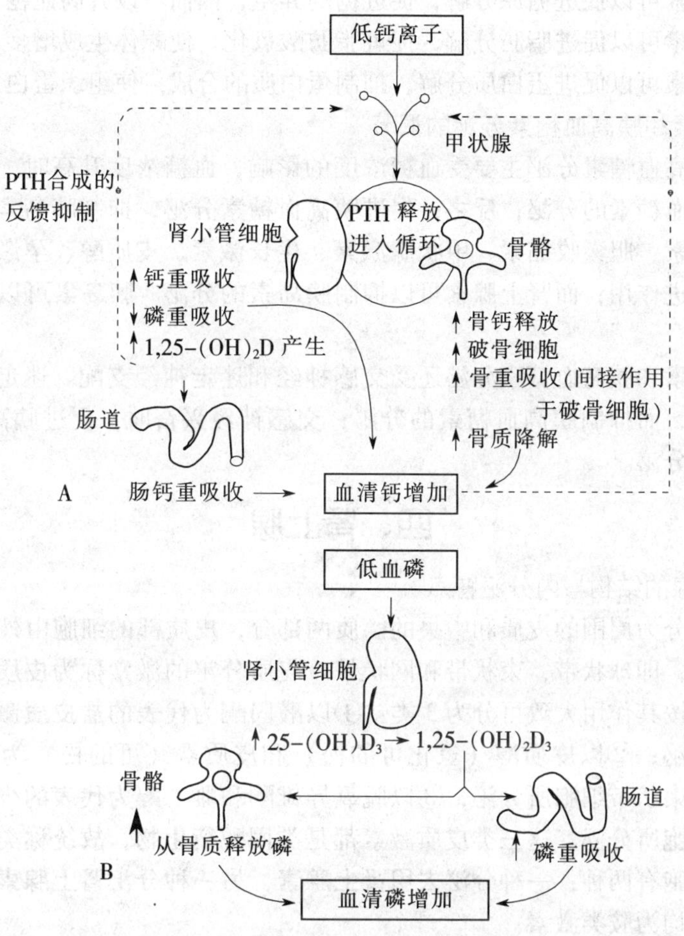

A. 钙代谢的激素调节 B. 磷代谢的激素调节

图 10-7 钙、磷代谢的激素调节模式图

理作用主要体现在以下几点。

(1) 对糖代谢的影响 胰岛素能促进全身组织，特别是肝、肌肉和脂肪组织对葡萄糖的摄取和利用，促进肝糖原和肌糖原合成，抑制糖的异生，促进葡萄糖分解和葡萄糖转化为脂肪，从而降低血糖。胰岛素缺乏时，会导致血糖升高，甚至引起糖尿病。

(2) 对脂肪代谢的影响 胰岛素可以促进脂肪合成和贮存，抑制脂肪分解，使酮体减少。胰岛素不足时，导致脂肪代谢障碍，使脂肪贮存减少，分解增加，血脂升高，容易诱发动脉硬化及各种心、脑血管疾病。同时，由于脂肪酸分解增多，生成大量酮体，容易引起酮症、酸中毒。

(3) 对蛋白质代谢的影响 胰岛素一方面促进蛋白质的合成和贮存，另一方面抑制蛋白质分解，因而有利于生长。生长激素促进蛋白质的合成作用也必须在有胰岛素存在的情况下才表现出来。

2. 胰高血糖素的生理作用 胰高血糖素的作用主要在于升高血糖，是机体动员功能物质的重要激素之一。

①胰高血糖素可以促进糖原分解，促进糖的异生，因而可以升高血糖。

②胰高血糖素可以促进脂肪分解，促进脂肪酸氧化，使酮体生成增多。

③胰高血糖素可以促进蛋白质分解，抑制蛋白质的合成，使组织蛋白质含量下降。

（三）胰岛素和胰高血糖素分泌的调节

胰岛素和胰高血糖素分泌主要受血糖浓度的影响，血糖浓度升高时，可以促进胰岛素分泌，抑制胰高血糖素的分泌；反之，促进胰高血糖素分泌，抑制胰岛素的分泌。此外胰高血糖素、胃泌素、胆囊收缩素、甲状腺激素、生长激素、皮质醇、孕激素、雌激素等对胰岛素分泌有促进作用；而肾上腺素可以抑制胰岛素的分泌。胰岛素可以促进胰高血糖素的分泌。

此外，胰岛素和胰高血糖素分泌还受交感神经和迷走神经支配。迷走神经兴奋时，促进胰岛素的分泌，而抑制胰高血糖素的分泌；交感神经兴奋时，促进胰高血糖素的分泌，而抑制胰岛素的分泌。

四、肾上腺

（一）肾上腺的结构与内分泌特点

肾上腺实质分为周围的皮质和中央的髓质两部分，皮质部的细胞由外向内排列成三种不同的结构形式，即球状带，束状带和网状带。皮质分泌的激素称为**皮质激素**，包括近百种类固醇物质，按其作用大致可分为3类：①以醛固酮为代表的**盐皮质激素**，它们主要由球状带细胞所分泌；②以皮质醇（氢化可的松）和皮质素（可的松）为代表的**糖皮质激素**，它们主要由束状带细胞所分泌；③以脱氧异雄酮和雌二醇为代表的少量性激素，它们主要由网状带细胞所分泌。这三类皮质激素都是类固醇衍生物，故统称类固醇激素。肾上腺髓质的分泌细胞有两种：一种分泌**去甲肾上腺素**，另一种分泌**肾上腺素**。上述两种激素统称髓质激素，均为胺类激素。

（二）肾上腺皮质激素的作用

以醛固酮为代表的盐皮质激素的机能主要是调节机能水盐代谢，其中醛固酮的主要作用是促进肾的远曲小管和集合管重吸收 Na^+、水，同时促进 K^+ 排出，称为**“保钠排钾”作用**（详见第八章）。

以皮质醇和皮质素为代表糖皮质激素的机能非常广泛，几乎对全身所有细胞都起作用，其主要作用有以下几种。

1. 对物质代谢的作用

（1）糖代谢　皮质醇可以促进糖原异生，使糖原贮存增加；同时，通过抗胰岛素作用，使外周组织对葡萄糖的利用减少，使血糖升高。因此，如果皮质醇分泌不足，可出现低血糖；而皮质醇分泌过多则可引起血糖升高，甚至糖尿病。

（2）蛋白质代谢　皮质醇可以促进肝外组织，特别是肌肉组织的蛋白质分解，抑制肝外组织对氨基酸的摄取，减少蛋白质的合成，促使氨基酸入肝异生为糖原。因此，皮质醇分泌过多常引起生长停滞、肌肉消瘦、骨质疏松、淋巴组织萎缩、伤口愈合延迟等现象。

（3）脂肪代谢　皮质醇可以促进脂肪分解（尤其是四肢部脂肪），增加脂肪酸在肝内氧化，但面部、躯干部脂肪增多。因此，皮质醇分泌过多时，会出现面圆、背厚、躯干部脂肪堆积而四肢消瘦的“向中性肥胖”。

(4) 水盐代谢　皮质醇有较弱的保钠排钾作用，还可以降低入球小动脉阻力，增加肾小球血流量而增加肾小球滤过率。

2. 参与应激反应　当机体受到各种有害刺激（如创伤、手术、饥饿、寒冷、疼痛、惊恐、紧张等）时，血中 ACTH 浓度立即增加，糖皮质激素也相应增多。能引起 ACTH 与糖皮质激素分泌增加的各种刺激称为**应激刺激**，而产生的反应称为**应激**。在应激反应中，除 ACTH、皮质醇分泌增加外，生长激素、催乳素、抗利尿激素、醛固酮、肾上腺素、去甲肾上腺素分泌也明显增加，表明应激反应是一种非特异性全身反应。但大量实验表明，在应激反应中，以糖皮质激素的作用最重要。切除肾上腺皮质的动物，一旦遭受到上述有害刺激时很容易死亡。

3. 对其他器官的作用　皮质醇可以使红细胞，血小板和中性粒细胞增多，而使淋巴细胞和嗜酸性粒细胞减少；糖皮质激素可以增强血管平滑肌对儿茶酚胺的敏感性（允许作用），有利于提高血管张力和维持血压，还可以降低毛细血管壁的通透性，减少血浆渗出；糖皮质激素能使胃酸和胃蛋白酶分泌增多，使胃黏膜的保护和修复功能减弱；皮质醇还可以提高中枢神经的兴奋性。

此外，糖皮质激素还有抗炎、抗过敏、抗毒、抗休克等多种药理作用。

（三）糖皮质激素分泌的调节

糖皮质激素的分泌主要受下丘脑 - 腺垂体 - 肾上腺皮质轴控制（图 10 - 8）。垂体分泌的 ACTH 对束状带细胞类固醇激素的合成和分泌有直接的刺激作用，而 ACTH 分泌又受下丘脑 CRH 的控制。血中糖皮质激素的水平对其自身分泌可起反馈调节作用，这种反馈调节可作用于垂体、下丘脑或更高级脑水平上。

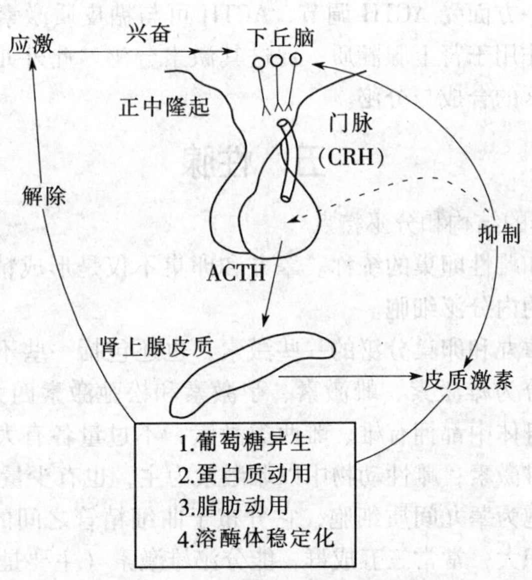

图 10 - 8　糖皮质激素分泌的调节机制

（四）肾上腺髓质激素的作用

肾上腺髓质激素包括肾上腺素和去甲肾上腺素，前者主要与循环的调整有关，后者主要与代谢变化有关，其作用在前面各章节中已有介绍。

肾上腺髓质与交感神经组成“交感—肾上腺髓质系统”，髓质激素的机能与交感神经的活动密切联系。Cannon 最早全面研究了该系统的作用，提出了“应激学说”。该学说认为：机体遭遇紧急情况时（如畏惧、焦虑、剧痛、失血、脱水、缺氧、暴冷、暴热以及剧烈运动等），交感—肾上腺髓质系统将立即被调动起来，肾上腺素和去甲肾上腺素的分泌大大增加，它们作用于中枢神经系统，提高其兴奋性，使机体进入警觉状态，反应变灵敏。呼吸加强、加快；心跳加快、心缩力增强、心输出量增加、血压升高、血液循环加快、内脏血管收缩、骨骼肌血管舒张，同时血流量增多，全身血液重新分配，以利于应急时重要器官得到更多的血液供应；肝糖原分解增强，血糖升高，脂肪分解加速，血中游离脂肪酸增多，葡萄糖与脂肪酸氧化过程增强，以适应在应急情况下对能量的需要。上述变化都是通过交感—肾上腺髓质系统发生的适应性的反应，故称为**“应急反应”**。

应急反应与应激反应虽然概念不同，但二者又有密切联系。引起应急反应的各种刺激也是引起应激反应的刺激，但应急是交感—肾上腺髓质系统活动加强，使血液中儿茶酚胺含量升高，从而充分调动机体贮备的潜能，提高“战斗力”，克服环境变化给机体造成的困难；而应激是下丘脑－腺垂体－肾上腺皮质轴活动加强，使血液中 ACTH 和糖皮质激素浓度明显提高，以增强机体对有害刺激的“耐受力”。两者相辅相成，共同提高机体抵抗病害的能力。

去甲肾上腺素和肾上腺素都是在动物遇到紧急状况时分泌加强。两者对心血管系统，呼吸器官，代谢，中枢神经系统，肌肉等生理活动，具有广泛的作用，但两者对某一器官的作用不完全相同。

肾上腺髓质激素的分泌一方面受交感神经控制，交感神经兴奋时，刺激肾上腺髓质分泌机能明显增强；另一方面受 ACTH 调节，ACTH 可与糖皮质激素间接促进儿茶酚胺的合成与分泌，也可直接作用于肾上腺髓质，促进其激素分泌。此外儿茶酚胺激素也可负反馈性抑制肾上腺髓质激素的合成与分泌。

五、性腺

（一）性腺内分泌的结构和分泌特点

性腺是雄性睾丸和雌性卵巢的统称。睾丸和卵巢不仅是形成精子、卵子的场所，其内也分布有分泌性激素的内分泌细胞。

性激素主要指由睾丸和卵巢分泌的一些激素，也还包括一些不是由睾丸、卵巢分泌的性激素。性激素可以分为雄激素、雌激素、孕激素和松弛激素四大类。还应该指出的是，不论雄性还是雌性，身体中都拥有雄、雌两类激素，不过量各有大小。雄性动物体中以雄激素为主，也有少量雌激素；雌性动物中以雌激素为主，也有少量雄激素。

睾丸的内分泌细胞为睾丸间质细胞，它分布于曲细精管之间的结缔组织（睾丸间质）中。睾丸间质细胞体积大，常常三五成群，能分泌雄激素（主要是睾丸酮）。

卵巢的内分泌细胞为卵泡内膜细胞和黄体细胞。当卵泡生长时，周围的结缔组织也在变化，形成卵泡膜包围着卵泡。卵泡膜分为内、外两层。内膜上的细胞多，富含毛细血管，能分泌出雌激素，排卵后的卵泡壁的卵泡细胞和卵泡内膜细胞在黄体生成素的作用下，演变为黄体细胞。黄体细胞分泌孕激素（主要是孕酮）。

（二）性激素的作用

性激素的作用主要是提高生殖机能，现综合列表 10－3。

表 10－3 性激素的化学性质和主要作用

种类	英文缩写	化学性质	主要作用
雄激素	T	类固醇	1. 促进雄性副性器官生长发育，并维持成熟状态 2. 刺激公畜产生性欲和发生性行为 3. 促进精子发育成熟，并延长睾丸内精子的寿命 4. 促进雄性副性特征出现，并维持其正常状态 5. 促进蛋白质合成，使肌肉骨骼发达，体脂减少 6. 促进公畜皮脂腺分泌
雌激素	E_2	类固醇	1. 促进雌性生殖器官生长发育 2. 促进雌性副性特征出现，并维持其正常状态 3. 促进母畜发情 4. 刺激母畜产生性欲和性兴奋
孕激素	P	类固醇	1. 在 E_2 基础上，促进子宫增殖肥厚，促进子宫腺体分泌，为受精卵定植和发育准备条件 2. 抑制子宫平滑肌的自然活动和对催产素的反应，保证胚胎安全发育，“子宫保胎” 3. 在 E_2 基础上，进一步刺激乳腺腺泡的生长发育，使乳腺发育完全，准备泌乳
松弛激素	—	多肽	1. 松弛荐髂关节，骨盆缝，加宽硬产道 2. 扩张子宫颈，放松软产道 3. 与 E_2 和 P 协同，促进乳腺生长

（三）性激素分泌的调节

1. 雄激素分泌的调节 雄激素分泌主要受下丘脑－腺垂体－性腺轴的调控和雄激素对下丘脑－腺垂体的负反馈调节（图 10－9）。

（1）下丘脑－腺垂体对睾丸雄激素分泌的调节 在内外环境因素刺激下，下丘脑释放 GnRH，GnRH 通过垂体门脉作用于腺垂体，促进 FSH 和 LH 的分泌，FSH 和 LH 作用于睾丸，促进精子生成和雄激素的分泌。

（2）雄激素对下丘脑－腺垂体的负反馈调节 当血浆中雄激素达到一定浓度时，可反馈性作用于下丘脑和腺垂体，抑制 GnRH、FSH 和 LH 的分泌，进而抑制雄激素的分泌。

此外，睾丸支持细胞分泌的抑制素也对下丘脑和腺垂体的分泌产生抑制作用。

2. 雌激素、孕激素分泌的调节 和雄激素分泌调节一样，雌激素、孕激素的分泌也受丘脑－腺垂体－性腺轴的调控和雌激素、孕激素对下丘脑－腺垂体的负反馈调节（图 10－10）。

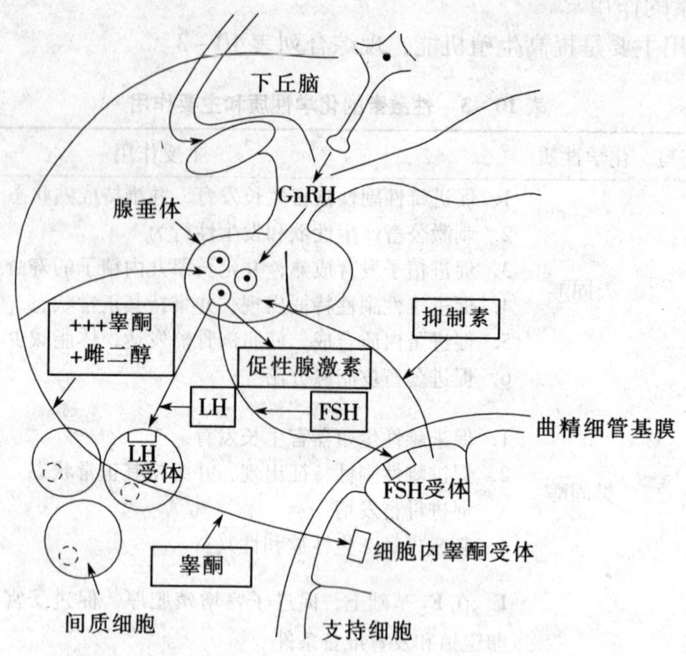

图 10－9 下丘脑和垂体调节睾丸激素分泌（左）和生精作用（右）的途径

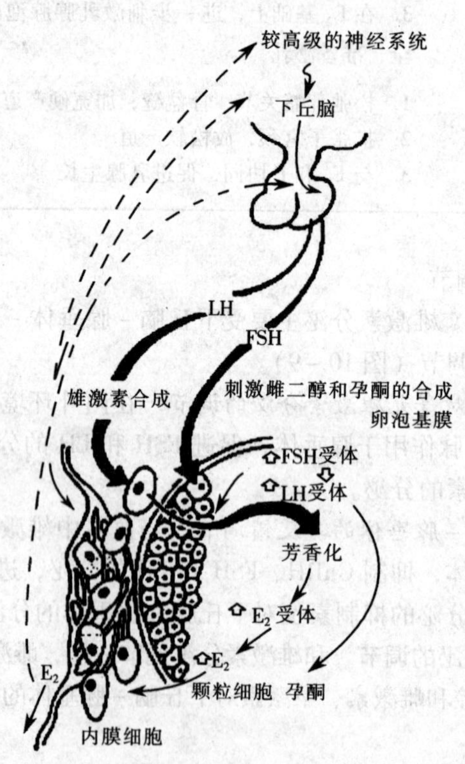

图 10－10 下丘脑和垂体对卵巢激素分泌和卵泡成熟的调节

六、松果腺（松果体）

松果腺位于四叠体前丘之间的凹陷处，有一个柄与第三脑室背面相连，接受由颈上神经节发出的交感神经节后纤维的支配。松果腺一般在初情期以前已开始退化。松果腺所分泌的激素有两大类：①吲哚样类，如褪黑激素、5 - 甲氧基色醇等；②肽类，如 8 - 精催产素、促性腺激素释放激素等。

褪黑素（MLT），具有抗生殖作用，MLT 对下丘脑—垂体—性腺轴和下丘脑—垂体—甲状腺轴均有抑制作用，幼年时可以防止性早熟。如切除幼年动物的松果体，出现性早熟，性腺和甲状腺的重量增加，成年则可影响整个生殖过程。

MLT 的释放有着明显的昼夜节律变化，即光照下分泌减少，黑暗时则分泌增加。

8 - 精催产素（AVT）具有抗利尿和催产作用，并对性腺活动具有很强的抑制作用。

复习思考题

1. 含氮激素与类固醇激素的作用机制是什么？
2. 试述下丘脑—垂体轴在内分泌系统中的重要地位和作用。
3. 糖皮质激素的主要作用是什么？
4. 胰岛分泌的激素有哪些？其主要作用是什么？
5. 性激素是由哪些分泌细胞分泌？分为哪些激素，主要作用是什么？
6. 试述动物钙、磷代谢的激素调节。
7. 试述肾上腺的内分泌机能及其与动物应激和应急反应的关系。

第十一章

生殖与泌乳

动物产生与本身相类似的子代，借以繁衍种族的功能称为**生殖**，它是保证种族的延续繁衍的最重要和最基本的生理活动。哺乳类动物的生殖过程必须由雌雄两性个体共同完成，包括配子的形成、交配、受精、妊娠、分娩和哺乳等一系列过程。

第一节　概述

一、性成熟

（一）性成熟和初情期

哺乳动物生长发育达到一定阶段，生殖器官和副性征的发育已经基本完成，开始具备了生殖能力，这个时期叫性成熟。性成熟个体的性腺中开始形成成熟的两性配子（精子和卵子），动物具有明显的性行为和性功能，表现出明显的性欲。这时雌、雄个体能交配和受精，并能完成妊娠和胚胎发育过程。

性成熟过程的开始阶段叫初情期，它指动物第一次排出精子或卵子的年龄。常见家畜初情期一般是牛 6～12 月龄，羊 4～8 月龄，猪 3～6 月龄，马 12 月龄。母畜达到初情期的标志是首次发情，但此时雌性发情行为不明显，发情周期和发情持续期的长短无规律，生殖器官和生殖机能仍在发育和完善，交配不一定受精。公畜的初情期比较难于判断，这时公畜虽然能表现出各种性行为，如阴茎勃起、有交配动作等，但一般不射精或者精液中没有成熟的精子。处于初情期的动物不宜配种，为防止早配，此时应将公母分开饲养。

（二）影响性成熟的因素

性成熟的年龄可因动物种类、品种、性别、饲养管理和外界环境等而有差异。一般而言：小动物比大动物性成熟早；母畜比公畜早；气温高的地区比气温低的地区家畜早；早熟品种，营养水平高和环境条件好可使性成熟的年龄提早；晚成熟品种，饲养管理和环境条件差则可推迟。此外，季节性繁殖动物的初情期受出生时期的影响。例如，绵羊如果在出生当年繁殖季节不出现第一次发情，常需延迟到第二年的繁殖季节才首次发情。

（三）性成熟和体成熟的关系

动物的生长基本结束，并具有成年动物所固有的形态和结构特点，称为**体成熟**。家畜性成熟时，正常的生长发育仍在继续进行，因此，体成熟比性成熟晚。母畜过早妊娠会妨碍其本身的生长发育，并产生弱的后代。公畜过早配种易引起早衰，并常因精子质量较差而影响后代的生活力和生产性能。因此，在畜牧业实践中往往要在公、母动物体重达成年体重的 70% 时才允许配种和繁殖，此时家畜生殖器官发育完善，生殖机能达到成熟，交配即能受精。几种家畜的性成熟和初配适龄见表 11－1 和表 11－2。

表 11－1　几种雄性动物的性成熟年龄和初配适龄（单位：月龄）

畜种	性成熟	适宜初配
牛	10～18	18～24
马	18～24	30～36
骆驼	24～26	60～72
猪	5～8	10～12
羊	6～10	12～15
兔	3～4	6～8

表 11－2　雌性动物的性成熟和初配适龄（单位：月龄）

时间	马	驴	牛	水牛	绵羊	山羊	猪	骆驼
初情期	12～15	12	6～10	12～15	6～8	4～6	3～7	36
性成熟	18	15	12	18～24	12	12	8	
初配适龄	36	30～36	18～24	30～36	12～18	12～18	8～12	48

二、繁殖季节

野生动物都只在环境条件最适于孕畜和新生幼畜生活的季节里进行繁殖。大多数家畜在没有驯化前都有明显的繁殖季节。家畜驯化后，生活条件不再受到季节的限制，繁殖季节逐渐延长，甚至转变为常年繁殖。

各种公畜本身不受季节性的限制，主要随母畜的发情而显现性活动（公鹿的发情则有季节性）。母畜在一年中除妊娠期外都周期性地出现发情，称为**终年多次发情**，如牛、猪、兔、鸡等都是常年繁殖动物。只在一定季节里表现多次发情，称之为季节性多次发情，如马、羊、骆驼、鹿等都不同程度的保持季节性繁殖的特点。如果动物在一个发情季节只发情一次，称为**季节性一次发情**，如正常犬每年发情两次，一般在春季 3～5 月和秋季的 9～11 月各发情一次。在发情季节之间经过的一段无发情表现的时间，称之为乏情期。在乏情期内，垂体的促性腺机能处于抑制状态，动物停止周期发情。

影响繁殖季节的主要因素是光照时间，温度也有影响。

第二节　雄性生殖生理

雄性动物的生殖器官包括睾丸、附睾、输精管、尿生殖道及精囊、前列腺、尿道球腺、阴茎、包皮等。睾丸为主要性器官，具有生精和内分泌功能，其他合称副性器官，担负着精子贮藏、成熟和运输等任务。

一、睾丸

(一) 生精作用

生精作用是指从精原细胞发育为精子的过程。睾丸由曲细精管和间质细胞组成。曲细精管是生成精子的部位，它由生精细胞和支持细胞构成。支持细胞为各级生殖细胞提供营养，并起着保护与支持作用，为生精细胞的分化发育提供合适的微环境。原始的生精细胞为精原细胞，紧贴于曲细精管的基膜上，进入初情期后，精原细胞开始发育分化，经初级精母细胞、次级精母细胞、精子细胞等几个阶段，逐渐形成精子。不同发育阶段的生精细胞在发育过程中自曲细精管基部逐渐向管腔方向移动，最后成熟的精子则脱离支持细胞进入曲细精管管腔中央。曲细精管之间存在由结缔组织构成的间质，起支持作用。间质组织中有间质细胞，是合成、分泌雄激素的重要部位。

精子的发生是一个连续过程，以绵羊为例（图 11－1），精子生成经历以下 3 个阶段。

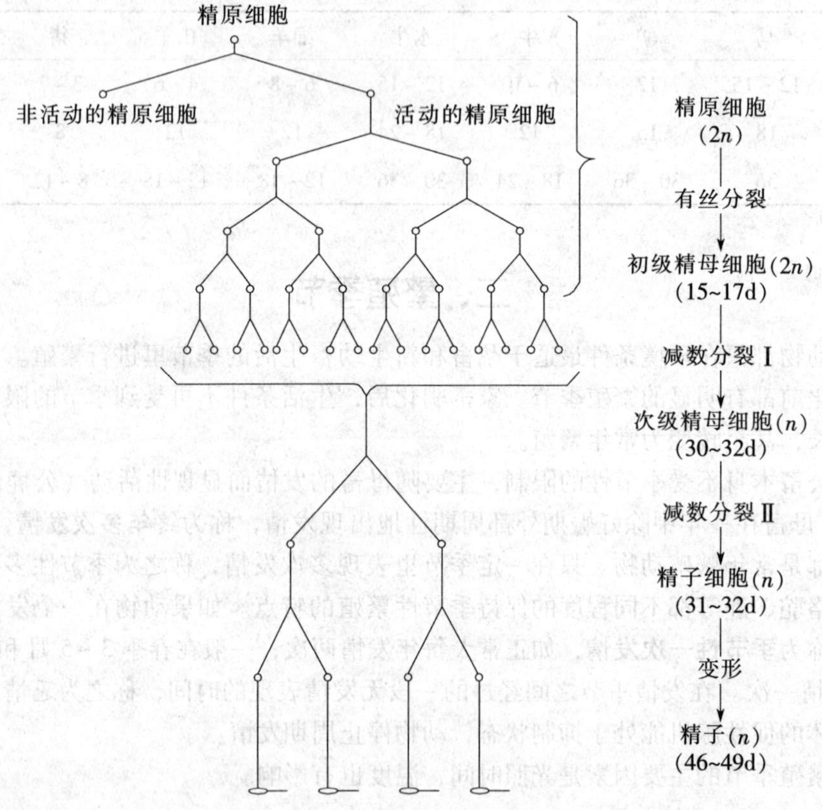

图 11－1　绵羊精子发生图解

1. 精原细胞增殖期　精原细胞经过增殖分裂，形成初级精母细胞。为保证精子发生的延续，每个精原细胞分裂成一个非活动的精原细胞和一个活动的精原细胞，此后，后者分裂 4 次，最后获得 16 个初级精母细胞。

2. 精母细胞减数分裂期　初级精母细胞经两次减数分裂，先后形成次级精母细胞与精子细胞。第一次分裂生成 2 个次级精母细胞，染色体数减半。每一个次级精母细胞经第二次分裂生成2个精子细胞，此时细胞核中的DNA减半，成为单倍体。

3. 精子分化期　经过复杂的形态变化，精子细胞变态为精子。这一过程除了形态的变化以外，大部分细胞质，包括核糖核酸、水分和糖原均消失。此外，核浓缩，高尔基体转变成精子顶体，中心粒形成精子尾部。

1个精原细胞经过上述若干有丝分裂和两次成熟分裂，依次形成初级精母细胞、次级精母细胞，最后从球形的精细胞变为64个（绵羊、牛和兔等）或96个（大鼠和小鼠等）带尾的成熟精子。各种家畜精子的发生周期（从精原细胞完全变成精子所需时间）有所不同，公羊约50d，公牛约60d，公猪约45d，公马约50d。

（二）内分泌功能

睾丸是一个重要的内分泌器官，主要分泌雄激素（间质细胞）和抑制素（支持细胞）。它们除了参与生殖功能的调节外，还是重要的代谢调节激素（详见第九章）。

（三）睾丸功能的调节

睾丸的活动受到下丘脑—腺垂体—性腺（睾丸）轴及其靶激素的反馈性调节。

①在内外环境因素的作用下，下丘脑可释放GnRH，GnRH通过垂体门脉作用于腺垂体，促进腺垂体分泌FSH和LH。LH促使间质细胞分泌睾酮，在FSH和睾酮作用下，支持细胞形成雄激素结合蛋白（ABP），ABP与睾酮结合可促进精母细胞减数分裂，利于生精过程。

②雄激素在血浆中达到一定浓度时，可反馈性抑制GnRH和FSH、LH的分泌，从而使睾酮的分泌量维持在一定的水平上。

③支持细胞所分泌的抑制素对FSH的释放具有很强的负反馈抑制作用。

此外，FSH还使支持细胞中的睾酮经芳香化酶作用，转化为雌二醇。雌二醇可能对睾酮的分泌有反馈调节作用，从而使睾丸的功能保持适宜程度。

二、附睾

附睾是精子浓缩、成熟、贮藏和转运的部位。在附睾内精子的形态和代谢都发生变化，变得成熟，并获得了运动和受精能力。附睾内精子的密度很高，大约1/2的精子贮藏在附睾尾。以牛为例，成年公牛两侧附睾可容纳741 $\times 10^8$个精子，相当于睾丸3.6d的产量。精子借助于睾网液的流动和纤毛的活动进入附睾，并由附睾头到达尾部。精子经过附睾的时间有一定差异，牛约为10d，绵羊13~15d，猪9~12d，马8~11d，人12d。

附睾生殖功能的实现取决于附睾上皮细胞的吸收和分泌。

附睾上皮的功能主要受雄激素的调节，睾丸切除后，附睾上皮退化，注射睾酮则可逆转这种变化。

三、副性腺及副性器官

副性腺是雄性生殖系统的重要组成部分，包括精囊腺、前列腺、尿道球腺、壶腹腺及尿道腺。它们各自分泌的特异性液体是精液的组成部分，对于精子的运送、保护及存活都有一定意义。副性腺的功能都受雄激素的调节。副性腺分泌物和附睾液的混合物称为**精清**。精子与精清组成精液。

副性器官包括阴茎、龟头、阴囊等。阴囊及提睾肌伸缩可调节睾丸所处的位置，保证睾丸的功能始终处于生理状态，从而适应外界温度的变化，为生成正常的精子创造必要条件。不同种类动物的副性腺结构、睾丸方向、阴茎类型均不同。

四、公畜的性反射

公畜在交配过程中，表现出强烈的性反射活动。公畜的性反射包括勃起反射、爬跨反射、抽动反射和射精反射四个阶段。在交配过程中，这些反射的出现有着一定的顺序，而每一种反射又是独立的，可以单独发生的。

射精过程中，家畜非常安静，易受环境的干扰。射精过程的长短，因家畜的种别及射精量的大小而有所不同。

第三节　雌性生殖生理

雌性生殖器官主要包括卵巢、输卵管、子宫、阴道、尿生殖前庭等部分。卵巢是产生卵细胞和分泌雌激素、孕激素的器官，输卵管是卵子、受精卵运行的管道以及受精的地方，子宫是胎儿生长和发育的地方，而尿生殖前庭则是母畜的交配器官和产道，它们共同完成受精、妊娠、分娩等一系列生殖生理过程。

一、卵巢的功能

（一）生卵功能

1. 卵泡的发育　在达到一定性成熟期的母畜卵巢中，存在着不同发育阶段的卵泡，卵子在卵泡中发育和成长，直到卵泡成熟破裂时，卵子才从卵泡中排出。原始卵泡和初级卵泡在母畜出生时的卵巢中就大量存在。初级卵泡由卵母细胞（未成熟的卵子）和排列在其周围的一层卵泡细胞组成；进一步发育成为次级卵泡后，形成多层卵泡细胞（也称颗粒细胞）围绕卵母细胞，并进一步发育成生长卵泡。此时多层的卵泡细胞中开始形成空腔，其中，充满由卵泡细胞分泌的卵泡液。卵泡液逐渐增多，卵泡腔继续扩大，将卵母细胞及其周围的卵泡细胞推向一边，形成半岛状的卵丘。生长卵泡逐渐发育，成为成熟卵泡（图11－2)，发情时继续发育，并破裂而排卵。母畜在第一次发情以前，就有卵泡增长，但都不能达到最后成熟而闭锁退化。

2. 卵子的发育　卵子的发育与卵泡发育并不同步，成熟卵泡中的卵子仍处于次级卵母细胞阶段。卵子的发育大致分为3个阶段。

（1）增殖期　当卵泡由原始卵泡发育成初级卵泡时，卵原细胞经过多次有丝分裂发育为初级卵母细胞。

（2）生长期　当卵泡由初级卵泡发育成次级卵泡时，初级卵母细胞经过第一次成熟分裂，形成次级卵母细胞和第一极体。

（3）成熟期　当次级卵泡发育成成熟卵泡时，次级卵母细胞在第二次成熟分裂时中途停止，等排卵后，卵子进入输卵管并受精后，第二次成熟分裂才继续进行，形成卵细胞和第二极体。

在卵泡发育过程中，大部分卵泡及其中的卵母细胞不经排卵而退化消失，称为**卵泡闭锁**。只有极少数卵泡（单胎动物一般一个发情期只有一个）能发育至排卵。

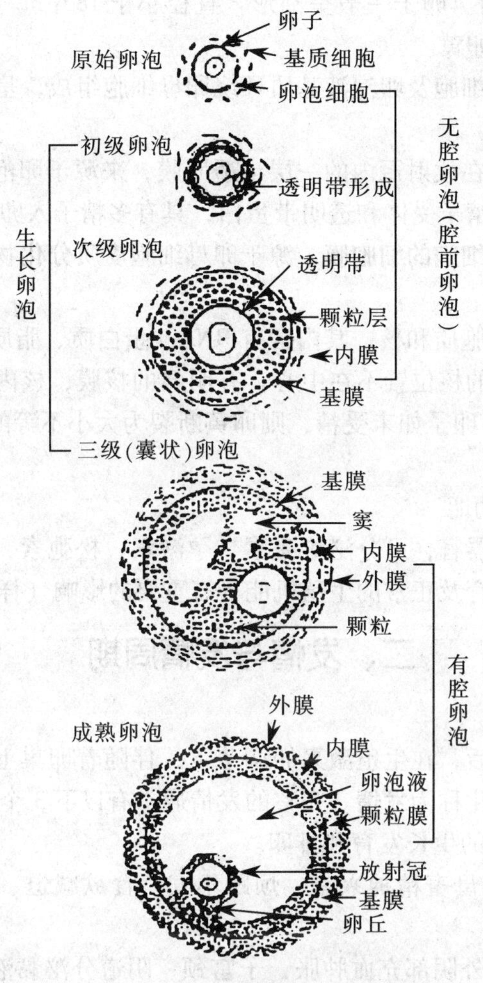

图 11－2　各种类型卵泡结构

3. 排卵　成熟卵泡壁发生破裂，卵母细胞及部分卵丘细胞液一起排入腹腔，随即进入输卵管的过程，称为**排卵**。多数母畜的排卵时间都在接近发情结束以前，而母牛则在发情结束后若干小时。根据家畜的排卵特点，排卵可以分为两种类型：自发性排卵和诱发性排卵。自发性排卵是指卵泡发育成熟后，可自行破裂而排卵，例如，猪、牛、羊、马等。而猫、兔、骆驼、水貂等动物卵泡发育成熟后，必须通过交配才能排卵，称为**诱发性排卵**。

4. 黄体形成和退化　排卵后，卵泡内膜细胞、颗粒细胞内陷，原来卵泡液部分留下，卵泡膜血管由于负压而破裂流血，积于卵泡腔内，形成红体。血液被吸收后，大量新生血管进入，血体转变为一个血管丰富的内分泌腺细胞团，外观呈黄色，故称黄体。黄体经历早期黄体、成熟黄体和退化黄体 3 个发育阶段。早期黄体是新形成的黄体，成熟黄体（周期黄体）是具有分泌功能的黄体。黄体是重要的分泌器官，其主要功能是分泌孕酮，是子宫启动和维持妊娠的基础。排卵后，如卵子受精，周期黄体转变为妊娠黄体而继续存在，若排出的卵子未受精，则周期黄体在一定时间内退化，成为退化黄体。黄体退化时，黄体细胞逐渐为成纤维细胞所代替，最后纤维化成为白体。

5. 卵子的形态和结构 卵子一般呈圆形，直径小于185μm。卵子从外到内依次为放射冠、透明带、卵黄膜和卵黄。

（1）*放射冠* 由卵丘细胞及卵泡液基质环绕卵母细胞组成，呈放射状，在卵子发生过程中起营养供给作用。

（2）*透明带* 是紧贴在放射冠内的一层半透明膜，来源于卵泡细胞和卵母细胞分泌物形成的细胞间质。其上有精子受体和透明带蛋白，具有多精子入卵阻滞作用。

（3）*卵黄膜* 是卵母细胞的细胞膜，源于卵母细胞皮质分化物，具有物质交换和防止多精子受精功能。

（4）*卵黄* 即卵子细胞质和核，其内含有RNA、蛋白质、脂质和糖原等。提供早期胚胎发育的营养物质。卵子的核位置不在中心，有明显的核膜，核内有一个或多个染色质核仁，所含的DNA量很少。卵子如未受精，则卵黄断裂为大小不等的碎块，每一块含有一个或数个发育中断的核。

（二）卵巢的内分泌功能

卵巢是重要的内分泌器官，可分泌雌激素、孕激素、松弛素、抑制素等，对于维持雌性动物生殖器官的生长发育及正常的生殖机能具有重要的影响（详见第十章）。

二、发情与发情周期

（一）发情

雌性动物达到性成熟后，在生殖激素的调节下，伴随着卵巢上卵泡的发育，所出现的一系列生理和行为上的变化称为**发情**。完整的发情通常有以下3个方面的变化。

（1）*卵巢变化* 卵泡的生长发育和排卵。

（2）*行为变化* 发情母畜精神兴奋、烦躁不安、食欲减退、不断鸣叫，主动寻求雄性，表现强烈的交配欲。

（3）*生殖器官变化* 外阴部充血肿胀，子宫颈、阴道分泌黏液增多，子宫颈松弛、充血、蠕动加强，子宫内膜腺体细胞增长。输卵管蠕动，纤毛颤动增强，管腺增大，分泌液增多。

（二）发情周期

母畜生长到达初情期后，直至性机能衰退以前，在非妊娠情况下，表现出周期性发情的现象。指从一次发情开始至下一次发情开始的间隔时间（或由这一次排卵至下一次排卵的间隔时间）称为**一个发情周期**，各种家畜发情周期的时间因动物种类不同而异，黄牛、水牛、乳牛平均21～22d，山羊平均19～21d，绵羊16～17d，猪19～23d，马19～25d，兔15～16d。

（三）发情周期的分期

根据母畜的内部和外部变化特点，家畜的正常发情周期包括四个不同的时期，即发情前期、发情期、发情后期和间情期。这几个时期周而复始，不断循环。

1. 发情前期 在这个时期生殖系统开始为卵巢排出卵子做准备。新的卵泡开始发育，在发情期前2～3d卵泡迅速增长，其中充满卵泡液。生殖道上皮开始增生，腺体活动开始加强，分泌增多，但还看不到从阴道流出黏液。此期发情表现不明显，没有交配欲表现。

2. 发情期 这一时期是集中表现发情征状的阶段。性兴奋强烈，有交配欲，母畜接受爬跨只限于这个时期。卵巢中卵泡发育很快，达到成熟，破裂并排卵。生殖道特别是子宫和子宫角呈现水肿，同时血管大量增生。子宫和输卵管有蠕动，腺体分泌活动加强，子宫颈口开张，可以看到由阴道中流出黏液。所有的这些变化，都有利于精子和卵子的运行和受精。

3. 发情后期　发情期结束后的一个时期。此时生殖系统处于新生黄体所分泌的孕酮影响下，子宫为接受胚泡作准备，子宫内膜的子宫腺增殖。如已妊娠，发情周期也就停止，直到分娩以后再重新出现。如未受精，就进入间情期。

4. 间情期　在此期子宫和生殖道向着近似发情前期以前的状态退化。卵巢的黄体在这时期处于逐渐退化状态，重新开始新的发情周期。如黄体持续存在，间情期则延长。部分动物的发情周期、发情期、排卵时间见表 11－3。

表 11－3　部分动物的发情周期、发情期、排卵时间

动物种类	发情周期	发情持续时间	排卵时间
马	19～25d	4～8d	发情结束前 1～2d
乳牛	21～22d	18～19d	发情结束后 10～11h
黄牛	20～21d	1～2d	
水牛	20～21d	1～3d	
猪	19～21d	48～72h	发情开始 35～45h
绵羊	16～17d	24～36h	发情开始 24～30h
山羊	19～21d	32～40h	发情开始 30～36h

（四）影响发情周期和发情期的因素

家畜发情周期在神经和内分泌的调节下正常进行。影响发情周期和发情期的外在因素是多方面的，主要是季节、饲料、温度等条件，它们通过神经和内分泌的调节发生作用。

1. 季节　季节的更替直接影响家畜的繁殖过程。对于繁殖的主要现象发情更是如此。季节包含很多因素，主要是光照时间、气温和湿度等气候条件的改变，以及由此而出现的植被和其他饲养条件的改变。一般猪、奶牛和兔全年均可发情，黄牛多在 5～9 月份发情，水牛 8～11 月份发情，羊 8～10 月份发情，马 3～7 月份发情，犬春秋两季发情，狐 2～3 月份发情。

2. 营养水平　营养缺乏可以造成不发情，长期饲喂热能不足的饲料，或缺少某种特殊营养因素，将逐渐造成完全不发情。只有在良好的条件下，雌性动物才能正常发情。营养造成的缺陷可能由于垂体促性腺激素的释放发生障碍，或是卵巢对垂体的促性腺激素缺乏反应。另外，光照对下丘脑、垂体和卵巢的影响可能受营养状况的限制。在饲养管理完善的条件下，马和羊的发情季节开始得较早，结束较晚，甚至可以全年都能发情。

3. 气温　温度的影响，一般认为不如营养和光照。但有很多试验说明，在异常寒冷的冬天，牛的发情周期趋于减少。春天当温度适宜时，可以使母马的卵泡迅速发育，突然降温，可影响卵泡的生长发育。

此外，使役不当、过度劳累、家畜的品种和年龄也是影响发情周期和发情期持续时间，以及发情表现程度的因素。

（五）发情周期的调节

动物的发情周期受丘脑下部-脑垂体-卵巢轴调节。

各种内外环境因素刺激使下丘脑分泌促性腺激素释放激素（GnRH）。GnRH促进垂体前叶分泌FSH、LH。FSH、LH协同促进卵泡生长发育；随着卵泡生长、成熟，雌激素分泌明显增加，雌激素一方面促进生殖器官发育，另一方面在少量孕酮协同下，使母畜表现发情。同时，雌激素负反馈抑制垂体FSH的释放，而正反馈促进下丘脑GnRH的释放，进而促进LH分泌，促进排卵发生。排卵后，卵巢形成黄体，分泌孕酮，而雌激素分泌显著下降，孕酮对下丘脑和垂体呈负反馈作用，抑制垂体前叶分泌FSH，新卵泡不再发育，使母畜进入发情间期。如果动物未受孕，则黄体逐渐退化，孕酮分泌下降，孕酮对下丘脑和垂体负反馈抑制作用解除，GnRH、FSH、LH分泌随之增加，动物进入下一个发情周期。

三、受精、妊娠与分娩

妊娠是新个体产生的过程，包括受精、着床、妊娠的维持、胎儿的生长以及分娩。

（一）受精

精子和卵子运行到母畜输卵管峡部，精子进入卵细胞，形成雄原核和雌原核，两种原核进一步融合，形成合子的过程称为**受精**。受精主要包括以下几个过程。

1. 精子的运行 精子的运行是指精子在母畜生殖道内由射精部位到受精部位的运动过程。家畜射精按精液到达部位可分为阴道授精型（牛、羊、兔等）和子宫授精型（马、驴、猪、骆驼等），前者精液量小密度大，后者相反。精子依靠阴道、子宫、输卵管蠕动时的抽吸作用、射精力量及自身的运动，通过子宫颈口、宫管结合部最终到达受精部位——输卵管峡部。

（1）*精子运行的动力* 精子的运行除靠其本身的前进运动外，更借助于母畜阴道和子宫收缩以及输卵管的逆蠕动。实验证明，牛和羊的精子可在15min以内到达受精部位，单靠精子本身的运动是不可能的。但是，趋近卵子时，精子本身的运动是十分重要的。

（2）*精子保持受精能力的时间* 对精子保持活力的时间了解得较多，可是对精子保持受精能力的时间则知道得很少。后者肯定要比前者短得多。多数材料表明，精子在雌性生殖道内保持受精能力的时间1~2d。母马和母狗是例外，在母马生殖道内精子可存活长达6d，在母狗可存活90h。

（3）*精子的受精获能作用* 经过附睾贮存的精子具有使卵子受精的能力，但只是一种潜能，因为在它们能够穿入卵子之前，必须在母畜生殖道内经过某种变化才能具有进入透明带和使卵子受精的能力。这一过程叫做精子的**受精获能作用**（简称获能作用）。如把精子直接放在输卵管的受精地点，它们并不立即进入卵子，而是要等待几小时后才能进入。这说明精子必须在子宫或输卵管内至少经过一段时间（长短因动物而异），才能获得受精能力。在一般情况下，交配往往发生在发情开始或盛期，而排卵发生在发情结束时或结束后。因此精子一般先于卵子到达受精部位，这段期间可自然地完成获能过程。获能作用的本质在于解除覆盖在精子表面的去能因子对精子的束缚，使精子表面的结合素得以与透明带表面的精子受体相识别，进而发生顶体反应而后发生受精作用。还发现雌激素可刺激获能作用，而孕酮抑制获能作用。

2. 卵子的运行

(1) 卵子运动的过程 排卵时，输卵管的伞紧紧包围着卵巢，卵子随卵泡液被纳入伞部，借助于伞部的纵皱襞上皮细胞纤毛的颤动和平滑肌的收缩，很快地进入输卵管。马、狗和狐的卵子排出时是初级卵母细胞，并在输卵管中成熟；绵羊、牛和猪排卵时，释放的是次级卵母细胞，第一极体已被排出，第二次成熟分裂已进行到分裂中期，直到受精，第二次成熟分裂才完成。各种家畜在排卵后，放射冠细胞迅速消失，使卵子裸露出来。卵子在输卵管前半段通过很快，到输卵管后半段时，卵子的运行显著变慢，通过整个输卵管的时间为50～98h。

(2) 卵子保持受精能力的时间 卵子在输卵管内可以保持受精能力的时间也就是运行至输卵管峡部以前的时间。这个时间在马为6～8h，牛为8～12h，猪为8～10h，绵羊为16～24h。卵子受精能力的消失是逐渐的，先是能受精而不能正常发育，以后才完全不能受精，卵子排出后，如未遇到精子，则继续沿输卵管下行，此时卵子逐渐衰老，且包上一层输卵管分泌物，阻碍精子进入，即失去受精能力。

3. 受精过程

(1) 精子与卵子相遇 一次射精中精子总数以几亿或几十亿计，但到达壶腹的数目是很少的，在各种哺乳动物不会超过1 000个。射精后精子在15min之内到达受精部位。

(2) 精子进入卵子 大多数哺乳动物的受精在卵子进行第二次成熟分裂时，精子穿入卵子，而马和狗的精子在第二次成熟分裂开始前进入卵子。家畜的放射冠在受精前解体，卵子完全裸露，经过获能的精子，靠精子的活力和顶体蛋白酶的作用进入透明带。进入透明带的精子头部接触并进入卵黄膜，激活卵子，使其从静止中开始发育。

(3) 原核形成和配子配合 精子入卵后，头部胀大，失去其特有形态，呈凝胶状，顶突和尾部脱落。细胞核内出现若干核仁，继而融合，周围生成一层核膜，最后的结构很象一个体细胞的细胞核，此时即形成雄原核。大多数动物的卵子，在精子进入后不久即排出第二极体，然后就开始形成雌原核。在核仁出现和核膜形成上，很像雄原核，两个原核同时发育，体积不断增大。

雄原核和雌原核在充分发育的某一阶段进行接触。它们很快就开始缩小体积，同时融合。核仁和核膜消失。接近第一次卵裂时，来自父系和母系的两组染色体出现，合并形成一组，受精至此完成。

从精子入卵到完成受精的时间10～12h，兔为12h，猪12～14h，绵羊16～21h，牛20～24h。

4. 透明带反应和卵黄封阻作用 透明带在第一个精子进入之后能发生某种变化，使以后的精子不容易进入，这种变化叫做透明带反应。该反应是在第一个精子与卵黄表面接触时立即发生，并由卵黄放出某种物质到达透明带使其变质硬化，以阻止多精子受精。卵黄本身还能在接纳一个精子之后，卵黄膜对于以后给予卵黄表面的接触不发生反应，不再接纳精子，这一作用叫做卵黄封阻作用，也起着防止多精子受精的作用。

哺乳动物受精过程见图11－3。

(二) 妊娠

1. 受精卵的卵裂和胚泡的附植 受精卵在输卵管即发生卵裂，需3～4d才能到达子宫，卵裂达到16～32个细胞时，形似桑葚，称为**桑葚胚**。此时体积仍与卵细胞相似，其发

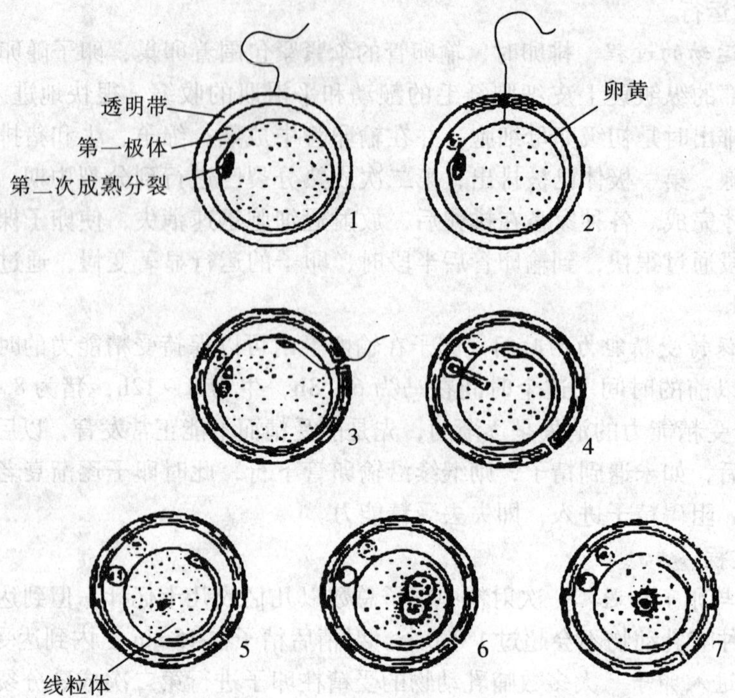

1. 精子与透明带接触，第一极体被挤出，卵子的细胞核正在进行第二次成熟分裂；2. 精子已过透明带，与卵黄接触，引起透明带反应，阴影表示透明带的扩展；3. 精子头部进入卵黄，平躺在卵黄的表面之内，该外表面凸出，透明带围绕卵黄转动；4. 精子几乎完全进入卵黄之内，头部胀大，卵黄体积缩小，第二极体被挤出；5. 雄原核和雌原核发育，线粒体聚集在原核周围；6. 原核充分发育，含有很多核仁，雄原核比雌原核大；7. 受精完成，原核消失，以染色体团代替，染色体团并成一组染色体，处于第一次卵裂的前期

图 11－3　受精过程模式图

育主要靠消耗卵细胞贮备的营养物质。在桑葚期以后，由于分裂球分裂速度上的差异，结果在细胞中间形成空腔，腔内积有透明液体，此时称为**胚泡**。牛的胚泡期约在排卵后第8d，猪约为第6d。胚泡迅速增长，对营养物质的需要量也大为增加，主要由胚泡的滋养层从“子宫乳”中摄取。以后逐渐与子宫黏膜发生联系，称为**附植**（或着床）。胚泡的附植是一个逐渐的过程，开始疏松，最后变为非常紧密。早期胚泡虽然与子宫黏膜上皮接触很紧，但并没有附植，至第10周时开始初步附植，至第14周才完成附植。猪胚泡的附植在受精后第12～24d内完成，马在受精后的两个月内完成。

2. 胎盘及其功能　附植后的胚泡滋养层迅速向外增生形成含胚泡血管组织的绒毛，与此同时，子宫内膜与胚泡相接的黏膜增生，形成覆盖胚胎的脱膜，绒毛深入脱膜内构成胎盘，从此胚胎在胎盘内发育成胎儿。

胎盘是胎儿和母体进行物质交换的部位，具有气体交换、营养物质供应、排除胎儿代谢产物、防御功能等功能。此外，胎盘还是暂时性内分泌器官，能分泌促销性激素、胎盘生乳素，雌激素和孕激素及前列腺素，对保证胎儿发育具有重要作用，并参与分娩。

3. 母畜妊娠时的生理变化　妊娠期内母畜消化、循环、呼吸、排泄等器官为了适应新的活动条件而发生各种变化。妊娠母畜食欲增进，消化能力提高，体重增加，毛色光润。随着胎儿的增长，母体内脏器官容积缩小，这就使排粪、排尿次数增多，而每次量减少。妊娠末期，腹部轮廓也发生变化，行动稳定，谨慎，容易疲倦，出汗。

妊娠母畜血液中，孕酮含量一直维持在较高水平，是妊娠维持的主要激素。

卵巢：出现妊娠黄体，卵巢的周期活动基本停止。子宫腔不断扩大，子宫肌不发生收缩或蠕动，处于相对静止状态。子宫颈出现子宫栓，子宫颈括约肌处于收缩状态。外生殖道：母畜妊娠以后，阴唇收缩，阴门紧闭，阴道黏膜苍白、发干。妊娠后期，阴唇逐渐水肿、柔软。子宫阔韧带逐渐松弛，同时，韧带平滑肌纤维和结缔组织增生，韧带变厚。子宫动脉血流量增大，血管内壁增厚，脉搏变成不明显的颤动，称作妊娠脉搏。

4. 各种动物的妊娠期 不同种类的动物妊娠期不相同，同种动物的妊娠期也因胎儿的性别和数目以及品种、年龄、饲养管理等条件而变化。各种动物的妊娠期见表 11－4。

表 11－4 各种动物的妊娠期（单位：d）

妊娠期	马	牛	水牛	绵、山羊	猪	犬	猫	兔
平均妊娠期	340	282	310	152	115	62	58	30
变动范围	307～402	240～311	300～327	140～169	110～140	5～－65	55～60	28～33

5．妊娠期间的发情 发情周期一般因开始妊娠而中断，但妊娠母畜可能出现发情。绵羊在妊娠早期或迟至产前 5d 都可能有发情表现。大约有 10% 的妊娠母牛可能发情，这是值得注意的。如果此时给妊娠母牛人工授精，子宫颈黏液塞可能被输精管破坏，以至发生流产或胎儿尸化。

6. 假妊娠 家畜发情排卵后，如卵子并未受精，而黄体继续存在，经一定时间后出现乳腺发育、泌乳、做窝等妊娠症状，这一现象称假妊娠。假妊娠的持续期较真妊娠为短，绝大多数的母狗于每次发情后如未妊娠，有为期两个月的假妊娠。猫和家兔也常有这种现象，猪和山羊则极为少见。

（三）分娩

发育成熟的胎儿和胎盘通过母畜生殖道产出的生理过程叫做分娩。

1. 分娩前的表现 母畜分娩前有一定预兆，生理、行为和生殖器官都发生一系列变化，以适应胎儿产出和仔畜哺育的需要。分娩前几天，母畜食欲下降，行为谨慎，寻找僻静场所，放牧家畜有离群现象。母猪分娩前 6～8h，有衔草做窝现象，俗称“猪拉窝”。母兔临产前用自己身上的毛作窝。分娩前乳房开始肿胀，乳腺硬度增加，乳头变大，分娩前 1～2d 可挤出少量乳汁。临产前，母畜外阴部松弛、肿胀，阴户皮肤皱裂展平，阴道黏液由浓稠变稀，某些家畜子宫颈黏液栓软化，有透明牵缕性的黏液排出阴门。子宫颈在临产前几天变松弛。在松弛素作用下，骨盆韧带和肌肉在临产前变松弛。

2. 分娩过程 分娩过程一般分为 3 个阶段，即开口期、胎儿排出期和胎衣排出期。

（1）开口期 胎儿从子宫中产出的主要动力是子宫肌和腹壁肌的一系列强烈收缩。这种收缩具有波浪式的特性，每两次收缩之间出现一定时间的间歇，收缩与间歇交替着，所以通常称为**阵缩**。在开口期中，子宫肌出现一系列的阵缩。开始每次收缩时间很短，间歇时间较长，以后阵缩加强，收缩时间延长，间歇时间变短。阵缩时胎儿和胎水挤入子宫颈，迫使子宫颈开放。部分胎膜通过子宫颈突入阴道中。最后胎膜因受到阵缩的强烈压迫而破裂，一部分胎水从裂孔排出，胎儿的前部也顺着液流进入骨盆腔。子宫的收缩是由植物性神经反射机制和平滑肌特有的自动节律性收缩引起的。神经反射可因胎儿的活动而增进，内分泌的调节也起着重要的促进作用。

（2）胎儿排出期　在这一时期，子宫肌发生更加强烈、频繁而持续的收缩，腹壁肌和膈肌也发生强烈的收缩，使腹腔内的压力显著升高，迫使胎儿从子宫经阴道排出体外。在反刍动物，胎儿被排出时仍与胎膜附着，子宫阜继续供应来自母体的氧。胎儿子宫阜一直要到幼畜产出后才与母体子宫阜脱离，在幼畜能独立呼吸以前保证氧气的供应。在猪和马，大部分胎盘的联系在第一阶段开始后不久就被破坏。

（3）胎衣排出期　胎儿排出后经过一定的时间，子宫肌又重新开始收缩，这时期阵缩的特点是收缩期短，收缩力较弱，间歇期较长。阵缩继续进行，把胎衣（胎膜和胎盘）从子宫中排出。狗、猫等肉食动物的胎衣随着胎儿同时排出，马胎衣较易脱落，故排出较快，一般不超过2h。牛胎衣不易脱落，故排出较慢，但一般不超过12h。猪在全部胎儿排出后很快就排出胎衣。

3. 分娩的调节　循环血液中孕酮的浓度在分娩前几天下降，消除了其维持子宫安静作用。雌激素的浓度在分娩前几天上升很快，使子宫肌的自发活动加强（平时是受孕酮抑制的）。足够剂量雌激素可使猪、牛和羊的妊娠中止，说明雌激素在妊娠后期对子宫肌的致敏作用。催产素也参与正常的分娩，它刺激子宫平滑肌的收缩。牛和绵羊在临产前血液中肾上腺皮质激素的浓度上升，合成的糖皮质激素类似物（如地塞米松）在妊娠后期也可诱发分娩。

来自卵巢和胎盘的松弛激素使耻骨韧带松弛，产道加宽，以利分娩。松弛激素可软化妊娠后期子宫肌肉的结缔组织，以便使子宫随胎儿的生长而扩张。这种激素是对已被雌激素和孕酮致敏的组织发生作用，单独使用，效能较差。

胎儿在分娩过程中的作用不容忽视。胎儿垂体在接近分娩时，能分泌促性腺激素，可刺激胎盘产生雌激素。此外，胎儿肾上腺分泌皮质激素，可以发动分娩。

以绵羊为例，其分娩的综合机制如下（图 11－4）：妊娠期间孕酮抑制子宫肌的收缩，胎儿在子宫内长大使子宫肌扩张；分娩前几天胎儿分泌大量皮质激素，进入母体血液循环中，促使前列腺素产生，增加非结合的雌激素的浓度，前列腺素 $PGF_{2\alpha}$ 抑制胎盘分泌孕酮，或黄体退化，导致分娩前孕酮含量下降；母体孕酮浓度下降后，非结合的雌激素量增长，自发的子宫活动开始；起源于子宫颈和阴道的刺激引起垂体后叶反射性地分泌催产素，催产素单独或和前列腺素一起，使子宫肌膜去极化，引起子宫的收缩，于是胎儿从产道排出。

（四）产后的恢复

产后母体生殖器官恢复到正常状况的时间过程，一般称为**产后期**。

1．子宫的恢复　分娩后，子宫妊娠期的黏膜表层发生变性，最后脱落。同时子宫黏膜发生再生现象，由新生的黏膜代替妊娠期的黏膜。在这个变化过程中，常常由子宫内排出一些分泌物，称为**恶露**。其中包含变性的脱落的母体胎盘组织、白细胞、部分黏膜血管中的血液、残留的胎水、子宫腺体分泌物等，起初为红褐色，以后为淡黄色，最后变为无色透明，即不再排出。各种家畜停止排恶露的时间出入很大。马和猪较快，一般在第3d即停止排出，牛需10～13d。

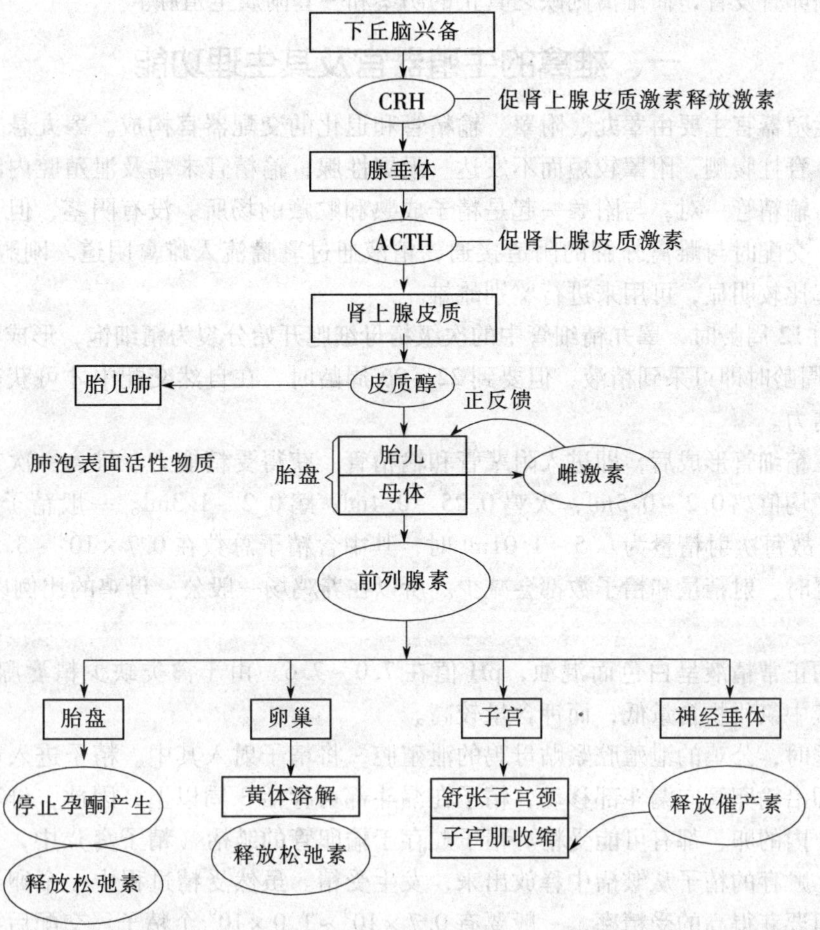

图 11－4　分娩机制示意图

分娩后的子宫肌纤维变细，结缔组织退化变性，血管也变细，一部分退化被吸收，最后子宫壁变薄，这个过程称为**子宫复原**。

2．卵巢机能的恢复　牛卵巢中的妊娠黄体，虽然到妊娠末期，已有变性现象，但至分娩后才完全退化。乳牛于产后 30～72d 才出现第一个发情期，肉牛是 46～104d。马卵巢中的妊娠黄体，在妊娠后期已开始萎缩，至分娩时已无黄体。分娩后很快就有卵泡发育，往往在第 6～13d 时排卵。猪的妊娠黄体在分娩后迅速退化，3～5d 时有卵泡发育和发情现象但不排卵，一般在断奶后才能正常发情和排卵，但不能恢复到原来的大小。骨盆和韧带在分娩后 4～5d 可恢复原状。

3．其他器官的恢复　阴道和阴户一般在产后数天内即恢复原状。

第四节　家禽生殖生理

家禽的生殖机能与哺乳动物相比有很大的差别，如雌禽没有发情周期，排卵后卵泡不形成黄体，可连续排卵，胚胎在母体外经孵化发育，没有妊娠期和哺乳期，雌禽只有左侧的卵巢和输卵管发育，而雄禽则缺乏真正的阴茎和一套附属生殖腺。

一、雄禽的生殖器官及其生理功能

雄禽生殖器官主要由睾丸、附睾、输精管和退化的交配器官构成。睾丸悬于腹腔肾脏前叶下方，脊柱腹侧，附睾较短而不发达。无副性腺，输精管末端及泄殖腔内淋巴褶能分泌透明液。输精管一对，与附睾一起是精子成熟和贮藏的场所。没有阴茎，但有一个勃起的交媾器，交配时与雌禽外翻的阴道接通，精液通过乳嘴流入雌禽阴道。刚孵出的雄雏，其生殖隆起比较明显，可用来进行鉴别雌雄。

公鸡约 12 周龄时，睾丸精细管中的次级精母细胞开始分裂为精细饱，形成精子。一般在 10 ~ 12 周龄时即可采到精液，但要到 22 ~ 26 周龄时，在自然交配中才可获得满意的精液量和受精力。

精子在精细管形成后，即进入附辈管和输精管，获得受精能力。雄禽一次交尾排出的精液量的平均值鸡 0.2 ~ 0.5ml，火鸡 0.25 ~ 0.4ml，鹅 0.2 ~ 1.3ml。一般精子数约 3.5×10^9个/ml，故每次射精量为 0.5 ~ 1.01ml 时，其中含精子总数在 $0.7 \times 10^9 \sim 3.5 \times 10^9$。雄禽频繁交尾时，射精量和精子数都会减少。所以在养鸡场一般公、母鸡的比例以 1∶8 ~ 10 为好。

公鸡的正常精液呈白色而混浊，pH 值在 7.0 ~ 7.6。由于禽类缺少精囊腺等副性腺，所以，精液中氯化物含量低，而钾含量较高。

鸡交尾时，公鸡的泄殖腔紧贴母鸡的泄殖腔，将精子射入其中。精子进入母鸡的泄殖腔后，立即沿输卵管向漏斗部移动，精子在漏斗部可存活 3 周以上，因此，母鸡每次交尾后 10 ~ 19d 内的卵，都有可能受精。精子贮存于输卵管的皱褶（精子窝）中，当卵子排入漏斗部时，贮存的精子从皱褶中释放出来，发生受精。虽然受精过程中一个卵子与一个精子结合，但要获得高的受精率，一般要有 $0.7 \times 10^9 \sim 1.0 \times 10^9$ 个精子。交配后第 2 ~ 3d 受精率最高。

卵受精后发生第二次成熟分裂，并放出第二极体。鸡的受精卵一般在排卵后 5h 在峡部发生第一次卵裂，20min 后发生第二次卵裂而形成 4 细胞期或 8 细胞期。卵进入子宫后约 4h，一般可达到 256 细胞期，以后继续分裂，当蛋产出时，通常胚盘已发育至原肠期。

二、雌禽的生殖器官及其生理功能

雌禽的生殖器官包括卵巢和输卵管两个部分，存在于腹腔左侧。右侧的一般在出壳时已退化，仅留痕迹。

1. 卵巢 位于左肾前叶的下方，一端以卵巢韧带悬挂于腹腔的背侧壁，一端以腹膜褶与输卵管相连接。母鸡的卵巢含有许多直径 1 ~ 35mm 的卵泡，其肉眼可见数为 1 000 ~ 3 000个，高产鸡的更多。卵泡由卵黄和卵母细胞组成。最早的真性卵黄物质约在小鸡 2 月龄时进入卵母细胞。在接近性成熟时，未成熟的卵子迅速生长，在 9 ~ 10d 内达到成熟。但卵巢中的卵泡仅有少数能达到成熟。每一个卵泡含有一个卵母细胞或生殖细胞，最初生殖细胞在中央，随着卵黄的积累，逐渐升到卵黄的表面，卵黄膜的下面。未受精的蛋，生殖细胞在蛋形成过程中，一般不再分裂，在蛋黄表面有一白点，称为**胚珠**。受精后的蛋，生殖细胞在输卵管中经过分裂，形成中央透明、周围暗区的盘状的原肠胚，称为**胚盘**。

2. 输卵管和蛋的形成　产蛋母鸡的输卵管为长而盘旋的导管，占据腹腔左侧的大部，管壁密布血管，富有弹性，适应由卵黄到蛋的形成过程中的巨大直径变化。输卵管的长度随禽种而异，如产蛋火鸡的输卵管长 90～115cm，产蛋母鸡的输卵管长 60～75cm，而鹌鹑仅 30～35cm。蛋在输卵管内的全部滞留时间 24～27h。

输卵管分为漏斗部、膨大部（蛋白分泌部）、峡部、子宫（蛋壳腺）和阴道 5 部分。

（1）漏斗部　为伞状薄膜结构，靠近卵巢，呈游离状态，功能为接受卵巢的排卵。根部有管状腺，有精子贮存其中，与卵子在漏斗部相遇即发生受精作用。

（2）膨大部　为输卵管的最大部分，由此分泌蛋白将卵黄包裹。卵子离开膨大部之后，沿输卵管呈旋转运动下行，并有水分加入，形成卵带和浓稀不同的蛋白层。

（3）峡部　借助于膨大部的蠕动，卵子进入此处后形成内、外层蛋壳膜，二膜互相粘连，仅在蛋的大端分开形成气室，逐渐成为椭圆形的软蛋。

（4）子宫　也称蛋壳腺。为袋状厚实肌组织，蛋在其中停留 20～24h，以形成蛋壳，其间并有水分和盐类加入到蛋白中。蛋壳的色素在产蛋前 5h 形成。临产时分泌一层胶护膜，使蛋润滑以利产出，并保护蛋免受微生物的侵袭。

（5）阴道　为子宫到泄殖腔的通道，相当于哺乳动物的子宫颈，其功能与蛋的排出有关。靠近子宫处有阴道腺，是贮存精子的主要部位，精子可在其中贮存 10～14d 或更长时间。

第五节　乳的分泌及排放

泌乳是哺乳动物所特有的一种生理活动，对其繁衍后代具有重要的意义。家畜大多具有乳腺，并能分泌营养丰富的乳汁哺育幼畜，是幼畜的天然食物和主要的食物来源。

一、乳腺的结构

乳腺是类似于皮脂腺和汗腺的一种皮肤腺，由实质和间质组成。

1. 实质　由乳腺泡和导管系统构成的腺体组织。乳腺泡由一层分泌上皮构成，是生成乳汁的部位。每个腺泡像一个囊，有一条细小的乳导管通出。导管系统包括一系列管道与腔道，导管起始于与腺泡腔相连的细小乳导管，相互汇合成中等乳导管，后者再汇合成粗大的乳导管，最后汇合成乳池。乳池是乳房贮藏乳汁的较大腔道，乳头管一端与乳池相连，另一端向外界开口。以山羊为例，其结构如图 11－5。

腺泡和细小乳导管的外层围绕有一层星状的肌上皮细胞（图 11－6），互相联结成网状，当这些细胞收缩时，可使腺泡中的乳汁排出，较大的乳导管和乳池由平滑肌构成，这些平滑肌收缩能促使乳汁排出。围绕乳头管的平滑肌在乳头的末端排列成环形，形成乳头管括约肌，使乳头孔在不排乳时保持闭锁状态。

2. 间质　由纤维结缔组织构成，它保护和支持腺体组织。

乳腺有丰富的血液供应，每一腺泡都被稠密的毛细血管网包围着，因此，血液可以充分将营养物质和氧带给腺泡，以供生成乳的需要。

乳腺中有丰富的传入和传出神经。传入神经主要为感觉神经纤维。乳房和乳头皮肤中存在机械和温度等外感受器，乳房内的腺泡、血管、乳导管等具有丰富的化学、压力等内

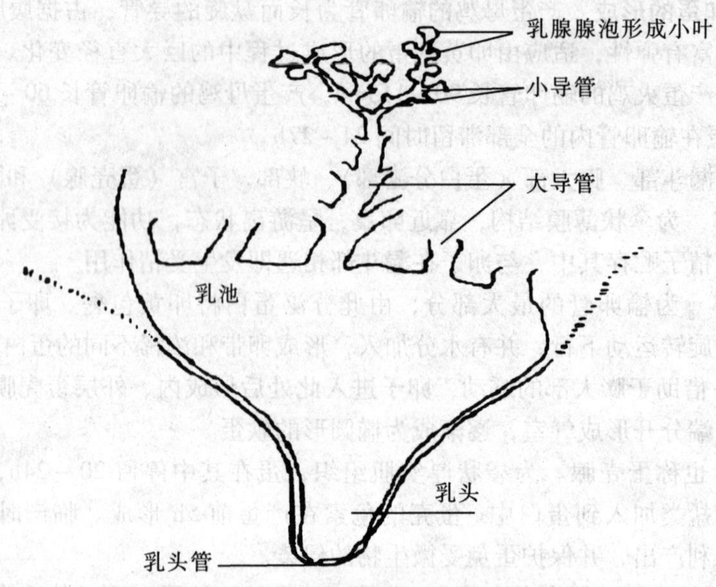

图 11－5　山羊乳腺腺泡与腺导管分布示意图

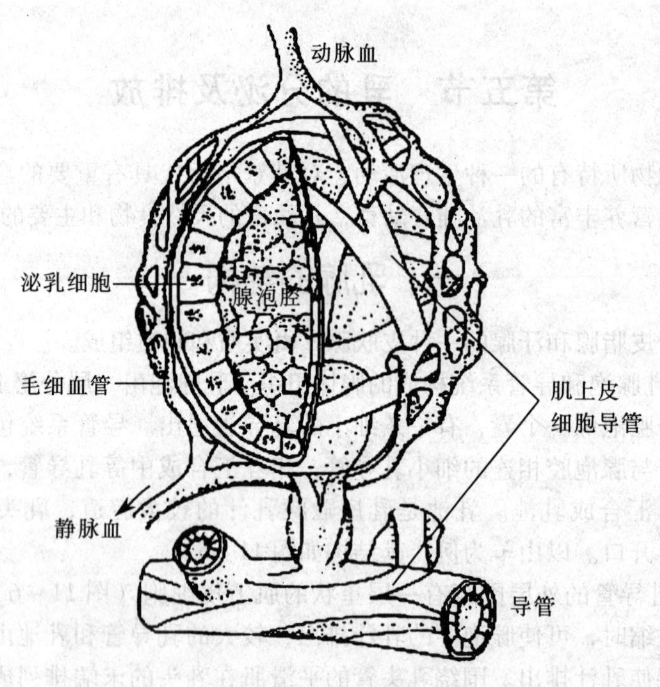

图 11－6　乳腺泡示意图

感受器。传出神经属交感系统，包括支配血管和平滑肌的运动神经，也有人认为，还含有支配腺组织的分泌神经纤维。这些神经纤维和各种感受器，保证了对泌乳的反射性调节。

二、乳房的发育

1. 胚胎及胎儿期　乳腺的分泌组织是从外胚层发育而来，乳腺发育最早能辨认的是腹侧面脐后的两条平行线，乳腺在一定的间隔上形成乳芽，乳芽的数目决定以后乳腺发育的数目。牛的乳芽每行有两个，它们发育为乳房前后室的分泌组织。乳芽向下生长进入间质，结果形成原芽，原芽的数目决定成熟乳头的导管数。与此同时，围绕乳芽的间质细胞迅速增生，使乳芽高出身体表面。原芽是乳头管及乳池的前身。次级芽从原芽生长出来，继之形成管道，后来分成三级芽，这些芽是乳房导管系统的原基。

2. 从出生到初情期乳房的发育　幼畜雌雄两性的乳腺没有明显的差别。随着雌性动物的生长，乳腺中结缔组织和脂肪组织逐步增加。到初情期时，乳腺的导管系统开始发育，形成分支复杂的细小导管，而腺泡还没有形成，这时乳房的体积开始膨大。

3. 从初情期到妊娠期乳房的发育　在发情周期中乳腺组织经历周期性的变化，这种变化相当于黄体的周期性变化，但时间较迟。在这些重复的发情周期中，乳房的导管系统生长，但腺泡不发育。

妊娠时，乳腺组织生长迅速，不但乳腺导管的数量增加，而且每个导管的末端开始形成没有分泌腔的腺泡。到妊娠中期，腺泡渐渐出现分泌腔，腺泡和导管的体积不断增大，逐渐代替脂肪组织和结缔组织，乳房内的神经和血管的数量也显著增多。到了妊娠后期，腺泡的分泌上皮开始具有分泌机能，乳房的结构也达到了活动乳腺的标准状态。

4. 分娩后乳房的发育　妊娠雌畜临产前乳腺泡已经开始分泌初乳。分娩后，乳腺即开始正常的泌乳活动。经过一定时期的泌乳活动后，腺泡的体积又重新逐渐缩小，分泌腔逐渐消失，与腔泡直接相连的细小乳导管也渐渐萎缩，腺组织最后被结缔组织和脂肪组织所代替。于是乳房体积缩小，泌乳活动停止。当第二次妊娠时，乳房的腺组织又重新生长发育，并在分娩后开始第二次分泌活动。上述现象表明。乳腺的生长发育呈现明显的周期性变化，这些变化与卵巢的发育和周期性活动以及妊娠过程密切相联。

不同生长时期乳腺的生长发育见图 11 －7。

5. 乳腺发育的调节　乳腺的发育既受内分泌腺活动的控制，也受神经系统的调节。

实验证明，把未达到性成熟的雌畜去势，将引起乳腺发育不全；周期性地把一定量的雌激素注射到已去势的豚鼠和猴等动物体内，可以引起乳腺泡和导管系统的生长发育；而给兔、大白鼠和其他大多数动物注射雌激素只能引起乳腺中导管系统的发育，但不能引起腺泡的生长；如果再周期性地注射孕酮，才能引起腺泡的正常发育。由此可见，雌激素和孕酮参与乳腺发育的调节过程。为促进乳腺的充分发育，除了上述两种激素外，还需要催乳腺素、生长激素、促肾上腺皮质激素及肾上腺皮质激素等多种激素参与调节。例如，在同时切除了大白鼠脑垂体、卵巢及肾上腺后，如果能适当地注射雌激素＋孕酮＋生长激素＋催乳激素＋肾上腺皮质激素，可刺激萎缩的乳腺导管系统充分发育达到妊娠后期的程度。

乳腺的正常发育除了受激素调节外还受神经系统的调节与支配。神经系统是通过下丘脑－垂体系统或直接支配乳腺而影响其发育的。实验证明，按摩妊娠雌畜的乳房能增强乳腺的发育和产后的泌乳量；在性成熟前切断母山羊的乳腺神经，则将阻滞乳腺的发育；在妊娠期切断乳腺神经，腺泡发育不良；在泌乳期切断乳腺神经，泌乳量显著降低。

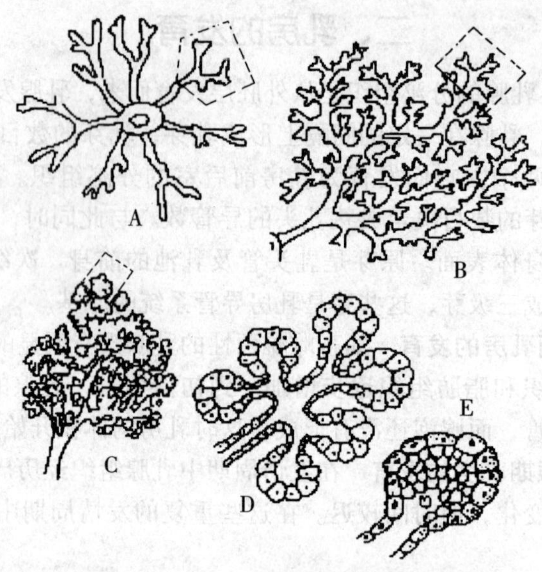

A. 未成年动物的乳腺，只有简单导管由乳头向四周辐射
B. 已成年未孕动物的乳腺，导管系统逐渐增生和扩大
C. 妊娠后的乳腺，末端形成腺泡 D. 腺泡放大 E. 分娩后腺泡上皮分泌乳汁

图 11－7 不同生长期乳腺的生长发育

三、乳的分泌

1. 乳的化学成分 乳是乳腺生理活动的产物，乳中含有幼畜生长发育所必需的一切营养成分，是哺乳期幼畜的理想的营养物质。

各种哺乳动物的乳汁都是由水、蛋白质、脂肪、糖、无机盐、酶和维生素等组成。乳中的蛋白质主要为酪蛋白，其次是乳清蛋白和乳球蛋白；乳中的脂肪是油酸、软脂酸和其他低分子脂肪酸的甘油三酯，它们形成很小的脂肪球，悬浮于乳汁中；乳中的糖类是乳糖；此外，乳还有少量磷脂及胆固醇等类脂。各种家畜乳的化学成分见表 11－5。

表 11－5 各种家畜乳的化学成分（%）

畜种	干物质	脂肪	蛋白质	乳糖	粗灰分
乳牛	12.8	3.8	3.5	4.8	0.7
水牛	17.8	7.3	4.5	5.2	0.8
绵羊	17.9	6.7	5.8	4.6	0.8
山羊	13.1	4.1	3.5	4.6	0.9
马	11.0	2.0	2.0	6.7	0.3
猪	16.9	5.6	7.1	3.1	1.1
兔	30.5	10.5	15.5	2.0	2.5

母畜分娩后最初 3～5d 所产乳称为**初乳**。初乳浓稠，呈淡黄色，稍有咸味。初乳内各种化学成分含量与常乳相差很大，干物质含量较高，超出常乳数倍之多。初乳中含有非常

丰富的球蛋白和清蛋白，这些蛋白质能透过初生仔畜肠壁而吸收入血，有利于迅速增加幼畜的血浆蛋白。初乳中含有丰富的抗体，新生幼畜经肠道直接吸收后，可以增强幼畜抗病力。初乳中维生素 A 的含量比常乳约多10 倍，维生素 D 的含量约多3 倍。初乳中含有较多的无机盐，尤其含镁盐较多，具有轻泻作用，能促使新生幼畜排出胎便。由此可见，初乳对新生幼畜具有重要的生理意义。

初乳的化学成分是逐日变化的。其中蛋白质和无机盐的含量逐渐减少，但酪蛋白在蛋白质中的比例逐步上升，乳糖含量不断增加，经 6 ~ 15d 逐渐变为常乳（表 11 – 6）。

表 11 – 6　乳牛初乳化学成分的逐日变化情况（%）

产犊后天数	干物质	脂肪	酪蛋白	清蛋白及球蛋白	乳糖	粗灰分
1	24.58	5.4	2.68	12.40	3.34	1.20
2	22.0	5.0	3.65	8.14	3.77	0.93
3	14.55	4.1	2.22	3.02	3.77	0.82
4	12.76	3.4	2.88	1.80	4.46	0.85
5	13.02	4.6	2.47	0.97	4.89	0.80
8	12.48	3.3	2.67	0.58	3.88	0.81
10	12.53	3.4	2.61	0.69	4.74	0.76

2. 乳的生成　乳的生成不仅靠乳腺的活动，而且也是整个机体参与的生理过程。当乳腺生成乳汁时，需要大量的血液流经乳腺，才能保证供应足够的原料生成乳汁，每天大约要有 400 ~ 500L 血液流过乳房。乳的生成是在乳腺腺泡和细小乳导管的分泌上皮细胞内进行的，包括复杂的选择性吸收及新物质的合成过程。

（1）乳腺的选择性吸收　乳中的球蛋白、酶、激素、维生素、无机盐和某些药物由血液中原有物质进入乳中，是乳腺的分泌上皮细胞对血浆进行选择性吸收的结果。其中某些物质被乳腺吸收和浓缩，而另一些物质则被完全或部分地阻止从血浆中渗入。

（2）乳腺的合成　乳中的蛋白质、脂肪和糖与血浆比较，不仅数量有明显差异，而且性质也不相同。乳汁的某些营养成分是乳腺从血液中吸取原料经过复杂的生化过程合成的。乳腺中进行的合成过程，都是在 ATP 提供能量和酶的参与下完成的。

乳中的主要蛋白质（酪蛋白、β – 乳球蛋白和 α – 乳清蛋白）是乳腺分泌上皮的合成产物，合成的原料来自血液中的游离氨基酸。氨基酸吸收入上皮细胞后，被细胞游离的或结合的核糖体聚合成小肽，呈溶解状态移行至高尔基体。在高尔基体内，小肽进一步缩合而形成蛋白质。

乳脂几乎完全是甘油三酯，在颗粒性内质网中形成。乳脂受食物脂肪的影响，但母牛并不靠食物脂肪来生成乳脂，因为它能利用糖类和蛋白质来生成乳脂。组成乳脂的脂肪酸是 C_4 ~ C_{18} 饱和脂肪酸及不饱和脂肪酸，经碳链缩合而成。在反刍动物，乙酸盐是合成短链脂肪酸的碳链的主要来源，而在非反刍动物则是葡萄糖。乳脂中的甘油组分主要来自葡萄糖和血液甘油三酯中的甘油。

大约 80% 的乳糖来源于血液内葡萄糖，或来源于能迅速转变为葡萄糖的物质。在乳糖合成酶的催化下，一部分葡萄糖先在乳腺内转变成半乳糖，然后再与葡萄糖结合生成乳糖。反刍动物瘤胃发酵产生的低级脂肪酸，其中丙酸易被用于合成乳糖。

3. 乳分泌的调节 泌乳期间的泌乳，包括启动泌乳和维持泌乳两个过程。主要通过神经－激素的途径进行调节。

脑垂体前叶的催乳激素在妊娠期间被胎盘和卵巢分泌的大量的雌激素和孕酮所抑制，在分娩以后孕酮水平突然下降，结果催乳激素迅速释放，对乳的生成有强烈的促进作用，于是引起泌乳。

血液中含有一定水平的催乳激素才能维持泌乳。垂体分泌催乳激素是一种反射活动，哺乳或挤乳刺激乳房的感受器，神经冲动到达脑部，兴奋下丘脑的有关中枢，然后通过神经及体液途径解除中枢对垂体前叶催乳激素释放的抑制作用，使催乳激素释放增强，从而维持泌乳。除了催乳激素外，胰岛素、甲状腺素和肾上腺皮质激素等因能调节机体的代谢活动，所以对乳的生成也有一定影响。

乳的生成还受大脑皮层的影响，增强兴奋过程可以加强乳的分泌。

四、排乳

乳在乳腺泡的上皮细胞内形成后，连续地分泌入腺泡腔，当乳充满腺泡腔和细小乳导管时，依靠腺泡周围的肌上皮和导管平滑肌的反射性收缩，将乳周期性地转移入乳导管和乳池内。乳腺的全部腺泡腔、导管、乳池构成蓄积乳的容纳系统。乳在容纳系统内逐渐蓄积，刺激压力感受器，反射性地使乳腺肌组织的紧张性下降，从而使乳房内压并不明显升高。但当乳腺容纳系统被乳充满到一定程度后，乳汁继续蓄积就使乳房内压升高，以致压迫乳腺中的毛细血管和淋巴管，阻碍乳腺的血液供应，结果使乳的生成减弱。

排乳是一种复杂的反射过程。哺乳刺激母畜乳头的感受器，于是反射性地引起腺泡和细小乳导管周围的肌上皮收缩，腺泡乳就流入导管系统；接着大的乳导管和乳池的平滑肌强烈收缩，乳头括约肌开放，于是乳汁排出体外。排乳后，乳房内压下降，乳的生成增强。牛排乳后最初 3 ~ 4h，乳的生成最旺盛，以后逐渐减弱。因此，乳的生成过程与乳的排出过程间存在着密切的相互联系又相互制约的关系。

排乳反射是由条件反射和非条件反射所组成的复杂反射。反射的传入神经存在于精索外神经内，初级中枢在脊髓和延髓，基本中枢在间脑的视上核和室旁核，大脑皮层也有相应的代表区。反射的传出神经一部分存在于精索外神经内，另一部分存在于交感神经中。家畜排乳的调节可通过两种途径：①神经调节 当哺乳或挤乳时，刺激乳头区感受器，神经冲动经传入至排乳调节中枢，然后经交感神经传出至乳导管的平滑肌，使其收缩，乳从乳导管排出；②神经－激素性排乳反射 感受器的传入冲动传至间脑的排乳中枢后，刺激视上核和室旁核，引起垂体后叶释放催产素进入血液。催产素使乳腺腺泡和细小导管周围的肌上皮收缩，排出腺泡乳。排乳反射与大脑皮层有密切关系。排乳反射过程中的各个环节都能形成条件反射。排乳反射性调节过程见图 11－8。

异常刺激能抑制排乳反射，从而使乳产量下降。抑制过程可能是通过如下两条途径进行的：①脑较高级中枢阻止垂体后叶释放催产素；②通过交感神经使肾上腺髓质释放肾上腺素，肾上腺素能使乳房的小动脉收缩，因此血流量减少，到达肌上皮细胞的催产素不足，从而影响排出腺泡乳。实验证明，上述两条途径中前者较为重要。

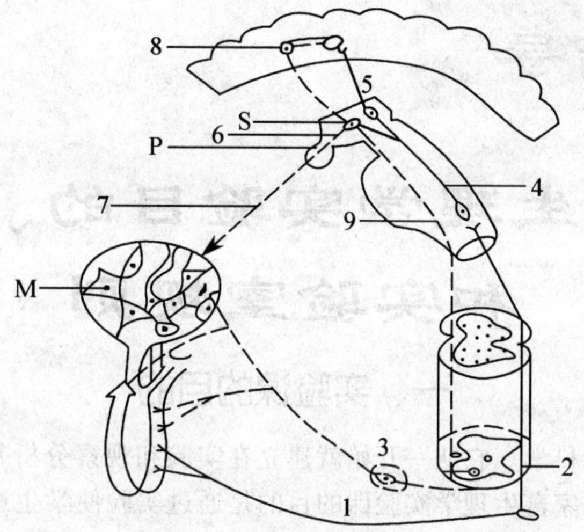

1. 背根的传入神经　2. 与植物性神经元联系　3. 走向乳腺平滑肌的交感神经元
4. 自脊髓至下丘脑的上行途径　5. 自下丘脑至大脑皮层的途径
6. 视上核－垂体途径　7. 体液作用（催产素）　8. 皮层中枢
9. 自皮层至脊髓的下行途径
P. 垂体后叶　M. 肌上皮　S. 视上核

图 11－8　排乳的反射性调节模式

复习思考题

1. 简述睾丸和卵巢的生理功能。
2. 母畜主要繁殖过程简述。
3. 试述下丘脑－垂体－性腺轴对母畜发情周期及分娩的调控机制。
4. 试述乳汁的生成和排出的调节机制。
5. 根据生殖活动的调控机制，如何提高家畜繁殖力。

实验指导

动物生理学实验目的、要求和实验室规则

一、实验课的目的

生理学是一门实验科学。它从一开始就建立在实验和观察分析基础之上。生理学的发展也离不开实验研究。家畜生理学实验课的目的是通过实验使学生逐步掌握生理学实验的基本操作技术，了解生理学实验设计的基本原理和获得生理学知识的科学方法，验证某些生理学基本理论，帮助学生理解、巩固和掌握部分理论内容。更重要的是通过实验，使学生学会科学的思维方法，提高分析问题和解决问题的能力，培养学生对科学实验的严肃的态度、认真的精神、严谨的工作方法和实事求是的工作作风。

二、实验报告的写作与要求

（一）实验报告的格式

1. 学号、姓名、专业、班级、组别、日期。

2. 实验序号及实验题目。

3. 实验目的。

4. 实验动物及主要器材：简写主要仪器、药物。

5. 实验方法：参考指导书作扼要描述，方法若有变动，另作简要说明。

6. 实验结果

实验结果是报告的关键。对实验结果的记录可用文字说明、列表、绘图等方式进行，记录要真实、正确、详细。实验中得到的结果数据是原始资料。分为计数和计量两大类，计量的结果应以正确的具体的单位和数值来定量分析，不能只简单地提示。以曲线记录的实验，除应标注说明，做好标记外，要就频率、节律、幅度和基线做出定量分析。有的实验为了比较和分析的方便，可用表格和绘图来表示实验结果。

7. 讨论和结论

讨论和结论是实验报告的核心。讨论是根据已知的理论知识对结果进行解释和分析。要判断实验结果是否为预期的，如果出现非预期的结果，应该考虑和分析其可能的原因，还要指出实验结果的生理意义。实验结论是从实验结果中归纳出来的一般的、概括性的判断，也就是这一实验所能验证的概念、原则或理论的简明总结。在实验结果中未能得到充分证明的理论分析，不要写入结论。

（二）实验报告写作要求

1. 实验报告是对实验结果的总结，也是生理学实验课的基本训练之一。不论示教实验或自己操作的实验均应独立完成实验报告。

2. 写作应注意文字简练、通顺，书写清楚、整洁。

3. 实验的讨论和结论的书写是带有创造性的工作，应该严肃认真，不要盲目照抄书本。

三、实验室规则

1. 遵守学习纪律，按时到实验室，做到有事请假，不得随意缺席。

2. 对实验内容的理解程度，是实验能否顺利进行的关键。因此，必须做到：

实验前

(1) 仔细阅读实验指导，了解实验目的、要求、操作程序和注意事项。

(2) 结合实验内容复习有关理论，做到充分理解。

(3) 预测实验的各个步骤应得的结果。

(4) 注意和估计实验中可能出现哪些异常现象。

实验中

(1) 实验用器材在方便使用的基础上，力求整齐、清洁、有条不紊。

(2) 按照实验步骤及操作规程，以严肃认真的态度进行操作，不能随意更动。不得进行与实验无关的活动。

(3) 注意保护实验动物和标本，节省实验器材和药品。

(4) 仔细、耐心地观察实验过程中出现的各种现象，进行认真思考和分析。

实验后

(1) 将实验用器材整理好，所用器械擦洗干净。

(2) 整理实验记录，得出实验结论。

(3) 认真填写实验报告，按时交作业。最后要进行实验室的清洁整理工作。

实验一　生物信号采集处理系统的使用

随着科技的发展，特别是电子计算机技术的广泛应用，使计算机辅助教学（CAI）正逐步取代原有的一些仪器设备和实验手段，成为生理学实验教学的主要手段。它采用最新的电脑集成化（集成电路和即插即用）和可扩展的软件技术，将原来的信号放大器、电子刺激器、示波器、记纹鼓、记录仪等实验仪器组合才能实现的生物信号观测与记录系统制成了集生物信号采集、放大、显示、记录、分析于一体的功能全面、使用简单、方便的生物医学信号采集处理系统，成为当前生理实验教学的主要仪器设备。目前国内的生物医学信号采集处理系统种类很多，如成都泰盟科技有限公司生产的 Biolab 系列生物机能实验系统、北京微信斯达科技发展有限责任公司生产的 Pclab 生物医学信号采集处理系统、南京美易科技有限公司生产的 Medlab 生物信号采集处理系统，埃德仪器国际贸易有限公司生产的 Powerlab 生物医学信号采集处理系统等，各种生物医学信号采集处理系统的原理与使用方法基本一致，本书以成都泰盟科技有限公司生产的 BL－420 系列生物机能实验系统为例，介绍生物医学信号采集处理系统的使用方法。

一、BL－420F 系统简介

BL－4200 生物机能实验系统是配置在微机上的 4 通道生物信号采集、放大、显示、记录与处理系统。它由 PC 机、BL－420 系统硬件和 TM_ WAVE 生物信号采集与分析软件三个主要部分构成

（一）BL－420 系统硬件

BL－420 系统硬件是一台程序可控的，带 4 通道生物信号采集与放大功能，并集成高精度、高可靠性以及宽适应范围的程控刺激器于一体的设备。

BL－420F 系统前面板由 CH1、CH2、CH3 和 CH4 5 芯生物信号输入接口（可连接引导电极、压力传感器、张力传感器等，4 个输入通道的性能完全相同）、全导联心电输入口（用于输入全导联心电信号）、外触发输入（用于在刺激触发方式下，外部触发器通过这个输入口触发系统采样，包括 3 芯刺激输出接口、2 芯记滴输入接口）、电源指示（发光二极管）（图 1－1）。

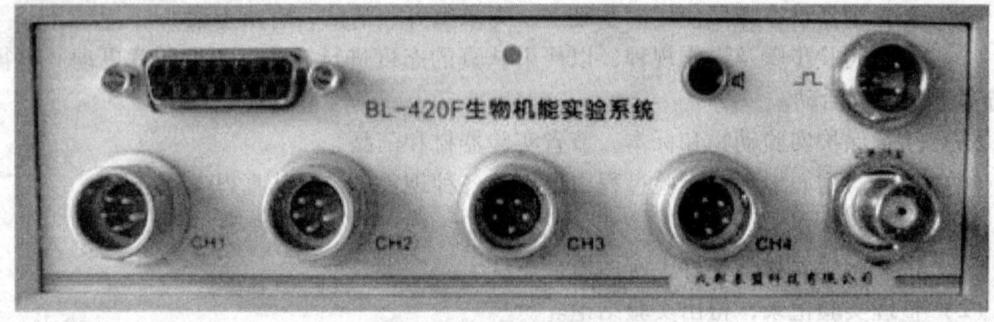

图 1－1　BL－420F 系统前面板

BL－420 生物机能实验系统的背面板含有电源开关、电源插座、接地柱、监听输出和 USB 接口 5 个部分，见图 1－2。

图 1－2　BL－420F 系统背面板

（二）BL－420 系统软件

TM_ WAVE 生物信号采集与分析软件利用微机强大的图形显示与数据处理功能，可同时显示 4 通道从生物体内或离体器官中探测到的生物电信号或张力、压力等生物非电信号的波形，并可对实验数据进行存贮、分析及打印。使用时，只需双击 WinXP 操作系统的桌面上的 TM_ WAVE 软件的启动图标即可以启动。

二、生物信号采集与分析软件的主界面

（一）生物信号采集与分析软件的主界面组成

主界面从上到下依次主要分为：标题条、菜单条、工具条、波形显示窗口、数据滚动

条及反演按钮区、状态条等6个部分；从左到右主要分为：标尺调节区、波形显示窗口和分时复用区3个部分，见图1-3。

在标尺调节区的上方是通道选择区，其下方是Mark标记区。分时复用区包括：控制参数调节区、显示参数调节区、通用信息显示区、专用信息显示区和刺激参数调节区五个分区，它们分时占用屏幕右边相同的一块显示区域，您可以通过分时复用区底部的5个切换按钮在它们之间进行切换。

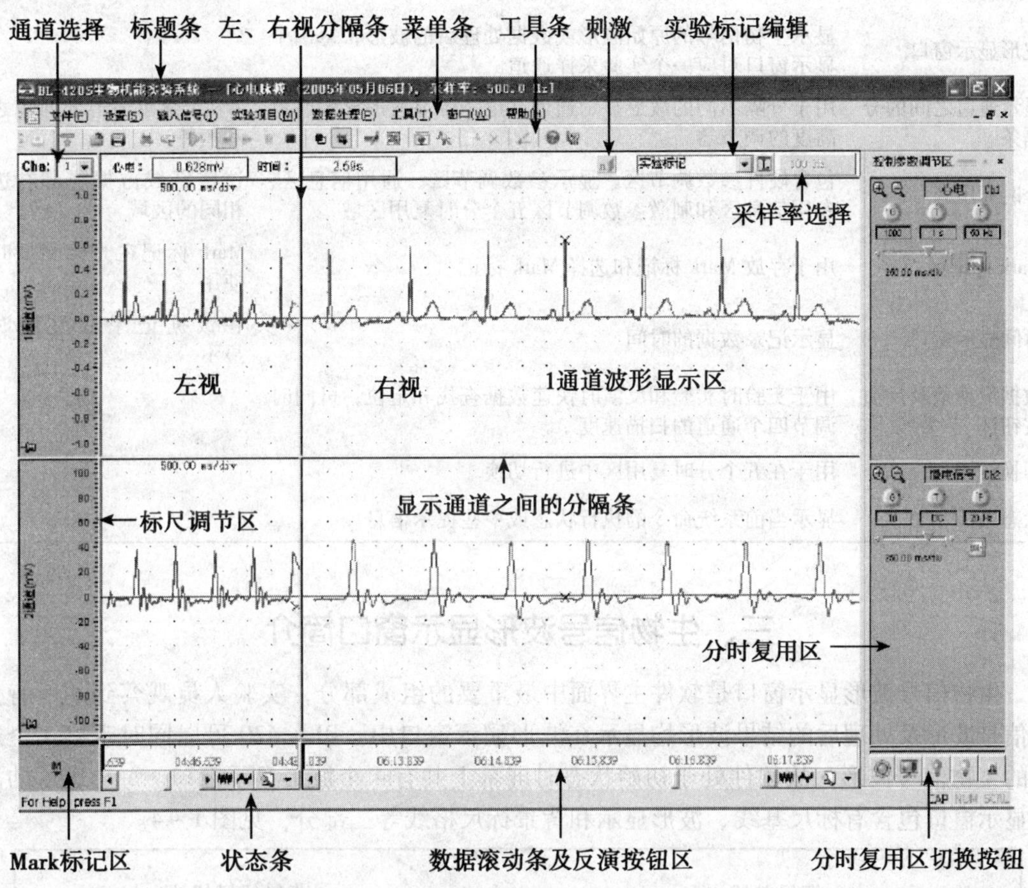

图1-3　生物信号采集与分析软件主界面

（二）生物信号采集与分析软件主界面上各部分功能

生物信号采集与分析软件主界面上各部分功能见表1-1。

表1-1　生物信号采集与分析软件主界面上各部分功能

名称	功能	备注
标题条	显示TM_ WAVE软件的名称及实验相关信息	软件标志
菜单条	显示所有的顶层菜单项，您可以选择其中的某一菜单项以弹出其子菜单。最底层的菜单项代表一条命令	菜单条中一共有8个顶层菜单项
工具条	一些最常用命令的图形表示集合，它们使常用命令的使用变得方便与直观	共有22个工具条命令
左、右视分隔条	用于分隔左、右视，也是调节左、右视大小的调节器	左、右视面积之和相等

（续表）

名称	功能	备注
特殊实验标记编辑	用于编辑特殊实验标记，选择特殊实验标记，然后将选择的特殊实验标记添加到波形曲线旁边	包括特殊标记选择列表和打开特殊标记编辑对话框按钮
标尺调节区	选择标尺单位及调节标尺基线位置	
波形显示窗口	显示生物信号的原始波形或数据处理后的波形，每一个显示窗口对应一个实验采样通道	
显示通道之间的分隔条	用于分隔不同的波形显示通道，也是调节波形显示通道高度的调节器	4/8 个显示通道的面积之和相等
分时复用区	包含硬件参数调节区、显示参数调节区、通用信息区、专用信息区和刺激参数调节区五个分时复用区域	这些区域占据屏幕右边相同的区域
Mark 标记区	用于存放 Mark 标记和选择 Mark 标记	Mark 标记在光标测量时使用
时间显示窗口	显示记录数据的时间	在数据记录和反演时显示
数据滚动条及反演按钮区	用于实验时实验和反演时快速数据查找和定位，可同时调节四个通道的扫描速度	
切换按钮	用于在五个分时复用区中进行切换	
状态条	显示当前系统命令的执行状态或一些提示信息	

三、生物信号波形显示窗口简介

生物信号波形显示窗口是软件主界面中最重要的组成部分，实验人员观察到的所有生物信号波形及处理后的结果波形均显示在波形显示窗口中。BL－420 可以同时观察 4 个通道的生物信号波形，故软件处于初始状态时屏幕上共有 4 个波形显示窗口。每个通道的波形显示窗口包含有标尺基线、波形显示和背景标尺格线等三部分，见图 1－4。

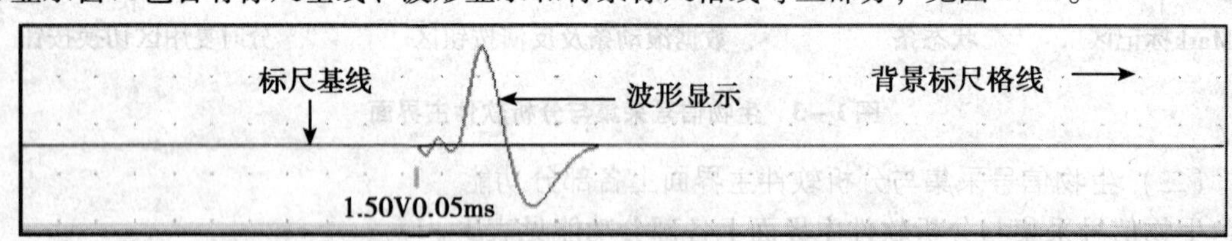

图 1－4　TM_ WAVE 软件生物信号显示窗口

在信号窗口上单击鼠标右键时，软件将会完成两项功能：一是结束所有正在进行的选择功能和测量功能，包括两点测量、区间测量、细胞放电数测量以及心肌细胞动作电位测量等；二是将弹出一个快捷功能菜单，见图 1－5。在这个快捷功能菜单中包含的命令大部分与通道相关，所以，如果需要对某个通道进行操作，就直接在那个通道的显示窗口上单击鼠标右键弹出与那个通道相关的快捷菜单。比如对某个通道的波形进行信号反向或平滑滤波等操作。

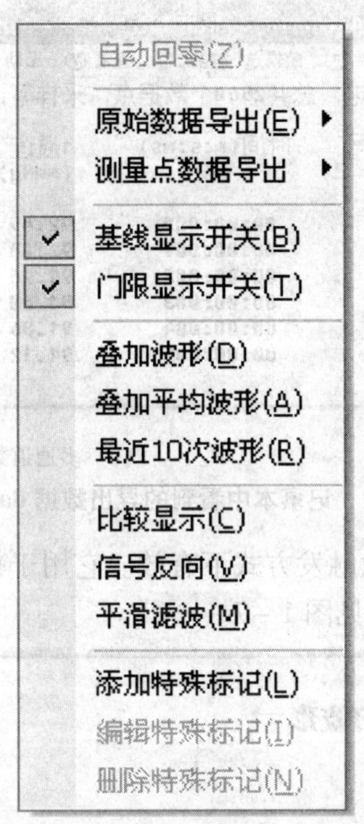

图 1－5　信号显示窗口中的快捷菜单

1. 自动回零　自动回零功能可以使由于输入饱和而偏离基线的信号迅速回到基线上。

2. 原始数据导出　原始数据导出是指将您选择的一段反演实验波形的原始采样数据以文本形式提取出来，并存入到相应的文本文件中。

数据导出的具体操作步骤如下。

(1) 拖动反演滚动条在整个反演数据中查找您需要导出的实验波形段。

(2) 将需要导出的实验波形段进行区域选择。

(3) 在选择的区域上单击鼠标右键弹出通道显示窗口快捷菜单，然后选择数据导出命令，数据导出菜单中有两个子命令“本通道数据”和“所有通道数据”，选择其中一个完成数据导出。

执行数据导出命令后得到选择波形段的原始采样数据以文本形式存入到 \ data 子目录下，并以“datan. txt”命名，其中，n 代表通道号，例如，从 1 通道上选择的数据段导出到 data1. txt 文本文件中，如果选择导出“所有通道数据”，那么导出数据的文件名为：data. txt，见图 1－6。

3. 测量点数据导出　测量点数据导出功能可以将测量光标位置处的波形点数据直接导出到 Excel 中，也可以将无创血压测定中得到的收缩压、舒张压、心率等指标直接导出到 Excel 中进行统计分析，这个功能主要用于无创血压测量。

4. 基线显示开关　该命令用于打开或关闭标尺基线（参考 0 刻度线）显示。

5. 门限显示开关　该命令用于打开或关闭频率直方图或序列密度直方图中用于选择分析数据范围的上、下门限线的显示。

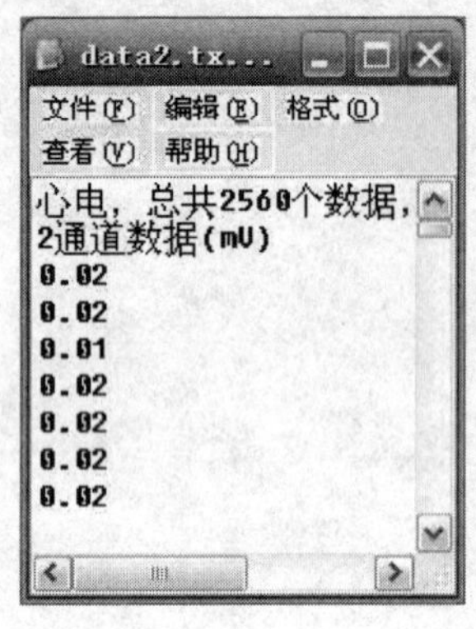
data2.tx...
文件(F) 编辑(E) 格式(O)
查看(V) 帮助(H)
心电，总共2560个数据，
2通道数据(mV)
0.02
0.02
0.01
0.02
0.02
0.02
0.02

（a）单通道数据导出

data.txt - 记事本
文件(F) 编辑(E) 格式(O) 查看(V) 帮助(H)
心电，总共2560个数据点，采样率：1000Hz，时间格式：分:秒:毫秒

序号	时间(m:s:ms)	1通道 (mmHg)	2通道 (mV)	3通道 (mV)	4通道 (mV)
1	00:00:000	92.45	0.02	0.01	-0.12
2	00:00:001	92.08	0.02	0.01	-0.12
3	00:00:002	91.96	0.01	0.01	-0.11
4	00:00:003	91.60	0.02	0.01	-0.11
5	00:00:004	91.36	0.02	0.01	-0.11
6	00:00:005	91.12	0.02	0.01	-0.11

（b）多通道数据导出

图 1-6　记事本中看到的导出数据 datan. txt

6. 叠加波形　该命令在刺激触发方式下有效。它用于打开或关闭叠加波形曲线。刺激触发的叠加波形以金黄色显示，见图 1-7。

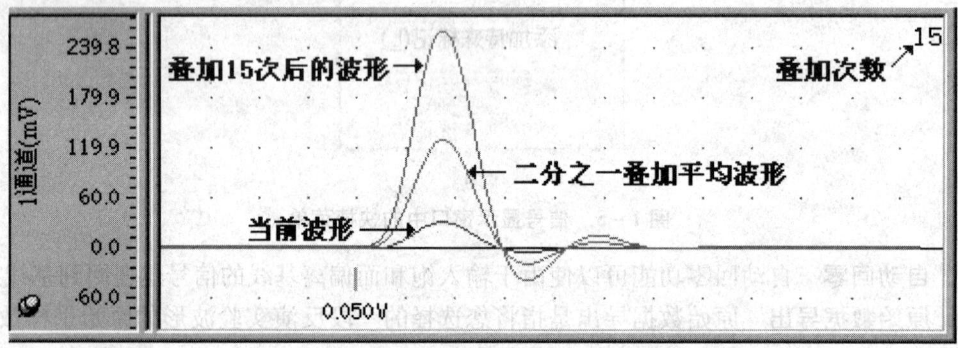

图 1-7　刺激触发方式下的叠加及叠加平均波形

7. 叠加平均波形　该命令在刺激触发方式下有效。它用于打开或关闭叠加平均波形。

叠加平均波形是叠加波形除以一个整数倍数得到的。当您选择这个命令后，会弹出一个平均倍数输入对话框。选择平均输入倍数即可。默认地平均输入倍数为当前刺激次数。

8. 最近 10 次波形开关　该命令在刺激触发方式下有效。使用该命令您可以打开或关闭最近 10 次刺激触发得到的波形。最近 10 次波形的同时显示构成一幅伪三维图形，见图 1-8，它将有助于您对前后波形的比较。在同时显示的 10 次波形中，最上面的一条波形是时间最近的一条波形曲线，越下面的波形时间越远，每两条波形之间相隔在 0～25 个屏幕像素值之间可选。

9. 比较显示　该命令用于打开或关闭比较显示方式。

比较显示是指将所有通道的波形一起显示在 1 通道的波形显示窗口中进行比较，见图 1-9。这个功能在进行神经干动作电位传导速度的测定实验中非常有用。

10. 信号反向　该命令用于将选择通道的波形曲线进行正负反向显示。

11. 平滑滤波　该命令用于对选择通道的显示波形进行平滑滤波。

12. 添加特殊标记　该命令用于在波形的指定位置添加一个特殊实验标记。

在某一个实验通道的空白处单击鼠标右键，此时弹出的窗口快捷菜单中该命令有效，选择该命令，将弹出“特殊标记编辑”对话框，见图 1-10。在这个对话框的编辑框中输

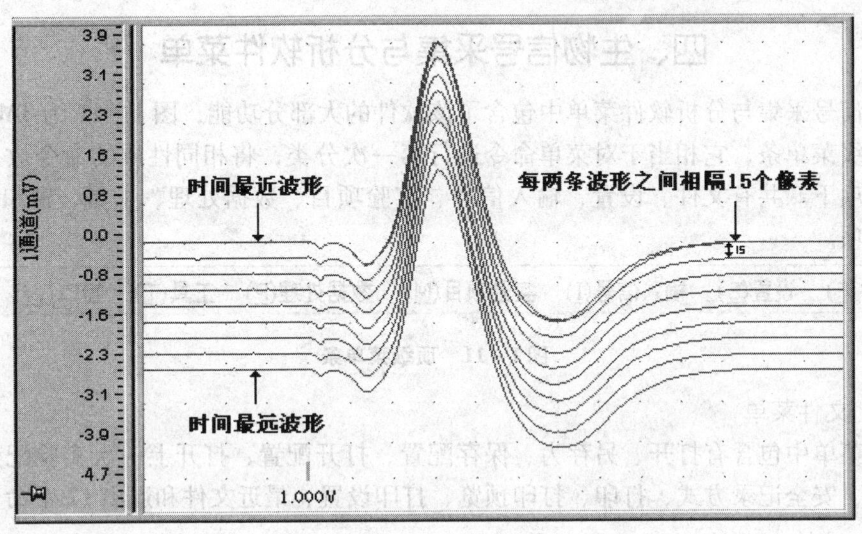

图 1-8　刺激触发方式下的最近 10 次波形显示

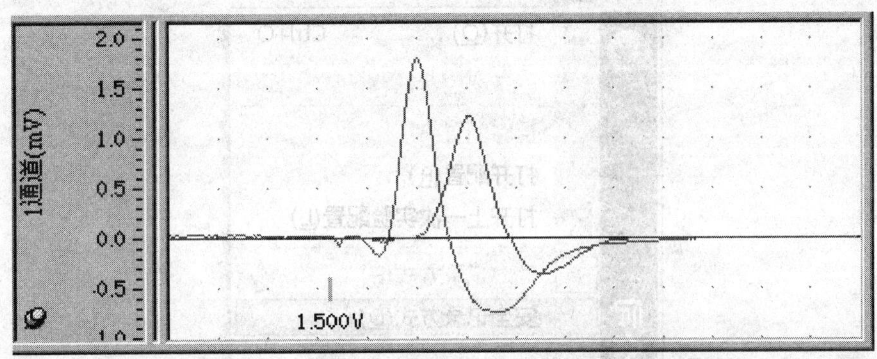

图 1-9　对 1、2 通道的动作电位进行比较显示

入新添加的特殊实验标记内容，然后按下“确定”按钮，该特殊实验标记将添加在您单击鼠标右键的地方。

13. 编辑特殊标记　该命令用于编辑记录波形中一个已标记的特殊实验标记。

在一个实验通道中某一个已标记的特殊实验标记上单击鼠标右键，此时弹出的窗口快捷菜单中该命令有效，选择该命令，将弹出“特殊标记编辑”对话框，您直接在这个对话框的编辑框中修改原有的特殊实验标记内容。

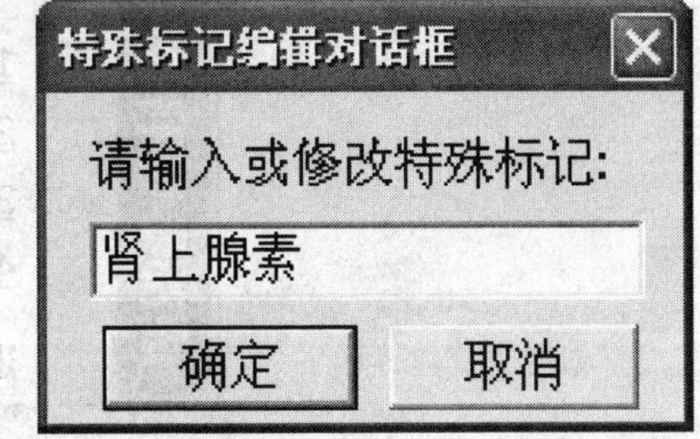

图 1-10　特殊标记编辑对话框

14. 删除特殊标记　该命令用于删除记录波形中一个已标记的特殊实验标记。

在一个实验通道中某一个已显示的特殊实验标记上单击鼠标右键，此时弹出的窗口快捷菜单中该命令有效，选择该命令，将弹出删除特殊实验标记确认框，按下“是（Y）”按钮，该特殊标记被删除；如果您按下“否（N）”按钮，那么此次删除无效。

四、生物信号采集与分析软件菜单

生物信号采集与分析软件菜单中包含了该软件的大部分功能，图 1-11 为 TM_ WAVE 软件的顶级菜单条，它相当于对菜单命令进行第一次分类，将相同性质的命令放入到同一顶级菜单项下。共有文件、设置、输入信号、实验项目、数据处理、工具、窗口及帮助 8 个菜单选项。

文件(F)　设置(S)　输入信号(I)　实验项目(M)　数据处理(P)　工具(T)　窗口(W)　帮助(H)

图 1-11　顶级菜单条

(一) 文件菜单

文件菜单中包含有打开、另存为、保存配置、打开配置、打开上一次实验配置、高效记录方式、安全记录方式、打印、打印预览、打印设置、最近文件和退出 12 个命令，见图 1-12。

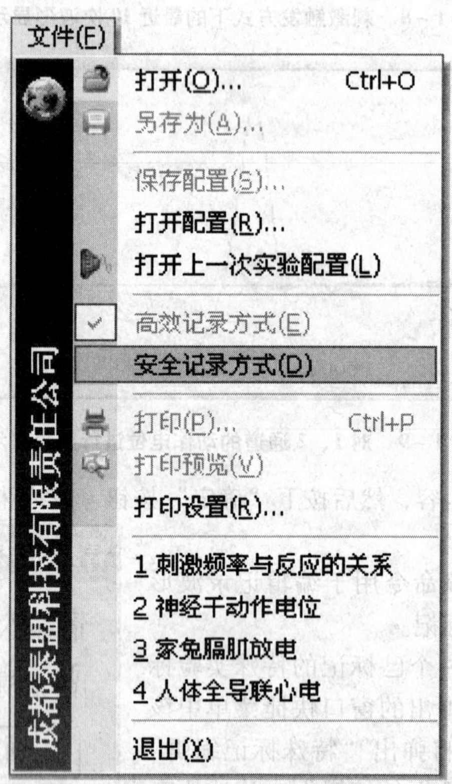

图 1-12　文件下拉式菜单

1. 打开　该命令用于打开一个反演数据文件。

2. 另存为　“另存为”命令只在数据反演时起作用，该功能可以将正在反演的数据文件另外起一个名字进行保存，或者将该文件存贮到其他目录的位置。

将一个文件另存为其他文件时，您可以对另外存贮的文件进行二次采样，即降低原有数据的采样率，比如，原始数据的采样率为 1 000Hz，二次采样点数设置为 5，那么，二次采样后的数据采样率为 1 000/5 =200Hz。

3. 保存配置　用于自定义自己的实验模块。方法如下。

首先根据自己设计的实验模块，通过通用“输入信号”菜单选择相应通道的相应生物信号，然后启动波形采样并观察实验波形，通过调节增益、时间常数、滤波和刺激器等硬件参数以及扫描速度来改善实验波形，在满意于自己的实验波形后，选择“保存配置”命令，系统会自动弹出“另存为”对话框，在这个对话框中输入自定义实验模块的名字，然后按下“保存”命令按钮，则当时选择的实验配置就被保存起来，以后可以通过“打开配置”来启动自定义实验模块。

4. 打开配置　选择该命令后，会弹出一个“自定义模块选择”对话框，从自定义模块名下拉式列表中选择一个原来存贮的实验模块，然后按“确定”按钮，系统将自动按照这个实验模块存贮的配置进行实验设置同时启动实验。

5. 打开上一次实验配置　打开上一次实验设置是指：当一次实验结束之时，本次实验所设置的各项参数均被存贮到了计算机的磁盘配置文件 config. las 中，如果您现在想要重复做上一次的实验而不想进行烦琐的设置，那么，只需选择“打开上一次实验设置”命令，计算机将自动把实验参数设置成与上一次实验时完全相同。

6. 高效记录方式

7. 安全记录方式　这两个命令选择文件记录的方式，它们是互斥的。当前系统选择的记录方式前面有一个小钩标记，并且命令用灰色表示（不能再选择）。选择这两个命令，将在高效记录方式和安全记录方式之间进行切换。为防止出现意外后（如停电等）引起的数据丢失，最好采用安全记录方式。

8. 打印　选择该命令，首先会弹出“定制打印”对话框，根据自己的要求选择打印参数进行打印。

9. 打印预览　选择该命令，首先会弹出“定制打印”对话框。根据该对话框选择好打印参数之后，按下“预览”命令按钮可以进入到打印预览状态，打印预览显示的波形与从打印机打印出的图形是一致的。

10. 打印设置　选择该命令，将弹出“打印设置”对话框，您可以利用打印设置对话框设置打印机参数。

11. 最近文件　最近文件是指您最近一段时间反演过的数据文件，它们的名字被列在“文件”菜单的下面，在 TM_ WAVE 软件中最多可以列举 4 个最近文件。如果您从列举的最近文件中选择一个文件，可以直接打开该文件进行反演。

12. 退出　在停止实验后选择该命令，将退出 TM_ WAVE 软件。

（二）设置菜单

当您用鼠标单击顶级菜单条上的“设置”菜单项时，“设置”下拉式菜单将被弹出，见图 1－13。

设置菜单中包括工具条、状态栏、实验标题、实验人员、实验相关数据、记滴时间、光标类型和定标等 17 个菜单选项，其中工具条、显示方式、显示方向和定标等子菜单下还有二级子菜单。

1. 工具条　选择该菜单选项，将弹出工具条菜单的子菜单。该子菜单内包含三个命令：标准工具条（打开和关闭标准工具条）、分时复用区（打开和关闭分时复用区窗口）和定制（定制菜单项或工具条）。

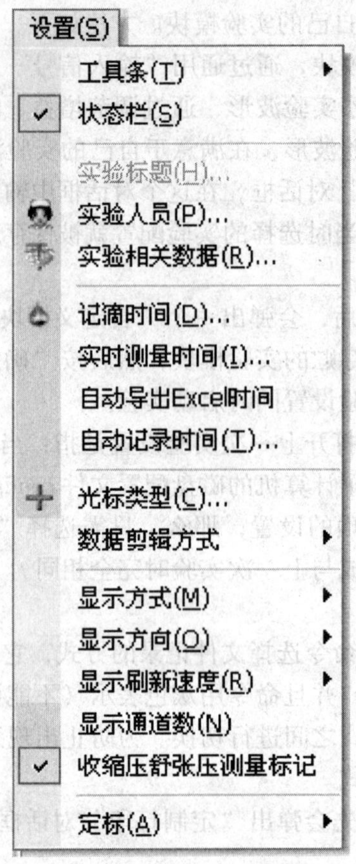

图 1-13　设置菜单

2. 状态栏　状态栏命令用于打开或关闭软件窗口底部显示信息的状态栏。

3. 实验标题　选择该命令后，将弹出“设置实验标题”对话框。

您可以通过该命令来改变实验标题，并且可以为同一个实验设置第二个实验标题。

4. 实验人员　该命令用于设定实验人员名字，它对学生实验中的网络打印特别有用，否则，学生将很难从网络打印中找到自己打印的实验图形，因为很多学生都共享一台网络打印机。

选择该命令，将弹出“实验组及组员名单输入”对话框，输入实验组号、实验人员姓名即可。

5. 实验相关数据　你可以通过该命令来设置一些与本实验相关的实验参数。当您选择该命令后，会弹出“实验相关数据设置”对话框，输入动物名称、动物体重、麻醉方法、麻醉剂及其剂量等参数即可。

6. 记滴时间设置　选择该命令，将弹出“记滴时间选择”对话框，选择记滴单位时间，记滴单位等参数即可。

7. 实时测量时间

8. 自动导出 Excel 时间　在实时实验状态下，每隔固定的时间间隔，系统就会自动将实时测量的数据结果导出到 Excel 中（需要通过工具条上的“打开 Excel”命令打开 Excel 应用软件，如果没有事先打开 Excel 电子表格，那么自动导出 Excel 功能并不会起作用）。

9. 自动记录时间　选择该命令，将弹出“设置记录时间”对话框，选择控制方式、启动和停止记录、时间选择（绝对时间和相对时间）等记录参数。

10. 光标类型　选择该命令，将弹出“选择光标类型”对话框，根据自己的爱好或需要选择对话框中列举的 6 种光标类型中的任何一种。

11. 数据剪辑方式　选择该命令，将弹出“数据剪辑方式”子菜单，选择单通道数据剪辑或多通道数据剪辑。它使我们可以从多通道数据中只提取我们感兴趣通道的有用数据。

12. 显示方式　选择该命令，将弹出“显示方式”子菜单，选择连续扫描方式、示波器方式 、扫描显示方式中的一种。

13. 显示方向　选择该命令，将弹出“显示方向”子菜单，选择从右向左或从左向右。

14. 显示刷新速度　选择该命令，将弹出“显示刷新速度”子菜单。选择快、正常和慢中的一种。一般而言，显示刷新速度越快越好，效果是波形移动得非常平滑，所以“快”命令是默认选项。

15. 显示通道数　选择该命令，将弹出“设置显示通道数”对话框，根据需要选择显示通道数量。

16. 收缩压舒张压标记　这是一个开关命令，主要用于无创血压测量时，对用户选择的收缩压和舒张压点进行标记。

17. 定标　选择该命令，将弹出定标菜单的子菜单。该子菜单内包含有两个命令：调零和定标。

（1）调零　从“定标”子菜单中选择“调零”命令，此时会弹出一个提示对话框；在提示对话框中按“确定”按钮，会弹出一个“放大器调零”对话框，同时，系统打开所有硬件通道并自动启动数据采样和波形显示。此时可以通过选择通道号及档位进行调零处理。如果通道的波形显示在基线下方，那么您就按“增档”按钮，直到波形曲线被抬高到离基线最近的位置为止。当每个通道均调零完毕后，按“确定”按钮存贮调零结果并且结束本次调零操作。“清除”按钮用于清除您上一次调零的结果，“取消”按钮用于结束本次调零操作，但不将本次调零的结果存贮到磁盘上。

（2）定标　选择定标命令后，将弹出一个“定标密码输入”对话框，请您输入定标密码，进入到定标过程中，此时，4 个信号采集通道将自动启动数据采样，并且在软件主界面的左下方将弹出一个“定标”对话框，见图 1－14，通过选择定标对话框中不同参数就能够在一次定标过程中同时完成对 4 个通道的不同传感器信号的定标操作。

定标过程如下（以张力传感器为例）：

a.“信号选择”选“张力”。

b. 首先对 1 通道进行定标，将“定标类型”参数设定为“定零值”，然后将张力传感器插入到 1 通道上，并使其处于不加任何负载状态，通过观察 1 通道出现的波形，调节张力传感器的零点，使其输入信号处于离 1 通道基线最近的位置。当输入信号稳定后，用鼠标按下定标对话框中右下方的“定标”按钮完成定零值。

c. 将定标类型参数设定为“定标准信号”，然后在张力传感器上挂一个砝码，砝码的大小可以在 1～20g 的范围内任意选择，比如选择 10g 重的砝码，然后在“定标值输入”编辑框中输入在张力传感器上吊挂的砝码重量 10。观察 1 通道波形显示的位置，不能使其饱和（如果输入信号线处于窗口顶部，我们可以认为输入信号已经饱和），如果输入信号饱

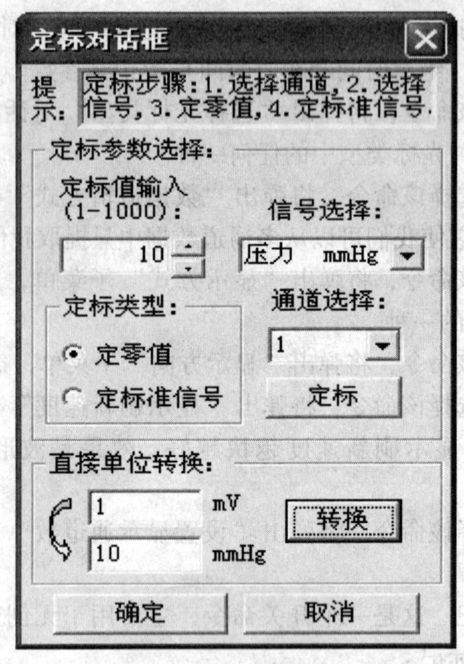

图 1－14　定标对话框

和，您可以通过减小 1 通道的增益或减小传感器上吊挂砝码的重量等方法来使传感器的输入处于非饱和状态。当输入信号稳定后，用鼠标按下“定标”对话框中右下方的“定标”按钮，完成 1 通道张力信号的定标。

d. 使用与 1 通道定标同样的方法为 2 通道、3 通道、4 通道定标。不同的通道应该使用不同的传感器。

e. 定标完成后，如果您按“确定”按钮，定标结果将被存贮到 tm_ wave. cfg 配置文件中。

（三）输入信号菜单

用鼠标单击顶级菜单条上的“输入信号”菜单项时，“输入信号”下拉式菜单将被弹出，见图 1－15。

信号输入菜单中包括有 1 ~4 通道 4 个菜单项，它们与硬件输入通道相对应，每一个菜单项又有一个输入信号选择子菜单，每个子菜单上包括多个可供选择的信号类型，见图1－15。

当为某个输入通道选择了一种输入信号类型之后，这个实验通道的相应参数就被设定好了，这些参数包括：采样率、增益、时间常数、滤波、扫描速度等。

软件可以为不同的通道选择不同的信号，当选定所有通道的输入信号类型之后，使用鼠标单击工具条上的“开始”命令按钮，就可以启动数据采样，观察生物信号的波形变化了。

（四）实验项目菜单

用鼠标单击顶级菜单条上的“实验项目”菜单项时，“实验项目”下拉式菜单将被弹出，见图 1－16。

实验项目下拉式菜单中包含有 9 个菜单项，它们分别是肌肉神经实验、循环实验、呼

输入信号(I)
1 通道(1)
2 通道(2)
3 通道(3)
4 通道(4)
动作电位(1)
神经放电(2)
肌电(3)
脑电(4)
心电(5)
心肌细胞动作电位(6)
胃肠电(7)
慢速电信号(8)
中心静脉压(9)
压力(10)
张力(11)
呼吸(12)
温度(13)

图 1－15　输入信号下拉式菜单

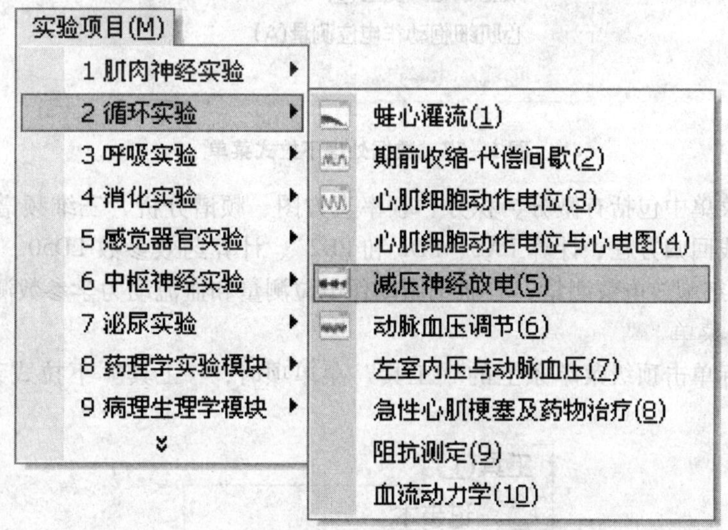

图 1－16　实验项目下拉式菜单

吸实验、消化实验、感觉器官实验、中枢神经实验、泌尿实验、药理学实验模块和病理生理学模块。

这些实验项目组将生理及药理实验按性质分类，在每一组分类实验项目下又包含有若干个具体的实验模块，当您选择了一个实验模块之后，系统将自动设置该实验所需的各项参数，包括采样通道、采样率、增益、时间常数、滤波以及刺激器参数等，并且将自动启动数据采样，使实验者直接进入到实验状态。当完成实验后，根据不同的实验模块，打印出的实验报告包含有不同的实验数据。

（五）数据处理菜单

用鼠标单击顶级菜单条上的“数据处理”菜单项时，“数据处理”下拉式菜单将被弹出，见图1－17。

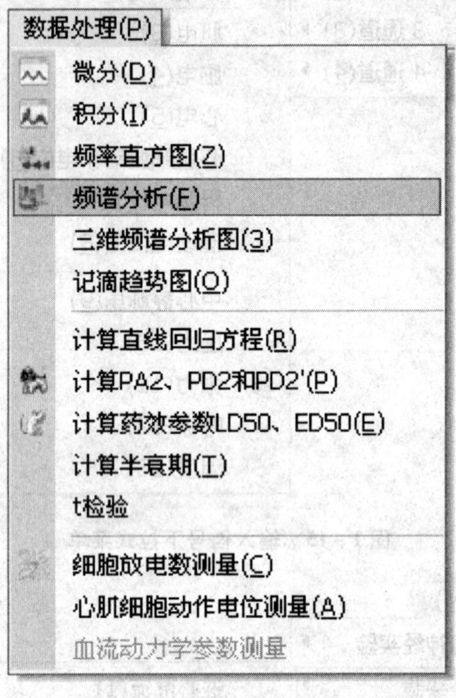

图1－17　数据处理下拉式菜单

数据处理菜单中包括有微分、积分、频率直方图、频谱分析、三维频谱分析、记滴趋势图，计算直线回归方程、计算 PA2、PD2 和 PD2'、计算药效参数 LD50、ED50、计算半衰期、t 检验，细胞放电数测量、心肌细胞动作电位测量和血流动力学参数测量等命令。

（六）工具菜单

当您用鼠标单击顶级菜单条上的“工具”菜单项时，“工具”下拉式菜单将被弹出，见图1－18。

图1－18　工具下拉式菜单

工具菜单的作用是集成 Windows 操作系统中的工具软件和其他 Windows 应用软件，如记事本、画图、Windows 资源管理器，计算器、Excel、Word 等。选择工具菜单上的某一个命令，将直接从 TM_ WAVE 软件中启动选择的 Windows 应用程序。

（七）窗口菜单

用鼠标单击顶级菜单条上的“窗口”菜单项时，“窗口”下拉式菜单将被弹出，见图 1－19。窗口菜单中包括有参数设置窗口、层叠、平铺、排列图标和正在使用的窗口等命令。

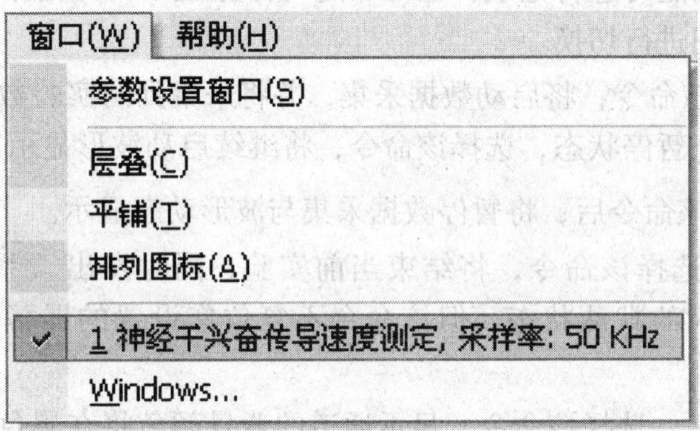

图 1－19　窗口下拉式菜单

（八）帮助菜单

用鼠标单击顶级菜单条上的“帮助”菜单项时，“帮助”下拉式菜单将被弹出。帮助菜单中包括帮助主题、关于 TM_ WAVE 两个命令。

五、工具条说明

工具条是把一些常用的命令以方便、直观（图形形式）的方式直接呈现在使用者面前，它所包含的命令可以和命令菜单中的重复，也可以不同，这是图形化操作系统提供给用户的另一种命令操作方式。工具条常用命令见图 1－20。

图 1－20　工具条

TM_ WAVE 软件的工具条上一共有 24 个工具条按钮，这些命令（从左向右）分别代表着系统复位、拾取零值、打开、另存为、打印、打印预览、打开上一次实验设置、数据记录、开始、暂停、停止等命令。

系统复位　选择系统复位命令将对 BL－420S 生物机能实验系统的所有硬件及软件参数进行复位，即将这些参数设置为默认值。

拾取零值　该命令将当前信号线的位置作为参考零值，消除传感器的零点漂移。

打开反演数据文件　该命令与“文件”菜单中的“打开”命令功能相同。

另存为　该命令与“文件”菜单中的“另存为”命令功能相同。

打印　该命令与“文件”菜单中的“打印”命令功能相同。

打印预览　该命令与“文件”菜单中的“打印预览”命令功能相同。

打开上一次实验设置　该命令与“文件”菜单中的“打开上一次实验设置”命令功能相同。

记录　“记录”命令是一个双态命令，它通过按钮标记的不同变化来表示两种不同的状态。当记录命令按钮的红色实心圆标记处于蓝色背景框内时，说明系统现在正处于记录状态，否则系统仅处于观察状态而不进行观察数据的记录。

在实验过程中可以随时进行记录，也可以随时停止记录，只需单击该工具条按钮就可以在记录与不记录之间进行切换。

启动　选择该命令，将启动数据采集，并将采集到的实验数据显示在计算机屏幕上；如果数据采集处于暂停状态，选择该命令，将继续启动波形显示。

暂停　选择该命令后，将暂停数据采集与波形动态显示。

停止实验　选择该命令，将结束当前实验，同时发出“系统参数复位”命令，使整个系统处于开机时的默认状态，但该命令不复位您设置的屏幕参数，如通道背景颜色，基线显示开关等。

切换背景颜色　选择该命令，显示通道的背景颜色将在黑色和白色这两种颜色中进行切换。

格线显示　这是一个双态命令，当波形显示背景没有标尺格线时，单击此按钮可以添加背景标尺格线；当波形显示背景有标尺格线时，单击此按钮可以删除背景标尺格线。

同步扫描　这是一个双态命令，当这个按钮按下时，所有通道的扫描速度同步调节，这时，只有第一通道的扫描速度调节杆起作用；当不选择同步扫描时，各个显示通道的扫描速度独立可调。另外，数据分析通道的扫描速度一般与被分析通道的扫描速度同步调节。

区间测量　该命令用于测量任意通道波形中选择波形段的时间差、频率、最大值、最小值、平均值、峰值、面积、最大上升速度（dmax/dt）及最大下降速度（dmin/dt）等参数，测量的结果显示在通用信息显示区中。

区间测量的具体操作步骤如下（图 1－21）。

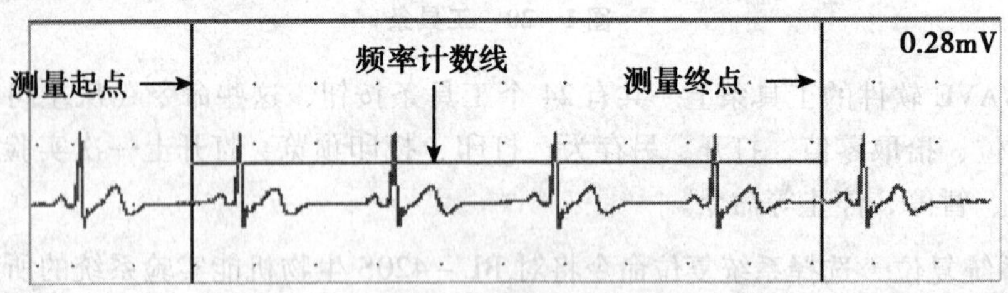

图 1－21　区间测量示意图

1. 选择本菜单命令项或选择工具条上的区间测量命令，此时将暂停波形扫描。

2. 将鼠标移动到任意通道中需要进行区间测量的波形段的起点位置，单击鼠标左键进行确定，此时将出现一条垂直直线，它代表您选择的区间测量起点。

3. 当您移动鼠标时，另一条垂直直线出现并且它随着您鼠标的左右移动而移动，这条直线用来确定区间测量的终点。当这条直线移动时，在通道显示窗口的右上角将动态地显示两条垂直直线之间的时间差，单击鼠标左键确定终点。

4. 此时，在两条垂直直线区间内将出现一条水平直线，该直线用来确定频率计数的基线，该水平基线将随着鼠标的上下移动而移动，并且该水平直线所在位置的值将显示在通道的右上角，按下鼠标左键确定该基线的位置，完成本次区间测量。

5. 重复上面的步骤2、步骤3、步骤4对不同通道内的不同波形段进行区间测量。

6. 在任何通道中按下鼠标右键都将结束本次区间测量。

心功能参数测量　该命令用于手动测量一个心电波形上的各种参数，包括：心率、R波幅度、ST时段等13个参数。这是一个开关命令，只有在命令打开状态下方可测量。有整体测量和局部测量两种心功能参数测量方法。整体测量一次测量出选择心电的全部13个参数，局部测量则每次测量1个参数。

整体测量方法：使用区域选择功能选择一个完整的心电波形，选择完成后单击鼠标右键弹出心功能参数测量快捷菜单，选择“整体测量”命令完成整体测量，见图1－22。

局部测量方法一次测量一个数据，由于测量的数据要么是一个时间差值，要么是一个幅度差值，所以，我们必须配合Mark标记来完成测量。

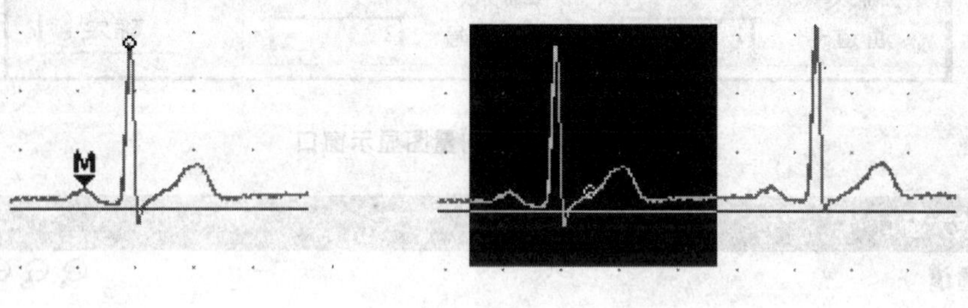

（a）局部测量　　（b）整体测量

图1－22　心功能参数测量示意图

打开Excel　选择该命令，将打开Excel电子表格。使用这个命令打开Excel电子表格后，Excel电子表格就和TM_ WAVE软件之间建立了一种联系，以后的区间测量，心肌细胞动作电Mark标记移动光标位测量和血流动力学测量的结果将会自动被写入到Excel电子表格中。在使用此命令打开Excel电子表格之后，在关闭TM_ WAVE软件之前，请不要先关闭Excel电子表格程序。

X－Y输入窗口　当选择该功能后，出现X－Y向量图对话框，见图1－23，分别选择“类型选择”参数（心电向量、p－dp/dt和p－dp/dt/p）、“X输入”、“Y输入”、“放大倍数”等参数及功能按钮（放大、缩小、恢复、选择和清除）。

选择波形放大　在实时实验或波形反演时，如果想查看某一段波形的细节，可以使用这个命令。具体的操作方法是：先从波形显示通道中选择您想放大的波形段，当您使用区域选择功能选择波形段后，这个命令变得可用，用鼠标单击此命令，将弹出波形放大窗口，见图1－24。

数据剪辑　数据剪辑是指将选择的一段或多段反演实验波形的原始采样数据按BL－420的数据格式提取出来，并存入到您指定名字的BL－420格式文件中。

这个命令只有在您对某个通道的数据进行了区域选择之后才起作用。

数据剪辑的具体操作步骤如下。

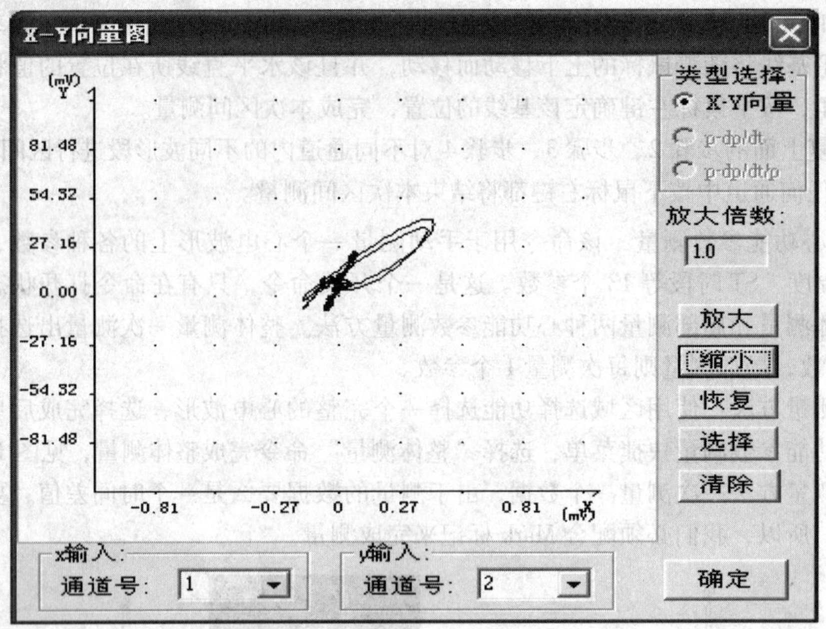

图1-23 心电向量图显示窗口

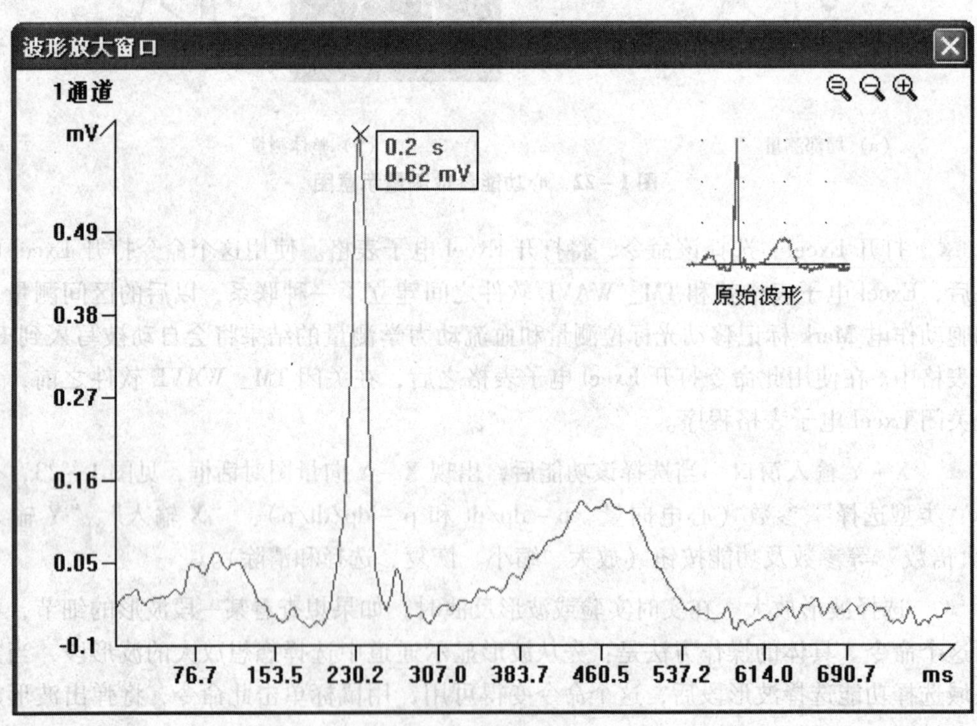

图1-24 波形放大窗口

1. 在整个反演数据中查找您需要剪辑的实验波形。

2. 将需要剪辑的实验波形进行区域选择。

3. 按下工具条上的数据剪辑命令按钮就完成了一段波形的数据剪辑，剪辑后的波形在显示通道中以灰色作为背景显示，以区别于没有剪辑的原始数据，这样，用户可以直观地看到，哪段波形已被剪辑，哪些波形还没有剪辑，便于选择剩余的波形进行剪辑，见图1－25。

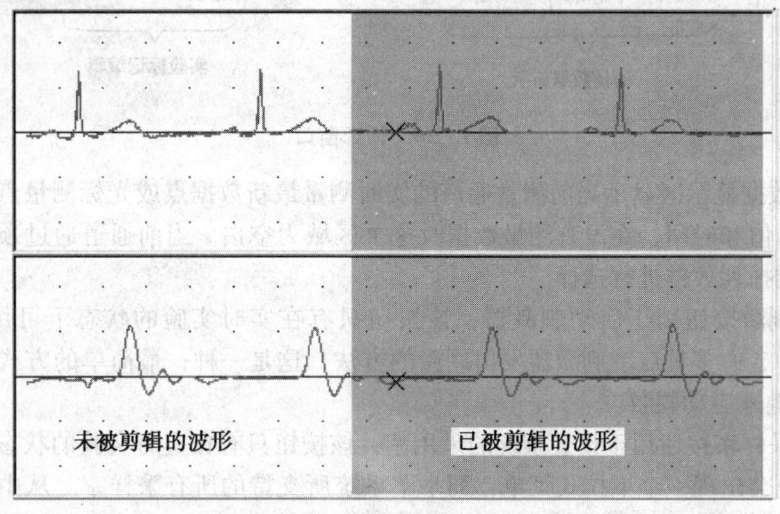

图1－25　数据剪辑

4. 重复以上3步对不同波形段进行数据剪辑；

5. 在您停止反演时，一个以“cut. tme”命名的数据剪辑文件将自动生成，您可以为这个数据剪辑文件更改文件名。

× 数据删除　数据删除命令与数据剪辑命令的功能相似，均是从原始数据文件中选取有用数据，然后将有用数据另存为一个与原始数据格式相同的其他文件。但他们选择数据的方法不同，数据剪辑利用选取的波形构成一个新的数据文件，是在大量的原始数据中选择少量的有用数据；数据删除则是将选取的波形全部从原始文件中剔除，用剩余的原始数据构成一个新的数据文件，适用于从原始数据文件中剔除少量的无用数据。

添加通用标记　在实时实验过程中，单击该命令，将在波形显示窗口的顶部添加一个通用实验标记，其形状为向下的箭头，箭头前面是该标记的数值编号，编号从1开始顺序进行，如20，箭头后面则显示添加该标记的时间。

关于　该命令用于打开软件的关于对话框，与“帮助”菜单中的“关于TM_WAVE”命令功能相同。

及时帮助

该工具条按钮的功能是提供及时帮助，选择该工具条命令后，鼠标指示将变成一个带问号的箭头，此时您用鼠标指向屏幕的不同部分，然后按下鼠标左键，将弹出关于指定部分的帮助信息。

六、顶部窗口

顶部窗口位于工具条的下方，波形显示窗口的上面。顶部窗口由4部分组成，他们分别是：当前选择通道的光标测量数据显示，启动刺激按钮，特殊实验标记编辑以及采样率选择按钮等，见图1－26。

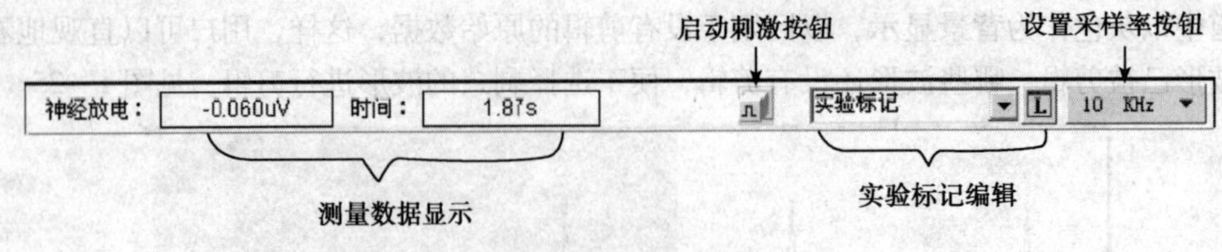

图 1-26　顶部窗口

1. 测量数据显示区显示当前测量通道的实时测量最新数据点或光标测量点处的测量结果，包括信号值和时间，在没有测量数据时这个区域为空白。当前通道通过顶部窗口左边的当前通道选择列表框进行选择。

2. 启动刺激按钮用于启动刺激器，该按钮只有在实时实验的状态下可用。在 TM_WAVE 软件中，有多种启动刺激器发出刺激的方法，这是一种；最简单的方式是按键盘上的“Enter”键来启动刺激。

3. 设置采样率按钮用于设置系统的采用率，该按钮只有在实时实验的状态下可用。单击这个按钮，会出现一个下拉式菜单，列举了系统所支持的所有采样率。从中任选一种采样率，选择后，新的采样率立刻起作用，并且显示在按钮上。

4. 实验标记编辑区包括实验标记编辑组合框和打开实验标记编辑对话框两个项目。

（1）实验标记编辑组合框的功能非常强大，您既可以从中选择已有的实验标记，也可以按照自己的需要随时输入，然后按“Enter”键确认新的输入，新的输入自动加入到标记组中，见图 1-27。

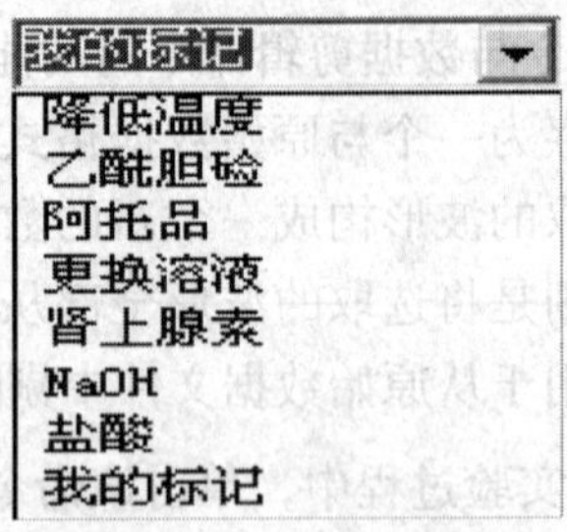

图 1-27　特殊实验标记编辑组合框

如果某个实验模块本身预先设置有特殊实验标记组，那么，当您选择这个实验模块时，实验标记编辑组合框就会列出这个实验模块中所有预先设定的特殊实验标记。

（2）单击打开实验标记编辑对话框按钮，将弹出“实验标记编辑对话框”，见图 1-28。您可以在这个对话框中对实验标记进行预编辑，包括增加新的实验标记组，增加或修改新的实验标记；您可以直接从中选择一个预先编辑好的实验标记组作为实验中添加标记的基础，选择标记组中所有的实验标记将自动添加到特殊实验标记编辑组合框中。

特殊实验标记组的添加、修改和删除由对话框中的“添加”、“修改”和“删除”按钮三个对应功能按钮完成。

特殊实验标记组组内标记的编辑将在“实验标记列表”框中全部完成，在该列表框第一个列举数据项的顶部，一共有 4 个功能按钮。它们依次是：添加、删除、上移和下移功能按钮。分别用于添加、删除一个组内特殊标记及将当前选择的特殊标记上移或下移一个

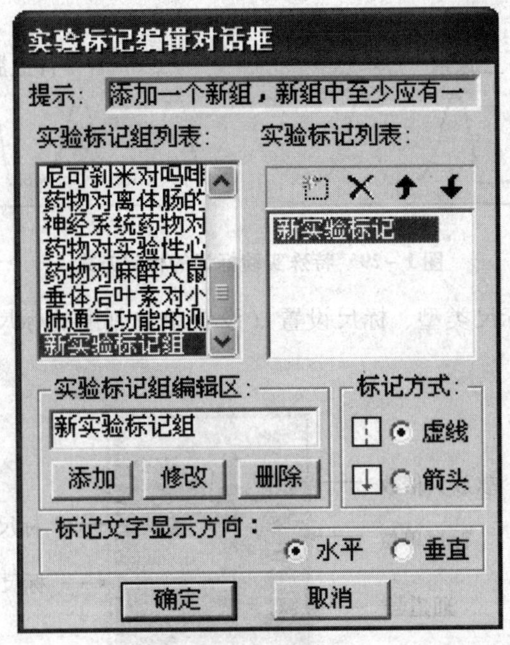

图1－28　特殊实验标记编辑对话框

位置。

此外，如想要修改标记组内的某个特殊实验标记，只需在该实验标记上双击鼠标左键，该实验标记所在的列表项将变成一个文本编辑框，此时，您可以在这个文本编辑框中对该特殊实验标记进行修改，修改完成后，用鼠标左键在实验标记列表框中空白处单击鼠标左键，文本编辑框消失，本次修改生效。

当修改完所有特殊实验标记之后，如果您按“确定”按钮，那么您新做的修改将被保存到硬盘上的 label. txt 文件中，下次实验时，这些新做的修改都将生效；如果您选择“取消”按钮，那么您所做的修改不会存储到硬盘上，这些修改将不生效。按“确定”按钮的另一项功能是将您选择的特殊实验标记组添加到特殊实验标记选择区中。

5. 实验标记的标记方式　添加特殊实验标记的方法很简单，先在实验标记编辑组合框中选择一个特殊实验标记，或者直接输入一个新的实验标记并按下“Enter”键；然后在需要添加特殊实验标记的波形位置单击鼠标左键，实验标记就添加完成了。

注意：使用这种方式添加特殊实验标记只能在实时实验过程中使用，并且添加一个标记后，如果要添加同样标记还需要再选择一次。以后，您可以通过显示窗口快捷菜单上的命令修改或删除已添加的特殊实验标记。

实验标记在标记处除了有文字说明之外，还有一个标记位置指示，您可以选择以虚线或箭头方式进行标记，见图1－29。

七、标尺调节区

TM_ WAVE 软件显示通道的最左边为标尺调节区，见图1－30。每一个通道均有一个标尺调节区，用于实现调节标尺零点的位置以及选择标尺单位等功能。

当我们将鼠标光标移动到标尺单位显示区，然后按下鼠标右键，将会弹出一个信号单

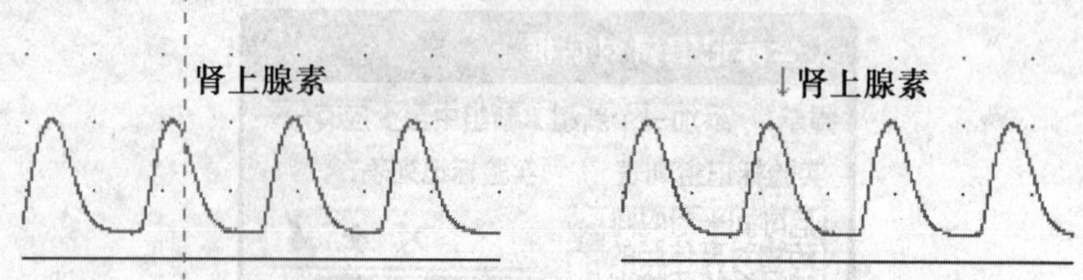

图 1-29　特殊实验标记的标记方式

位选择快捷菜单。选择标尺类型、标尺设置（设置单位刻度的标尺大小）、选择光标在波形上的位置即可。

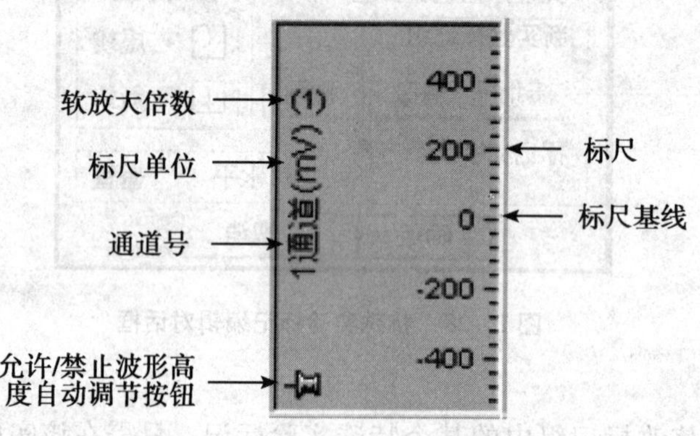

图 1-30　标尺调节区

标尺调节窗口的右边显示的是当前使用的标尺，标尺刻度会受到包括窗口大小，标尺基线（0 刻度值）位置以及软件放大倍数的影响，所以在某一个硬件放大倍数下，标尺的刻度不一定固定。

如果我们想调节标尺基线（标尺的 0 刻度线）的位置，首先将鼠标移动到标尺上，这时鼠标光标右边出现一个上下指示的蓝色箭头，按下鼠标左键，在按住鼠标左键不放的情况下上下移动鼠标，这时整个标尺会随着您鼠标的移动而上下移动，从而调节标尺 0 点的位置。比如，在观察动物血压波形时，由于血压一般而言没有负值，所以我们可以将标尺 0 点移动到屏幕窗口的底部，这样可以使有用信号占据更大的有效显示空间。如果我们将鼠标光标移动到标尺上，然后双击鼠标左键，系统会自动将标尺基线位置移动到窗口中央。

八、Mark 标记选择区

Mark 标记选择区在 TM_ WAVE 软件窗口的左下方，位于标尺调节区的下面。

Mark 标记是用于加强光标测量的一个标记，该标记单独存在没有意义，它只有与测量光标配合使用时才能完成简单的两点测量功能。如果测量光标与 Mark 标记配合，那么当测量光标移动时，它将测量 Mark 标记和测量光标之间的波形幅度差值和时间差值（测量的结果前加一个 Δ 标记，表示显示的数值是一个差值），见图 1-31。测量的结果显示在通用显示区的当前值和时间栏中。

在通道显示窗口的波形曲线上添加 Mark 标记有两种方法：一种是利用通道显示窗口快

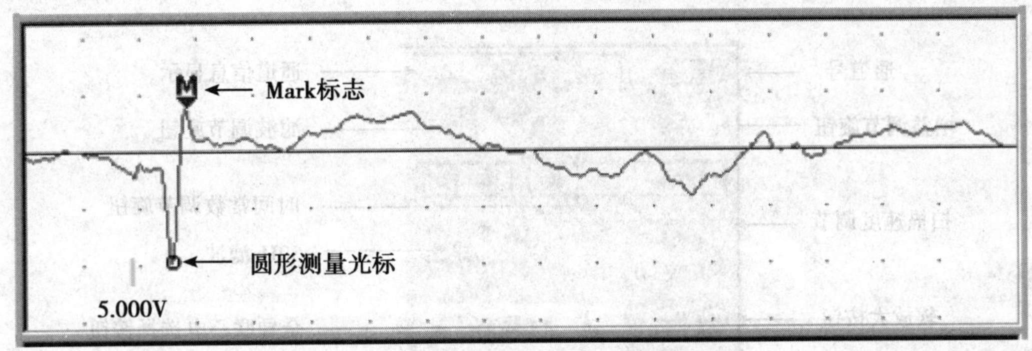

图 1－31　Mark 标记和圆形测量光标

捷菜单中的“添加 M 标记命令”；二是使用鼠标在 Mark 标记区中选择，然后拖放到指定波形曲线上，首先，将鼠标移动到 Mark 标记区，此时，按下鼠标左键，鼠标光标将从箭头变为箭头上方加一个 M 字母形状。然后，在按住鼠标左键不放的情况下拖动 Mark 标记，将 Mark 标记拖放到任何一个有波形显示的通道显示窗口中的波形测量点上方，然后松开鼠标左键，这时，M 字母将自动落到对应于这点 x 坐标的波形曲线上。如果不需要 Mark 标记了，只需用鼠标将其拖回到 Mark 标记区即可，拖回的方法与拖放它的方法相同。

九、分时复用区

在 TM_ WAVE 软件主界面的最右边是一个分时复用区，参见图 3。在该区域内包含有五个不同的分时复用区域：控制参数调节区、显示参数调节区、通用信息显示区、专用信息显示区以及刺激参数调节区；它们通过分时复用区底部的切换按钮进行切换。按钮用于切换到控制参数调节区，按钮用于切换到显示参数调节区，按钮用于切换到通用信息显示区，按钮用于切换到专用信息显示区，按钮用于切换到专刺激参数调节区。

（一）控制参数调节区

控制参数调节区是 TM_ WAVE 软件用来设置 BL－420 系统的硬件参数以及调节扫描速度的区域，对应于每一个通道有一个控制参数调节区，用来调节该通道的控制参数，见图 1－32。

1. 通道信息显示区 用于显示该通道选择信号的类型，如心电、压力、张力、微分等。您可以根据自己的需要修改信号名称。修改方法如下。

在通道信号显示区中双击鼠标左键，此时，通信信号显示区变成一个文字编辑框，直接在这个文字编辑框中输入新的信号名称，比如：将“压力”修改为“中心静脉压”，修改完成后按“Enter”键对修改进行确认，通道信号显示区中将显示您新输入的信号名称；如果在编辑后您想放弃修改，则按键盘左上角的“Esc”键退出修改。

2. 增益调节旋钮 用于调节通道增益（放大倍数）档位。具体的调节方法是：在增益调节旋钮上单击鼠标左键将增大一档该通道的增益，而单击鼠标右键则减小一档该通道的增益。

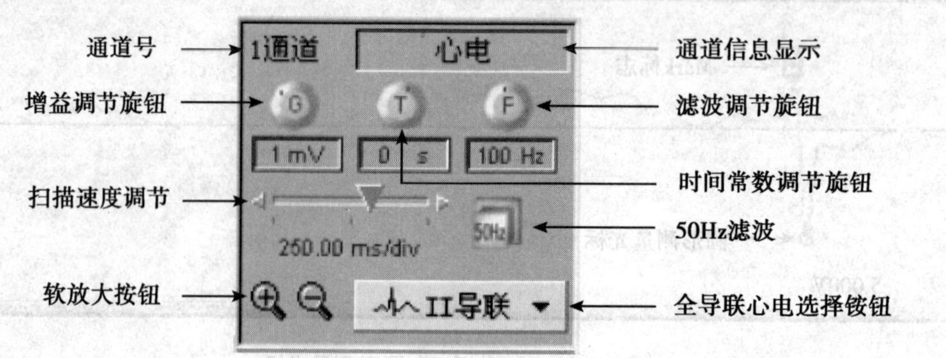

图 1－32　一个通道的控制参数调节区

如果在增益旋钮下面的增益显示窗口中单击鼠标右键，会弹出一个增益选择菜单，您可以直接选择一种增益，

3. 时间常数调节旋钮 用于调节时间常数的档位。具体的调节方法是：在时间常数调节旋钮上单击鼠标左键将减小一档该通道的时间常数，而单击鼠标右键则增大一档该通道的时间常数。

当您更改某一通道的时间常数值之后，时间常数调节旋钮下的时间常数显示区将显示时间常数的当前值。在时间常数显示区内单击鼠标右键会弹出一个时间常数选择菜单。

时间常数又叫高通滤波，每一个时间常数值对应于一个频率值，计算方法为：

频率 ＝ 1/（2π×时间常数）

4. 滤波调节旋钮 用于调节低通滤波的档位。具体的调节方法参见时间常数调节旋钮的调节方法。

5. 扫描速度调节器 其功能是改变通道显示波形的扫描速度。

6. 50Hz 滤波按钮 用于启动 50Hz 抑制和关闭 50Hz 抑制功能。50Hz 信号是交流电源中最常见的干扰信号，如果 50Hz 干扰过大，会造成有效的生物机能信号被 50Hz 干扰淹没，无法观察到正常的生物信号。此时，我们需要使用 50Hz 滤波来削弱电源带来的 50Hz 干扰信号。

50Hz 波形可能是有效生物机能信号波形的一种成分，如果滤除掉 50Hz 波形，会造成有效生物机能信号波形发生畸变。一般而言，观察小鼠心电信号不能进行 50Hz 滤波。那么如何削弱交流电源本身带入的 50Hz 干扰呢？最好的办法是使用接地良好的电源。

7. 软件放大和缩小按钮 软件放大和缩小按钮用于实现信号波形的软件放大和缩小；最大软放大倍数为 16 倍，最大软缩小到原来波形的 1/4。

8. 全导联心电选择按钮（BL－420 系统包含这个功能）——用于打开和关闭全导联心电信号，您可以通过下拉式按钮选择标准 12 导联心电中的任何一种，也可以关闭全导联心电输入。

（二）显示参数调节区

显示参数调节区用来调节每个显示通道的显示参数以及硬卡中该通道的监听器音量。见图 1－33。

显示参数调节区从上到下分为 5 个区域，它们分别是：前景色选择区、背景色选择区、

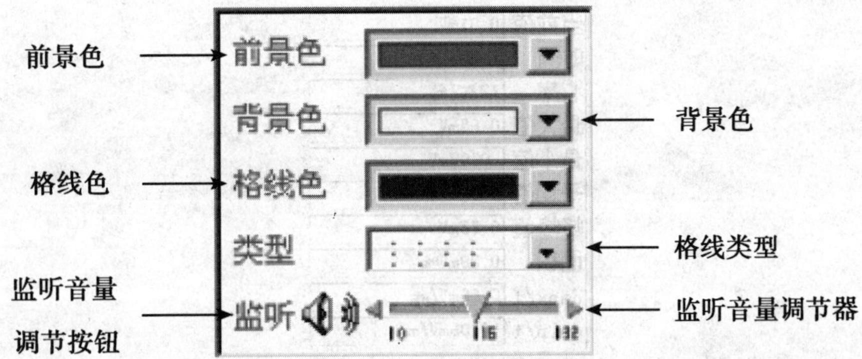

图 1－33　显示参数调节区

标尺格线色选择区、标尺格线类型选择区和监听音量调节区，其中，监听音量调节区包括监听音量调节选择按钮和监听音量调节器两部分。下面我们对每个部分一一作详细介绍。

1. 前景色选择　在前景色文字的后面是一个前景色选择列表框，在列表框中显示的颜色块代表波形曲线当前正在使用的颜色，如果您想改变波形曲线颜色，单击前景色列表框右边向下的箭头，从出现的颜色列表中选择需要的颜色即可。

2. 背景色选择　在背景色文字的后面是一个背景色选择列表框，在列表框中显示的颜色块代表该显示通道背景的当前使用颜色，改变背景颜色的方法与改变前景颜色的方法相同。

3. 标尺格线色选择　在标尺格线色文字的后面是一个标尺格线色选择列表框，在列表框中显示的颜色块代表该显示通道标尺格线的当前使用颜色，改变标尺格线颜色的方法与改变前景颜色的方法相同。

4. 标尺格线类型选择　在标尺格线类型文字的后面是一个标尺格线类型选择列表框。有 5 种格线类型可以选择，您可以从中选择一种作为窗口背景中新的标尺格线类型即可。

5. 监听音量调节选择按钮　在某一时刻，BL－420S 生物机能实验系统只能监听一个通道的声音，监听音量调节选择按钮用于选择监听通道。

6. 监听音量调节器　监听音量调节器是调节监听音量的调节滑杆，其调节方法与扫描速度调节器完全一样。

（三）通用信息显示区

通用信息显示区用来显示每个通道的数据测量结果，见图 1－34。

每个通道的通用信息显示区显示的测量类型是相同的，测量的参数包括：当前值、时间、心率、最大值、最小值、平均值、峰峰值、面积、最大上升速度（dMax/t）和最大下降速度（dMin/t）。在实时地进行生物机能实验的过程中，每隔两秒钟系统要对每个采样通道的当前屏数据做一次测量，并将结果及时地显示在通用信息显示区中。

（四）专用信息显示区

专用信息显示区用来显示某些实验模块专用的数据测量结果。有些实验模块，通用信息已经不能满足它们的需要，所以为这些实验专门设计了特殊的分析方法，分析结果则显示在专用信息显示区中。这样，针对特殊实验模块，我们不仅可以测量它们的通用信息，还可以测得它们的某些特殊的实验指标。

当前值	0.01mV
时间	3.34s
心率	72次/分
最大值	0.65mV
最小值	-0.08mV
平均值	0.02mV
峰峰值	0.73mV
面积	0.28mV*s
dmax/t	0.06mV/ms
dmin/t	-0.06mV/ms

图1-34　通用信息显示区

（五）刺激参数调节区

刺激参数调节区中列举了要调节的刺激参数，包括基本信息区、程控信息区、波形编辑区三部分，见图1-35。

1. 基本信息区　基本信息是关于刺激的基本参数，对于每一个参数，我们采用粗细两级的调节方法，每个参数加上一个调解机构叫做一个元素。见图1-36。

（1）模式　有粗电压、细电压、粗电流及细电流四种刺激器模式。

粗电压刺激模式的刺激范围为0~100V，步长为5mV；细电压刺激模式的刺激范围为0~10V，步长为5mV；粗电流刺激模式的刺激范围为0~20mA，步长为10μA；细电流刺激模式的刺激范围为0~20mA，步长为1μA；

（2）方式　有单刺激（为默认选择）、双刺激、串刺激、连续单刺激与连续双刺激五种刺激方式。

（3）延时　调节刺激器第一个刺激脉冲出现的延时。延时的单位为ms，其范围从0~6s可调。

（4）波宽　调节刺激器脉冲的波宽。波宽的单位为ms，其范围从0~2s可调。

（5）波间隔　调节刺激器脉冲之间的时间间隔（适用于双刺激和串刺激）。波间隔的单位为ms，其范围从0~6s可调。

（6）频率　调节刺激频率（适用于串刺激和连续刺激方式）。频率的单位为Hz，其范围从0~2 000Hz可调。

（7）强度1　调节刺激器脉冲的电压幅度（当刺激类型为双刺激时，则是调节双脉冲中第一个脉冲的幅度）或电流强度。电压幅度的单位为V，其范围从0~100V可调。电流强度的单位为mA，其范围从0~20mA可调。

（8）强度2　当刺激类型为双刺激时，它用来调节双脉冲中第二个脉冲的幅度。强度2的电压幅度或电流强度的范围和调节方式与强度1完全相同。

（9）串长　该参数用来调节串刺激的脉冲个数，脉冲个数的单位为个，其有效范围从0~250个可调。

2. 程控信息区　程控属性页中包括：程控方式、程控刺激方向、增量、主周期、停止次数和程控刺激选择6个部分。

（1）程控方式　该命令为程控刺激方式选择子菜单，包括：自动幅度、自动间隔、自

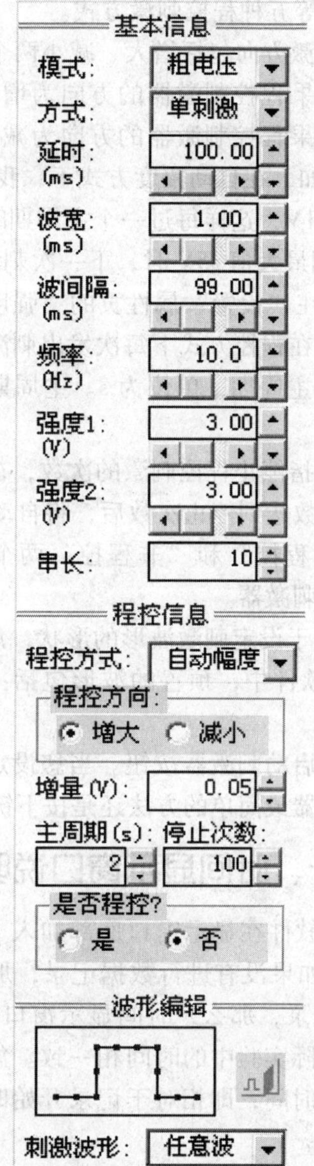

图 1－35　刺激参数调节区

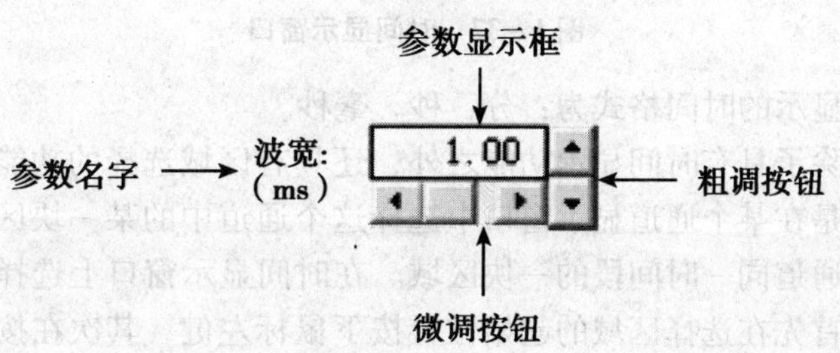

图 1－36　刺激器参数调节元素分解图

动波宽、自动频率和连续串刺激等五种程控刺激方式。

(2) 程控刺激方向　程控刺激方向包括增大、减小两个选择按钮，它们控制着程控刺激器参数增大或减小的方向。如果程控刺激器的方向为增大，则如果参数增大到最大时，系统自动将其设定为初始值；如果程控刺激器的方向为减小，则如果参数减小到最小时，系统自动将其设定为初始值。比如，在自动幅度方式下，我们选择的程控刺激方向为增大，初始幅度为30V，程控增量为0.1V，这样每过一个主周期时间，将发出一个单刺激，然后其幅度增加0.1V，当幅度增加到最大值35V时，下一次刺激开始时，刺激幅度将被设置为初始值30V，刺激强度的初始值在“设置”属性页的“强度1”调节单元中进行设置。

(3) 程控增量　程控刺激器在程控方式下每次发出刺激后程控参数的增量或减量。

(4) 主周期　程控刺激器的主周期，单位为s。主周期是指程控刺激两次刺激之间的时间间隔。

(5) 停止次数　停止次数是指停止程控刺激的次数，在程控刺激方式下，每发出一个刺激将计数一次，所发出的刺激数达到停止次数后，将自动停止程控刺激。

(6) 程控刺激选择　包括“程控”和“非程控”两个选择按钮，可以通过这个选择按钮的选择程控刺激器或非程控刺激器。

3. 波形编辑区　波形编辑用于设定刺激波形的形状，您可以选择已有的波形，也可以自己编辑波形。在TM_ WEVE软件中，预置的波形包括：方波、正弦波、余弦波、三角波等。

在波形编辑区中，还有一个启动刺激器按钮。当您设定好刺激参数后，按下此按钮将启动一次刺激。当然，启动刺激器最简单的方法还是按下键盘上的“Enter”键。

十、时间显示窗口说明

BL－420生物机能实验系统软件在显示窗口底部加入了一个时间显示窗口，用于显示记录波形的时间，见图1－37。如果没有进行数据记录，那么时间显示窗口将不会显示时间变化；如果进行实验波形的记录，那么，时间显示窗口将显示记录波形的时间。这样，在反演时波形的时间显示就与实际实验中的时间相一致。您就可以观察波形随时间的变化了。这里所指的时间是一个相对时间，即相对于记录开始时刻的时间，记录开始时刻的时间为0。

02:00.504	02:03.704	02:06.903	02:10.104	02:13.304

图1－37　时间显示窗口

时间显示窗口显示的时间格式为：分：秒．毫秒。

时间显示窗口除了具有时间显示功能之外，还具有区域选择的功能。区域选择有两种区域选择方法，一是在某个通道显示窗口中选择这个通道中的某一块区域；二是在时间显示窗口中选择所有通道同一时间段的一块区域。在时间显示窗口上选择所有通道同一时间段区域的方法是：首先在选择区域的起始位置按下鼠标左健，其次在按住鼠标左键不放的情况下向右拖动鼠标以选择区域的结束位置，这时所有通道被选择区域均以反色显示，最后在您确定结束位置后松开鼠标左键完成区域选择。

十一、滚动条和数据反演功能按钮区说明

滚动条和反演功能按钮区在 TM _ WAVE 软件主窗口通道显示窗口的下方，见图 1－38。

图 1－38　滚动条和数据反演功能按钮区

在 TM_ WAVE 软件中，波形曲线可以在左、右视中同时观察。在左、右视中各有一个滚动条和数据反演功能按钮区，它们的功能基本相同。

（一）数据选择滚动条

数据选择滚动条位于屏幕的下方，它的作用是通过对滚动条的拖动，来选择实验数据中不同时间段的波形进行观察。该功能不仅适用于反演时对数据的快速查找和定位，也适用于实时实验中，将已经推出窗口外的实验波形重新拖回到窗口中进行观察、对比（仅适用于左视的滚动条）。

在实时实验中，如果有一个典型实验波形被推移出了窗口，这时，如果想看一下这个波形而不想停止当前实验，那么如果已经对这个波形进行了记录，就可以通过左视的滚动条查找这个典型波形并通过左视的通道显示窗口观察这个波形。具体的操作方法是：首先使用鼠标选择并拖动左、右视分隔条将左视拉开，然后拖动左视下部的滚动条进行典型波形数据定位，在拖动滚动条的同时，对应于当前滚动条位置的波形将显示在通道显示窗口中，继续拖动过程直到找到想观察的典型波形为止。注意，此时实验并没有停止，您照样可以通过右视观察实时出现的生物波形，并且数据记录也照样进行。

在反演状态，通过滚动条的拖动，可以方便地察看任何指定时间的实验波形。并且可以在左、右视进行波形的对比显示，比如对比加药前后实验动物的反应变化波形等。

（二）反演按钮

反演按钮位于屏幕的右下方，平时处于灰色的非激活状态，当进行数据反演时，反演按钮被激活。在 TM_ WAVE 软件中有 3 个数据反演按钮，它们分别是：波形横向（时间轴）压缩和波形横向扩展两个功能按钮和一个数据查找菜单按钮。

波形横向（时间轴）压缩　该命令是对实验波形在时间轴上进行压缩，相当于减小波形扫描速度的调节按钮。但是这个命令是针对所有通道实验波形的压缩，即将每一个通道的波形扫描速度同时调小一档，在波形被压缩的情况下可以观察波形的整体变化规律。

波形横向（时间轴）扩展　该命令是对实验波形在时间轴上进行的扩展，相当于增大波形扫描速度的调节按钮。但是这个命令与波形压缩按钮一样是针对所有通道实验波形的扩展，在波形扩展的情况下可以观察波形的细节。

反演数据查找菜单按钮　该菜单按钮是指右边有一个按钮可拉菜单，包含

“按时间查找”、“按通用标记查找”、“按特殊标记查找”三个数据查找命令查找需要的反演数据。

十二、如何开始、暂停或结束实验

首先您需要进入到 TM_ WAVE 软件系统中，在 TM_ WAVE 生物信号显示与处理软件中有四种方法可以启动 BL－420 系统进行生物信号采样与显示。

第一种方法是从 TM_ WAVE 软件的“输入信号”菜单中为需要采样与显示的通道设定相应的信号种类，然后从工具条中选择“启动波形显示”命令按钮；

第二种方法是从“实验项目”菜单中选择自己需要的实验项目；

第三种方法是选择工具条上的“打开上一次实验设置”按钮；

第四种方法是通过 TM_ WAVE 软件“文件”菜单中的“打开配置”命令启动波形采样。

如果您想暂停一下波形观察与记录，只需从工具条上选择“暂停”命令按钮即可。

当完成本次实验之后，可以选择工具条上的“停止”命令按钮，此时，TM_ WAVE 软件将提示您为本次实验得到的记录数据文件取一个名字以便于保存和以后查找，然后结束本次实验。然后选择开始其他实验或者退出 TM_ WAVE 软件。退出 TM_ WAVE 软件的方法很简单，从“文件”菜单中选择“退出”命令或者单击窗口左上角的“关闭”命令均可以退出软件。

实验二　蛙坐骨神经－腓肠肌标本制备、刺激与反应的关系、骨骼肌的收缩

【实验目的】

1．掌握蛙坐骨神经—腓肠肌标本的制备方法。

2．理解刺激与反应的关系，掌握阈刺激、阈下刺激、阈上刺激、最大（最适）刺激等概念。

3．掌握骨骼肌单收缩、强直收缩特征和形成的基本原理。

4．了解张力换能器结构及使用方法。

【实验原理】

1．蛙类的一些基本生命活动和生理功能与恒温动物相似，若将蛙的神经—肌肉标本放在任氏液中，其兴奋性在几个小时内可保持不变。若给神经或肌肉一次适宜刺激，可在神经和肌肉上产生一个动作电位，肉眼可看到肌肉收缩和舒张一次，表明神经和肌肉产生了一次兴奋。在生理学实验中常利用蛙的坐骨神经—腓肠肌标本研究神经、肌肉的兴奋和兴奋性、刺激与反应的规律和肌肉收缩的特征等，因而制备坐骨神经—腓肠肌标本是生理学实验的一项基本操作技术。

2．对于单根神经纤维或肌纤维来说，对刺激的反应具有“全或无”的特性。神经—肌肉标本是由许多兴奋性不同的神经纤维（细胞）—肌纤维（细胞）组成，在保持足够的刺激时间（脉冲波宽）不变时，刺激强度过小，不能引起任何反应；随着刺激强度增加到某一定值，可引起少数兴奋性较高的运动单位兴奋，引起少数肌纤维收缩，表现出较小的张力变化。

该刺激强度为阈强度，具有阈强度的刺激叫阈刺激。此后随着刺激强度的继续增加，会有较多的运动单位兴奋，肌肉收缩幅度、产生的张力也不断增加，此时的刺激均称为**阈上刺激**。但当刺激强度增大到某一临界值时，所有的运动单位都被兴奋，引起肌肉最大幅度的收缩，产生的张力也最大，此后再增加刺激强度，不会再引起反应的继续增加。可引起神经、肌肉最大反应的最小刺激强度为最适刺激强度，该刺激叫最大刺激或最适刺激。

3. 给肌肉一个短暂的阈上刺激，肌肉将发生一次收缩，此称单收缩。一个单收缩要经过潜伏期、缩短期和舒张期三个时间过程。蛙的坐骨神经肌肉标本单收缩的总时程约为0.11s，其中潜伏期、缩短期共占0.05s，舒张期占0.06s。若给予标本相继两个最适刺激，使两次刺激的间隔小于该肌肉收缩的总时程时，则会出现一连续的收缩，叫复合收缩（或收缩总和）。若两个刺激的时间间隔短于肌肉收缩总时程，而长于肌肉收缩的潜伏期和缩短期时程，使后一刺激落在前一刺激引起肌肉收缩的舒张期内，则出现一次收缩尚未完全舒张又引起一次收缩；若两次刺激的间隔短于肌肉收缩的缩短期，使后一刺激落在前一次刺激引起收缩的缩短期内，则出现一次收缩正在进行接着又产生一次收缩，收缩的幅度高于单收缩的幅度。根据这个原理，若给予标本一连串的最适刺激，则因刺激频率不同会得到一连串的单收缩、不完全强直收缩或完全强直收缩的复合收缩（图2－1）。

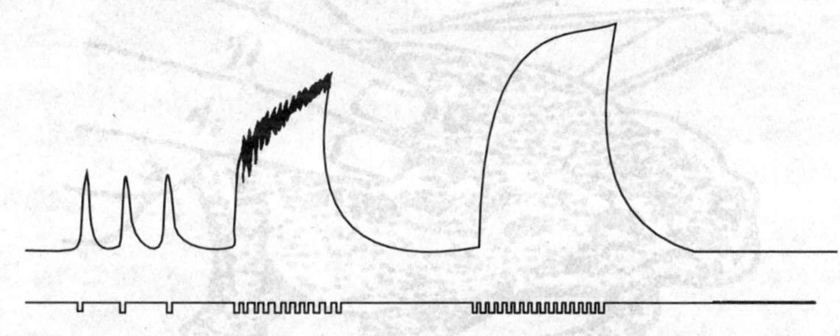

图2－1　单收缩、不完全强直收缩和完全强直收缩曲线

【实验动物】

蛙或蟾蜍。

【实验器材及药品】

计算机、生物信号采集处理系统、刺激电极、普通剪刀、手术剪、手术镊、杀蛙针、玻璃分针、蛙板、蛙钉、丝线、平皿、滴管、万能支架、双凹夹、锌铜弓、张力换能器、任氏液。

【实验方法与步骤】

（一）标本制备

1. 杀蛙　取蛙一只，用自来水冲洗干净。左手握住蛙，用食指压住其头部前端使头前俯（图2－2），拇指按压背部；右手食指沿两鼓膜正中向后触摸，触及一凹陷处，即枕骨大孔。右手持杀蛙针从枕骨大孔处垂直刺入，再向前伸入颅腔，捣毁脑；然后将杀蛙针抽回原处，再向后插入椎管，捣毁脊髓。脑和脊髓完全破坏的标志是蛙的四肢松软，呼吸消失，否则要依上法再行捣毁。

2. 剪除躯干上部及内脏　左手握蛙后肢，用拇指压住骶骨，使其头与前肢自然下垂，右手持粗剪刀，沿腋部横断脊柱，将头、前肢和内脏一并弃去，仅保存一段脊柱和后肢。

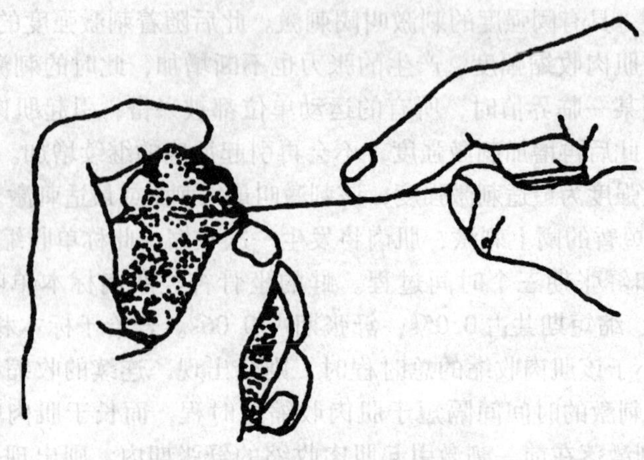

图2-2 破坏蟾蜍脑脊髓的方法

脊柱的两旁可见坐骨神经丛。(图2-3)。

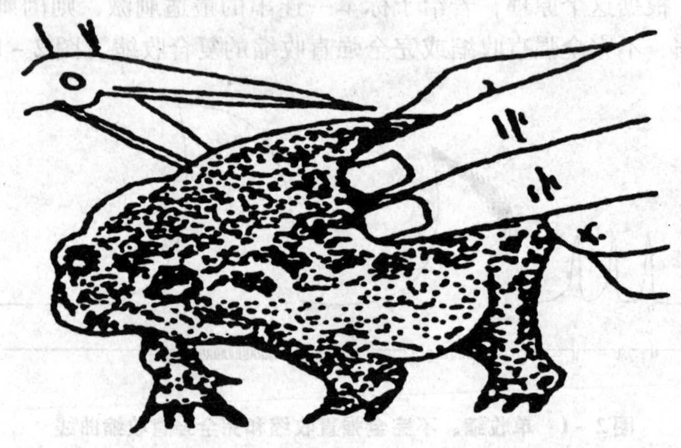

图2-3 剪除躯干上部及内脑

3. 剥离皮肤 先剪去尾椎和泄殖腔附近的皮肤，然后左手握脊柱断端（注意不要握住和压迫神经），右手捏住其上的皮肤边缘，向下剥掉全部后肢的皮肤。将标本放在蛙板上，滴上任氏液。

4. 将手及用过的手术器械洗净

5. 分离两腿 沿脊柱正中剪开脊柱及耻骨联合剪开两侧大腿，将一腿放回培养皿中。一腿放于蛙板上备用。

6. 分离坐骨神经 蛙类的坐骨神经是由第7、8、9对脊神经从相对应的椎间孔穿出汇合而成，行走于脊柱的两侧，到尾端（肛门处）绕过坐骨联合，到达后肢背侧，行走于梨状肌下的股二头肌和半膜肌之间的坐骨神经沟内，到达膝关节腘窝处有分支进入腓肠肌(图2-4)。用蛙钉将蛙腿俯位固定在蛙板上，用玻璃分针在半膜肌和股二头肌之间分离出坐骨神经。注意分离时要仔细用剪刀剪断坐骨神经的分支，勿伤神经干，前面分离至脊柱坐骨神经丛基部，向下分离至膝关节。保留与坐骨神经相连的一小块脊柱，去除膝关节周围以上的全部大腿肌肉。

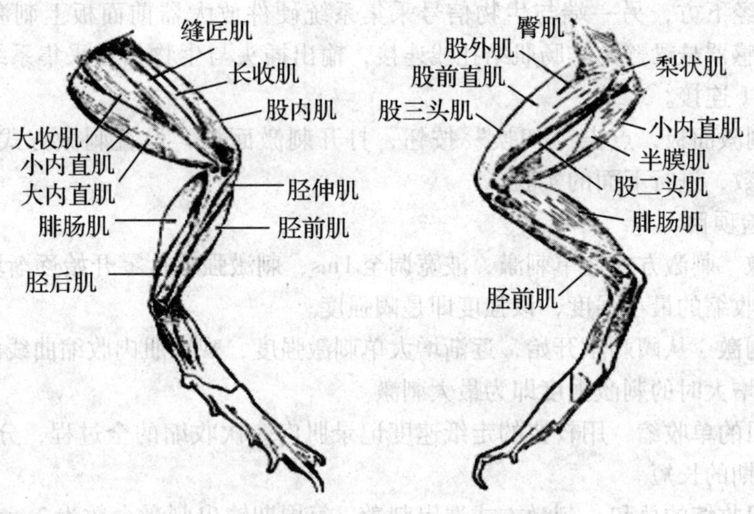

图 2-4　蛙后肢腹面观　蛙后肢背面观

7. 分离腓肠肌　先分离腓肠肌的跟腱，在跟腱处穿线结扎后自远端剪断跟腱。游离腓肠肌至膝关节处，即完成坐骨神经—腓肠肌标本的制备（图 2-5）。

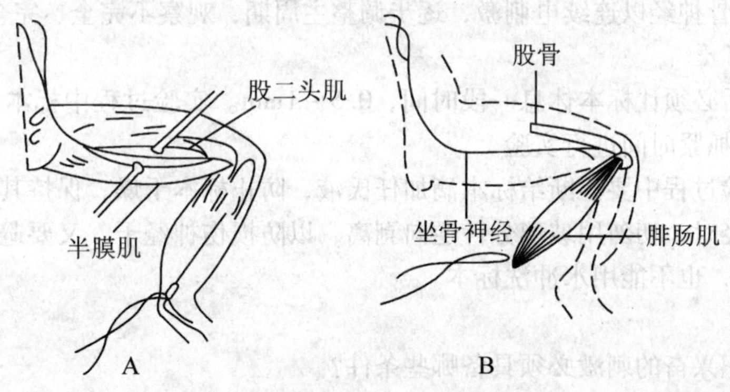

图 2-5　分离坐骨神经和坐骨神经腓肠肌标本

8. 标本的检验　将标本置于蛙板上，用锌铜弓刺激坐骨神经，若腓肠肌收缩表明标本的兴奋性良好。

（二）实验装置与仪器的连接

1. 将张力传感器固定于万能支架上，输出插头与生物信号采集系统硬件放大器前面板上通道 1 连接。

2. 打开计算机，启动生物信号采集处理系统。

3. 张力换能器定标 参见实验一中的“定标”部分进行定标。

4. 选择实验项目，点击菜单“实验项目”下“肌肉神经实验”子菜单下的“刺激强度与反应的关系”实验，进行下面的实验。

5. 设置刺激参数，点击主界面分时复用区的刺激参数调节区，设置刺激参数，进行下面的实验。

6. 将坐骨神经—腓肠肌标本用蛙钉固定于蛙板上，将刺激电极固定于万能支架并置于股骨上坐骨神经下方，另一端与生物信号采集系统硬件放大器前面板上刺激输出接口连接。将张力传感器悬梁臂与腓肠肌结扎线连接，输出插头与生物信号采集系统硬件放大器前面板上通道1连接。

7. 设置刺激面板，点击“切换”按钮，打开刺激面板，设置刺激方式，幅度大小，延时等刺激参数，进行下面的实验。

（三）实验项目

1. 阈刺激 刺激方式选单刺激，波宽调至1ms，刺激强度从零开始逐渐增大；首先找到能引起肌肉收缩的最小强度，该强度即是阈强度。

2. 最大刺激 从阈刺激开始，逐渐增大单刺激强度，观察肌肉收缩曲线的幅度，找出幅度开始不再增大时的刺激强度即为最大刺激。

3. 骨骼肌的单收缩 用较快的走纸速度记录肌肉一次收缩的全过程，分析其潜伏期、收缩期、舒张期的长短。

4. 骨骼肌收缩的总和 刺激方式选串刺激，每周期输出刺激个数为2，刺激强度为最大刺激，给予坐骨神经相继的两个阈上刺激，逐步缩短主周期时，描记出的收缩曲线变化，体会骨骼肌兴奋性的变化。

5. 骨骼肌的强直收缩 刺激方式选串刺激，每周期输出刺激个数为5，刺激强度为最大刺激，给予坐骨神经以连续电刺激，逐步调整主周期，观察不完全、完全强直收缩曲线。

【注意事项】

1. 刺激之后必须让标本休息一段时间，0.5～1min。实验过程中标本的兴奋性会发生改变，因此还要抓紧时间进行实验。

2. 整个实验过程中要不断给标本滴加任氏液，防止标本干燥，保持其兴奋性。

3. 游离神经时，切勿用玻璃分针逆向剥离，以防损伤神经干，又要避免金属器械对神经的不必要触碰，也不能用水冲洗标本。

【思考讨论】

1. 引起组织兴奋的刺激必须具备哪些条件？

2. 何为阈下刺激、阈刺激、阈上刺激和最适刺激？在阈刺激和最适刺激之间为什么肌肉的收缩随刺激强度增加而增加？

3. 实验过程中标本的阈值是否会改变？为什么？

4. 何为单收缩、不完全强直收缩、完全强直收缩？它们是如何形成的？

5. 为什么刺激频率增高，肌肉收缩的幅度也增高？

附：张力换能器使用方法

张力换能器图2－6（机械—电换能器）：它能将各种张力转换成电信号，主要用于描记肌肉、心脏活动、平滑肌活动、呼吸活动等位移和张力实验。换能器多采用弹性较好的铍青铜合金材料作为电阻应变元件——悬梁臂。由应变片组成平衡电桥，当其中的一片受到牵拉发生变形时，电阻值发生变化形成电桥不平衡输出，经放大器放大，即可输入记录仪记录。悬臂梁不同厚度的铍青铜得到的换能器刻度各不相同，常用的有10g、30g、50g和100g等。

实验时将肌肉等垂直悬挂在悬梁臂的头端，然后将换能器的输出插头与记录仪的输入插座相接即可。

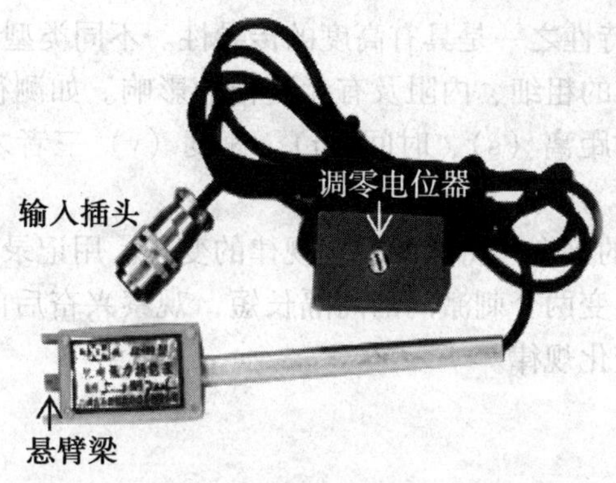

图 2－6　张力换能器

注意事项：

1. 在使用时不能用手牵拉弹性梁和超量加载。张力换能器的弹性悬臂梁其屈服极限为规定的量程 2～3 倍，如 50g 量程的张力换能器，在施加了 150g 力后，弹性悬臂梁将不能恢复其形变，即弹性悬臂梁失去弹性，换能器被损坏。

2. 防止水进入换能器内部。张力换能器内部没有经过防水处理，水滴入或渗入换能器内部会造成电路短路，损坏换能器，累及测量的电子仪器。

3. 换能器在做实验前先调好直流平衡，使记录线位于零点，若有偏离可调节换能器上的“调零”电位器。

4. 换能器在做实验前应进行定标。

实验三　神经干动作电位的引导与记录、神经冲动传导速度的测定、神经干动作电位不应期的测定

【实验目的】

1. 掌握坐骨神经干标本的制备方法。
2. 了解神经干动作电位的引导方法。
3. 观察和记录蛙坐骨神经的双相和单相动作电位的波形。
4. 理解测定神经冲动传导速度的原理和方法。
5. 理解不应期的含义及测定原理。

【实验原理】

1. 神经的动作电位是神经兴奋的客观标志，表现为兴奋的部位相对于静止的部位来说呈负电性质，因此兴奋区和静息区之间存在电位差。若将两个记录电极置于完整的神经干表面，当动作电位先后流过二电极时，可记录到双相的曲线，叫做双相动作电位；若将两个记录电极置于神经干损伤部位的两侧，因神经纤维的完整性被破坏，动作电位传导受阻后，只能记录到单相的曲线，叫单相动作电位。神经纤维的动作电位是“全或无”的，但神经干是由许多神经纤维组成的，由于不同神经纤维的兴奋性不同，故神经干的动作电位与神经纤维的不同。神经干动作电位的幅度在一定范围内可随刺激强度的变化而变化，而不是“全或无”的。

2. 神经纤维的生理特性之一是具有高度的传导性。不同类型的神经传导速度不同，其传导速度主要受神经纤维的粗细、内阻及有无髓鞘的影响。如测得神经冲动在神经干上传导的距离与时间，可根据距离（s）、时间（t）、速度（v）三者之间的关系式求出神经传导速度，即：$v = s/t$

3. 神经兴奋后神经的兴奋性将随时间有规律的变化。用记录动作电位的方法，利用成串的双脉冲刺激，通过改变两个刺激间的间隔长短，观察兴奋后的神经干对再次刺激的反应，即可了解兴奋性的变化规律。

【实验动物】

蟾蜍或青蛙。

【实验器材及药品】

计算机、生物信号采集处理系统、记录电极、刺激电极、神经屏蔽盒、手术剪刀、普通剪刀、眼科剪、镊子、玻璃分针、蛙板、培养皿或小烧杯、吸管、丝线、任氏液。

【实验方法与步骤】

（一）坐骨神经干—胫腓神经标本的制备

1. 杀蛙 同实验二。

2. 剪除躯干上部及内脏 同实验二。

3. 剥离皮肤 同实验二。

4. 分离两腿 同实验二。

5. 分离坐骨神经及胫腓神经 在标本的腹侧面用玻璃分针分离坐骨神经的腹腔段，用丝线结扎神经。将标本转至背侧，沿股二头肌及半膜肌所形成的肌沟分离坐骨神经大腿段，直至膝关节，继续分离胫神经、腓神经至足趾后剪断，用眼科剪剪去神经干的分支及坐骨神经脊柱端，提起丝线，抽出坐骨神经及胫腓神经，浸入盛有任氏液的培养皿内数分钟，使其兴奋性稳定后开始实验（如神经干上沾有残余组织，可将标本标置于大腿肌肉上，用棉花沾任氏液，轻轻擦去）。

（二）实验装置与仪器的连接

1. 将刺激电极、第一对引导电极、第二对引导电极的鳄鱼夹按下图与神经标本屏蔽盒连接，另一端分别与信号采集系统硬件放大器前面板上刺激输出接口、通道1、通道2插口连接，接地电极接在地线柱上（图3－1）。

2. 用镊子夹住制备好的神经标本的结扎线，将神经标本置于神经屏蔽盒的电极上。神经的近中枢端置于刺激电极侧，外周端置于记录电极侧。

3. 打开计算机，启动生物信号采集处理系统。

4. 选择实验项目，点击菜单“实验项目”下“肌肉神经实验”子菜单下的“神经干兴奋传导速度测定”实验。

（三）实验项目

1. 坐骨神经干双相动作电位的观察 将刺激方式选单刺激，波宽0.1ms，延迟1～5s，幅度范围0～5V，幅度大小从小到大逐渐调整，点击“刺激”按钮采样，即可出现神经干双相动作电位（图3－2），逐步增大刺激强度，双相动作电位也会随着增大。当刺激强度增大到一定程度，动作电位不再增大，记录此时的动作电位。

2. 分辨刺激伪迹 刺激伪迹是刺激信号在记录仪上显示的一个同步电位变化，它和动

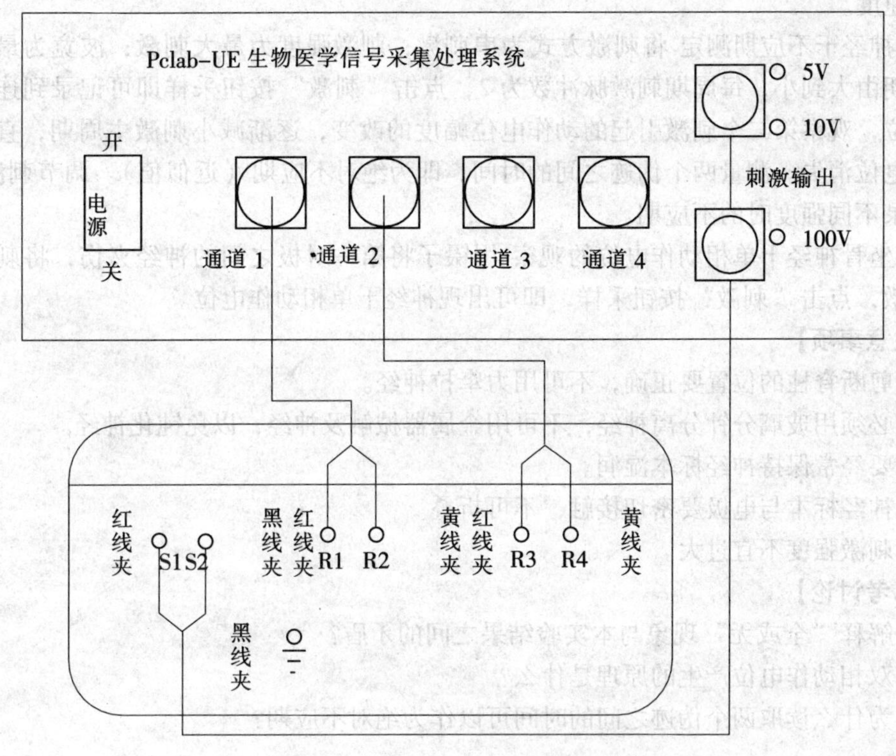

图 3－1　神经标本屏蔽盒连接示意图

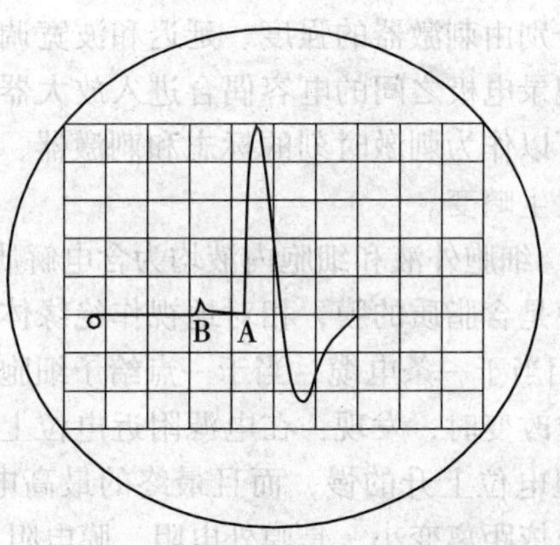

图 3－2　双相动作电位示意图

作电位信号的区别是：它往往在动作电位信号之前出现，它的信号幅度能随刺激强度的增大而增大，而动作电位的幅度仅在一定范围内随刺激强度的增强而增大，且改变刺激信号的极性时，动作电位的末相不改变。

3. 神经干动作电位传导速度的测定 分别测量第一通道和第二通道双相动作电位的起始位置的时间，其时间差即为兴奋从神经屏蔽盒第一根记录电极传到第三根记录电极所用的时间。再测量神经屏蔽盒第一根记录电极到第三根记录电极的距离即可计算出神经干动作电位的传导速度。也可点击主界面分时复用区的通用信息显示区，记录神经干动作电位的传导速度。

4. 神经干不应期测定 将刺激方式为串刺激；刺激强度为最大刺激；波宽为最小；刺激主周期由大到小，每周期刺激脉冲数为2，点击“刺激”按钮采样即可记录到连续两个动作电位，观察第二个刺激引起的动作电位幅度的改变，逐渐减小刺激主周期，直至第二个动作电位消失。测量两个伪迹之间的时间，即为绝对不应期（近似值）。调节刺激强度，观察记录不同强度时的不应期。

5. 坐骨神经干单相动作电位的观察 用镊子将第一对极之间的神经夹伤，将刺激方式选单刺激，点击“刺激”按钮采样，即可出现神经干单相动作电位。

【注意事项】

1. 剪断脊柱的位置要正确，不可用力牵拉神经。
2. 必须用玻璃分针分离神经，不可用金属器械触及神经，以免钝化神经。
3. 要经常保持神经标本湿润。
4. 神经标本与电极要密切接触，不可折叠。
5. 刺激强度不宜过大。

【思考讨论】

1. 解释“全或无”现象与本实验结果之间的矛盾？
2. 双相动作电位产生的原理是什么？
3. 为什么读取两个伪迹之间的时间可以作为绝对不应期？

附：

1. 刺激伪迹 逐渐增大刺激强度时，在屏幕的左侧基线上第一个波即为伪迹，其波形、幅度、宽度和位置可分别由刺激器的强度、延迟和波宽调节钮控制。它的产生机制有二：一是通过刺激电极与记录电极之间的电容偶合进入放大器，二是通过细胞膜的电缆效应偶合进入放大器。伪迹可以作为刺激时刻的标志和刺激器、示波器功能状态的标志，但伪迹太大，会使动作电位发生畸变。

2. 细胞膜的电缆学说 细胞外液和细胞内液均为含电解质的液体，可以看作为两个导体，有一定的电阻；细胞膜是含脂质的膜，相对地视作绝缘体，与前两者一起构成了电容（膜电容）。因此，细胞膜相当于一条电缆，当于一点给予细胞膜一个突然的电流，从另一点记录由此而引起的膜电位改变时，发现：在电源附近电位上升快，达到的最高电位也较大；离开电源越远，则不但电位上升的慢，而且最终的最高电位也较低。电位改变变慢，是膜电容引起的后果；电位依距离变小，是膜外电阻、膜电阻及膜内电阻引起的后果。

3. 双极记录法 本实验使用的记录方法为双极记录法，所记录到的电位变化，为两个电极之间的相对电位，并不代表电极下的真实电位，而是其代数和。另外，本法又是一种细胞外记录的方法，测得的电位也不代表细胞内的电位，只反映了膜外电位的改变。

实验四 红细胞比容（PCV）及血红蛋白（Hb）的测定

【实验目的】

1. 观察血液的组成。
2. 掌握红细胞比容含义及其测定方法。

3. 了解血红蛋白测定的原理，掌握其常用的测定方法。

【实验原理】

1. 将定量的抗凝血灌注于特制的毛细玻璃管中，定时、定速离心后，有形成分和血浆分离，上层呈淡黄色的液体是血浆，中间很薄一层为灰白色，即白细胞和血小板（或栓细胞），下层为暗红色的红细胞，彼此压紧而不改变细胞的正常形态。根据红细胞柱及全血高度，可计算出红细胞在全血中的容积比值，即为红细胞比容（压积）。

2. 血红蛋白测定的方法有多种，最常用而最简单的是比色法。血红蛋白的颜色常与氧的结合量多少有关，因而不利于比色。但当用一定的氧化剂（稀盐酸等）将其氧化时，可使其转变为稳定、棕色的高铁血红蛋白，而且颜色与血红蛋白（或高铁血红蛋白）的浓度成正比。可与标准色进行对比，求出血红蛋白的浓度，通常以每 100ml 血液中含血红蛋白的克数来表示。

【实验动物】

动物种类不限，牛、羊、猪、兔等均可。

【实验器材及药品】

比容管、温氏分血管、血红蛋白计（见图）、吸管、试管架、试管、离心机、天平、注射器、烧杯、长针头，0.1mol/L 盐酸、蒸馏水、95% 酒精、草酸盐抗凝剂（0.8g 草酸钾 +1.2g 草酸铵 + 甲醛 1ml + 蒸馏水至 100ml）或肝素等。

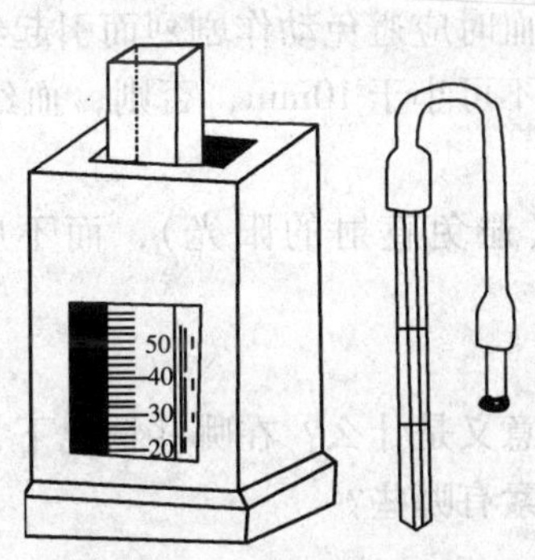

图　血红蛋白计示意图

【实验方法与步骤】

1. 采血 可采取静脉取血或心脏取血，将血液沿大试管（试管需用抗凝剂处理后烘干备用）壁缓慢放入管内，用涂有凡士林的大拇指堵住试管口，缓慢颠倒试管 2 ~ 3 次，让血液与抗凝剂充分混匀，并不能使血细胞破碎，制成抗凝血。

2. 用带有长针头的注射器，取抗凝血 2ml 将其插入分血管的底部，缓慢放入，边放边抽出注射针头，使血液精确到 10cm 刻度处。

3. 离心 将分血管以 3 000r/min 离心 30min，取出分血管，读取红细胞柱的高度，再以同样的转速离心 5min，再读取红细胞柱的高度，如果记录相同，该读数的 1/10 即为红细胞比容，同时观察血液的血浆、血细胞及白细胞、红细胞层。

4. 用滴管滴加 5 ~ 6 滴 0.1mol/L 盐酸加入血红蛋白计测定管中至刻度“2”或“10%”处。

5. 血液混匀后，用血红蛋白吸血管吸血 20μl 处，用干棉球揩净吸血管周围血液，将血液立即吹入测定管的 0. 1mol/L 盐酸中。然后再反复吸吹几次，使吸血管壁上的血液全部进入测定管中，进行吸吹时，要注意避免起泡。用玻棒将测定管中的盐酸与血液混合，放置 10min，使管内的盐酸和血红蛋白完全作用，形成棕色的高铁血红蛋白。

6. 以蒸馏水逐滴加入测定管中，每次加蒸馏水后，都要摇匀，再插入比色箱中进行比色。这样，测定管中的颜色逐渐变淡，直至与比色箱中的标准比色板相同时为止。

7. 从比色箱中取出测定管，读出其中液体表面（凹面）的刻度。测定管一般两边皆有刻度，其一边的刻度表示克数。如液体表面在刻度 15 处，即表示 100ml 血液中含有 15 克血红蛋白；其另一边的刻度，表示百分率，它与克数之间的关系，因血红蛋白计的型号而不一样，可参照使用说明书。国产的沙里（Sahli）氏型血红蛋白计，通常 100% 相当于 14. 5 克；如液体表面在刻度 70% 处，要计算其绝对克数，可用下列比例式求得：

$X : 14.5 = 70 : 100$

$X = 10.15$（g）

唯二者的计算，常可由测定管两边的刻度直接读出。

【注意事项】

1. 选择抗凝剂必须考虑到不能使红细胞变形、溶解。草酸钾使红细胞皱缩，而草酸铵使红细胞膨胀，二者配合使用可互相缓解。

2. 血液与抗凝剂混合、注血时应避免动作剧烈而引起红细胞破裂。

3. 血液和盐酸作用的时间不可小于 10min，否则，血红蛋白不能充分转变成高铁血红蛋白，使结果偏低。

4. 比色最好在自然光下（避免直射的阳光），而不应在黄色光下进行，以免影响结果。

【思考与讨论】

1. 测定红细胞比容的实际意义是什么？在哪些情况下，红细胞的比容明显增加？

2. 影响家畜血红蛋白的因素有哪些？

附：

1. 微量毛细管比容法测红细胞比容 ①以抗凝剂湿润毛细管内壁后吹出，让壁内自然风干或于 60 ~ 80℃ 干燥箱内干燥后待用；②取血：常规消毒，穿刺耳（或尾）尖，让血自动流出，用棉球擦去第一滴血，待第二滴血流出后，将毛细管的一端水平接触血滴，利用虹吸现象使血液进入毛细管的 2/3（约 50mm）处；③离心：用酒精灯熔封或橡皮泥、石蜡封堵其未吸血端，然后封端向外放入专用的水平式毛细管离心机，以 12 000r/min 的速度离心 5min。届时用刻度尺分别量出红细胞柱和全血柱高度（单位 mm）。计算其比值，即得出红细胞比容。

2. 使用血红蛋白仪直接定量测定血红蛋白　目前已有专用血红蛋白仪测定血红蛋白，其测定方法和步骤包括标定、采血、进样、读取结果等，方法简单、结果更精确。

实验五　红细胞（RBC）和白细胞（WBC）计数

【实验目的】

了解红细胞、白细胞计数的原理并掌握其计数的方法。

【实验原理】

血液中血细胞数很多，无法直接计数，需要将血液稀释到一定倍数，然后再用血细胞计数板，在显微镜下计算一定容积的稀释血液中的红、白细胞数量，最后将之换算成每升血液中所含的红、白细胞数。

常用的血细胞计数板是改良式牛鲍尔计数板，为优质厚玻璃制成。每块计数板由“H”型凹槽分为两个同样的计数池（图 5－1）。计数池的两侧各有一个支持堤，比计数池高出 0.1mm。计数池的长、宽各 3.00mm，平均分成边长为 1mm 的 9 个大格。每个大格容积为 $0.1mm^3$。在 9 个大格中，位于四角的四个大方格是计数白细胞的区域，每个大方格又用单线分为 16 个中方格；位于中央的大方格用双线分成 25 个中方格，其中，位于正中及四角的 5 个中方格是计数红细胞和血小板的区域，每个中方格又用单线分为 16 个小方格（图 5－2）。

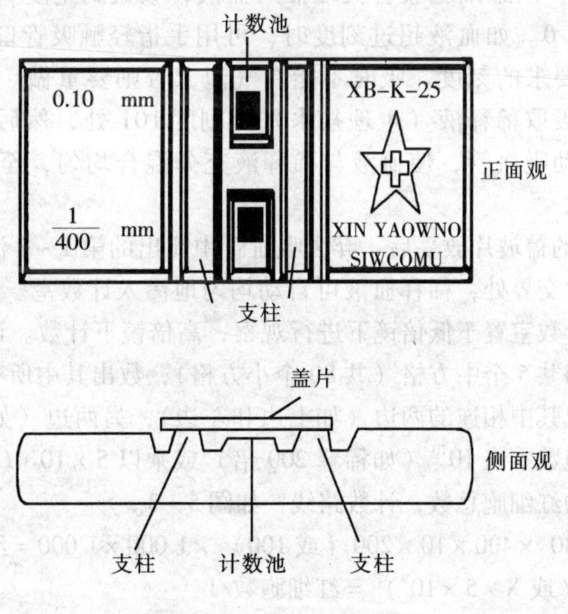

图 5－1　计数板的结构

【实验动物】

动物种类不限，牛、羊、猪、兔等均可。

【实验器材及药品】

血球计、显微镜、95% 酒精、生理盐水、蒸馏水、抗凝剂、红细胞稀释液（NaCl 0.5g，$Na_2SO_4 \cdot 10H_2O$ 2.5g，HgCl 0.25g，蒸馏水加至 100ml。也可用生理盐水做稀释液等）、白细胞稀释液（冰醋酸 1.5ml，1% 结晶紫 1ml 加蒸馏水至 100ml 或 2% 醋酸溶液）。

【方法与步骤】

1. 置计数室于低倍镜下，熟悉计数室的构造。

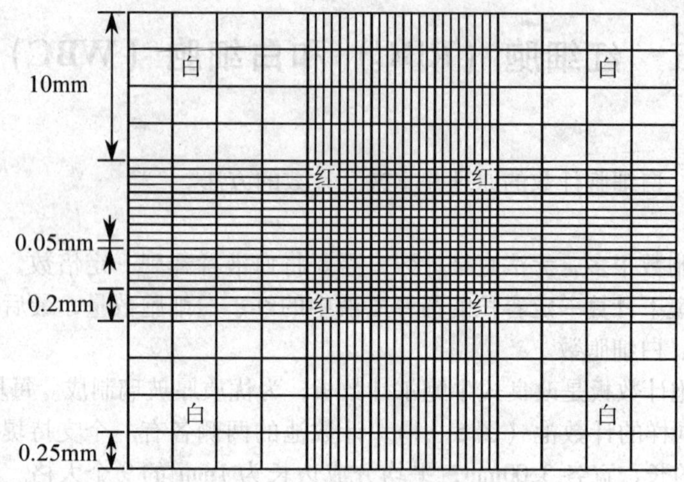

图 5－2　血细胞计数室

2. 抗凝血制备（同实验四）。

3. 血液混匀后，以红细胞吸管尖端插入血液，吸血到刻度 0.5 处。当吸血已超过 0.5，可进而吸至 1.0。如血液超过刻度时，可用手指轻触吸管口，慢慢移动，可以吸出一些血液，达到要求的刻度。吸时不能有气泡，否则要重做。用于棉球擦去吸血管外面的血液，立即吸取稀释液（生理盐水）至刻度 101 处，然后用手指按住吸血管的上下两端，轻轻摇动吸血管，使血液与稀释液充分混合均匀，至此即可准备作红细胞计数用。

4. 将计数室上的盖玻片放妥后，弃去吸血管中流出的第 1～2 滴稀释血液，然后滴半滴于计数室与盖玻片交界处，稀释血液可自动均匀地渗入计数室。放置 1～2min，待红细胞下沉后，就可将计数室置于低倍镜下进行观察，高倍镜下计数。计数时，选定中央一个大方格中四角及中间共 5 个中方格（共 80 个小方格），数出其中所有的红细胞数。对四边压线的红细胞，只数其中相连的两边（如上边和左边），另两边（如下边和右边）的则不计。将所得的红细胞数乘以 10^{10}（如稀释 200 倍）或乘以 5×10^{9}（如稀释 100 倍），即为要求的每升血液中的红细胞总数，计数路线，如图 5－3。

计算公式：$X/80\times400\times10\times200$（或 100）$\times1\,000\times1\,000$ = 红细胞数/L

简式：$X\times10^{10}$（或 $X\times5\times10^{9}$）= 红细胞数/L

式中：X 为 80 个小方格，即 5 个中方格内的红细胞总数；400 为一个大方格，即 $1mm^2$ 面积内共有 400 个小方格；10 为盖玻片与计算室间的实际高度是 0.1mm，乘以 10 后则为一个微升；200（或 100）为稀释倍数；乘以 10^9 为 1L。

5. 血液混匀后，用白细胞吸管吸取血液至刻度 0.5 或 1.0 处，再吸稀释液（2% 醋酸）至 11 处（醋酸的作用是使红细胞破坏溶解）摇匀后，即稀释成 20 或 10 倍的血液。将吸血管中的血液放入计数室的方法和注意事项，亦与红细胞计数时相同。

6. 于低倍镜下计数室四角 4 个大方格（每个大方格分 16 个中方格）中白细胞的总数，如计数室四角没有大方格，则用正中的一个大方格，将数得的结果乘以 4。

计数公式：$X/4\times20$（或 10）$\times10\times1\,000\times1\,000$ = 白细胞数/L；

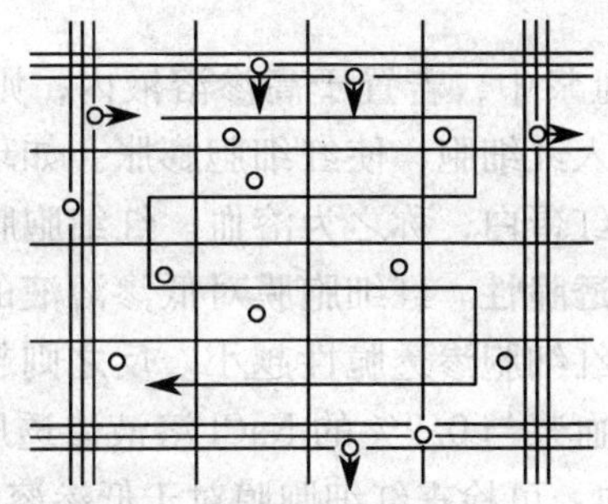

图 5－3　计数路线

简式为：$X/2 \times 10^8$（或 $X/4 \times 10^8$）＝白细胞数/L

【注意事项】

1. 计数时，要注意显微镜的载物台应绝对平置，不能倾斜，以免血细胞向一边集中。

2. 光线不要过强，为此，可调节显微镜的虹彩和集光器。

3. 中方格之间的红细胞数相差超过 15 个时或发现各大方格之间的白细胞数相差超过 10 个时，表示血细胞分布不均匀，应重做。

4. 吸血时将吸管下端开口放入血滴中部，尽量利用毛细血管现象使血液自动进入吸管内。

5. 红、白细胞计数所用的吸血管应分开使用。

【思考与讨论】

1. 稀释液装入计数板后，为什么要静止一段时间才开始计数？

2. 引起血细胞计数误差的原因有哪些？

附：计数板及吸血管清洗方法

洗净所用的器材，方法如下：

吸血管：吸血管中的血迹先用自来水洗去，再用蒸馏水洗三遍，然后用 95% 酒精洗两次以除去管内的水分。最后吸入乙醚 1～2 次，以除去酒精，每次排除管内洗涤液时不要用嘴吹，以免吹入水汽，可把橡皮管折叠起来，挤压数次，便可驱尽。如有血迹不易洗去，还需用 1% 淡氨水或 45% 尿素浸一段时间，使血迹溶解后再按上法洗涤干净。

计数室：计数室只能用自来水和蒸馏水相继冲洗，然后以丝绢轻轻拭净，切不可用酒精或乙醚洗涤。

实验六　红细胞渗透脆性试验、血液凝固、血型测定

【实验目的】

1. 学习测定红细胞渗透脆性的方法，理解细胞外液渗透压对维持细胞正常形态与功能的重要性。

2. 了解血液凝固的基本过程及影响血凝的一些因素。

3. 观察红细胞凝集现象。

4. 学习 ABO 血型鉴定方法，掌握血型鉴定原理。

【实验原理】

1. 红细胞悬浮于等渗的血浆中，若置于高渗溶液内，则红细胞会因失水而皱缩；反之，置于低渗溶液内，则水进入红细胞，使红细胞膨胀。如环境渗透压继续下降，红细胞会因继续膨胀而破裂，释放血红蛋白，称之为溶血。红细胞膜对低渗溶液具有一定的抵抗力，这一特征称为**红细胞的渗透脆性**。红细胞膜对低渗溶液的抵抗力越大，红细胞在低渗溶液中越不容易发生溶血，即红细胞渗透脆性越小。反之则越大。生理学上将与血浆渗透压相等的溶液称为**等渗溶液**。血浆与0.9%的NaCl溶液渗透压相同，故将正常红细胞悬浮于不同浓度的NaCl低渗溶液中，可检查红细胞膜对于低渗溶液抵抗力的大小。在渗透压递减的一系列溶液中，红细胞逐渐膨大以至破裂溶解。对低渗溶液抵抗力最小的红细胞，最早出现溶血，具有最大渗透脆性。反之，渗透脆性最小的红细胞，对低渗溶液有最大抵抗力，最后出现溶血。红细胞的最小和最大渗透抵抗力分别用开始出现溶血与达到完全溶血时其所处的NaCl溶液的浓度来表示。

2. 血液流出血管后，激活内源性凝血途径，相继激活一系列凝血因子，最后使血浆中可溶性的纤维蛋白原转变为不溶性的纤维蛋白而发生凝固。

3. ABO血型是根据红细胞表面存在的凝集原决定的。存在A凝集原的称为**A血型**；存在B凝集原的称为**B血型**；既有A凝集原，又有B凝集原的称为**AB血型**；既无A凝集原，又无B凝集原的称为**O血型**。而血清中还存在凝集素，其中A血型的血清中含β-凝集素（抗B凝集素）；B血型的血清中含α-凝集素（抗A凝集素）；AB血型的血清中不含凝集素；O血型的血清中既含β-凝集素，又含α-凝集素。当A凝集原与抗A凝集素相遇或B凝集原与抗B凝集素相遇时，会发生红细胞凝集反应。抗A型标准血清中含有抗A凝集素，抗B标准血清中含有抗B凝集素，因此可以用标准血清中的凝集素与被测者红细胞反应，以确定其血型。

【实验对象】

牛、羊、猪、狗、兔、鸡等动物，人。

【实验器材及试剂】

烧杯、水浴箱、温度计、带有开叉橡皮管的玻璃棒、天平、试管、试管架、刻度吸管、注射器、采血针、载玻片、牙签、抗A标准血清、抗B标准血清、75%酒精棉球、碘酒棉球、吸管、柠檬酸钠血液、NaCl、蒸馏水、肝素、1%氯化钙溶液等。

【实验方法和步骤】

（一）红细胞渗透脆性测定

1. 抗凝血制备（同实验四）。

2. 将20支小试管分为两组，按1~10顺序编号，并分别排列在两个试管架上，按照表6-1所示，制备各种低渗盐溶液，混匀。

表6-1　低渗溶液配制表

试管号 / 试液	1	2	3	4	5	6	7	8	9	10
1% NaCl溶液（ml）	1.40	1.30	1.20	1.10	1.00	0.90	0.80	0.70	0.60	0.50
蒸馏水（ml）	0.60	0.70	0.80	0.90	1.00	1.10	1.20	1.30	1.40	1.50
NaCl溶液浓度（%）	0.70	0.65	0.60	0.55	0.50	0.45	0.40	0.35	0.30	0.25

3. 在每个试管中加血液 1 ~ 2 滴，拿起试管架，振荡混匀，在室温下放置 1h 后观察。

4. 观察结果

（1）试管内液体明显分层，下层呈混浊红色，上层为清亮、透明、无色，表示无溶血。

（2）试管内液体明显分层，下层呈混浊红色，上层呈透明红色，表示不完全溶血。

（3）试管内液体不分层，呈均匀一致的透明红色，表示完全溶血。

（4）试管内液体明显分层，下层呈混浊红色，上层为清亮、透明、淡红色，表示少量红细胞溶血，则该试管浓度即为红细胞最小抵抗力（最大脆性）。

（5）出现完全溶血的最大浓度即为红细胞最大抵抗力（最小脆性）。

（二）血液凝固

1. 物理因素对血液的影响，取小试管 3 支，第一试管中加入棉花条，第二支试管的内壁涂少许石蜡油，第三支试管不加入任何物质，留作对照，向 3 支试管中各加入新鲜血液 5ml，每隔 30s，轻轻倾斜试管一次，观察血液是否发生凝固，凝固时间各为多少？为什么？

2. 取新鲜血液 50ml，放入烧杯中，用带有开叉橡皮管的玻璃棒搅动，以除去其中的纤维蛋白，将除去纤维蛋白的血液静置。观察能否凝固？

3. 取试管一支，加新制备的血清（或脱纤维血）0.5ml，置 60℃ 热水中，经 10min 加温处理后，再加 0.5ml 的柠檬酸钠血浆，观察是否凝固？

4. 取试管一支，加柠檬酸钠血浆 0.5ml，再加入新制备未经加热处理的血清 0.5ml，观察是否有凝固现象发生？

5. 取试管一支，加柠檬酸钠血浆 0.5ml，然后加入 1% 氯化钙溶液 2 ~ 3 滴，观察是否发生凝固？

6. 取试管两支，分别加入柠檬酸钠血浆 0.5ml，再各加入 1% 氯化钙溶液 2 ~ 3 滴，一管置于常温或 37℃ 水浴中，一管放在低温或冰箱内，比较两管的凝血时间。

（三）血型鉴定

1. 每人取一张载玻片，擦干放于白纸上面。

2. 载玻片上分别滴加抗 A 标准血清、抗 B 标准血清各一滴。

3. 每人发一个采血针和一根牙签。

4. 用碘酒棉球消毒指端，再用酒精棉球消毒。

5. 左手用拇指压紧采血手指指肚，右手用采血针垂直刺破皮肤，挤出一滴血液。

6. 用牙签一端沾上少许血液在抗 A 标准血清混合均匀，用牙签另一端沾上少许血液在抗 B 标准血清混合均匀。

7. 观察结果：用肉眼观察有无凝集反应。如果发生凝集反应，可见红细胞聚集成大小不等的团块，其余液体无色透明。摇动玻片或搅拌均不能使细胞分散。如果无凝集反应，则液体呈均匀粉红色。根据双侧标准血清内是否有凝集反应的发生，可鉴别受试者的血型（表 6 - 2）。

表 6 - 2　ABO 血型检查结果判断

受试者血型	抗 A 标准血清	抗 B 标准血清
A	+	−
B	−	+
AB	+	+
O	−	−

【注意事项】

1．配制不同浓度的 NaCl 溶液时应力求准确、无误。

2．试管要干燥，加抗凝血的量要一致，轻轻混匀，不可剧烈振荡，以避免人为溶血。

3．采血时，要做到一人一针，不能混用。使用过的物品（包括竹签）均应放入污物桶，不得再到采血部位采血。

4．牙签一端用于接触抗 A 标准血清，另一端用于接触抗 B 标准血清，不能混用，以免影响结果。

【讨论思考】

1．根据结果分析血浆晶体渗透压保持相对稳定的生理学意义。输液时应注意的什么问题？

2．ABO 血型分类标准是什么？输血前为什么要进行交叉配血实验？

3．经 ABO 血型鉴定后，若是同型血，是否可直接输血？为什么？

4．临床实践中应如何促进或延缓血液凝固？

实验七　期前收缩和代偿间歇、蛙心起搏点观察

【实验目的】

1．用结扎法观察两栖类动物心脏起搏点和心脏不同部位传导系统自动节律性的高低。

2．学习蛙类心脏活动曲线的描记方法。

3．理解心动周期中心脏兴奋性变化的规律及有效不应期长的特点。

【实验原理】

心脏的特殊传导系统具有自动节律性，但各部分的自动节律性高低不同。两栖类动物的心脏起搏点是静脉窦（哺乳动物的是窦房结）。正常情况下，静脉窦（窦房结）的自律性最高，能自动产生节律性兴奋，并依次传到心房、房室交界区、心室，引起整个心脏兴奋和收缩，因此静脉窦（窦房结）是主导整个心脏兴奋和搏动的正常部位，被称为**正常起搏点**；其他部位的自律组织仅起着兴奋传导作用，故称之为潜在起搏点。

蛙类的心肌与其他动物的心肌一样，其兴奋后具有较长的不应期。在心脏的收缩期和舒张早期，任何刺激均不能引起心肌兴奋与收缩，而在心肌舒张早期以后，正常节律性兴奋到达之前，给心脏施加一个阈上刺激就能引起一次提前出现的心肌收缩，称为**"期前收缩"**或"额外收缩"。同理，期前收缩也有一个较长的不应期，因此，如果下一次正常的窦性节律性兴奋到达时，正好落在期前收缩的有效不应期内，就不能引起心肌收缩。这样，期前收缩之后往往出现一个较长时间的间歇期，称为**"代偿间歇"**（图 7－1）。

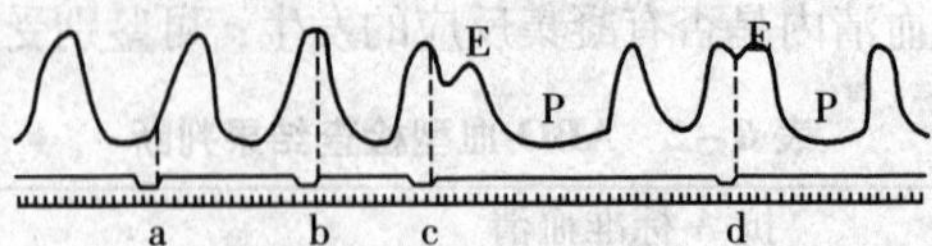

E：期前收缩　P：代偿间歇　a 和 b：刺激落在有效不应期无反应

c 和 d：刺激落在相对不应期产生期前收缩与代偿间歇

图 7－1　期前收缩与代偿间歇曲线

【实验动物】

蛙或蟾蜍。

【实验器材及试剂】

滴管、玻璃分针、蛙板、蛙钉、杀蛙针、蛙心夹、手术剪、手术镊、万能支架、纱布、双极刺激电极、张力换能器、计算机、生物医学信号采集处理系统、任氏液。

【实验方法与步骤】

1. 在体蛙心的制备　取蛙一只，破坏脑、脊髓后，背位固定于蛙板上，左手持镊子提起胸骨后端的皮肤剪一小口，然后向左、右两侧锁骨外侧剪开皮肤。把游离的皮肤掀向头端。再用镊子提起胸骨后方的腹肌，剪开一小口后，剪刀伸入胸腔（勿伤及心脏和血管），沿皮肤切口剪开胸壁，剪断左右乌喙骨和锁骨，使创口呈一倒三角形，充分暴露心脏部位。持眼科镊提起心包膜并用眼科剪剪开心包膜，暴露心脏。

2. 实验项目

（1）观察心脏的结构及各部分收缩的顺序　参照图 7－2 识别蛙类心脏。自心脏腹面可观察到心室、心房、动脉球和主动脉。用玻璃分针向前翻转蛙心，暴露心脏背面可观察到静脉窦和心房。从心脏背面观察静脉窦，心房和心室的跳动，同时记录每分钟的收缩次数（次/min)，注意它们的跳动次序。

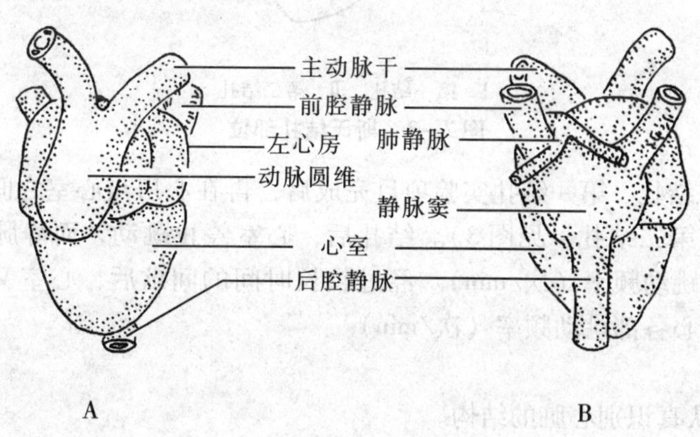

A. 蟾蜍心脏腹面观　B. 蟾蜍心脏背面观

图 7－2　蟾蜍心脏结构示意图

（2）连接实验装置　将张力换能器固定于万能支架上，将蛙心夹上的细线与张力换能器相连，张力换能器的输出端连接于生物医学信号采集处理系统通道 1 插孔。将双极刺激电极插入计算机及生物信号采集处理系统“刺激输出接口”，再将刺激电极与心室接触良好并固定于万能支架上。

（3）描记正常心搏曲线　打开计算机，启动生物信号采集处理系统。点击菜单“实验项目”下“循环实验”子菜单下的“期前收缩－代偿间歇”实验。描记正常心搏曲线并观察曲线的收缩相和舒张相。曲线幅度代表心室收缩的强弱，单位时间内的曲线个数代表心跳频率。曲线向上移动表示心室收缩，其顶点水平代表心室收缩所达到的最大程度；曲线向下移动表示心室舒张，其最低点即基线水平代表心室舒张的最大程度。

（4）点击主界面分时复用区的刺激参数调节区，设置刺激参数，分别在心室收缩期或舒张早期点击“刺激”按钮，观察能否引起期前收缩。

（5）以上述刺激在心室舒张早期之后的不同时段刺激心室，观察有无期前收缩出现。若能引起期前收缩，观察其后有无代偿间歇出现。

（6）斯氏第一结扎　分离主动脉两分支的基部，用眼科镊在主动脉干下引一细线。将蛙心心尖翻向头端，暴露心脏背面，在静脉窦和心房交界处的半月形白线（即窦房沟）处将预先穿入的线做一结扎（即斯氏第一结扎，见图7－3），以阻断静脉窦和心房之间的传导。观察蛙心各部分的搏动节律有何变化，并记录各自的跳动频率（次/min）。待心房、心室复跳后，再分别记录心房心室的复跳时间和蛙心各部分的搏动频率（次/min），比较结扎前后有何变化。

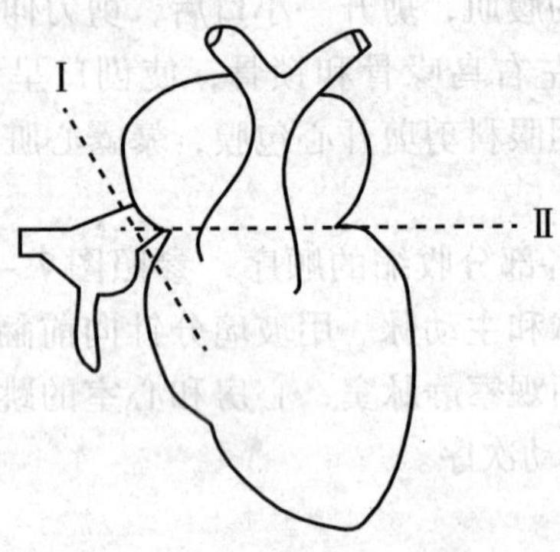

Ⅰ. 第一结扎　Ⅱ. 第二结扎

图7－3　斯氏结扎部位

（7）斯氏第二结扎　第一结扎实验项目完成后，再在心房与心室之间即房室沟用线作第二结扎（即斯氏第二结扎，见图3）。结扎后，心室停止跳动，而静脉窦和心房继续跳动，记录其各自的跳动频率（次/min）。经过较长时间的间歇后，心室又开始跳动，记录心室复跳时间和蛙心各部跳动频率（次/min）。

【注意事项】

1. 结扎前要认真识别心脏的结构。
2. 结扎部位要准确落在相邻部位的交界处，结扎时用力逐渐增加，直到心房或心室搏动停止。
3. 斯氏第一结扎后，若心室长时间不恢复跳动，实施斯氏第二结扎则可能使心室恢复跳动。
4. 张力传感器与蛙心夹之间的细线应保持适宜的紧张度。
5. 双极刺激电极与心室接触良好的同时应尽量避免其阻碍心脏的自发收缩。
6. 经常给心脏滴加任氏液，以保持心脏适宜的环境。

【讨论思考】

1. 如何证明两栖类心脏的起搏点是静脉窦？它为什么能控制潜在起搏点的活动？
2. 实验结果说明心肌有哪些特性？
3. 在什么情况下，期前收缩之后可以不出现代偿间歇？
4. 心肌的有效不应期较长有何生理意义？

实验八　离体蛙心灌流实验

【实验目的】

1. 学习蛙类离体心脏灌流方法。

2. 观察 Na^+、K^+、Ca^{2+}、H^+、肾上腺素、乙酰胆碱等因素对心脏活动的影响。

【实验原理】

1. 蛙心脏离体后，用理化特性近似于血浆的任氏液灌流，在一定时间内，可保持其比较稳定的节律性收缩和舒张。

2. 心脏的正常节律性活动需要一个适宜的内环境（如 Na^+、K^+、Ca^{2+} 等的浓度及比例、pH 值和温度、乙酰胆碱、肾上腺素、去甲肾上腺素等化学物质），而内环境的变化则直接影响到心脏的正常节律性活动，如改变 Na^+、K^+、Ca^{2+} 的浓度及 pH 值等，心脏跳动的频率和幅度就会发生相应的改变。

【实验动物】

蛙或蟾蜍。

【实验器材及试剂】

杀蛙针、玻璃分针、蛙板、蛙钉、蛙心套管、蛙心夹、蛙心套管夹、手术剪、眼科剪、滴管、试剂瓶、烧杯、双凹夹、万能支架、细线、张力换能器、计算机、生物医学信号采集处理系统、任氏液、2% NaCl、2% $CaCl_2$、1% KCl、2.5% $NaHCO_3$、3% 乳酸、1∶10 000肾上腺素、1∶10 000乙酰胆碱等。

【实验方法与步骤】

离体蛙心标本制备（斯氏蛙心插管法）

取蟾蜍一只，破坏脑和脊髓，打开胸腔，暴露心脏（同实验七）。在主动脉干下方穿双线，一条在左主动脉上端结扎做插管时牵引用；另一根在动脉球上方打一活结备用（用以结扎和固定套管）。用玻璃分针将心脏向前翻转，在心脏背侧找到静脉窦，在静脉窦以外的地方做一结扎（切勿扎住静脉窦），以阻止血液继续回流心脏（也可不进行此操作）。

左手提起左主动脉上方的结扎线，右手持眼科剪在左主动脉根部（动脉球前端）沿向心方向剪一斜口，将盛有少许任氏液的蛙心套管由此开口处轻轻插入动脉球。当套管尖端到达动脉球基部时，应将插管稍向后退（因主动脉内有螺旋瓣会阻碍套管前进），并将套管尾端稍向右主动脉方向及腹侧面倾斜，使套管尖端向动脉球的背部后方及心尖方向推进，在心室收缩时经主动脉瓣进入心室（图8-1）。注意套管不可插得过深，以免套管下口被心室壁堵住。

若套管中任氏液面随心室的收缩而上下波动，则表明套管进入心室，可将动脉球上已准备好的松结扎紧，并固定于插管侧面的钩上，以免蛙心套管滑出心室。剪断结扎线上方的血管，轻轻提起插管和心脏，在左右肺静脉和前后腔静脉下引一细线并结扎，于结扎线外侧剪去所有相连的组织则得到离体蛙心。此步操作中应注意静脉窦不受损伤并与心脏连结良好。最后，用任氏液反复换洗套管内的任氏液，直到套管中无残留血液为止。至此，离体蛙心标本制备完成。

1. 实验装置连接　将蛙心插管固定于支架上，在心室舒张时将连有细线的蛙心夹在心脏舒张时夹住心尖，并将细线以适宜的紧张度与张力换能器相连。张力换能器导线连接于

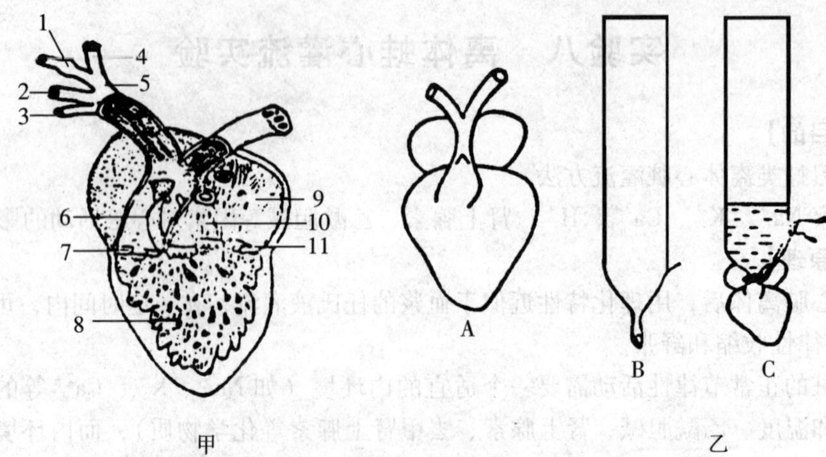

甲：蛙心的纵剖面　1. 颈动脉球　2. 大动脉　3. 肺皮动脉　4. 舌动脉　5. 颈动脉
6. 螺旋瓣　7. 半月瓣　8. 心室　9. 左心房　10. 右心房　11. 三尖瓣
乙：A. 心脏主动脉上所剪的破口　B. 斯氏蛙心套管　C. 套管已插入心脏

图 8－1　蛙心套管的插入

生物医学信号采集处理系统通道 1 插孔。离体蛙心灌流实验装置见图 8－2。

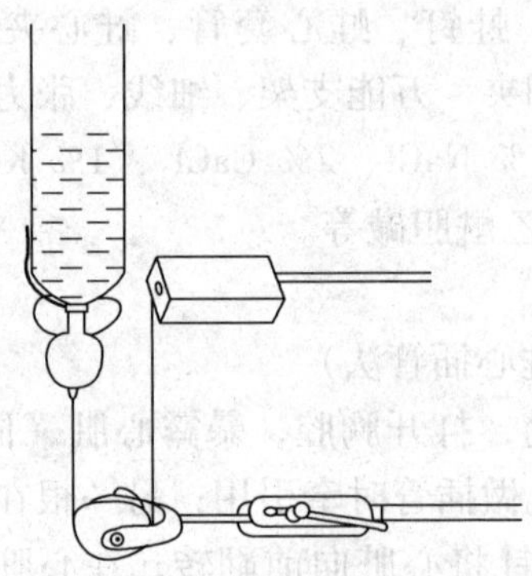

图 8－2　离体蛙心灌流实验装置

2. 实验项目

（1）打开计算机，启动生物信号采集处理系统。点击菜单“实验项目”下“循环实验”子菜单下的“蛙心灌流”实验，描记正常心脏收缩曲线。

（2）Na^+ 的作用 将 4～5 滴 2% $NaCl_2$ 溶液加入灌流液中，记录并观察心跳变化。有变化出现时，应立即以等量任氏液换洗数次，至心跳曲线恢复正常。

（3）Ca^{2+} 的作用 将 1～2 滴 2% $CaCl_2$ 溶液加入灌流液中，记录并观察心跳变化。有变化出现时，应立即以等量任氏液换洗数次，至心跳曲线恢复正常。

（4）K^+ 的作用 将 1～2 滴 1% KCl 溶液加入灌流液中，记录并观察心跳变化。有变化出现时，应立即以等量任氏液换洗数次，至心跳曲线恢复正常。

（5）肾上腺素的作用 将 1～2 滴 1：10 000 肾上腺素加入灌流液中，记录并观察心跳变化。有变化出现时，应立即以等量任氏液换洗数次，至心跳曲线恢复正常。

（6）乙酰胆碱的作用 将 1～2 滴 1：10 000 乙酰胆碱加入灌流液中，记录并观察心跳变化。有变化出现时，应立即以等量任氏液换洗数次，至心跳曲线恢复正常。

（7）酸的作用 将1～2滴3%的乳酸加入灌流液中，记录并观察心跳变化。有变化出现时应立即以等量任氏液换洗数次，至心跳曲线恢复正常。

（8）碱的影响 将1～2滴2.5% $NaHCO_3$ 加入灌流液中，记录并观察心跳变化。有变化出现时应立即以等量任氏液换洗数次，至心跳曲线恢复正常。

（9）温度的作用 取40℃热水试管与静脉窦接触3～5s，记录并观察心跳变化。待心跳曲线恢复正常后，取冰块与静脉窦接触3～5s，记录并观察心跳变化。

【注意事项】

1. 制备离体心脏标本时，切勿伤及静脉窦。

2. 蛙心夹应在心室舒张期一次性夹住心尖，避免因夹伤心脏而导致漏液。

3. 每一观察项目都应先描记一段正常曲线，然后再加药并记录其效应。加药时应在心跳曲线上予以标记，以便观察分析。

4. 各种滴管应分开使用，不可混用。

5. 在实验过程中，套管内灌流液面高度应保持恒定；仪器的各种参数一经调好，应不再变动。

6. 给药后若效果不明显，可再适量滴加，并密切注意药物剂量添加后的实验结果。给药量必须适度，加药出现变化后，应立即更换任氏液，否则会造成不可挽回的后果，尤其是 K^+、H^+ 稍有过量，即可导致难以恢复的心脏停跳。

7. 标本制备好后，若心脏功能状态不好（不搏动），可向插管内滴加1～2滴2% $CaCl_2$ 或1：10 000肾上腺素，以促进（起动）心脏搏动。在实验程序安排上也可考虑促进和抑制心脏搏动的药物交换使用。

8. 谨防灌流液沿丝线流入张力换能器内而损坏其电子元件。

【讨论思考】

1. 根据心肌生理特性分析各项实验结果。

2. 机体酸中毒时，心功能有什么变化？

3. 临床上静脉注射钙剂、钾盐时为什么必须缓慢滴注？

实验九　动脉血压的直接测量及影响因素

【实验目的】

1. 理解各种因素对动物血压的影响，加深理解动脉血压作为心血管功能活动的综合指标及其相对恒定的调节原理和重要意义。

2. 掌握动物血压直接测量的方法和技术。

3. 掌握兔静脉注射技术及麻醉方法。

4. 掌握兔手术的基本过程和技术。

5. 了解血压换能器的使用方法。

【实验原理】

动脉血压是心血管功能活动的综合指标。正常心、血管的活动在神经、体液因素的调节控制下保持相对稳定，维持动脉血压的相对恒定。因而通过改变神经、体液因素或施加药物，观察动脉血压的变化，可以间接反映诸因素对心、血管功能活动的调节及影响。

心脏受交感神经和副交感神经（迷走神经）的双重支配。交感神经兴奋通过其末梢释放的去甲肾上腺素（NE）与心肌细胞膜上的（1 受体结合，引起心率加快、心肌收缩力增强，心输出量增加，血压升高。迷走神经兴奋通过其末梢释放的乙酰胆碱（ACh）与心肌细胞膜上的 M 受体结合，引起心率减慢、心房肌收缩力减弱，心输出量减少，血压降低。在神经调节中以颈动脉窦－主动脉弓的减压反射尤为重要，当动脉血压升高时，压力感受器发放冲动增加，通过中枢反射性引起心率减慢、心肌收缩力减弱、心输出量下降、血管舒张和外周阻力降低，使血压降低。反之，当动脉压下降时，压力感受器发放冲动减少，神经调节过程又使血压回升。支配血管的交感缩血管神经兴奋时，使血管收缩、外周阻力增加、动脉血压升高。

家兔的主动脉弓压力感受器的传入神经在颈部从迷走神经分出，自成一支，称为**减压神经**，其传入冲动随血压变化而变化。

【实验动物】

家兔。

【实验器械及试剂】

兔手术台、保定绳、剪毛剪、手术刀、手术剪、眼科剪、手术镊、止血钳、台秤、血压计、纱布、动脉插管、动脉夹、万能支架、注射器、棉线、血压换能器、刺激器、计算机、生物医学信号采集处理系统、25% 氨基甲酸乙酯、肝素（1 000单位/ml）、1 ∶ 10 000 肾上腺素、1 ∶ 10 000去甲肾上腺素、1 ∶ 10 000的毛果芸香碱。

【实验方法与步骤】

1. 实验装置连接

（1）将血压换能器三通管与血压计的导管相连，换能器导线连接于生物医学信号采集处理系统通道 1 插孔。刺激器连接于外置盒 5 ~ 10V 刺激输出插孔。

（2）定标　参照实验一中“定标”部分相关内容定标。

（3）将血压换能器三通管与动脉插管连接，将刺激电极插入计算机及生物信号采集处理系统“刺激输出接口”。

2. 兔颈动脉插管手术

（1）麻醉与保定　秤重后，用 25% 氨基甲酸乙酯按每千克体重 4ml 的剂量从耳缘静脉缓慢注入，动物麻醉的标志为四肢松软，角膜反射消失。麻醉后用绳子将动物背位固定于手术台上。兔的耳静脉注射及固定见图 9－1、图 9－2。

（2）动脉与神经的分离　用剪毛剪剪去颈部被毛，沿颈部正中线切开皮肤 6 ~ 7cm，用止血钳沿正中线钝性分离皮下组织及肌肉，暴露出气管。用两把组织钳分别夹住气管两侧的皮肤和肌肉的边缘，并将其拉向两侧，即可见到气管两侧与气管平行的左、右颈总动脉及与其相伴而行的一束神经，这束神经中包括迷走神经、交感神经和减压神经。应用玻璃分针小心分离颈动脉鞘，仔细辨认三条神经。迷走神经最粗，交感神经较细，减压神经最细且常与交感神经紧贴再一起。游离两侧颈总动脉和一侧迷走神经、交感神经、减压神经。一般先分离颈总动脉与迷走神经，然后分离减压神经与交感神经。每条神经各分离出 2 ~ 3cm，并在各神经下穿一条不同颜色的丝线以便区别和使用。右侧颈总动脉下穿一条线备用，左侧颈总动脉用于血压测量，在其远心端和近心端各穿一条线备用。兔颈部血管、

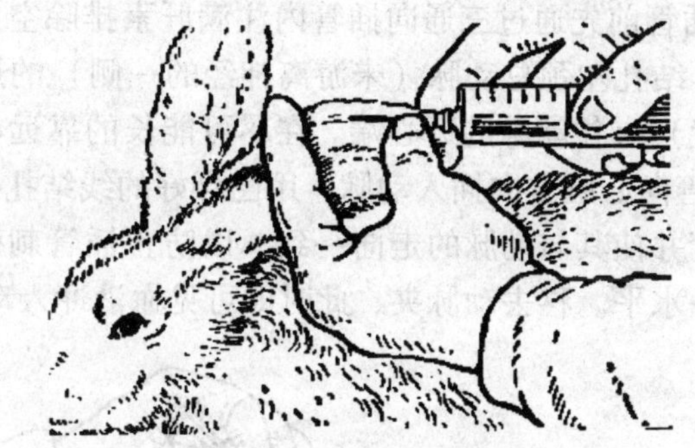

图 9－1　兔的耳静脉注射

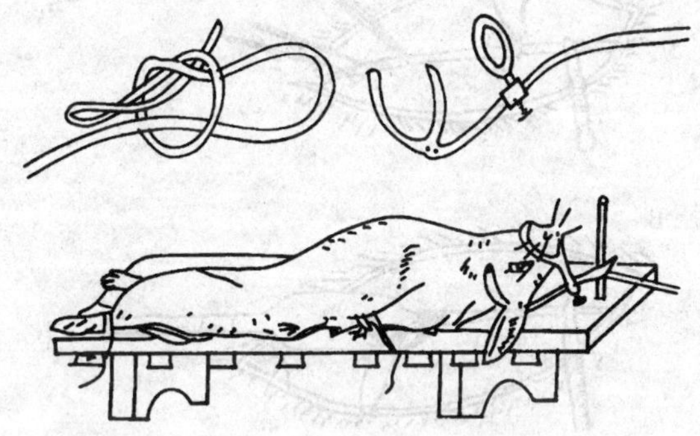

图 9－2　兔的固定法

神经的解剖位置见图 9－3。

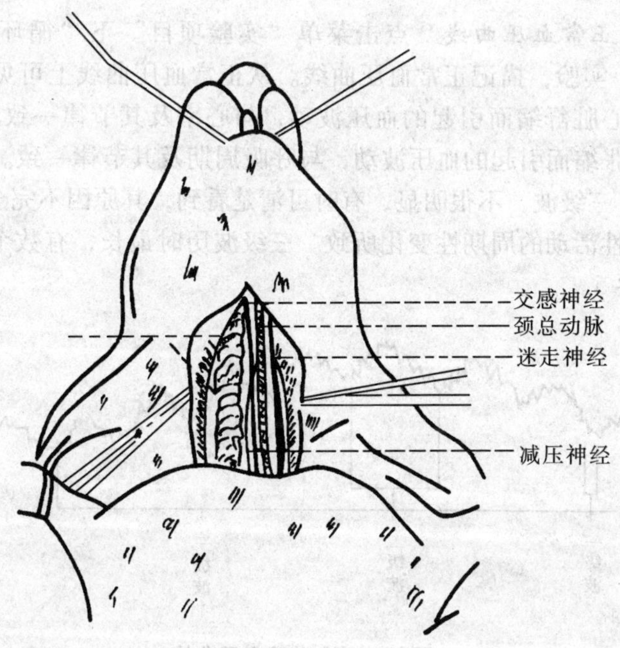

图 9－3　兔颈部神经、血管的解剖位置

（3）插动脉插管　插管前先通过三通向插管内注满肝素排除空气，并检查插管有无破裂，插管尖端是否光滑。结扎左颈总动脉（未游离神经的一侧）的远心端，用动脉夹（与动脉垂直并处于水平位置）夹住动脉的近心端。在尽可能长的靠远心端处用眼科剪剪一个“V”形切口，将动脉插管向心脏方向插入动脉，用已穿好的线结扎紧插入动脉的插管。在插管的适当位置固定插管并使其与动脉的走向一致，以防止插管刺破动脉。血压换能器的位置应大致与心脏在同一水平。移去动脉夹，此时即可见血液冲入动脉插管（图9－4）。

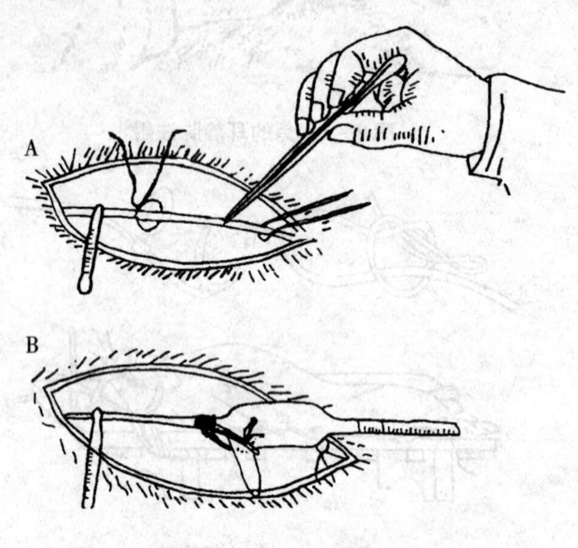

图9－4　动脉插管法

3. 实验项目

（1）观察描记正常血压曲线　点击菜单“实验项目”下“循环实验”子菜单下的“兔动脉血压调节”实验，描记正常血压曲线。从正常血压曲线上可见到三级波：一级波即心跳波，是由于心脏舒缩而引起的血压波动，与心率及其节律一致。二级波即呼吸波，是由于呼吸时肺的张缩而引起的血压波动，与呼吸周期及其节律一致。一般一个呼吸波中有3～5个心跳波。三级波，不很明显，有时可清楚看到，其原因不完全清楚，可能是由于血管运动中枢紧张性活动的周期性变化所致。三级波历时最长，有数个呼吸波组成。兔动脉血压曲线见图9－5。

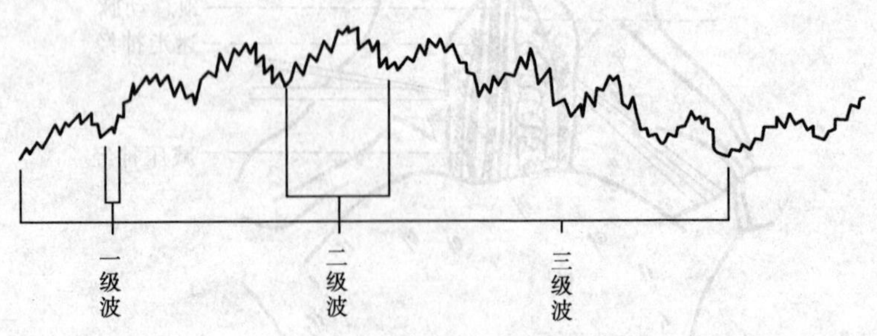

图9－5　兔动脉血压曲线

（2）夹闭右颈总动脉　用动脉夹夹闭右颈总动脉15s，观察、记录血压的变化。

（3）*牵拉颈总动脉*　手持左侧颈总动脉上的远心端结扎线，向心脏方向快速牵拉10s，观察、记录血压的变化。

（4）点击主界面分时复用区的刺激参数调节区，刺激方式选择“串刺激”，范围为0～5V或0～10V，幅度大小为2～3V。刺激右侧减压神经，同时观察、记录血压的变化。然后用两条线在减压神经中部结扎，再于两结扎间剪断。以上述分别刺激减压神经的中枢端和末梢端，同时观察、记录血压的变化。

（5）以上述刺激作用右侧交感神经，同时观察、记录血压的变化。

（6）用两条线在右侧迷走神经中部结扎，并于两结扎间剪断，以上述刺激分别刺激迷走神经的中枢端和末梢端，观察、记录血压的变化。

（7）刺激一侧交感神经，观察、记录血压的变化。

（8）从耳缘静脉注入1：10 000的肾上腺素0.3ml，观察、记录血压的变化。待完全恢复后，静脉注射1：10 000的去甲肾上腺素0.3ml，并进行同样观察。

（9）从耳缘静脉注入1：10 000的毛果芸香碱0.3ml，观察、记录血压的变化。

【注意事项】

1. 麻醉药注射速度要缓慢，不能过量。
2. 避免损伤动、静脉，严防出血。如发现出血现象，应立即止血。
3. 每项实验必须等待血压恢复正常后，才能开始下一项实验。
4. 实验结束后，必须结扎颈总动脉近心端后再拔除动脉插管。

【讨论思考】

1. 正常血压曲线的一级波、二级波及三级波各有何特征？其形成机制如何？
2. 动物动脉血压是怎样形成的？如何受神经体液调节？
3. 短时间夹闭右侧颈总动脉（未插管一侧）对全身的血压和心率有何影响？若夹闭部位在颈动脉窦上，影响是否相同？
4. 试分析以上各种实验因素引起动脉血压和心率变化的机制。
5. 如何证明减压神经是传入神经？

附1　压力换能器使用方法

压力换能器：通过压电装置，采用平衡电桥原理将压力波的信号转换成电信号，主要用于心室内压、动脉血压、静脉血压、腔内压等实验。压力换能器的两组应变片贴于一弹性扁管上，组成桥式电路（图9-6）。换能器的头部用透明罩密封，透明罩上有两个管嘴，一个与三通阀相通，另一个作排气用。当压力传至弹性扁管，使应变片变形，继而输出电流改变，经放大器放大，便可在记录仪记录下来。机能实验中测量动物。压力换能器一般可测量范围在-10～+40kPa（-75～+300mmHg）。使用时，将排气管连接三通使换能器管内充满液体（肝素生理盐水）。另一端为压力传送管，与动脉血管相连。

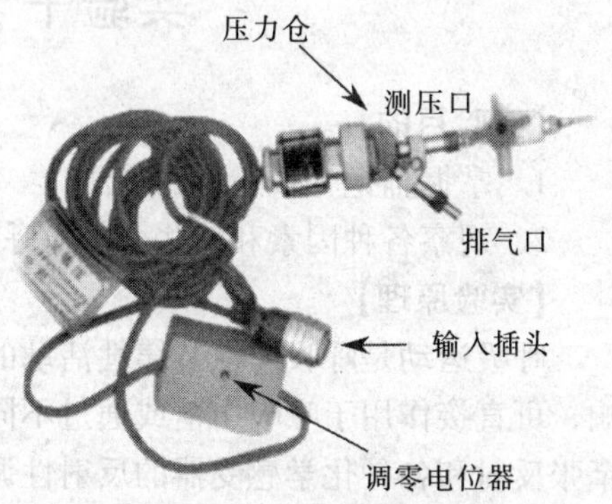

图9-6　血压换能器

注意事项：

1. 压力换能器的测量管道系统内必须充满肝素生理盐水，不能留有气泡，以免影响记录的波形。

2. 使用时严禁用注射器从侧管向闭合测压管道内推注液体，避免碰撞。

3. 严禁向换能器施加大于极限的压力，防止损坏换能器。

4. 换能器在做实验前先调好直流平衡。使记录线位于零点，若有偏离可调节血压换能器上的“调零”电位器。

5. 换能器在做实验前应先进行定标。

附2　兔静脉注射法

在兔实验中，常选用耳缘皮下静脉进行注射（注意：耳中央的血管为动脉）。先剪去或拔掉耳背面外缘部位的毛，用酒精棉球消毒。注射前用手指轻弹血管，使静脉扩张，术者用左手的食指和中指夹住静脉近心端耳廓，使静脉充盈，同时，用拇指和无名指固定兔耳远端，右手持注射器，刺入部位尽量在兔耳血管的远侧端，并与血管呈20°左右的角度，将针尖朝耳根方向刺入静脉，因耳缘静脉较细，不一定有回血。一般是注射器针尖先刺入皮下，后进血管，再推入血管少许。然后，左手改用拇指与食、中二指将针尖夹持固定在兔耳上，右手缓缓推动注射器筒芯，如手感推注困难，或发现注射部位局部肿胀变白，则说明针尖没有刺入静脉，药液注在皮下，此时，应将针尖拔出并重新注射。注射完毕后，拔出针尖，继续压迫1～2min以防出血（图1）。

注意事项

1. 不要注入空气，在注射前须将注射器内的空气排出，以免将空气注入静脉腔内形成气栓。

2. 注射器的刻度面应朝上，以便读数，针尖的斜面应朝上，便于刺入。

3. 注射速度应尽量慢而均匀，否则易导致动物死亡。

4. 兔耳缘静脉给药，应先选用耳缘静脉远端注射，逐次移向近端，以增加耳缘静脉重复注射的次数。

实验十　呼吸运动的调节

【实验目的】

1. 掌握描记呼吸运动的方法。

2. 观察各种因素和某些药物对呼吸运动的影响，并了解其作用机理。

【实验原理】

呼吸运动是呼吸中枢节律性活动的反映。呼吸中枢的活动受内、外环境各种刺激的影响，可直接作用于呼吸中枢或通过不同的感受器反射性地影响呼吸运动。其中较重要的有牵张反射和各种化学感受器的反射性调节。

【实验动物】

家兔。

【实验器材与试剂】

手术台、剪毛剪、手术刀、手术剪、眼科剪、手术镊、止血钳、台秤、气管插管、50cm橡皮管、注射器（20ml）、胶皮手套、钠石灰瓶、球胆、纱布、棉线、呼吸换能器（流量式）、刺激电极、计算机、生物医学信号采集处理系统、25%氨基甲酸乙酯溶液、

3%乳酸溶液、生理盐水。

【实验方法与步骤】

1. 兔气管插管手术

（1）麻醉与保定 见实验九。

（2）气管插管手术 颈部剪毛，沿颈部正中做6～7cm长的切口，钝性分离皮下组织和肌肉，分离气管及两侧的迷走神经，穿线备用。用眼科剪在气管上朝向心方向剪一切口，插入Y型气管插管。气管插管的主管通过一段橡皮管接呼吸换能器，侧管暴露于大气。

2. 仪器连接 呼吸换能器导线连接于生物医学信号采集处理系统通道1插孔。将刺激电极插入计算机及生物信号采集处理系统“刺激输出接口”。

3. 实验项目

（1）*观察描记呼吸曲线* 打开生物医学信号采集处理系统的硬件和软件，点击菜单“实验项目”下“呼吸实验”子菜单下的“呼吸运动调节”实验，描记正常呼吸曲线。观察正常呼吸运动与曲线的关系，记录呼吸频率、呼吸深度等。

（2）*增大无效腔* 气管插管一侧接一段约50cm长的橡皮管，观察呼吸运动的变化。

（3）*窒息* 夹闭橡皮管，观察呼吸运动的变化情况，结果明显后去掉橡皮管恢复正常呼吸。

（4）*增加吸入气中CO_2浓度* 将充气的胶皮手套套在气管插管一侧管上，持续呼吸以缓慢增加吸入气中CO_2浓度，观察呼吸运动的变化情况。

（5）*缺O_2* 将气管插管侧管通过一只钠石灰瓶与盛有空气的球胆相连，使动物呼吸球胆中的空气。经过一段时间后，球胆中的氧气明显减少，但CO_2并不增多（钠石灰将呼出气中CO_2吸收），观察此时呼吸运动有何变化。待呼吸变化明显后，恢复正常呼吸。

（6）*牵张反射* 将事先装有空气（约20ml）的注射器（或用洗耳球）经橡皮管与气管套管的一侧相连，在吸气相之末立即向肺内打气，可见呼吸运动暂时停止在呼气状态。待呼吸运动平稳后，再于呼气相之末立即抽取肺内气体（约20ml），可见呼吸暂时停止于吸气状态，分析变化产生的机理。

（7）*迷走神经的作用*

① 切断一侧迷走神经，观察呼吸运动有何变化。再将另一侧迷走神经结扎后在离中端剪断，观察呼吸运动又有何变化。

②重复第6项实验，比较呼吸变化有什么区别。

③点击主界面分时复用区的刺激参数调节区，刺激方式选连续双刺激，以2～3V电压连续刺激迷走神经向中端，观察呼吸运动的变化。

（8）*增加血液中H^+浓度* 经耳缘静脉快速注入3%乳酸0.2～0.3ml，观察呼吸运动的变化。

【注意事项】

1. 气管插管内壁必须清理干净后才能进行插管。

2. 经耳缘静脉注射乳酸要避免外漏引起动物躁动。

3. 每一项前后均应有正常呼吸运动曲线作为比较。

【讨论思考】

1. 增加吸入气中CO_2浓度、缺O_2刺激和血液pH值下降均使呼吸运动加强，机制有何不同？

2. 如果将双侧颈动脉体麻醉，分别增加吸入气中 CO_2 浓度和给予缺 O_2 刺激，结果有何不同？

3. 迷走神经在节律性呼吸运动中起何作用？

实验十一　离体小肠平滑肌的生理特性、胃肠运动形式的观察

【实验目的】

1. 通过观察各种因素对离体小肠平滑肌运动的影响，加深对平滑肌生理特性的了解。
2. 观察胃肠道的各种形式的运动。
3. 掌握离体小肠运动机能测定的实验方法。

【实验原理】

消化管、血管、子宫、输尿管、输卵管等均由平滑肌组成。平滑肌除具有肌肉的一般生理特性外，还具有自动节律性、较大的伸展性及对化学、温度和牵拉刺激敏感等生理特性。

在一定时间内，离体的小肠平滑肌在适宜的环境中仍可保持其生理功能。本实验将小肠平滑肌置于模拟内环境中，观察当模拟内环境因素发生变化时，离体小肠平滑肌运动的变化。

该实验方法不仅在理论上可以证明平滑肌的生理特性，而且还可用来测定微量化学物质或药物的生物学特性，被称为**生物学检定法**。

【实验动物】

兔。

【实验器材及试剂】

恒温平滑肌浴槽、计算机、生物信号采集处理系统、张力换能器、手术剪、注射器、丝线、万能支架、螺旋夹、双凹夹、恒温水浴锅、台氏液、1 : 10 000 肾上腺素、1 : 10 000乙酰胆碱、1% $CaCl_2$ 溶液、1mol/L HCl 溶液、1mol/LNaOH。

【实验方法和步骤】

1. 向恒温平滑肌浴槽内加自来水至没过加热柱，标本槽内加入台氏液，打开电源，调整温度手拨表至38℃恒温。将台氏液盛放于大烧杯内，将烧杯在恒温水浴锅中水浴加热至38℃恒温。

2. 将兔提起，用木棒敲击其脑后部急性致死，背位固定于手术台上，沿正中线剪开皮肤和腹壁，观察胃肠运动。

3. 找到胃，以胃幽门与十二指肠交界处为起点，剪去肠系膜，结扎肠管一端，剪2～3cm 长的十二指肠，置于38℃左右的温台氏液中轻轻漂洗肠腔内容物，将肠管一端连于浴槽内的标本固定钩上，另一端连于张力换能器，适当调节换能器的高度，使其与标本之间松紧度合适。此相连的线必须垂直，并且不能与浴槽壁接触，避免摩擦。打开供氧开关，调节供氧螺旋钮，气泡一个一个的溢出，为台氏液供氧。

4. 将张力换能器输入端与生物信号采集系统硬件放大器通道1 连接。

5．打开计算机，启动生物信号采集处理系统。点击菜单“实验项目”下“消化实验”子菜单下的“消化道平滑肌的生理特性”实验，描记正常肠管运动曲线，观察记录其频率、幅度及基线水平。

6．用滴管滴加1：10 000肾上腺素2～4滴于中央标本槽中，观察、记录肠管收缩曲线的改变。在观察到明显的作用后，用预先准备好的新鲜38℃台氏液冲洗2～3次，待肠管活动恢复正常。

7．用滴管滴加1：10 000乙酰胆碱（或毛果芸香碱）2～4滴于标本槽中，观察、记录肠管收缩曲线的改变。作用出现后同上法冲洗肠段。

8．用滴管滴加1：1 000的阿托品溶液3～5滴标本槽中，观察、记录肠管收缩曲线的改变，然后再滴加1：10 000乙酰胆碱（或毛果芸香碱）2～4滴于标本槽中观察、记录肠管收缩曲线的改变，并与第10项结果比较。

9．用滴管滴加1% $CaCl_2$ 溶液2～3滴，观察、记录肠管收缩曲线的改变。作用出现后同上法冲洗肠段。

10．用滴管滴加1mol/L NaOH溶液2～3滴，观察、记录肠管收缩曲线的改变。作用出现后同上法冲洗肠段。

11．用滴管滴加1mol/L HCl溶液2～3滴，观察、记录肠管收缩曲线的改变。待作用出现后同上法冲洗肠段。

12．向中央标本槽内加入42℃台氏液，观察、记录肠管收缩曲线的改变。

13．向中央标本槽内加入30℃台氏液，观察、记录肠管收缩曲线的改变。

【注意事项】

1．实验动物先禁食24h，于实验前1h喂食，然后处死，取出标本，肠运动效果更好。

2．标本安装好后，应在新鲜38℃台氏液中稳定5～10min，有收缩活动时即可开始实验。

3．注意控制温度。加药前，要先准备好更换用的新鲜38℃台氏液，每个实验项目结束后，应立即用38℃台氏液冲洗，待肠段活动恢复正常后，再进行下一个实验项目。

4．台氏液要现配现用。

5．标本槽中内溶液的液面应保持在同一水平。

6．实验项目中所列举的药物剂量为参考剂量，若效果不明显，可以增补剂量，但要防止一次性加药过量。

【讨论思考】

比较维持哺乳动物离体小肠平滑肌活动和维持离体蛙心活动所需的条件有何不同？为什么？

实验十二　胆汁和胰液的分泌调节

【实验目的】

1．熟悉动物胆汁、胰液分泌机能测定的方法。

2．理解影响胆汁、胰液分泌的神经体液因素。

【实验原理】

胰液和胆汁的分泌受神经和体液两种因素的调节。胰液和胆汁的分泌主要受迷走神经控制，当迷走神经兴奋时可以引起胰液和胆汁的分泌增加。与神经调节相比较，体液调节更为重要。在稀盐酸和蛋白质分解产物及脂肪的刺激作用下，十二指肠黏膜可以产生胰泌素和胆囊收缩素。胰泌素主要作用于胰腺导管的上皮细胞，引起水和碳酸盐的分泌；而胆囊收缩素主要引起胆汁的排出和促进胰酶的分泌。此外，胆盐（或胆酸）亦可促进肝脏分泌胆汁，称为**利胆剂**。

【实验动物】

家兔。

【实验器材及药品】

计算机、生物信号采集处理系统、刺激电极、普通剪刀、兔手术台、手术剪、手术镊、注射器及针头、丝线、各种粗细的塑料管（或玻璃套管）、培养皿、万能支架、双凹夹、纱布、秒表等、25%氨基甲酸乙酯、稀醋酸、0.5% HCl 溶液、粗制胰泌素、胆囊胆汁。

【实验方法与步骤】

1. 兔的麻醉与保定：同实验九。

2. 切开颈部皮肤，分离迷走神经：同实验九。

3. 胰管、胆管插管：剖开腹腔找出十二指肠，在十二指肠顶点（即 U 状弯底）向后约 10cm 处，提起小肠对着光线可见白色发亮的胰主导管入十二指肠。细心分离胰导管入肠处，剪一小孔插入充满生理盐水的玻璃套管，结扎固定。套管游离端可用丝线固定在肠管上，以防套管扭曲变位。然后在十二指肠起始部找出总胆管（注意与静脉区别），也同样插入塑料管，并做好两处固定。在不影响胆汁、胰液引流条件下，尽可能用止血钳封闭腹腔，以保持体温。

4. 胰液和胆汁的自动分泌：记录 5 ~ 10min 分泌量（滴数/min），并计算平均值。

5. 向十二指肠内注入 20ml 0.4%盐酸（37℃），观察反应全过程（潜伏期、增加、恢复，以滴/min 表示）。

6. 皮下注射 0.1%毛果芸香碱（或 0.01%甲基硫酸新斯的明）0.5 ~ 1ml。

7. 取胆汁 2ml 缓缓注入静脉。

8. 静脉注入胰泌素溶液 5 ~ 10ml。

9. 将刺激电极插入计算机及生物信号采集处理系统“刺激输出接口”，再将刺激电极输出电极放于迷走神经下面，打开计算机及生物信号采集处理系统，点击主界面分时复用区的刺激参数调节区，刺激方式选连续双刺激，幅度大小 3 ~ 5V。

10. 先静脉注射阿托品 1ml，片刻后待迷走神经至心脏的末梢被麻醉时，以电子刺激器刺激颈迷走神经外周端几分钟，观察反应过程。

【注意事项】

1. 家兔禁食 24h，实验前 0.5h 喂以青草可提高胆汁胰液分泌量。

2. 术前应充分熟悉手术部位的解剖结构。

3. 手术操作应细心，剥离胰液管时要小心谨慎，操作时应轻巧仔细。

4. 电刺激强度要适中，不宜过强。

【思考讨论】

胰液与胆汁的分泌主要受哪些因素调节。

附：

胰泌素的制备方法：将急性动物实验用过的兔，在兔空肠和幽门处各做结扎。用大注射器将100ml 0.4%盐酸注入十二指肠内，0.5～1h后，将盐酸放出。此时溶液内已有促胰液素，保存于冰箱待用。要用时煮沸，加入氢氧化钠溶液使其略呈碱性，再慢慢加入淡醋酸，使其稍带酸性。然后用纱布、滤纸分别过滤，所得滤液即可供实验用。

实验十三　一般生理指标的测定

【实验目的】

1. 熟悉动物心音听诊方法及心率测定，识别第一心音及第二心音。
2. 熟悉动物呼吸音听诊方法及呼吸频率测定，识别肺泡呼吸音和支气管呼吸音。
3. 熟悉动物胃肠蠕动音听诊方法及运动频率测定。
4. 熟悉体温的测量方法及正常体温。
5. 理解动脉脉搏的测定方法。

【实验原理】

1. 在每一心动周期中，由于心房和心室规律性的舒缩、心瓣膜的启闭和心脏射血及血液充盈等因素引起的振动经组织传至胸壁。将听诊器置于胸壁一定部位，即可在每一心动周期中听到两个心音，即第一心音和第二心音。第一心音是由房室瓣关闭和心室肌收缩振动所产生的，音调较低，历时较长，声音较响，是心肌收缩的标志，其响度和性质变化常可反映心室肌收缩强弱和房室瓣的机能状态。第二心音是由半月瓣关闭产生的振动所致，音调较高，历时较短，声音较脆，是心室舒张的标志。

2. 呼吸时，气体通过呼吸道进出肺泡产生的声音，称为**呼吸音**。正常条件下主要有肺泡呼吸音和支气管呼吸音。健康动物胸部可听到类似轻读“夫”的肺泡呼吸音，是由空气通过毛细支气管及肺泡入口处的狭窄部而产生的狭窄音与空气在肺泡内的漩涡流动时所产生的音响构成。支气管呼吸音是一种类似于发“SH”的声音，是空气通过声门裂隙时产生气流漩涡所致。一般在胸部不易听到，在气管处听诊明显。

3. 胃肠运动时产生的声音称为**胃肠蠕动音**，瘤胃正常蠕动时，声音逐渐变强，然后又呈逐渐减弱的沙沙声。正常瓣胃蠕动音呈断续细小的捻发音。真胃蠕动音呈流水声或含漱音的蠕动音。正常小肠蠕动音如流水声或含漱音，大肠音如雷鸣音或远炮音。

4. 在每个心动周期中，动脉内的压力发生周期性的波动。随着心脏节律性泵血活动，使主动脉管壁发生的扩张－回舒的振动以弹性波的形式沿血管壁传向外周，就形成了动脉脉搏。

【实验动物】

各种家畜（马、牛、鹿、羊、猪等）。

【实验器材及试剂】

听诊器、血压计、保定绳、体温计、凡士林、小夹子、手表、耳夹子等。

【实验方法和步骤】

1. 听诊器结构及使用　听诊器由听筒（耳塞、耳环、弹簧片）、橡胶管，听诊头（扁形、钟形两种）组成。使用时将听筒置于耳内，手持听诊头放于所需听诊部位即可。血压计由检压计、袖带和气球三部分组成。检压计是一个标有 0～300mm 刻度的玻璃管，上端通大气，下端和水银储槽相通，袖带是一个外包布套的长方形橡皮囊，其橡皮管分别和检压计的水银储槽及橡皮球相通。气球是一个带有螺丝帽的球状橡皮囊，供充气或放气之用。

2. 动物保定 将动物保定于六柱栏内。

3. 心音听诊 各种家畜心脏的位置通常在第 3～6 肋间，略偏左侧。在听取心音时应站在动物的左侧，让动物左前肢向前伸出半步，充分显露心区。检查者右手固定动物的鬐甲部或肩部，左手持听诊器。将听诊器听诊头放在动物左侧第 3～6 肋间，胸腔下 1/3 水平线上，选择心音最强点进行听诊。根据心音特征，注意仔细区分第一心音和第二心音，并计数心率。

4. 呼吸音听诊 检查者左手固定动物的鬐甲部或肩部，右手持听诊器。将听诊器听诊头放在动物胸侧壁听诊肺泡呼吸音，测呼吸频率。将听诊器听诊头放在动物颈部气管侧，听诊气管呼吸音。此外，也可以用下列方法测定呼吸频率：①站在病牛胸部的前侧方或者是腹部的后侧方，用眼睛观察牛在安静的情况下，胸腹部的起伏运动。胸腹壁的一起一伏，即是一次呼吸；②把手的背部放在病牛鼻孔前方，来感觉呼出的气流，也能计算出呼吸次数；③在冬季，可用眼睛观察病牛鼻孔呼出的气流。计算病牛的呼吸次数一般以每分钟的呼吸次数为标准。

5. 胃肠蠕动音听诊

(1) *瘤胃蠕动音* 检查者站在动物的左侧。一手固定动物的背部或臀部，一手持听诊器。将听诊器听诊头放在左侧肷窝部位进行听诊，判定瘤胃蠕动音的次数、强度、性质及持续时间。

(2) *瓣胃蠕动音* 检查者站在动物的右侧。一手固定动物的背部或臀部，一手持听诊器。将听诊器的听诊头放在右侧第 7～10 肋间，肩关节水平线上下 3cm 范围内进行听诊，判定瓣胃蠕动音强度、性质。

(3) *真胃蠕动音* 检查者站在动物的右侧。一手固定动物的背部或臀部，一手持听诊器。将听诊器听诊头放在右腹部第 9～11 肋间的肋骨弓区进行听诊，判定真胃蠕动音强度、性质。

(4) *肠音听诊* 马的肠音听诊部位，左侧肷部中 1/3 处为小肠音，左腹部下 1/3 为左侧大结肠音，右侧肷部为盲肠音，右侧肋弓下方为右侧大结肠音。牛肠音在右侧肷部听诊。肠音听诊，主要判定其频率、性质、强度和持续时间。

6. 体温测定 测体温前先把体温计上的水银柱甩到最低刻度，接着在温度计上涂上润滑剂或者蘸水，然后测温人员要站在牛的正后方（马的侧方），用手把尾巴略往上掀，再把体温计斜向前下方慢慢插入直肠内，接着用体温计夹子把体温计夹在尾巴根部的被毛上，3～5min 后取出体温计观察温度。测定好后，要把体温计擦洗干净，甩下水银柱，以备用。

7. 动脉脉搏的测量 检查各种动物脉搏的部位：牛在尾动脉、颌外动脉、腋动脉或隐动脉；马在颌外动脉、尾中动脉或面横动脉；猪在挠动脉，猫和狗在股动脉或胫前动脉。将食指、中指、无名指并拢用力按压在上述部位即可感觉到动脉脉搏，测定其速度、幅度、硬度和频率等特性。

【注意事项】

1. 听诊检查时必须保持安静，以利听诊。

2. 听诊器耳端应与外耳道方向一致，橡皮管不可交叉扭结，不可与其他物体摩擦，以免发生摩擦音，影响听诊。

【思考讨论】

1. 心音、呼吸音、胃肠蠕动音是如何产生的?

2. 心音、呼吸音、胃肠蠕动音听诊有何临床意义?

3. 为什么用直肠深部温度代表机体的体温?

4. 检查动脉脉搏有何临床意义?

实验十四　影响尿生成的因素

【实验目的】

1. 熟悉膀胱插管术、尿量记录等泌尿实验的方法。

2. 观察某些生理因素对尿生成的影响，了解尿生成的机理及神经体液调节机制。

【实验原理】

尿的生成过程包括肾小球的滤过，肾小管与集合管的重吸收、分泌与排泄。凡是影响上述过程的因素出现，都可能影响尿的生成而引起尿量的改变。

【实验动物】

家兔。

【实验器材及药品】

计算机、生物信号采集处理系统、平皿、兔固定台、止血钳、普通镊子、手术剪、注射器（50ml、1ml）、膀胱插管（或输尿管插管）个、丝线、纱布、刺激电极、25%葡萄糖、0.01%去甲肾上腺素、垂体后叶素、生理盐水、25%氨基甲酸乙酯。

【实验方法和步骤】

1. 兔的麻醉与保定：同实验九

2. 分离颈部迷走神经、交感神经及颈总动脉：同实验九

3. 膀胱插管：收集尿液选用膀胱插管法。从耻骨联合处开始向前在腹部正中线做一长3～4cm的皮肤切口，沿腹白线切开腹壁，暴露膀胱，结扎膀胱颈，以防尿液经尿道流出。提起膀胱顶，正中剪开一小口，插入膀胱导管，结扎。最后将膀胱插管内充满生理盐水。将导管平放于兔体后部或一侧，用平皿收集尿液。将腹腔用止血钳夹闭，纱布覆盖。

4. 记录尿液正常生成速度：记录3～5min的尿液滴数。

5. 将刺激电极插入计算机及生物信号采集处理系统“刺激输出接口”，再将刺激电极输出电极放于神经下面打开计算机及生物信号采集处理系统，点击主界面分时复用区的刺激参数调节区，刺激方式选连续双刺激，幅度大小3～5V。

6. 连续刺激迷走神经20～30s，记录尿液生成速度。

7. 连续刺激交感神经20～30s，记录尿液生成速度。

8. 耳缘静脉注射生理盐水50ml，记录尿液生成速度。

9. 耳缘静脉注射0.01%去甲肾上腺素0.2～0.3ml，记录尿液生成速度。

10. 耳缘静脉注射20%葡萄糖10ml，记录尿液生成速度。

11. 耳缘静脉注射垂体后叶素2单位，记录尿液生成速度。

12. 从颈总动脉放血15~25ml，记录尿液生成速度。

【注意事项】

1. 进行每项实验时，必须在前一项实验结束后，尿量基本恢复正常时再开始下一项实验。在开始前一定要有对照记录。

2. 实验中需要多次进行耳缘静脉注射，所以一定要注意科学进行耳缘静脉注射，必须先从耳尖部开始注射，逐步移近耳根。

3. 实验前给动物多吃些多汁的青绿饲料。

4. 结扎时，切不可将输尿管结扎。

【思考讨论】

1. 分析本实验中，哪些因素可影响肾小球的滤过？哪些因素可影响肾小管和集合管的转运功能？

2. 生理盐水和高渗葡萄糖的利尿机制有何不同？

实验十五　反射弧分析与脊髓反射

【实验目的】

1. 分析反射弧的组成部分，并探讨反射弧的完整性与反射活动的关系。

2. 认识脊髓反射的基本特征和兴奋在中枢神经系统内传导的基本特征。

【实验原理】

1. 神经调节的主要方式是反射，反射的结构基础是具有生理完整性的反射弧，包括五个基本环节：感受器、传入神经、神经中枢、传出神经和效应器，其中任何一个环节遭到破坏，都不能引起反射的发生。

2. 脊髓是中枢神经系统的最低级部位，它的机能最简单，可以完成简单的反射活动。脊髓反射具有中枢兴奋传导的基本特征，如总和作用、兴奋扩散、后作用等。

【实验动物】

蛙或蟾蜍。

【实验器材及药品】

计算机、生物信号采集处理系统、刺激电极、普通剪刀、手术剪、手术镊、杀蛙针、丝线、培养皿、万能支架、双凹夹、秒表、硫酸、滤纸片、平皿、纱布、任氏液。

【实验方法与步骤】

1. 脊蛙制作：用左手拇指和食指捏住青蛙腹部脊柱，右手将普通剪刀伸入蛙口中，在鼓膜的后方（约在延髓与脊髓中间）剪去脑部，即为脊髓蛙。用短线穿过下颌，悬在万能支架上，待其兴奋性恢复后，进行下面实验。

2. 屈肌反射和对侧伸肌反射：以平皿盛0.5%硫酸少许，接触蛙下肢趾尖，观察受刺激侧和对侧下肢的反应。

3. 反射时的测定：依前法用0.5%及1%的硫酸刺激脚趾，用秒表（或电子表）测定反射时间。每种浓度重复3次，求其平均值。

4. 搔扒反射：以浸有0.5%硫酸的小滤纸片贴于蛙的腹侧部，观察后肢反应及动作的准确性。

5. 反射过程的抑制：先用鳄鱼夹夹住蛙大腿根部的皮肤，待蛙不动后，再将后肢用0.25%（或1%）的硫酸刺激。比较此时反射时与前项的区别。

6. 脊髓内兴奋过程的扩散：用镊子夹蛙左趾，力量由小到大，观察参与反射肌肉的范围和强度。

7. 刺激的综合：将刺激电极插入计算机及生物信号采集处理系统"刺激输出接口"，打开计算机及生物信号采集处理系统软件，点击主界面分时复用区的刺激参数调节区，刺激方式选单刺激，波宽1ms。调整刺激幅度大小找到刺激阈强度，然后改用稍弱于阈值强度的连续电刺激（串刺激），观察频率变为多大时，蛙趾开始后缩。用两个电极对蛙趾不远于0.5cm的两点同时给予阈下刺激，看能否观察到空间总和现象。

8. 反射的后作用：当蛙后肢受到电刺激时，引起反射动作，观察当刺激停止时反射作用是否立即停止；若不便观察，增大刺激强度，看反应又有何变化？

9. 破坏感受器：用剪刀在蛙左侧后肢股部皮肤做一环形切口，将切口以下皮肤剥净，直至趾端（包括趾底），再以0.5%硫酸刺激，结果如何？

10. 破坏传入传出神经：在右侧后肢股部的股二头肌和半膜肌之间分离出坐骨神经，剪断坐骨神经，用0.5%硫酸刺激脚趾，观察后肢有无反应。

11. 破坏中枢神经：用蛙针将脊髓破坏，再刺激身体任何部位，有无反射出现？并比较破坏脊髓前后四肢的紧张情况。

【注意事项】

1. 每次用酸刺激后，均应迅速用清水洗去蛙趾皮肤上的硫酸，以免皮肤受伤。洗后应用纱布擦干水渍，防止再刺激时硫酸被稀释。

2. 蛙趾每次接触硫酸的深度应一致。每次刺激后应隔2～3min，再进行下一次刺激，以免互相影响。

3. 电刺激时，避免皮肤干燥使电阻增大。

【思考讨论】

1. 反射弧的组成与作用。

2. 脊髓反射的基本特征及兴奋在中枢内的传导特点。

实验十六　去小脑动物的观察、去大脑僵直

【实验目的】

1. 观察小脑对维持姿势及运动协调的作用。

2. 观察大脑对动物肌紧张的调节作用。

【实验原理】

1. 小脑是调节机体姿势和躯体运动的重要中枢，它接受来自运动器官、平衡器官和大脑皮层运动区的信息，其与大脑皮层运动区、脑干网状结构、脊髓和前庭器官等有广泛联系，对大脑皮层发动的随意运动起协调作用，还可调节肌紧张和维持躯体平衡。小脑损伤后会发生躯体运动障碍，主要表现为躯体平衡失调、肌张力增强或减退及共济失调。

2. 中枢神经系统的网状结构中，存在着脑干网状结构后行易化区和脑干网状结构后行抑制区，分别具有易化肌紧张和抑制肌紧张的作用。两者之间，既互相拮抗又互相协调，使骨骼肌维持适度的紧张状态，保持动物体的正常姿势。其中其自发性活动以脑干网状结构后行易化区占优势，其抑制区的活动主要受大脑、小脑等脑干外神经中枢的控制。在中脑上下叠体之间横断脑干，由于切断抑制肌紧张系统的联系较多，易化肌紧张的作用相对加强，导致全身骨骼肌特别是伸肌紧张亢进，动物出现四肢伸直，头部后仰，尾巴竖立等角弓反张状态，这种症状称去大脑僵直。

【实验动物】

蛙或蟾蜍、小白鼠、家兔。

【实验器材及药品】

蛙板、手术剪、镊子、手术刀、玻璃分针、兔手术台、电刺激器、脑刺激电极、骨蜡、兔颅骨钻、咬骨钳、25%氨基甲酸乙酯、乙醚等。

【方法及步骤】

（一）去小脑动物的观察

1. 用湿纱布包裹蛙的身体，露出头部。以左手抓住蛙的身体，从鼻孔上部至枕骨大孔前缘（即鼓膜的后缘）沿眼球内缘用剪刀将额顶皮肤划出两条平行裂口，用镊子掀起该条皮肤，剪去，暴露颅骨，细心剪去额顶骨，使脑组织暴露出来，直至延髓为止。辨认蛙脑各部分（图 16－1）。蛙的小脑不发达，位于延脑前，呈一条横的皱褶，紧贴在视叶的后方。用玻璃分针将一侧的小脑捣毁，用小棉球轻轻堵塞止血，待 5～10min 后，观察蛙静止体位和姿势的改变（图 16－2），蛙在跳跃或游泳时有何异常？

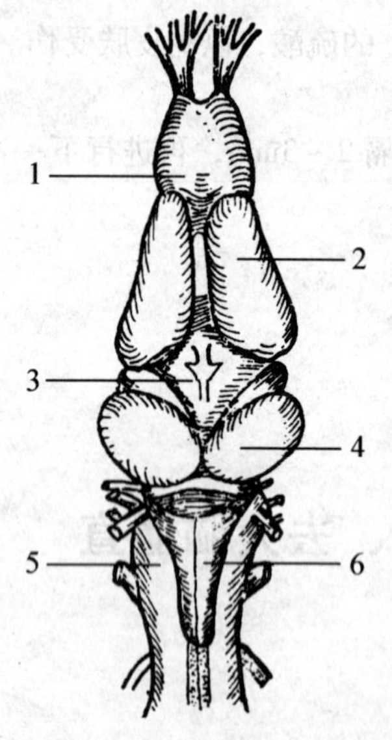

1. 嗅叶 2. 大脑半球 3. 间脑
4. 中脑 5. 延髓 6. 菱形窝

图 16－1 蛙脑背面观

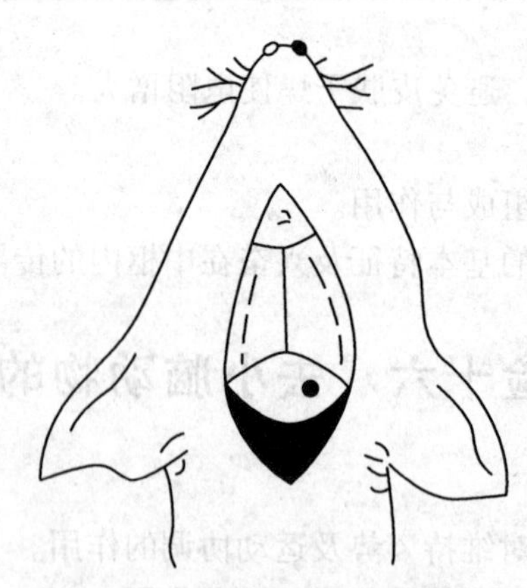

小圆点为破坏进针处

图 16－2 破坏小脑位置示意图

2. 首先观察小白鼠正常的姿势、肌张力以及运动的表现，然后将小白鼠罩于烧杯内，放入一块浸有乙醚的棉球使其麻醉，待动物呼吸变为深慢且不再有随意活动时，将其取出，俯卧位缚于鼠手术台（或蛙板）上。剪除头顶部的毛，用左手将头部固定，沿正中线切开皮肤直达耳后部。用刀背向两侧剥离颈部肌肉及骨膜，暴露颅骨，透过颅骨可见到小脑，在正中线旁开 1 ~2mm（图 16 －2），用大头针垂直刺入一侧小脑，进针深度约 3mm，然后左右前后搅动，以破坏该侧小脑。取出大头针，用棉球压迫止血。将小白鼠放在实验台上，待其清醒后观察其姿势、肢体肌肉紧张度的变化、行走时是否有不平衡现象以及动物是否向一侧旋转或翻滚？

（二）去大脑僵直

1. 将兔称重，耳廓外缘静脉注射 25% 氨基甲酸乙酯（0.5 ~1g/kg 体重）（麻醉不宜过深）。待动物达到浅麻醉状态后，背位固定于兔手术台上。

2. 颈部剪毛，沿颈正中线切开皮肤，找出两侧的颈总动脉，穿线备用。

3. 翻转动物，改为腹位固定，剪去头顶部的毛，从眉间至枕部将头皮和骨膜纵行切开，用刀柄向两侧剥离肌肉和骨膜，用颅骨钻在冠状缝后，矢状缝外的骨板上钻孔（图 16 －3）。然后用咬骨钳扩大创口至枕骨结节，暴露出双侧大脑半球后缘。结扎两侧的颈总动脉。左手将动物头托起，右手用刀柄从大脑半球后缘轻轻翻开枕叶，即可见到中脑前（上）、后（下）丘部分（前粗大，后丘小），在前、后丘之间略向倾斜，对准兔的口角的方位插入（图 16 －4 中 A），向左右拨动，彻底切断脑干。使兔侧卧，10min 后，可见兔的四肢伸直，头昂举，尾上翘，呈角弓反张状态（图 16 －4 中 B）。

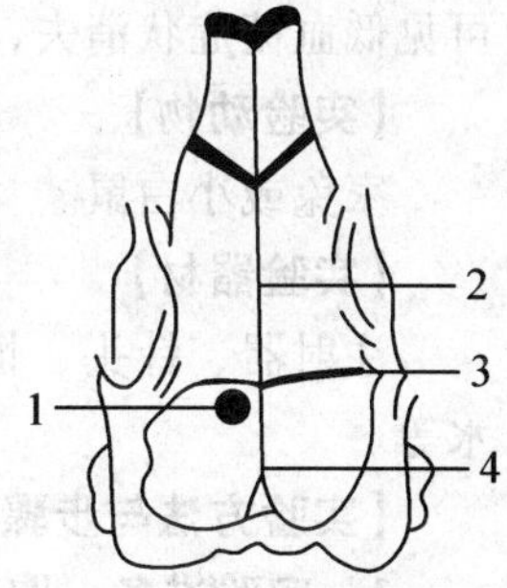

1. 钻孔处　2. 矢状缝
3. 冠状缝　4. 人字缝

图 16 －3　兔颅骨标志图

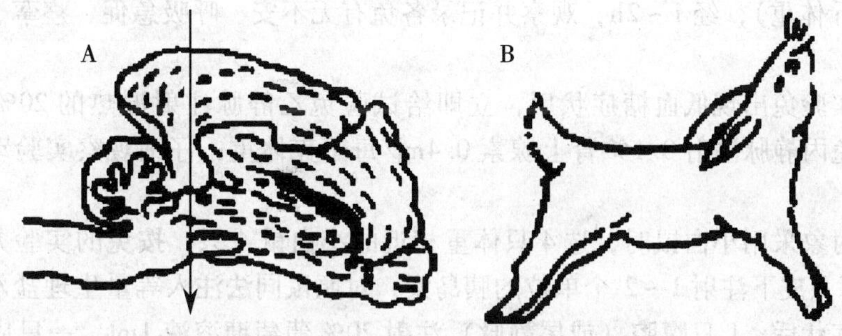

A. 脑干切断线　B. 兔去大脑僵直现象

图 16 －4　去大脑僵直

【注意事项】

1. 麻醉时间不宜过长，并要密切注意动物的呼吸变化，避免麻醉过深导致动物死亡。
2. 手术过程中如动物苏醒或挣扎，可随时用乙醚棉球追加麻醉。
3. 捣毁小脑时不可刺入过深，以免伤及中脑、延髓或对侧小脑。
4. 切断部位要准确，过低会伤及延髓呼吸中枢，导致呼吸停止。

【思考讨论】

1. 根据小脑对躯体运动的调节功能。
2. 分析产生角弓反张状态的原因。

实验十七　肾上腺素、胰岛素对血糖的影响

【实验目的】

了解胰岛素、肾上腺素对血糖的影响。

【实验原理】

血糖含量主要受激素的调节。胰岛素使血糖浓度降低，肾上腺素可使血糖浓度升高。通过对实验动物注射适量的胰岛素，来观察低血糖症状的出现，然后注射适量肾上腺素，可见低血糖症状消失，从而了解胰岛素和肾上腺素对血糖的影响。

【实验动物】

家兔或小白鼠。

【实验器材】

注射器、针头、恒温水浴锅、胰岛素、0.1%肾上腺素、20%葡萄糖溶液、生理盐水等。

【实验方法与步骤】

1. 实验准备　取禁食24～36h的兔3只，称重后分别编号，1只为对照兔，2只作实验兔。

2. 实验项目

(1) 给甲兔从耳缘静脉按20国际单位（每千克体重）的剂量注射胰岛素，同时给甲兔皮下注射0.1%肾上腺素0.4ml/每千克体重。给乙兔和丙兔分别静脉注射胰岛素20国际单位（每公斤体重），经1～2h，观察并记录各兔有无不安、呼吸急促、痉挛、甚至休克等低血糖反应。

(2) 待实验兔出现低血糖症状后，立即给试验兔乙静脉注射温热的20%葡萄糖溶液20ml；实验兔丙静脉注射0.1%肾上腺素0.4ml/每千克体重；仔细观察实验动物，记录观察结果。

若实验对象采用小白鼠时，选4只体重相近的小白鼠4只，按兔的实验方法分组。给3只实验鼠每只皮下注射1～2个单位的胰岛素，对照鼠同法注入等量生理盐水。等实验鼠出现低血糖症状后，1只腹腔（或尾静脉）注射20%葡萄糖溶液1ml，一只皮下（或尾静脉）注射0.1%肾上腺素0.1ml，1只腹腔（或尾静脉）注射1ml生理盐水作对照，观察并详细记录实验结果。

【注意事项】

实验动物在实验前需禁食24h以上。

【思考讨论】

调节血糖的激素主要有哪些？各有何生理功能？影响这些激素分泌的主要因素是什么？

实验十八　肾上腺摘除动物的观察

【实验目的】

了解肾上腺皮质的生理机能。

【实验原理】

肾上腺位于肾脏的前（上）端，分为皮质部和髓质部。皮质分泌的激素生理作用广泛，为维持机体生命和正常的物质代谢所必需；髓质分泌的激素与交感神经功能类似。动物在摘除两侧肾上腺后皮质功能失调现象迅速出现，甚至危及生命。而髓质功能缺损在正常情况下不会危及生命。

【实验动物】

小白鼠。

【实验器材及药品】

常用手术器械、小动物解剖台、天平、滴管、秒表、点温仪、碘酊、酒精棉球、乙醚、生理盐水、可的松。

【实验方法与步骤】

1. 每组选体重、健康状况相近的小白鼠 2 只，一只摘除肾上腺，另一只做假手术对照。取小白鼠置于倒扣的大烧杯中，投入一小团浸有乙醚的棉球，将其麻醉后，取俯卧位固定于蛙板上。剪去腰部的毛，用 75% 酒精消毒术部皮肤。从最后胸椎处向后沿背部正中线做约 2cm 长的皮肤切口。先把切口牵向左侧，于最后肋骨后缘和背最长肌的外缘分离肌肉。用镊子扩大切口，以小镊子夹盐水棉球轻轻推开腹腔内脏器和组织，在肾脏前内侧脊柱下方就可看到淡黄色的肾上腺，与其周围不规则的脂肪组织有明显区别。用外科镊子钳住肾上腺与肾之间的组织，不必结扎就可轻轻摘除腺体。同法摘除右侧肾上腺（位置稍靠前，注意勿伤附近血管），缝合肌肉和皮肤，并涂以碘酊。摘除的肾上腺放在一张纸上，备查。对照组亦应进行与实验相似的手术，但不摘除肾上腺。

2. 将各组小白鼠投入 4℃ 的水槽中游泳，观察记录各组动物溺水下沉的时间，同时比较各组动物的游泳姿势与速度。对下沉小白鼠立即捞出，记录其恢复时间。分析比较各组小白鼠游泳能力和耐受力有何差异，并说明理由。

【注意事项】

实验动物的麻醉勿过深，正确掌握肾上腺的摘除手术。

【思考讨论】

通过实验结果，综合分析肾上腺对动物生命活动及应急反应的生理机能。

附 录

附录一 常用生理盐溶液成分、用途及配置

生理盐溶液为代体液，用于维持离体组织、器官及细胞的正常生命活动。它必须具备下列条件：渗透压与组织液相等；应含有组织、器官维持正常机能所必须的比例适宜的各种盐类离子；酸碱度应与血浆相同，并具有充分的缓冲能力；应含有氧气和营养物质。

由于研究的目的不同，生理盐溶液的组成成分也可作变动。生理实验中最常用的大体有三种：蛙心灌注多用任氏液；哺乳动物的实验多用乐氏液；而哺乳动物的离体小肠实验多用台氏液（附录表1）。

这些代体液不宜久置，一般临用时配制。为了方便可事先配好代体液所需的各种成分较浓的基础液（附录表2），使用时按所需量取基础液于量杯中，加蒸馏水到定量刻度即可。

附录表1 常用生理盐溶液及其成分

药品名称	任氏液	乐氏液	台氏液	生理盐水	
	用于两栖类	用于哺乳类（离体心脏、子宫等）	哺乳类（离体小肠）	两栖类	哺乳类
氯化钠（NaCl）	6.5g	9.0g	8.0g	6.5g	9.0g
氯化钾（KCl）	0.14g	0.42g	0.2g		
氯化钙（$CaCl_2$）	0.12g	0.24g	0.2g		
碳酸氢钠（$NaHCO_3$）	0.2g	0.1~0.3g	1.0g		
磷酸二氢钠（NaH_2PO_4）	0.01g	—	0.05g		
氯化镁（$MgCl_2$）	—	—	0.1g		
葡 萄 糖	2.0g（可不加）	1.0g	1.0g		
加 蒸 馏 水 至	1 000ml	1 000ml	1 000ml	1 000ml	1 000ml

附录表2 配置生理盐溶液所需的基础溶液及所加量

成分	浓度（%）	任氏液	乐氏液	台氏液
氯化钠（NaCl）	20	32.5ml	45.0ml	40.0ml
氯化钾（KCl）	10	1.4ml	4.2ml	2.0ml
氯化钙（$CaCl_2$）	10	1.2ml	2.4ml	2.0ml
碳酸氢钠 $NaHCO_3$	5	4.0ml	2.0ml	20.0ml
磷酸二氢钠 NaH_2PO_4	1	1.0ml	—	2.0ml
氯化镁（$MgCl_2$）	5	—	—	2.0ml
葡萄糖		2.0g（可不加）	1.0g	1.0g
加蒸馏水至		1 000ml	1 000ml	1 000ml

配制生理盐溶液时，容易起反应而沉淀的主要是钙离子，所以氯化钙应最后加。葡萄糖应在临用时加入，加入葡萄糖的溶液不能久置。

附录二　实验动物常用麻醉药及使用方法

附录表 3　实验动物常用麻醉药、使用方法及参考剂量［mg/（kg 体重）］

药物名称	给药途径	狗	猫	家兔	豚鼠	大白鼠	小白鼠
戊巴比妥纳	iv	25 ~ 35	25 ~ 35	25 ~ 40	25 ~ 30	25 ~ 35	25 ~ 70
	ip	25 ~ 35	25 ~ 40	35 ~ 40	15 ~ 30	30 ~ 40	40 ~ 70
	im	30 ~ 40					
苯巴比妥纳	iv	80 ~ 100	80 ~ 100	100 ~ 160			
	ip	80 ~ 100	80 ~ 100	150 ~ 200			
硫喷妥钠	iv	20 ~ 30	20 ~ 30	30 ~ 40	20	20 ~ 50	25 ~ 35
	ip		50 ~ 60	60 ~ 80			
氯醛糖	iv	100	50 ~ 70	60 ~ 80		50	50
	ip	100	60 ~ 90	80 ~ 100		60	60
氨基甲酸乙酯（乌拉坦）	iv	100 ~ 2 000	2 000	1 000	1 500		
	ip	100 ~ 2 000	2 000	1 000	1 500	1 250	1 250
氨基甲酸乙酯 + 氯醛糖	iv			400 ~ 500 + 40 ~ 50			
	ip					100 + 10	100 + 10
水合氯醛	iv	100 ~ 150	100 ~ 150	50 ~ 70（慢）			
	ip				400	400	400

注：iv 为静脉注射；ip 为腹腔注射；im 为肌肉注射。

附录三　常用血液抗凝剂的配制及用法

一、肝素

肝素的抗凝作用很强，常用来作为全身抗凝剂，尤其是进行动物循环方面的实验，肝素的应用更有其重要意义，纯的肝素每 10mg 能抗凝 100ml 血液（按 1mg 等于 100 个国际单位，10 个国际单位能抗凝 1ml 血液计）。用于试管内抗凝时，一般可配成 1% 肝素生理盐水溶液。方法是取已配制好的 1% 肝素生理盐水溶液 1ml 加入试管内，加热 100℃ 烘干，每管能抗凝 5 ~ 10ml 血液。用于动物全身抗凝时，一般剂量：兔 10mg/kg 体重；狗 5 ~ 10 mg/kg体重。

二、枸橼酸钠

常配成3%～5%水溶液，也可直接使用粉剂，3～5mg可抗凝1ml血液。枸橼酸钠可使血液中的钙形成难于离解的可溶性复合物，从而使血液不凝固。但抗凝作用较差，且碱性较强，不宜作化学检验用，一般用1∶9（即1份溶液，9份血）可用于红细胞沉降速度测定等。不同动物，其浓度也不同：狗为3%～6%，猫为2%＋硫酸钠25%，兔为5%。

三、草酸钾

1～2mg草酸钾可抗凝1ml血液。如配成10%水溶液，每管加0.1ml，可使5～10ml血液不凝固。

四、草酸盐合剂

配方：草酸铵　　1.2g

草酸钾　　0.8g

福尔马林　　1.0ml

蒸馏水加至　　100ml

配成2%溶液，每1ml血加草酸盐2mg（相当于草酸铵1.2mg，草酸钾0.8mg）。用前根据取血量将计算好的量加入玻璃容器内烤干备用。如取0.5ml于试管中，烘干后每管可使5ml血不凝固。此抗凝剂量适于作红细胞比容测定。能使血凝过程中所必需的钙离子沉淀达到抗凝的目的。

附录四　常用实验动物一般生理常数表

附录表4　常用实验动物一般生理常数参考值

动物种类	体温（℃）	呼吸频率（次/min）	潮气量（ml）	心率（次/min）	平均动脉压（kPa）	总血量（占体重百分比）
家兔	38.5～39.5	10～15	19.0～24.5	123～304	13.3～17.3	5.6
犬	37.0～39.0	10～13	250～430	100～130	16.1～18.6	7.8
猫	38.0～39.5	10～25	20～42	110～140	16.0～20.0	7.2
豚鼠	37.8～39.5	66～114	1.0～4.0	260～400	10.0～16.1	5.8
大白鼠	38.5～39.5	100～150	1.5	261～600	13.3～16.1	6.0
小白鼠	37.0～39.0	136～230	0.1～0.23	328～780	12.6～16.6	7.8
鸡	40.6～43.0	22～25		178～458	16.0～20.0	
小型猪	38～39.5	20～40		70～130		
蟾蜍		不定		36～70		5.0
青蛙		不定		36～70		5.0

附录表5　常用实验动物血液生理常数参考值

动物种类	红细胞总数（10^{12}个/L）	白细胞总数（10^{9} 个/L）	血小板总数（10^{10}个/L）	血红蛋白（g/L）	红细胞比容（%）
家兔	6.9	7.0～11.3	38～52	123（80～150）	33～50
犬	8.0(6.5～9.5)	11.5(6～17.5)	10～60	112(70～155)	38～53
猫	7.5(5.0～10.0)	12.5(5.5～19.5)	10～50	120(80～150)	28～52
小型猪	9.3±0.4	14.6±1.2	41±14.5	136±4	47.6±1.4
豚鼠	9.3(8.2～10.4)	5.5～17.5	68～87	144(110～165)	37～47
大白鼠	9.5(8.0～11.0)	6.0～15.0	50～100	105	40～42
小白鼠	7.5(5.8～9.3)	10.0～15.0	50～100	110	39～53
鸡	3.8	19.8	0.3～0.5	80～120	
蟾蜍	0.38	24.0		102	
青蛙	0.53	14.7～21.9		95	

附录表6　常用实验动物白细胞分类计数参考值　　(%)

动物种类	嗜中性粒细胞	嗜酸性粒细胞	嗜碱性粒细胞	淋巴细胞	单核细胞
家兔	32	1.3	2.4	60.2	4.1
犬	66.8	2.6	0.2	27.7	2.7
猫	59	6.9	0.2	31.0	2.9
豚鼠	38	4.0	0.3	55.0	2.7
大白鼠	25.4	4.1	0.3	67.4	2.8
小白鼠	20.0	0.9		78.9	0.2
鸡	13.3～25.8	1.4～2.5	2.4	64.0～76.1	5.7～6.4
蟾蜍	7.0	27.0	7.0	51.0	8.0

参考文献

[1] 陈杰．家畜生理学．北京：中国农业出版社，2003.

[2] 杨秀平．动物生理学（面向21世纪课程教材）[M]．北京：高等教育出版社，2002，9.

[3] 张玉生等．动物生理学（高等农业院校合编教材）[M]．长春：吉林人民出版社，2000，7.

[4] 姚泰．生理学（第5版）[M]．北京：人民卫生出版社，2001，11.

[5] 陈守良．动物生理学（第2版）．北京：北京大学出版社，1996，2.

[6] 范少光，汤浩，潘伟丰．人体生理学（第2版）．北京：北京医科大学出版社，2000.

[7] 韩正康．家畜生理学（第3版）[M]．北京：中国农业出版社，1997，1～224.

[8] 范作良．家畜生理 [M]．北京：中国农业出版社，2001，1～133.

[9] 韩正康．家畜生理学（第3版）[M]．北京：中国农业出版社，1997，1～224.

[10] 徐佐钦，张玉生，胡仲明等．家畜生理学（第5版）[M]．吉林：吉林科学技术出版社，1986，1～362.

[11] 姚泰．生理学（第6版）[M]．北京：人民卫生出版社，2005，11.

[12] 刘玲爱．生理学（第5版）[M]．北京：人民卫生出版社，2004，12.

[13] 张庆茹，王春光．家畜生理学实验指导 [M]．北京：中国教育文化出版社，2006.

[14] 沈岳良．现代生理学实验教程．北京：科学出版社，2002，2.

[15] 南京农业大学．家畜生理学实验指导．北京：中国农业出版社，1982.

[16] 胡还忠．医学机能学实验教程，北京：科学出版社，2002.

[17] 陈克敏．实验生理科学教程．北京：科学出版社，2001.

[18] 孙敬方．动物实验方法学．北京：人民卫生出版社，2001.

[19] 高建新等．生理学实验指导．北京：人民卫生出版社，1999.

[20] 动物生理学实验指导．华中农业大学.

[21] 马恒东．生理学实验教程．成都：四川科学技术出版社，2004，3.

[22] 徐淑云，卞如濂，陈修主编．药理实验方法学（第3版），北京：人民卫生出版社，2001.